BAMBERGER GEOGRAPHISCHE SCHRIFTEN
SONDERFOLGE

BAMBERGER GEOGRAPHISCHE SCHRIFTEN SONDERFOLGE

Nr. 15

Einführung in die Geomorphologie, Geochronologie und Bodengeographie - ein Lernskript in 2 Teilen

Teil I: Endogene Dynamiken und Geochronologie

Gerhard Schellmann

University
of Bamberg
Press
2023

Bibliografische Information der Deutschen Nationalbibliothek
Die Deutsche Nationalbibliothek verzeichnet diese Publikation in der Deutschen Nationalbibliografie; detaillierte bibliografische Daten sind im Internet über http://dnb.dnb.de/ abrufbar.

Herstellung und Druck: Primerate, Budapest
Umschlaggestaltung: University of Bamberg Press
Umschlagbild: „ESR-Spektren einer aragonitischen letztinterglazialen Steinkoralle (*Acropora palmata*) und einer aragonitischen letztinterglazialen marinen Muschelschale (*Protothaca antiqua*) mit dem Datierungssignal bei g = 2,0007“,
© Gerhard Schellmann

https://www.uni-bamberg.de/ubp/

ISSN: 0175-3894 (Print)
eISSN: 2750-7939 (Online)
ISBN: 978-3-86309-942-8 (Print)
eISBN: 978-3-86309-943-5 (Online)

URN: urn:nbn:de:bvb:473-irb-901082
DOI: https://doi.org/10.20378/irb-90108

Vorwort

Der vorliegende Band ist der erste Teil eines Lernskripts zur Allgemeinen Geomorphologie, Geochronologie und Bodengeographie. Es sollte bewußt kein Lehrbuch sein, sondern im Gegenteil durch die gestellten Fragen und Aufgaben motivieren, Lehrbücher in das extrem wichtige Selbststudium stärker einzubinden. Zudem sollten anhand von Beispielen, den Studierenden die Schwerpunkte der eigenen Forschungstätigkeiten angedeutet werden.

Das Skript entstand im Laufe der Jahre in meiner Lehrtätigkeit an den Universitäten Düsseldorf (Geologie), Köln (Didaktik der Geographie), Essen (Physische Geographie) und Bamberg (Physische Geographie). In Bamberg diente es als Begleitmaterial zu einer vierstündigen Grundvorlesung mit begleitender einstündigen Übung zur „Einführung in die Geomorphologie und Bodengeographie". Zielgruppe waren zuletzt BA-Studierende sowie Studierende aller Lehramtsstudiengänge vom Grundschul- bis zum Gymnasial-Lehramt. Für BA- und Gymnasialstudierende wurden zum Teil zusätzliche Fragen und Aufgaben aufgenommen und per Überschrift kenntlich gemacht. Ich habe mich entschlossen zum bevorstehenden Abschied aus dem aktiven Dienst, das Skript in der Sonderfolge der Bamberger Geographischen Schriften zu publizieren. Vielleicht erleichtert es und die Literaturverweise zukünftigen Studierenden auch an anderen Studienstandorten die Annäherung an diese Thematiken oder motiviert zu einem vertieften Einsteigen in die Materie *via* Lehrbücher und Fachzeitschriften.

Aufgrund des Seitenumfanges benötigt das Skript zwei Bände in der Sonderfolge (SF) der Bamberger Geographischen Schriften. Der erste Band SF 15 zur „Endogenen Dynamik und Geochronologie" behandelt vor allem Themen der Allgemeinen Geologie, der Paläopedologie (Lössstratigraphie) und eine Einführung in verschiedene relative und numerische Methoden der Altersbestimmung vor allem in der jüngeren Erdgeschichte des Quartärs.

Der zweite Band SF 16 zur „Exogenen Dynamik und Bodengeographie" widmet sich klassischen Themen der Reliefformen der Erde und ihrer Entstehung sowie der Bodenentwicklung auf verschiedenen Ausgangsgesteinen in Deutschland.

Das Skript wäre über die Jahre hinweg ohne die Hilfe vieler studentischer und nicht-studentischer Mitarbeiter, vieler Studierender, ihren Fragen und ihren Schwierigkeiten mit der Thematik wahrscheinlich nicht möglich gewesen. Ihnen allen danke ich sehr!

Bamberg, den 31. Mai 2023

Gerhard Schellmann

Inhalt Teil I - SF 15

Inhalt Teil II - SF 16

1. Einführung

Die **Geomorphologie** ist nach dem Wortsinn die Wissenschaft von den Oberflächenformen der Erde (altgriech.: *ge* = Erde, *morphe* = Gestalt, *logos* = Wort, Wissen) und den Faktoren und Prozessen ihrer Entstehung und Weiterbildung. Die Geomorphologie betrachtet somit die Oberfläche der Erde, das sog. „Georelief", in Raum und Zeit (Abb. 1.1).

Sie beschreibt Einzelformen und Formengemeinschaften (**Morphographie, Morphometrie**).
Sie fragt nach den Entstehungsursachen (Genese) der Reliefformen (Morphogenese).
Sie beobachtet und analysiert gegenwärtige Formungsdynamiken, rekonstruiert frühere Formungsprozesse u.a. mit Hilfe der Ablagerungen, die durch diese Prozesse entstanden (**Morphodynamik**).
Sie sucht nach Gesetzmäßigkeiten in der räumlichen Verteilung der Reliefformen und fragt nach deren zeitlicher Stellung (Morphochronologie; Kap. 1.2).

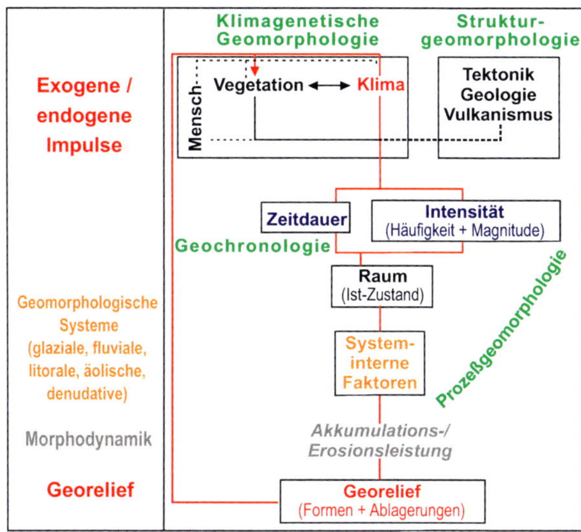

Abb. 1.1: Wichtige Einflußfaktoren auf das Relief eines Raumes.

Sie entwickelt Vorstellungen über die Reliefgenese und zukünftige Entwicklung ganzer Landschaften unter dem Einfluß zukünftiger, gegenwärtiger und vergangener Formungsdynamiken.

Gegenstand der Geomorphologie sind also die Formen der Erdoberfläche, ihre Entstehung, ihr Alter, ihre Lage, ihr Aussehen im Einzelnen, ihre Vergesellschaftung, ihre Verbreitung (zonaler Aspekt), ihre zeitliche Stellung, ihre Wechselwirkung mit anderen Ökosystemen (Lebewelt, Klima,

Wasser, Boden, Gestein Mensch etc.). Sie beschreibt und analysiert die reliefbildende abiotische Umwelt, rekonstruiert deren Entwicklung in der Vergangenheit und ist damit in der Lage, zukünftige Reliefveränderungen zu prognostizieren, denn der Schlüssel für Gegenwart und Zukunft liegt in der Vergangenheit.

Bei der Analyse des Großreliefs können zwei verschiedene Entstehungsursachen von Oberflächenformen unterschieden werden: die Struktur- und die Skulpturformen.

1. **Strukturformen**.
Sie umfassen endogene, durch Vulkanismus und Erdbeben entstandene Formen sowie Reliefformen, bei denen die Morphodynamik vorgegebene geologische Gesteinslagerungen und Gesteinsartenverhältnisse (unterschiedliche Gesteinsresistenzen) deutlich nachzeichnet. Prototypen von Strukturformen sind z.B. Schichtstufen, Schichtkämme (Abb. 1.2; Bild 1.1), Schichtrippen und Schichttafeln (Bild 1.2), Härtlinge und Vulkanbauten, Graben- und Horststrukturen, Antiklinalen und Synklinalen (Abb. 1.2), Falten- und Kettengebirge.

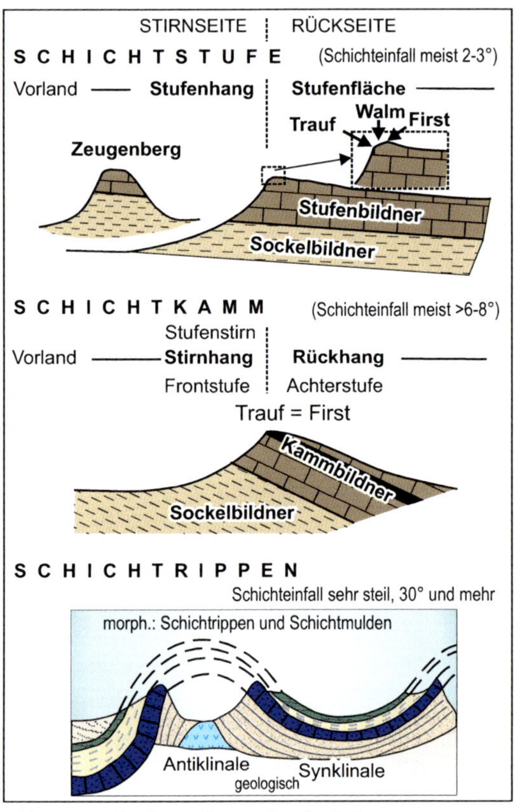

Abb. 1.2: Schichtstufen und Schichtkämme.

Bild 1.1: Schichtkamm des Wesergebirges an der Porta Westfalica. Blick nach Osten. Stufenbildner: Korallenoolith-Formation des Oberen Juras (Malm). Sockelbildner: Ornatenton und Heersumer Schichten (Dogger, unterer Malm).

Bild 1.2: Tafellandschaft (Meseta) und Zeugenberg (Tafelberg) an der patagonischen Atlantikküste südlich von Comodoro Rivadavia.

Stufenbildner: patagonische Gerölle (*Rodados Patagónicos, Patagonian Gravel*). Sockelbildner: tertiäre Schluff- und Tonsteine (*Formatión Santa Cruz*)

2. **Skulpturformen.**

Sie entstehen durch exogene Reliefformung weitgehend unabhängig von der Krustenbeschaffenheit, d.h. der Lagerung und der Widerständigkeit der Gesteine (Bild 1.3). Der Prototyp einer Skulpturform ist die **Rumpffläche**, aber auch ein Tal, dessen Verlauf und Gestalt allein vom erodierenden und akkumulierenden Fluss bestimmt ist (Talmäander). Innerhalb dieser Großformen finden sich weiterhin als Sekundärrelief Kleinformen wie u.a. Rinnen, Runsen und kleinere Geländestufen sowie als korrelate Akkumulationsformen Schwemmkegel und Flussterrassen.

Innerhalb der Geomorphologie differenziert man weiter je nach dem dominierenden Einflußfaktor der Formung zwischen **Strukturgeomorphologie** (Einflußdominanz der geologischen Struktur), **klimagenetischer Geomorphologie** (Einflußdominanz des Klimas) und **Prozeßgeomorphologie** (Einflußdominanz wichtiger Prozesse wie systeminterne Steuerungsfaktoren, fluviale, glaziale, äolische, litorale Prozesse etc.).

Bild 1.3: Rumpfflächenrelikt im Billinger Wald am Nordrand der Eifel.

Da die Reliefformen der Erdoberfläche dem Gesteinsuntergrund aufliegen oder teilweise in diesen hineinmodelliert wurden, sind Kenntnisse über den Gesteinsuntergrund unerlässlich. Letzterer ist ein Untersuchungsobjekt der Geologie. Daraus ergibt sich für die Geomorphologie die Notwendigkeit fundierter Kenntnisse in der Allgemeinen und Historischen Geologie (u.a. Gesteine und Mineralien, Lagerungsverhältnisse, Sedimentologie, Vulkanismus und Krustenbau, Tektonik).

Oberflächenformen kann man nach ihrer räumlichen Größe und der Zeitdauer, die für ihre Entstehung benötigt wurde, klassifizieren. Räumliche Größenordnungen reichen von Reliefformen 1. Ordnung, wie z.B. Kontinentalschilde und Ozeane, bis hin zu Mikroformen, wie z.B. kleine Spülrillen auf der Oberfläche eines Gesteines.

Alle Oberflächenformen sind das Ergebnis dynamischer Vorgänge von unterschiedlicher Zeitdauer. Das **Georelief** wird

a) sowohl von sehr langsam ablaufenden (mehrere Jahre bis Millionen Jahre) und weit verbreiteten Prozessen gestaltet (*low magnitude/ high frequency events*)
b) als auch von nicht häufig auftretenden, aber extrem dynamischen Einzelereignissen geprägt (*high magnitude/ low frequency events*).

Oberflächenformen sind entweder das Ergebnis der Dominanz von Abtragungs- (Erosions-) oder von Ablagerungs- (Akkumulations-, Sedimentations-) prozessen. **Erosionsformen** sind dabei in einem älteren Untergrund angelegt, was eine genaue Rekonstruktion des bei ihrer Anlage herrschenden Prozeßmilieus ebenso erschwert wie eine exakte Altersdatierung.

Akkumulationsformen resultieren dagegen aus einer Anhäufung von Sedimenten. Dabei können die

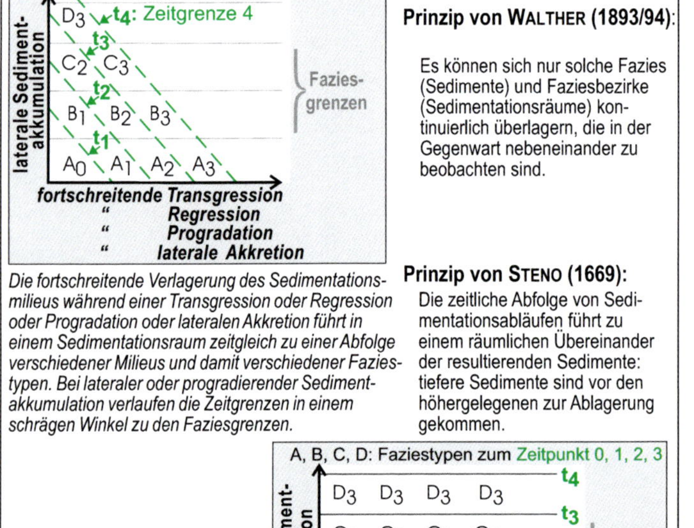

Abb. 1.3: Zwei wichtige Sedimentationsprinzipien.

in einem Sedimentstapel auftretenden verschiedenen Sedimentfazien Informationen über das Sedimentationsmilieu und den Sedimentationsprozeß liefern (Abb. 1.3). Zudem sind häufig zeitgleich verschiedene datierbare Materialien (Fossilien, Baumstämme etc.) in den Sedimenten begraben worden, so dass eine genauere Altersbestimmung des Ab-lagerungsprozesses und der daraus resultierenden Akkumulationsformen möglich ist.

Eine sehr umfangreiche wissenschaftstheoretische Darstellung der Geomorphologie, ihrer Systeme und Prozesse sowie ihrer Reliefklassifikationen geben Dickau et al. (2019: Kap. 1 bis Kap. 4).

Literatur zur Vertiefung

Zepp, H. (2017): Grundriß Allgemeine Geographie: Geomorphologie: Kap. 1., Kap. 11.2, Kap. 12.3; 7. Aufl., Paderborn.

Ahnert, F. (2015): Einführung in die Allgemeine Geomorphologie: Kap. 1, Kap. 20, Kap. 21; 5. Aufl., Stuttgart.

Baumhauer, R., Kneisel, Ch., Möller, S., Schütt, B., Tressel, E. (2017): Einführung in die Physische Geographie: Kap. 1.1; 2. Aufl., Darmstadt.

Diskutieren Sie mit Hilfe des Textes, der Abbildungen und der Literatur die nachfolgenden Fragen.

1. *Womit befasst sich die Geomorphologie?*
2. *Was versteht man unter den Begriffen „Strukturlandschaft“ und „Skulpturlandschaft“?*
3. *Nennen Sie jeweils 1 regionales Beispiel für eine Strukturlandschaft und 1 regionales Beispiel für eine Skulpturlandschaft.*
4. *Was versteht man unter den Begriffen „Trauf“, „Walm“ und „First“?*
5. *Bei welcher Neigung unterschiedlich abtragungsresistenter Gesteinsschichten können Schichtrippen entstehen und wann Schichtstufen?*
6. *Was ist ein Zeugenberg?*
7. *Welche exogenen und endogenen Impulse beeinflussen die Reliefformung?*
8. *Was versteht man unter Erosionsformen und was sind Akkumulationsformen? Nennen Sie jeweils 1 Beispiel.*

Weitere Fragen für Studierende Bachelor und Lehramt Gymnasium

10. *Welche Nachbarwissenschaften liefern Basisinformationen, um geomorphologische Prozesse und resultierende Reliefformen zu verstehen?*
11. *Wodurch unterscheiden sich die klimagenetische Geomorphologie, die Struktur- und die Prozeßgeomorphologie?*
12. *Was versteht man unter dem „Prinzip des Aktualismus“?*
13. *Welche Teilgebiete der Geomorphologie kann man unterscheiden?*
14. *Wie verlaufen die Ablagerungs- und Zeitgrenzen bei ozeanischer Sedimentation?*
15. *Was besagt das Prinzip von Steno?*

1.1. Geologische Zeitskala, geologische Karten und Profile

Die Geomorphologie ist auf zeitliche Vorstellungen angewiesen, die vor allem von der Historischen Geologie, der Geomorphologie selbst und verschiedenen physikalischen Altersbestimmungsmethoden geliefert werden. Der Geomorphologe muß daher ebenso die geologische Formationstabelle beherrschen, geologische Karten und Profile lesen können wie fundierte Kenntnisse in der Allgemeinen und Historischen Geologie besitzen. Ebenso unabdingbar sind Grundlagen in den Verfahrensweisen, Anwendungsmöglichkeiten und

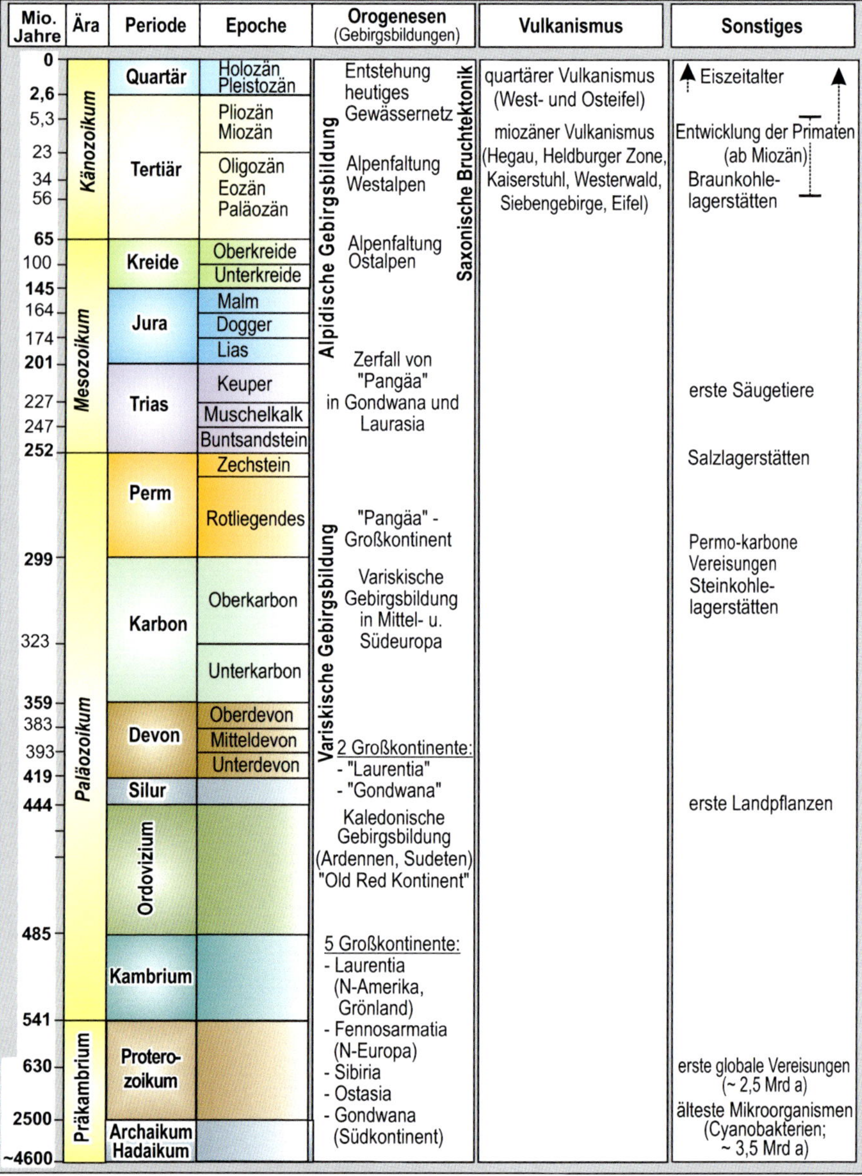

Abb. 1.4: Geologische Zeittafel (stark vereinfacht). Zur Herkunft einiger geologischen Zeitbegriffe siehe Tab. 1.1.

Tab. 1.1: Einige Begriffe der Geologischen Zeittafel (zusammengestellt nach Probst 1986 und Kaiser 1975).

ERDNEUZEIT bzw. KÄNOZOIKUM (Begann vor ca. 65 Millionen Jahren; John Phillips 1840)
- *Quartär* (vor ca. 2,6 Mio. Jahren / im marinen Bereich vor etwa 1,8 Mio. Jahren), Adolph von Morlot (1855).
  - *Holozän* (Beginn vor ca. 10.000 ^{14}C-Jahren bzw. 11.650 Kalenderjahren), Paul Gervais (1867-69); zunächst als *Alluvium* (William Buckland 1823) bezeichnet.
  - *Pleistozän* (Eiszeitalter, Ende vor ca. 10.200 ^{14}C-Jahren bzw. 11.500 Kalenderjahren), Charles Lyell (1839); zunächst als *Diluvium* (William Buckland 1823) bezeichnet.
- *Tertiär*, Giovanni Arduino (1759)
  - *Pliozän*, Gérard Paul Deshayes und Charles Lyell (1830)
  - *Miozän*, Gérard Paul Deshayes und Charles Lyell (1830)
  - *Oligozän*, Heinrich Ernst Beyrich (1854)
  - *Eozän*, Gérard Paul Deshayes und Charles Lyell (1830)
  - *Paläozän*, Wilhelm Philipp Schimper (1874)

ERDMITTELALTER bzw. MESOZOIKUM (vor ca. 65 bis 248 Millionen Jahren; John Phillips 1840)
- *Kreide,* benannt nach der in der Kreidezeit entstandenen Schreibkreide der Ostseeinsel Rügen, Karl Georg von Raumer (1815).
- *Jura,* benannt nach den hellen Kalken des Juragebirges (Schweiz und Süddeutschland), von Alexander von Humboldt (1795) eingeführt; Jura als Altersbezeichnung wurde von Alexandre Brogniart (1829) verwendet.
- *Trias,* benannt nach der Dreiteilung dieser Periode in Deutschland in Buntsandstein, Muschelkalk, Keuper; Friedrich August von Alberti (1834).

ERDALTERTUM bzw. PALÄOZOIKUM (vor ca. 248 bis 543 Millionen Jahren; Adam Sedgwick 1838)
- *Perm,* benannt nach Gesteinsvorkommen am Westhang des Ural im ehem. russischen Gouvernement Perm, Murchison.
- *Karbon,* Murchison (1839).
- *Devon,* benannt nach Gesteinsvorkommen in der Grafschaft Devonshire (Südwestengland), Murchison und Sedgwick.
- *Silur,* benannt nach Gesteinsvorkommen im Gebiet des keltischen Stammes der Silurer, Roderick Impey Murchison (1839).
- *Ordovizium,* benannt nach Gesteinsvorkommen im Gebiet des keltischen Stammes der Ordovizier, Charles Lapworth (1879).
- *Kambrium,* benannt nach Gesteinsvorkommen in Großbritannien, Adam Sedgwick (1833).

Fehlerquellen physikalischer Datierungsverfahren.

Die in Abb. 1.4 dargestellte stark vereinfachte geologische Formationstabelle sollten Sie beherrschen und Sie sollten ebenso die wichtigsten Stufenbildner des Keupers und Juras in Mainfranken kennen (Exkurs 1).

Ausgewählte Literatur

Vertiefen Sie ihre Kenntnisse zur geologischen Zeitskala, zur Geologie der Fränkischen und Schwäbischen Schichtstufenlandschaft mit Hilfe eines der folgenden Lehrbücher:

Henningsen, D. & Katzung, G. (2006): Einführung in die Geologie Deutschlands. – 7. Aufl.; Heidelberg (Spektrum Verl.).

Meschede, M. (2018): Geologie Deutschlands. – Berlin, Heidelberg (Springer Spektrum).

Rothe, P. (2019): Die Geologie Deutschlands. 48 Landschaften im Portrait. – 5. Aufl.; Darmstadt (Wissenschaftliche Buchgesellschaft).

Diskutieren Sie mit Hilfe der nachfolgenden Abbildungen und Tabellen sowie der Literatur die nachfolgenden Fragen.

1. *Welche bedeutenden Gebirgsbildungsphasen ereigneten sich in Mitteleuropa seit dem Präkambrium?*

2. *Wann begann das Quartär und wann wurde dieser Begriff eingeführt?*
3. *In welche Epochen untergliedert man das Quartär und das Tertiär?*
4. *Wann begann das Pleistozän (Jahre)?*
5. *Wie alt sind die Lagerstätten der Braunkohle und der Steinkohle in der BRD?*
6. *In welcher Epoche kam es in Norddeutschland zur Ablagerung mächtiger Salzgesteine und wie sind sie entstanden („Barrentheorie")?*
7. *Wann endete die variskische Gebirgsbildung?*
8. *Wann begann die alpidische Gebirgsbildung und wann wurden die Ostalpen gefaltet?*
9. *Wie alt sind die ältesten Cyanobakterien?*
10. *Welche Gesteine sind die Hauptstufenbildner am Staffelberg?*
11. *In welcher Tiefe erreicht man in der Umgebung von Bamberg (z.B. Staffelstein) in einer Bohrung ungefähr das Grundgebirge?*
12. *In welcher Gesteinsschicht am oberfränkischen Albanstieg findet man Eisenerzflöze?*

Weitere Fragen für BA-Studierende und Lehramt Gymnasium

13. *Wann und wo ereigneten sich im Känozoikum in Deutschland bedeutende vulkanische Eruptionen?*
14. *Was versteht man unter einer Achterstufe?*
15. *Was bezeichnet der Begriff „Heldburger Gangschar" bzw. „Heldburger Zone" (Abb. E1.1)?*
16. *Wie alt sind die in Mainfranken verbreiteten Gipsgesteine?*
17. *Welche Gesteine aus welcher Zeit und aus welchem Material sind die Hauptstufenbildner im Bereich der Fränkischen und der Schwäbischen Alb?*
18. *Nennen Sie die in Oberfranken anstehenden und zu Bauzwecken verwendeten Keupersandsteine.*
19. *Welche Gesteine findet man am Anstieg zur Fränkischen Alb östlich von Bamberg und welche fungieren als Stufenbildner?*
20. *Welche Art von Störungen (Ab- oder Aufschiebungen) durchziehen den Staffelberg (Abb. E4)?*
21. *Wo stehen nördlich von Bamberg vulkanische Gesteine an und wie alt sind diese?*

Exkurs 1: ***Schichtkamm- und Schichtstufenbildner in Mainfranken***

Das an Ausdehnung größte Schichtstufenland in Deutschland erstreckt sich in Süddeutschland zwischen Vogelsberg/Rhön und Donau sowie dem Oberrhein und dem ostbayerischen Grundgebirge von Frankenwald, Oberpfälzer Wald und Bayerischem Wald (Abb. E1). Erarbeiten Sie sich mit Hilfe der nachfolgenden Abbildungen die wichtigsten Stufenbildner (Alter und Gesteinsart) in Mainfranken und am Staffelberg.

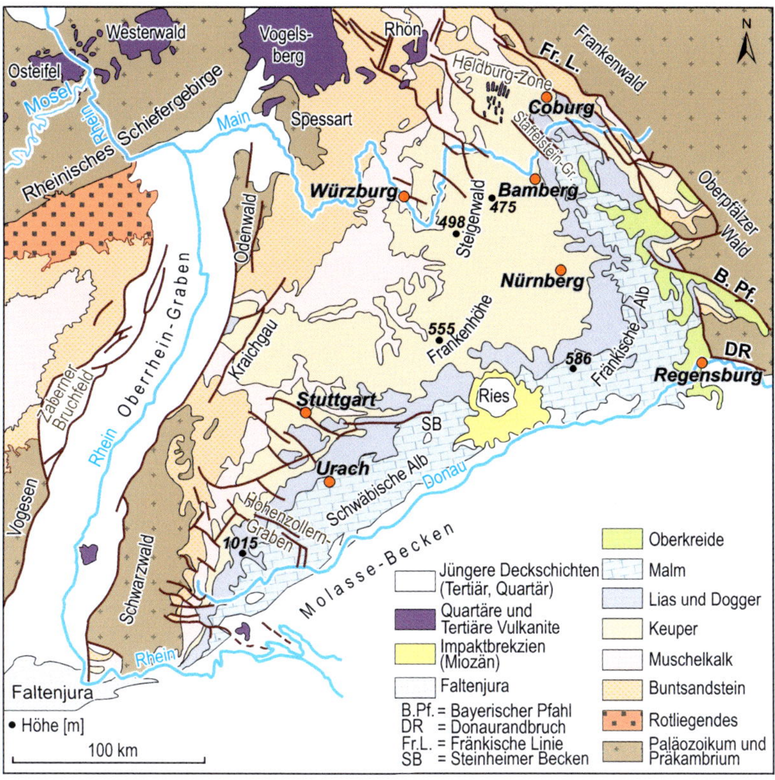

Abb. E1: Geologische Übersichtskarte des süddeutschen Schichtstufenlandes aus Gesteinen des Buntsandsteins bis zur Oberkreide.

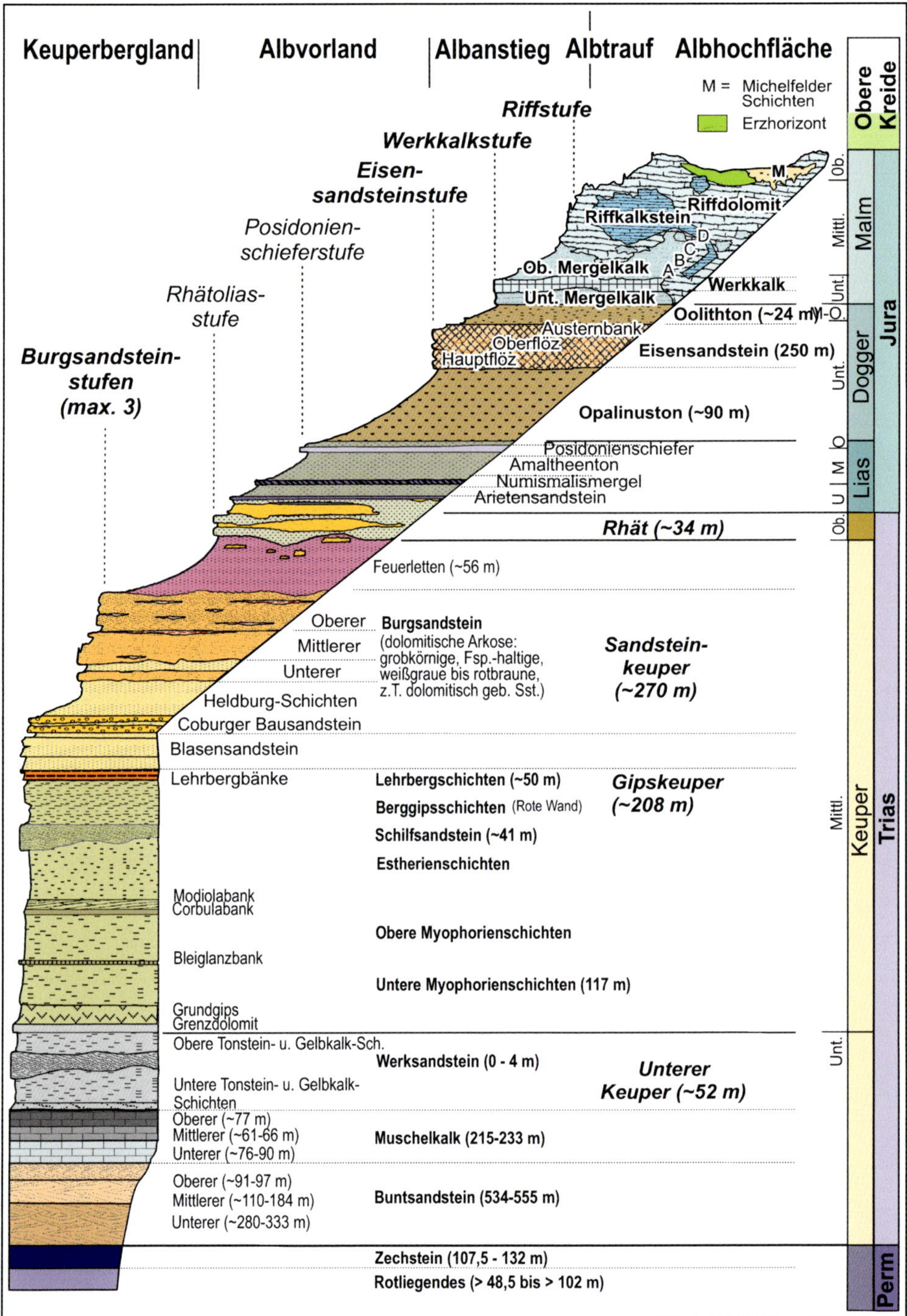

Abb. E2: Stufenbildner im Keuper und Jura Mainfrankens (Quellen: SCHIRMER 1981 mit Ergänzungen aus REIMANN & SCHMIDT-KALER 2002).

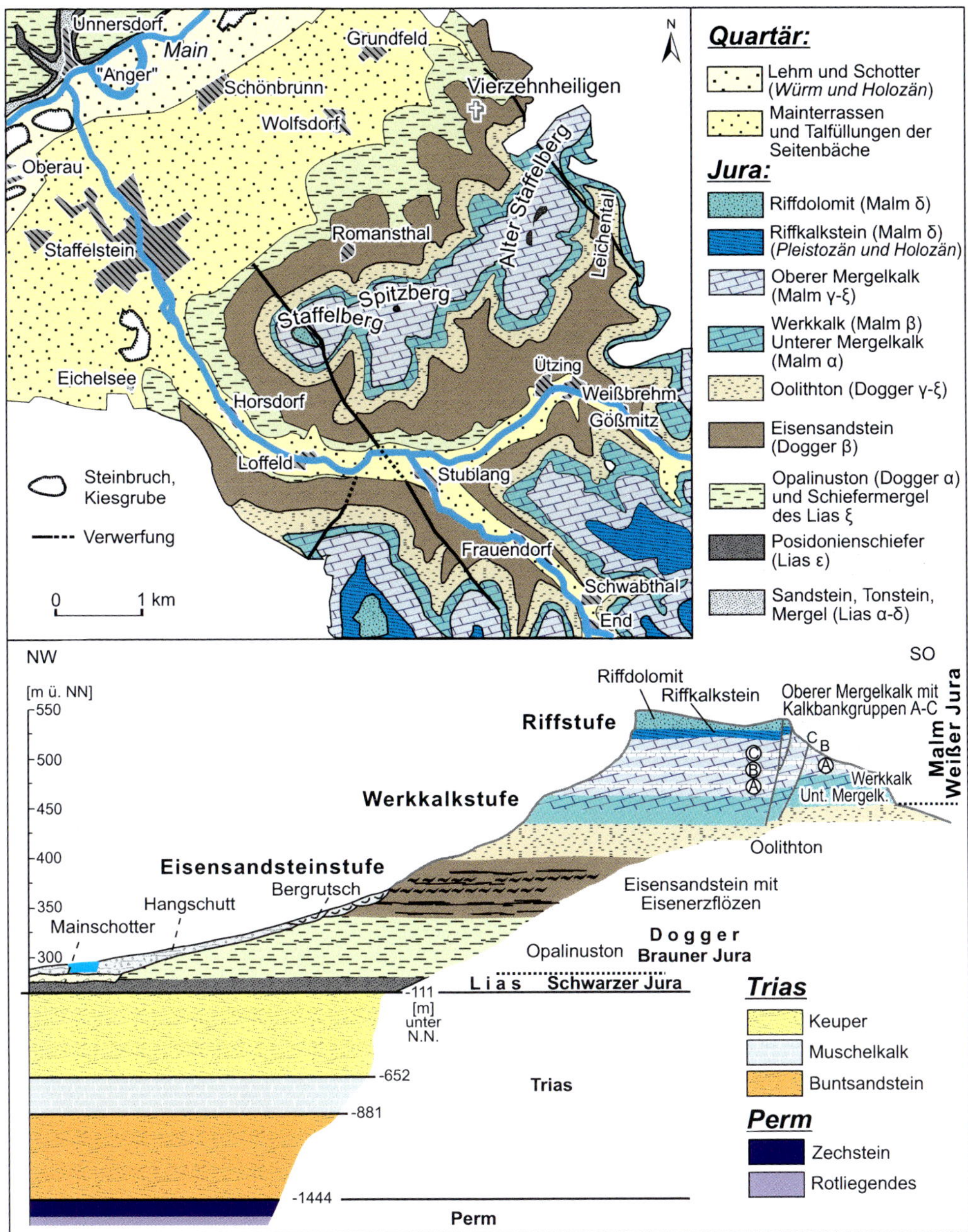

Abb. E3: Jura-Schichtstufen am Staffelberg erläutert anhand einer geologischen Übersichtskarte des Staffelbergs und eines geologisch-morphologischen Profils durch den Staffelberg (Quellen: Schirmer 1981, Schirmer 2000 und Mäuser et al. 2002).

1.2 Geochronologische Verfahren

Die **Geochronologie** (Altersbestimmungslehre) hat sich in den vergangenen Jahrzehnten zu einem enorm wichtigen Bestandteil geowissenschaftlich arbeitender Disziplinen entwickelt. Die Rekonstruktion der Landschafts- und Menschheitsgeschichte oder des (Paläo-)Klimas sind ohne geochronologische Verfahren nicht mehr lösbar. Einige der hier behandelten Methoden sind mittlerweile auch an Geographischen Instituten etabliert.

Auf die chemisch-physikalischen und geowissenschaftlichen Grundlagen der Methoden kann hier nur sehr verkürzt eingegangen werden. Wichtig ist, dass die jedem Verfahren anhaftenden potentiell datierbaren Zeiträume und die jeweiligen methodischen Limitierungen erkannt und bei der Interpretation der Alterswerte berücksichtigt werden.

Es gibt verschiedene **geochronologische Verfahren** zur Altersdatierung geomorphologischer Formen und Ablagerungen. Man unterscheidet generell ***„relative"*** (abhängige) und ***„numerische"*** *bzw. „absolute"* (unabhängige) **Altersbestimmungsmethoden** (Tab. 1.2.1, Tab. 1.2.2). Während relative Methoden Aussagen wie „jünger als" oder „älter als" treffen, werden numerische Alter durch eine Zahl mit Fehlertoleranz (±) dargestellt. Insofern liefern numerische Altersbestimmungen nur Modellalter mit Konfidenzintervall. Sie können durchaus nicht quantifizierbare und daher nicht in den Altersberechnungen eingegangene Fehler enthalten.

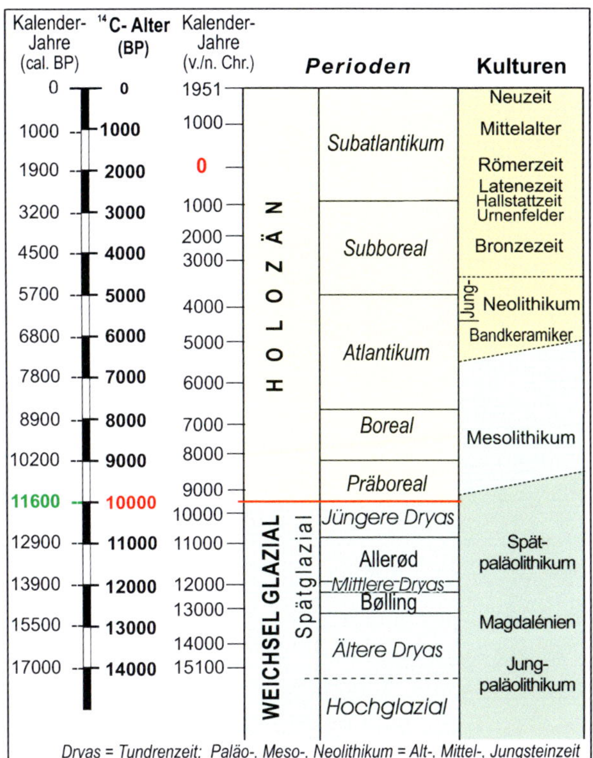

Abb. 1.2.1: Zeitskala seit dem Hochglazial der letzten Kaltzeit.

Altersbestimmungsmethoden besitzen unterschiedlich **Zeitskalen**. Relative Methoden verwenden oft lokal definierte stratigraphische Bezeichnungen wie zum Beispiel „Trias, Jura, Kreide" in der geologischen Zeitskala (Abb. 1.1.4). Mitteleuropäische Archäologen und Historiker nutzen

Kulturepochen wie Steinzeit, Bronzezeit, Eisenzeit, Römerzeit, Mittelalter und Neuzeit (Abb. 1.2.1). Mitteleuropäische Pollenanalytiker unterteilen das Spätglazial und Holozän in verschiedene Vegetationsperioden wie Ältere Dryas, Bølling, Mittlere Dryas, Allerød, Jüngere Dryas, Präboreal, Boreal, Atlantikum, Subboreal und Subatlantikum (Abb. 1.2.1).

Numerische Methoden haben manchmal auch eigene, durchaus von Kalenderjahren abweichende **Zeitskalen**. Die Radiokohlenstoff (^{14}C)-methode gibt ihre Alter in Jahren vor 1950 an (^{14}C BP oder nur BP) und kalibrierte Alter in Kalenderjahren als cal BP (Abb. 1.2.1). Bei Eisbohrkernen werden Alter in neueren Arbeiten oft in Jahren vor 2000 AD (b2k = before 2000) angegeben (Exkurs 2).

1.2.1 Relative Datierungsmethoden

Relative Altersbestimmungen (Tab. 1.2.1) ermöglichen eine relative stratigraphische Einstufung in „jünger als" bzw. „älter als". Sie werden bei jeder Geländeaufnahme als Erstes eingesetzt, um beispielsweise über morphologische Lagebeziehungen (**Morphostratigraphie**), Gesteinslagerungen und Gesteinsfazien (**Lithostratigraphie**), morphologische oder sedimentologische **Diskordanzen** (= zeitliche Hiaten), Bodenüberprägungen (**Pedostratigraphie**), **biostratigrapische** Befunde mit Hilfe von Fossilien (**Leitfossilien**, Bild 1.2.1), Pollenführungen (**Palynologie**) und Makroresten erste Altersbeziehungen zu erhalten. Solche Altersbeziehungen dienen auch der Überprüfung von Ergebnissen numerischer Datierungsverfahren.

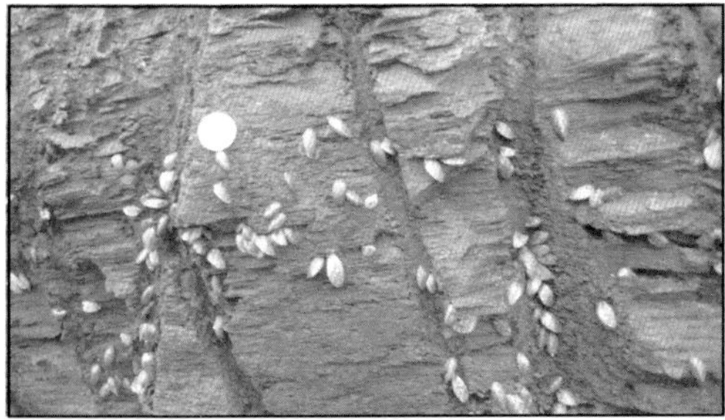

Bild 1.2.1:
Das jüngste Leitfossil in deutschen Gewässern: die *Dreissena polymorpha* (Wandermuschel, Zebramuschel). Sie ist Ende des 18. Jahrhunderts aus dem ungarischen Raum an Schiffsrümpfen hängend über die Donau eingewandert u.a. in die Isar (Schellmann 1988: 99f.), den Main und das Rheinsystem. Im Bild rezente Exemplare anheftend an einer Eicherranne in der Ksg. Wager südlich von Lauingen an der bayerischen Donau.

Innerhalb des marinen Quartärs bietet die „**Sauerstoff-Isotopenmethode**" heute ein wichtiges relatives geochronologisches Grundgerüst. Dabei werden sog. „Sauerstoff-Isotopenstufen (OIS = *oxygen isotope stages*)" bzw. „marine Isotopenstufen (**MIS**, *marine isotope stages*)" als Zahlen dargestellt wie z.B. die „Sauerstoffisotopenstufe OIS 5" bzw. die „marine Isotopenstufe MIS 5" (Abb. 1.2.2; Exkurs 2). Unterstufen (*substages*) werden durch Kleinbuchstaben gekennzeichnet wie z.B. „OIS 5e" bzw. „MIS 5e". Die Sauerstoff-Isotopenstufen wurden durch statistische Auswertungen zahlreicher Sauerstoff-Isotopenkurven von Tiefsee-Bohrkernen erstellt (Exkurs 2). In der Tiefsee sind Tiefseetone weitgehend kontinuierlich gestapelt. Sie enthalten kalkschalige Organismen (z.B. Foraminiferen, Coccolithen), die es ermöglichen, Veränderungen mariner Sauerstoffisotopenverhältnisse von ^{16}O /^{18}O bis weit in die geologische Vergangenheit zurück zu bestimmen.

Tab. 1.2.1: Wichtige relative Altersbestimmungsverfahren.

Methode	Datierbares Material	Datierbarer Zeitraum	Probleme
Lithostratigraphie	Altersbeziehung über: a) stratigraphisches Grundgesetz: jüngere Schicht lagert auf der älteren (räumliches Aufeinander entspricht dem zeitlichen Nacheinander); b) gleiche oder ähnliche lithologische Ausbildung von Schichten (Fazies) weisen auf ein ähnliches Alter hin	Geologische Formationen (lithologisch homogene Einheiten)	Voraussetzunmg: nur bei ungestörter Lagerung in räumlich gering ausgedehnten Sedimentationsgebieten möglich
Biostratigraphie	Parallelisierung von Ablagerungen über fossile Floren und Faunen (Leitfossilien, Biozonen, Pollengesellschaften)	Lebensdauer der Arten und Artengemeinschaften	Fossilien müssen *in situ* vorliegen, dürfen also nicht umgelagert sein; günstig: kurzlebige Arten (Leitfossilien) und Artengemeinschaften mit großräumiger Massenausbreitung
Morphostratigraphie	Altersbeziehung über Formen, Formengemeinschaften, Relief-Lage-Beziehungen (Reliefgenerationen), morphologische Diskordanzen		Erosionsdiskordanzen
Pedostratigraphie	Altersbeziehung über Entwicklungsgrad von Böden, Paläoböden, Deckschichtenstratigraphie, Lößstratigraphie	Glaziale u. Interglaziale, Stadiale u. Interstadiale	a) ähnliche bodenökologische Bedingungen in dem betrachteten Zeitraum; b) pedologisches Klimaxstadium noch nicht erreicht
Paläomagnetik *(Magnetostratigraphie)*	Alle Materialien mit stabiler magnetischer Remanenz: Basalte,tonige Sedimente etc.	Quartär,Tertiär und älter; beschränkt auf paläomagnetische Ereignisse	Zerstörung des primären magnetischen Signals sowie sekundäre Magnetisierung
Aminosäure-Racemisierung *(AAR)*	Mollusken	einige 100 a bis 100 ka (?)	Kalibrierung der Ergebnisse durch absolute Methoden erforderlich, Racemisierungsraten gattungsabhängig
Sauerstoffisotopenstufen ($\delta^{18}O/^{16}O$)	Kalkschalige Organismen (u.a. Foraminiferen, Mollusken), Gletschereis	Glaziale u. Interglaziale, Stadiale u. Interstadiale	Verfälschungen durch Änderungen der Luft- und Wassertemperaturen, des marinen Salzgehalts, des globalen Eisvolumens

1 ka = 1000 Jahre; 1 Ma = 1 Mio. Jahre; 1 Ga = 1 Mrd. Jahren

Die Sauerstoffisotopen-Zusammensetzung des Meerwassers ist neben anderen Einflussfaktoren vor allem auch vom Klima abhängig. Klimatische Extrema wie die quartären Kalt- und Warmzeiten sind in den Sauerstoffisotopengehalten von Foraminiferen in den Tiefseebohrkernen fast lückenlos aufgezeichnet. In den Kaltzeiten findet eine Abreicherung an leichterem ^{16}O gegenüber dem schwerer verdunstenden ^{18}O im Meerwasser statt.

Ursache ist die Speicherung des leichter verdunstenden und daher in den atmosphärischen Niederschlägen überproportional vertretenden ^{16}O in den sich aufbauenden Eisschilden, statt über Flüsse wieder den Ozeanen zugeführt zu werden.

Sauerstoff-Isotopenverhältnisse in Tiefseesedimenten und Eisbohrkernen ermöglichen eine wichtige relative chronostratigraphische Einteilung des Quartärs oder Ausschnitte davon in Klimazyklen (Abb. 1.2.2; Exkurs 2).

Auch in Eisbohrkernen, z.B. Grönlands und der Antarktis, korrelieren Änderungen der Gehalte an ^{18}O- oder Deuterium-Isotopen (D, ^{2}H, schwerer Wasserstoff) mit atmosphärischen Temperaturveränderungen (Exkurs 2). Dies wurde durch den Vergleich von heutigen Temperaturmessungen mit entsprechenden Isotopendaten von Oberflächenproben festgestellt. So gibt es inzwischen aus den Eisschilden Grönlands und der Antarktis mehrere Eisbohrkerne, deren Klimaaufzeichnungen einige Jahrzehntausende, einer sogar bis vor etwa 810.000 Jahren zurückreicht.

Außerdem gelang es, innerhalb der letzten Kaltzeit 25 Stadiale und Interstadiale nachzuweisen, zum Teil mit extremen Schwankungen der Jahresmitteltemperaturen von etwa 6 bis 12°C, oft in weniger als 100 Jahren. Sie werden nach ihren Entdeckern auch als ***„Dansgaard/Oeschger-Events“*** (*D/O events*) bezeichnet. Kennzeichen der Kaltzeiten waren niedrige Gehalte an troposphärischen Treibhausgasen und hohe Staubgehalte. Dagegen waren die Warmzeiten geprägt durch niedrige Staubgehalte und durch hohe Konzentrationen an Treibhausgasen. Letztere waren allerdings weit niedriger als heutige Gehalte.

Paläomagnetik

Ein weiteres wichtiges relatives Datierungsverfahren mit der Gesteinsschichten korreliert werden können, ist die Paläomagnetik. Bei ihr bestimmt man die natürliche remanente Magnetisierung von Sedimenten und korreliert sie mit der bekannten, über K/Ar-Datierungen numerisch eingestuften Magnetostratigraphie (**paläomagnetische Zeitskala**, Abb. 1.2.2).

Dabei wird die heute existierende Erdmagnetfeldrichtung als **normale Magnetisierung** bezeichnet und entgegengesetzte Umpolungen als **inverse** oder **reverse Polaritäten**. In der Vergangenheit wechselten sich wiederholt große Epochen (Chronen) unterschiedlicher Magnetfeldausrichtung auf der Erde ab. Die drei jüngsten paläomagnetischen Epochen sind von jung nach alt: die **Brunhes-Epoche** mit normaler heutiger Polarität, die **Matuyama-Epoche** mit inverser und die **Gauss-Epoche** mit normaler Ausrichtung des Erdmagnetfeldes (Abb. 1.2.2). Die gegenwärtige Brunhes-Epoche begann vor etwa 783.000 Jahren (Mark et al. 2017).

Innerhalb der länger andauernden Epochen existieren zeitlich kürzere paläomagnetische Events (Subchronen) mit entgegengesetzter Polarität wie der *Olduvai-Event* vor ca. 1,8 bis 1,9

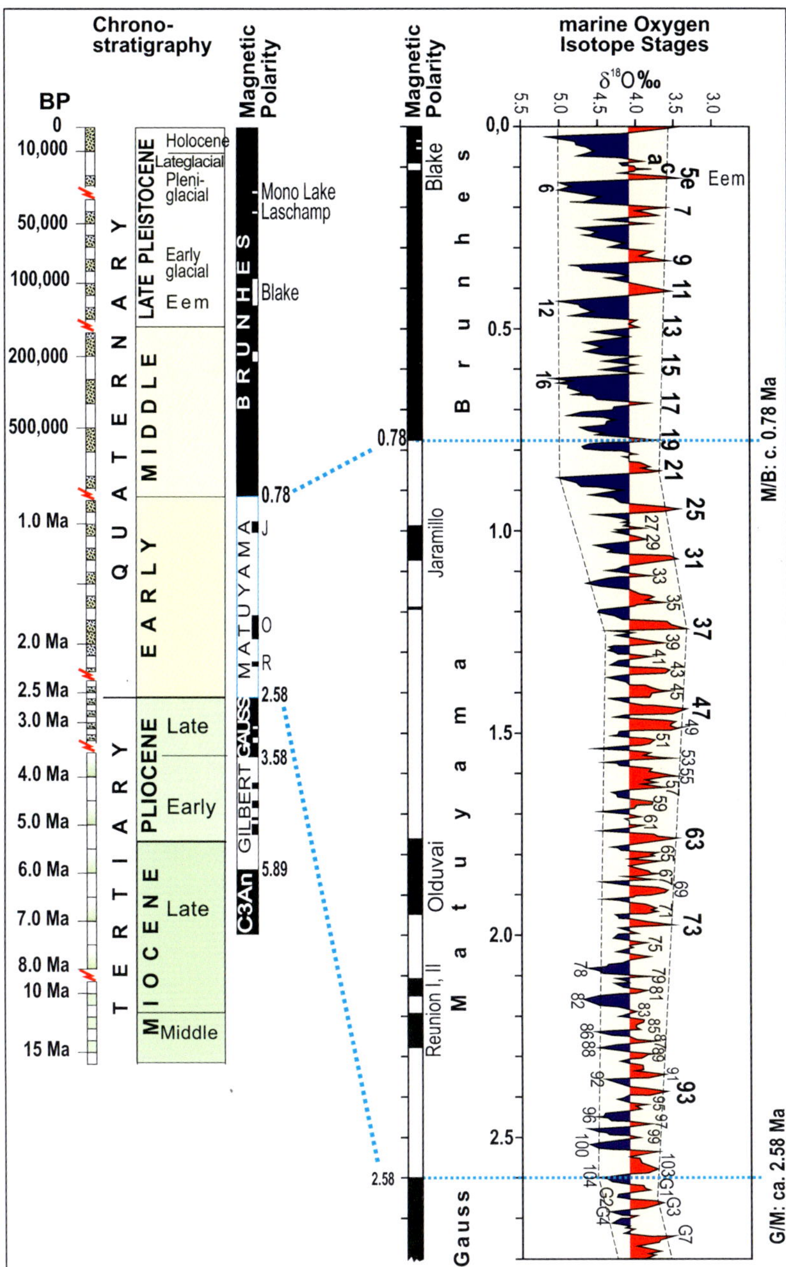

Abb. 1.2.2: Zeitskala der jüngeren Erdgeschichte mit Sauerstoffisotopenstufen nach SHACKLETON (1995).

Mio. Jahren, der *Jaramillo-Event* vor etwa 990.000 bis 1,07 Mio. Jahren oder der *Blake-Event* vor etwa 125.000 bis 95.000 Jahren.

Der **permanente Magnetismus** wird von ferromagnetischen Mineralen erzeugt, die Bestandteile vieler Gesteine sind. Magnetische Minerale richten sich bei langsamer Ablagerung (Tone, Schluffe) bzw. Magmenförderung nach dem Magnetfeld der Erde aus und mit der frühen Diagenese bzw. Erkaltung wird dann diese Orientierung fixiert.

Umkehrungen des Erdmagnetfeldes hat es in der geologischen Vergangenheit vielfach gegeben (Abb. 1.2.2). Solche Umpolungen geschehen wahrscheinlich in wenigen Jahrhunderten, aber ohne dass der Schutz vor kosmischer Strahlung unterbrochen wird. Auswirkungen für die Lebewelt auf den Festländern sind nicht bekannt.

Quelle des Erdmagnetfeldes ist zu etwa 95% der Geodynamo im Erdkern (u.a. BLEIL & VON DOBENEK 2008). Er wird angetrieben von einem schneller als Erdkruste und Erdmantel rotierenden festen Erdkern sowie von schraubenförmigen Konvektionsströmungen im äußeren flüssigen Erdkern. Das Erdmagnetfeld wird zu wenigen Prozenten auch extraterrestrisch induziert von elektrischen Strömen in der Ionos- und Magnetosphäre und dem Sonnenwind. Vernachlässigbar ist der Magnetismus der Erdkrustengesteine, da deren Magnetisierung bei Erwärmung oberhalb der Curie-Temperatur verschwindet. Das findet zum Beispiel beim Magnetit bei 675°C und beim Eisen bei 800°C statt, Temperaturen wie sie in der Erdkruste bereits in 20 bis 30 km Tiefe auftreten.

Klassisches **Anwendungsgebiet** der Paläomagnetik sind vulkanische Gesteine wie die ozeanischen Rückenbasalte. Die Erkenntnis eines paläomagnetischen Streifenmusters im basaltischen Ozeanboden in den 1960'er Jahren und deren nachträgliche numerische Datierung v.a. über K/Ar-Datierungen führte zum Durchbruch der Plattentektonik, zur Theorie vom *„sea-floor spreading“* (Kap. 2.3). Weitere geeignete Materialien für paläomagnetische Messungen sind vor allem Feuerstellen, Keramik und Ziegel, Tiefseetone, limnische Sedimente und tonige Altarmfüllungen sowie Lösse. Bodenbildungen können durch erhöhte magnetische Suszeptibilitäten erkannt werden, da bei der Pedogenese ferromagnetische Mineralkomponenten entstehen.

In der Geomorphologie spielt die paläomagnetische Datierung eine bedeutende Rolle bei der Lössforschung (Gliederung langer Löss-Paläoboden-Sequenzen) und der Stratigraphie von marinen und fluvialen Terrassentreppen. Gerade bei der Datierung morphologischer Formen, die deutlich älter sind als das Jungquartär, ist die Paläomagnetik häufig die einzige Methode zur ungefähren Alterseinstufung.

In der Praxis versucht man in der Regel zunächst die letzten großen Umpolungen vor etwa 783.000 Jahren die **Brunhes/Matuyama-Grenze** und vor etwa 1,0 Ma den ***Jaramillo-Event*** zu finden (Abb. 1.2.2). In zeitlich gut aufgelösten Lössablagerungen der letzten Kaltzeit sind manchmal auch kürzere paläomagnetische Umpolungen (events, ***excursions***) erhalten wie der ***Blake-Event*** am Ausgang der letzten Warmzeit (Eem) oder der etwa 1.500 Jahre andauernde ***Laschamp-Event*** vor etwa 41.000 Jahren und der nur etwa 640 Jahre andauernde ***Mono Lake-Event*** vor etwa 34.000 Jahren (LAJ et al. 2014).

Aminosäure-Razemisierung (AAR)

Aminosäure-Razemisierung (AAR, ***Amino-Acid-Racemisation***) ist ein relatives Datierungsverfahren, das in der Geomorphologie vor allen an jung- und mittelquartären Steinkorallen und Muschelschalen angewendet wird.

Aminosäuren sind organische Säuren (COOH-Gruppe = Carboxyl-Gruppe) und Basen (NH_2-Gruppe), die aus mindestens einem zentralen C-Atom und einer Amino-Gruppe (NH_2) bestehen. Um die eine Carboxyl-Gruppe (COOH) sind ein H-Atom und eine R-Gruppe angeordnet (Abb. 1.2.3). Die R-Gruppe ist bei jeder Aminosäure anders.

Es sind zwei spiegelbildliche Konfigurationen (Isomere) der zugehörigen Carboxyl-Gruppe (COOH), des H-Atoms und der R-Gruppe möglich. Bei der **Razemisierung** wird das gesamte Molekül gespiegelt, bei der **Epimerisierung** werden nur einzelne Atomgruppen gespiegelt (Abb. 1.2.3).

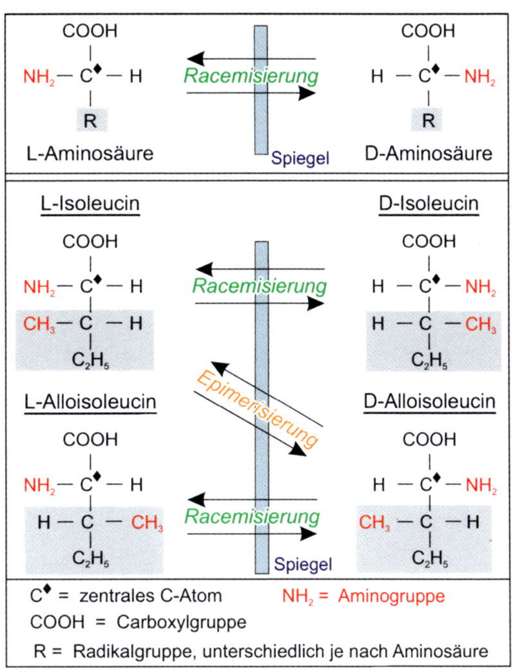

Abb. 1.2.3:
Aminosäuren, Razemisierung und Epimerisierung.

Diese spiegelbildliche Symmetrie äußert sich physikalisch in der Form, dass **L-Aminosäuren** (L, gr. *levo* = links) polarisiertes Licht nach links drehen und **D-Aminosäuren** (D, gr. *dextro* = rechts) nach rechts. Dabei bestehen die Aminosäuren lebender Organismen (Ausnahme Zellwände von Bakterien) ausschließlich aus Isomeren des L-Typs (D/L = 0).

Aufgrund thermodynamischer Instabilitäten wandeln sich diese nach dem Tod eines Organismus zunächst schnell, dann langsamer in D-Aminosäuren um, bis ein Gleichgewicht beider Konfigurationen erreicht ist. Das D/L-Verhältnis ist dann 1 (50% D und 50% L). Bei der Epimerisierung von D-Alloisoleucin zu L-Isoleucin (Abb. 1.2.3) ist das Verhältnis bei Gleichgewicht = 1,3.

Über die Analyse des D/L-Verhältnisses kann bei bekannter Reaktionsgeschwindigkeit das Todesalter des Organismus bestimmt werden.

Bei der **AAR-Altersbestimmung** werden verschiedene Aminosäuren zur Datierung eingesetzt, die unterschiedliche „Halbwertszeiten" besitzen. So deckt Asparagin z.B. in kühlen Klimaten den Altersbereich bis etwa 100 ka ab. Isoleucin reicht wahrscheinlich bis etwa 300 ka zurück. Insgesamt liefert die AAR-Methode unterschiedliche, nur regional/lokal reproduzierbare D/L-Verhältnisse Sie können erst durch Einsatz numerischer Datierungsverfahren in siderische Alter umgesetzt werden.

AAR-Datierungsprobleme resultieren meistens aus Veränderungen der chemischen und physikalischen Umgebungsbedingungen am Probenstandort, da diese die Datierung extrem beeinflussen. So ist die Razemisierung in hohem Maße temperaturabhängig. Umso niedriger die Temperaturen, umso langsamer ist die Geschwindigkeit der Razemisierung und umso weiter zurück kann man potentiell datieren. Ein Temperaturunterschied von 1°C verändert die Razemisierungsrate um 25% (Wagner 1995: 205). Zur erfolgreichen Datierung müsste der Temperaturverlauf über die gesamte Probengeschichte, eventuell über Kalt- und Warmzeiten hinweg, auf genauer als 1°C bekannt sein.

Weitere Umwelteinflüsse, die die Razemisierung beeinflussen sind pH-Wert der Sedimente, Grundwassereinflüsse, Bakterienbefall im Sinne einer Kontamination mit rezenten Aminosäuren und hydrolytische Zersetzung der Aminosäuren. Zudem ist die Razemisierung oft auch artabhängig. Daher kann häufig nur das D/L-Verhältnis einer Aminosäure an Proben einer Gattung miteinander verglichen werden. Insofern ist die Aminostratigraphie bestenfalls zur relativen Alterseinstufung geeignet.

Zur Vertiefung sei auf Wehmiller (2015) sowie Sloss et al. (2013) und dort zitierte Literatur verwiesen.

Weitere wichtige relative Datierungsverfahren sind verschiedene biostratigraphische Methoden wie die Analyse von Pollen und organischen Makroresten, aber auch Verfahren der Morpho- und Pedostratigraphie (Tab. 1.2.1).

Exkurs 2: ***Sauerstoff-Isotopenmethode bzw. Sauerstoffisotopenverhältnisse ($^{18}O/^{16}O$) als Klimaindikatoren***

Ein wichtiger Informationsträger (Proxy) für die Rekonstruktion des Klimas, der ozeanischen und atmosphärischen Zirkulationen sind Sauerstoff-Isotopenverhältnisse von $^{18}O/^{16}O$ im Gletschereis (z.B. Grönlands und der Antarktis) sowie in den fossilen Kalkskeletten mariner Organismen (z.B. benthische und planktonische Foraminiferenschalen). Auf sie stützt sich die heutige Unterteilung des Eiszeitalters in zahlreiche marine Isotopenstufen (MIS; früher Sauerstoff-Isotopenstufen OIS) und die Unterteilung der letzten Kaltzeit in 25 grönländische Stadiale und Interstadiale. $^{18}O/^{16}O$-Gehalte von Steinkorallen, Muschelschalen und Tropfsteinen (*speleothems*) können zudem lokale Paläoklima-Informationen liefen.

Der Name **Isotop** (gr. *iso* = gleich, *topos* = Ort) stammt aus dem frühen 20. Jahrhundert, als man beim radioaktiven Zerfall des Urans entdeckte, dass radioaktive und nicht-radioaktive Elemente mit verschiedenen Atommassen (z.B. ^{18}O, ^{17}O, ^{16}O) an gleichen Stellen des Periodensystems stehen können. Isotope (hier Sauerstoff; Abb. E2.1) besitzen eine gleich hohe Anzahl von Protonen (8) und Elektronen (8), aber eine unterschiedliche Anzahl von Neutronen (8, 9 bzw. 10). Isotope sind also Nuklide eines Elements, die eine gleiche Anzahl von Protonen, aber eine unterschiedliche Anzahl von Neutronen besitzen.

Der Chemiker Harold C. Urey (1947) konnte aufzeigen, dass sich Isotope bei Phasenübergängen und chemischen Reaktionen unterschiedlich verteilen, also **Isotopenfraktionierungen** stattfinden. Ursache sind die leicht voneinander abweichenden Massen, die zu geringfügigen Veränderungen ihrer physikalischen und chemischen (z.B. Bindungskräfte) Eigenschaften führen. In der Atmosphäre kommen kinetische Isotopenfraktionierungen bei allen drei Phasenübergängen von Wasser vor: beim Verdunsten, bei der Kondensation und der Sublimation. Organismen bevorzugen oft das isotopisch leichtere Element. So bevorzugen Pflanzen bei der Photosynthese die leichteren $^{12}CO_2$-Moleküle, so dass das δ^{13}C im Mittel um etwa -20 bis -32‰ (C3-Pflanzen) abgereicht ist. ^{15}N ist dagegen bei vielen Landpflanzen um 2 bis 10‰ angereichert. Dabei gilt, dass Fraktionierungen für leichte Elemente wie D (^{2}H) und ^{1}H größer sind als für schwere Elemente wie ^{18}O und ^{16}O (Kap. 1.1). Insbesondere die durch Verdunstungs- und Kondensationsprozesse verursachten Isotopenfraktionierungen von ^{18}O und Deuterium (D, ^{2}H) bilden in der Hydrologie und Glaziologie wichtige

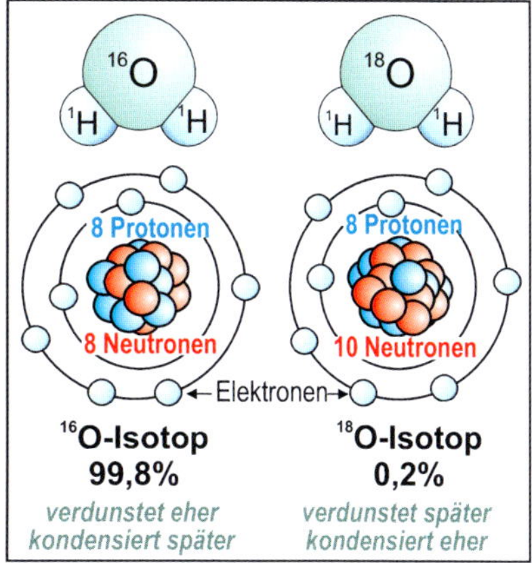

Abb. E2.1:
Die beiden stabilen Sauerstoff-Isotope ^{18}O (8 Protonen, 10 Neutronen) und ^{16}O (8 Protonen, 8 Neutronen).

Umweltanzeiger (**Klimaproxies**) z.B. für Temperaturen (Paläothermometer, Isotopenthermometer) und die Herkunft von Niederschlägen.

Der Sauerstoffanteil der Atmosphäre setzt sich aus drei verschiedenen stabilen Isotopen zusammen: dem Hauptisotop ^{16}O mit 99,76%, ^{17}O mit 0.037% und ^{18}O mit 0,204% (Wagner 1995: 243). Auf 490 Sauerstoff-16 Atome kommt etwa 1 Sauerstoff-18 Atom: Dabei beeinflussen verschiedene Faktoren (v.a. Temperaturen und Kondensationsvorgänge) die lokalen und regionalen ^{18}O-Gehalte. So schwankt das **$^{18}O/^{16}O$-Verhältnis** (oft ausgedrückt als $\delta^{18}O$, s.u.) in der Atmosphäre regional stark (Abb. E2.2). Es ist abhängig von der Meereshöhe und der Breitenkreislage, von der Kontinentalität und Jahreszeit und unterscheidet sich von den Gehalten in der Biosphäre oder der Hydro- und Kryosphäre oder der Lithosphäre. Änderungen der ^{18}O-Gehalte gehen auch einher mit Änderungen der Konzentration von Deuterium.

Deuterium (D, ^{2}H) ist ein weiteres, im Niederschlag mit variierenden Gehalten auftretendes stabiles Isotop. Insgesamt hat Wasserstoff nur zwei stabile Formen: ^{1}H (99,985%) und das schwere ^{2}H (D, 0,015%). Das dritte Wasserstoffisotop Tritium (^{3}H) ist instabil (radioaktiv) mit einer Halbwertzeit von 12,5 Jahren. Auch Deuterium ($HD^{16}O$) unterliegt bei Verdunstung, Kondensation und Niederschlag einer Isotopenfraktionierung ($HD^{16}O$ *versus* $H_2{}^{16}O$, $H_2{}^{18}O$), was eine zunehmende Abreicherung aus einer Luftmasse bewirkt (Abb. E2.2: links oben). Es wird ebenfalls als Klimaindikator für Wasserdampftemperaturen von Niederschlägen genutzt.

Um Messungen besser vergleichen zu können, werden Isotopengehalte häufig auf einen Standard bezogen und als Delta-Wert (Delta-Notation) angegeben. **$\eth^{18}O$** (‰) bzw. **$\eth D$** beschreibt also die relative Abweichung (Verhältnis; Ratio, R; hier $^{18}O/^{16}O$ bzw. $D/^{1}H$) der Gehalte in einer Probe von einem Standard:

$$\eth^{m}Is\ (‰) = (R_{Probe} - R_{Standard}) / R_{Standard} \times 1000 \quad \text{bzw.} \quad \eth^{m}Is\ (‰) = (R_{Probe} / R_{Standard} - 1) \times 1000$$

[Is = Isotop, m = Massenzahl]

Sind die Isotopengehalte einer Probe größer als der Referenzstandard sind die ð-Werte positiv, die Probe ist also isotopisch „schwerer" (*heavier*). Sind die Isotopengehalte einer Probe kleiner als der Referenzstandard sind die ð-Werte negativ und die Probe ist isotopisch „leichter" (*lighter*).

1. Geographische Verteilung von $\eth^{18}O_{atm}$ im atmosphärischen Niederschlag

In der Atmosphäre steuern vor allem Verdunstung, Kondensationstemperaturen und Kondensationsprozesse den $\eth^{18}O$-Gehalt. Ein Wassermolekül $H_2{}^{18}O$ ist ca. 11% schwerer als ein $H_2{}^{16}O$ Molekül. Es hat eine etwa 10‰ geringere Tendenz zur Verdunstung (Evaporation) bzw. eine 10‰ höhere Tendenz zur Kondensation (Dansgaard 2005: 14). Der von einer Wasseroberfläche verdunstende Wasserdampf ist deshalb im Mittel um ð = -10‰ verarmt.

Dagegen kondensiert das schwerere $H_2{}^{18}O$ leichter. Daher besitzen Niederschläge einen im Mittel um 10‰ höheren $H_2{}^{18}O$-Gehalt als die Wolke. Mit jeder Kondensation wird ^{18}O im atmosphärischen Wasserdampfkreislauf weiter abgereichert (Abb. E2.2). Solange kein neuer Wasserdampf zugeführt wird, verringert sich der $\delta^{18}O$ Gehalt im Niederschlag temperaturbedingt um etwa 0,7‰ / °C (Dansgaard 2005: 14).

Jeder Phasenwechsel beeinflusst den $\delta^{18}O_{atm}$-Wert. Man spricht auch von **troposphärischer Isotopenfraktionierung** oder *„Rayleigh distillation (fractionation)"*. Die atmosphärischen $\delta^{18}O$-Gehalte schwanken daher:

- je nach Herkunftsort der Luftmasse (atmosphärische Zirkulation), ob maritim oder kontinental-küstennah oder kontinental-küstenfern („**Kontinentaleffekt**"), wobei niedrigere $\delta^{18}O$-Werte mit zunehmender Kontinentalität positiv korrelieren;
- je nach geographischer Breite („**Breitengradeffekt**"): ca. -0,54‰ pro nördlicher geogr. Breite;
- je nach Meereshöhe („**Höheneffekt**"): meist zwischen -0,1 bis ca. -0,6‰ pro 100 m Höhe;
- je nach Jahreszeit: niedrigere $\delta^{18}O$-Werte im Winter;
- je nach Niederschlagsmenge („**Niederschlagseffekt**"): niedrigere $\delta^{18}O$-Werte bei Starkregen (u.a. Araguas-Araguas et al. 2000: 1349);

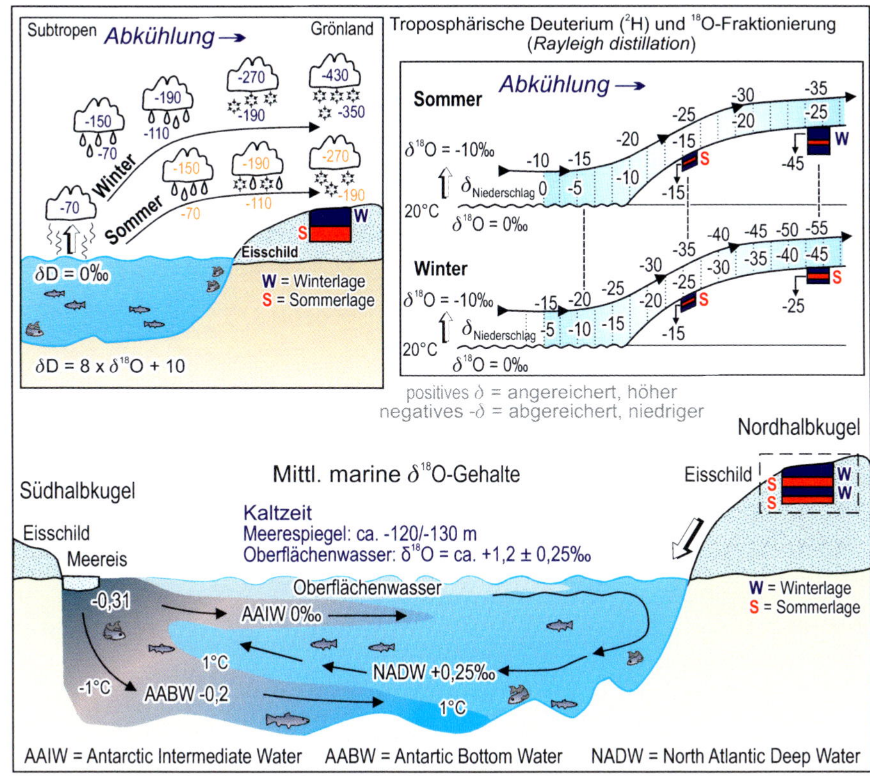

Abb. E2.2: $\delta^{18}O$-Isotopenfraktionierungen durch Verdunstung, Kondensation und Niederschlag in der Troposphäre sowie $\delta^{18}O$-Gehalte wichtiger Meeresströmungen (Quellen v.a.: Dansgaard 2005 und Paul et al. 1999).

- je nach **Meereshöhe.** Im Gebirge nimmt der $\partial^{18}O$-Gehalt mit zunehmender Höhe durch sukzessives Ausregnen ab und zwar um etwa -0,15 bis -0,5‰/100 m (Clark & Fritz 1997; Araguas-Araguas et al. 2000: 1348).

Mit sinkenden Temperaturen, zunehmender geographischer Breite, Kontinentalität und Meereshöhe nimmt der Anteil der $H_2{}^{18}O$-Moleküle im Niederschlag ab. In Äquatornähe ist der Wasserdampf gegenüber dem Ozeanwasser bei 25°C nur um etwa -8,0‰ abgereichert (Dansgaard 1964), in den polaren und subpolaren Breiten der Arktis und Antarktis dagegen um bis zu -20 bis -50‰ (Werner et al. 2016: Figure 1a). Die niedrigsten $\partial^{18}O_{atm}$ von bis zu -58,4‰ (-454‰ ∂D) wurden im Schnee der zentralen Antarktis gemessen (Masson-Delmotte et al. 2008: 3368; Qin et al. 1994).

Stark vereinfacht gilt: *je niedriger (höher) die Temperaturen (genauer die Kondensationstemperaturen in der Wolke), desto niedriger (höher) sind die $\partial^{18}O_{atm}$ Gehalte im atmosphärischen Wasserdampf und im Niederschlag.*

Niedrige Temperaturen erzeugen niedrige ∂-Werte, hohe Temperaturen hohe ∂-Werte. Nach Dansgaard (1964) besteht im Nordatlantik und auf Grönland zwischen mittleren ∂-Werten ($\partial^{18}O$, ∂D) und Jahresmitteln der Temperatur (T) folgende Beziehung:

$$\partial^{18}O = 0{,}69 \times T - 13.6\ (‰) \quad \text{und} \quad \partial D = 5{,}6 \times T - 13.6\ (‰).$$

Dabei verändern sich $\partial^{18}O_{atm}$-Gehalte saisonal in Abhängigkeit von Temperaturen und vom Herkunftsgebiet der Luftmassen. Generell nehmen sie mit zunehmender Entfernung von der Verdunstungsquelle ab. Im Winter sind die Gehalte niedriger als im Sommer.

Niedrigere $\partial^{18}O_{atm}$-Gehalte der höheren Breiten resultieren auch aus Verlusten von ^{18}O durch wiederholte Kondensationsprozesse auf dem Weg des Wasserdampfes von den Hauptwasserdampfquellen der niederen Breiten dorthin oder durch Abkühlung der Luftmassen über ausgedehnten Meereisgebieten.

Ähnliches gilt auch für Deuterium. Nur ist Deuterium in Niederschlägen gegenüber den durchschnittlichen Gehalten im Ozeanwasser (SMOW bzw. VSMOW) im Mittel sogar um etwa -80‰ verarmt (Abb. E2.2). Weltweit stehen beide in heutigen Niederschlägen und Oberflächengewässern (= meteorisches Wasser) in einem linearen Verhältnis (Craig 1961; Dansgaard 1964) von: $\partial D = 8\ \partial^{18}O + 10‰$.

Temperaturbedingt können Abweichungen von dieser linearen Beziehung zwischen ∂D und $\partial^{18}O$ bestehen. Diese Abweichungen werden als Deuterium-Excess bezeichnet:

$$d\text{-}excess = \partial D - 8\partial^{18}O.$$

Aktuelle Niederschläge haben im Mittel einen *d*-excess-Wert von 10, der allerdings zeitlich und räumlich schwankt. Der Deuterium-Excess wird manch-mal benutzt, um bei der Interpretation grönländischer Eisbohrkerne Informationen zu Veränderungen im ozeanischen Herkunftsgebiet der Niederschläge abzuleiten (u.a. Jouzel et al. 2007). Er nimmt bei ansteigenden Temperaturen und abnehmender Humidität im Herkunftsgebiet des Wasserdampfs zu.

2. $\delta^{18}O_w$-Gehalte in den Ozeanen

Die $\delta^{18}O_w$-Gehalte im Meerwasser werden in der Regel auf den internationalen Referenzstandard SMOW (Standard Mean Ocean Water) bzw. in jüngerer Zeit auf VSMOW (Vienna SMOW) bezogen. SMOW (VSMOW) = Standard Mean Ocean Water = 2,0052 x 10^{-3} ($^{18}O/^{16}O$); Deuterium VSMOW = 1,5575 x 10^{-4} ($D/^{1}H$).

$$\delta^{8} O_W \ [\%] = \frac{(^{8} O/^{6} O)_{Probe} - (^{8} O/^{6} O)_{SMOW}}{(^{8} O/^{6} O)_{SMOW}} \cdot x1000 \quad \text{bzw.} \quad \delta^{8} O_W \ [\%] = \frac{(^{8} O/^{6} O)_{Probe}}{(^{8} O/^{6} O)_{SMOW}} \cdot -1$$

Dabei sind ***per definitionem*** die $\delta^{18}O$- und δD-Werte von **SMOW** bzw. **VSMOW** = 0,0‰. Eine Probe, bei der das schwere Isotop (^{18}O, D) abgereicht ist, hat einen negativen und eine angereicherte Probe einen positiven δ-Wert.

Bei Isotopenuntersuchungen an **Kalkschalern** verwendet man den Bezugsstandard **PDB** bzw. **VPDB** (V = Vienna) = kreidezeitliche Pee Dee Belemniten: $^{18}O/^{16}O_{PDB}$ (*PDB Pee Dee Belemnite*) = 2,0672‰.

Folgende Beziehung besteht bei einer Umrechnung von SMOW nach PDB und umgekehrt (Coplen et al. 1983):

$$\delta^{18}O_{PDB} = 0{,}97002 \text{ x } \delta^{18}O_{VSMOW} - 29{,}98 \text{ bzw. } \delta^{18}O_{VSMOW} = 1{,}03091 \text{ x } \delta^{18}O_{VPDB} + 30{,}92.$$

Typische **$\delta^{18}O_w$-Werte** liegen im ozeanischen Oberflächenwasser zwischen -6‰ bis +3‰ (Schmidt 1999), überwiegend bei -1‰ bis 2‰ (Schmidt et al. 1999). Im kalten Tiefenwasser liegen sie meist zwischen -0,2‰ und 0,25‰ (Waelbroeck et al. 2001). Die Eisschilde Grönlands besitzen $\delta^{18}O_w$-Werte von etwa -30‰ und die der Antarktis von etwa -55‰.

In den Ozeanen wird das $\delta^{18}O_w$ -Verhältnis beeinflusst:

a) von der Wassertemperatur,
b) von der globalen Wasser- bzw. Eisverteilung (glazial-isotopisches Signal), also indirekt von klimatischen Bedingungen und vom Meeresspiegelstand (Shackleton & Opdyke 1973),
c) vom Salzgehalt (Salinität) des Meerwassers sowie
d) küstennah von Süßwassereinträgen und ihren deutlich niedrigeren $\delta^{18}O_w$-Gehalten (-10‰ bis -25‰).

2.1 $\delta^{18}O_w$ und Wassertemperaturen

Allgemein gilt: *je niedriger die Wassertemperatur, desto höher ist die Konzentration von ^{18}O relativ zu ^{16}O im Meerwasser.*

Die Ursache liegt in einer relativen Anreicherung von ^{18}O durch eine mit absinkenden

Wassertemperaturen einhergehende zunehmend verringerte Verdunstung von ^{18}O. Es gilt näherungsweise:

$$\Delta\partial^{18}O_w = +1‰ \Rightarrow \Delta T = -5°C \quad \text{bzw.} \quad \Delta\partial^{18}O_w = -1‰ \Rightarrow \Delta T = +5°C.$$

So führt stark vereinfacht eine Zunahme der Wassertemperaturen (ΔT) um etwa 1°C zu einer Abnahme des $\partial^{18}O_w$ um etwa -0,2‰.

2.2 $\partial^{18}O_w$ in Abhängigkeit von der globalen Wasser- bzw. Eisverteilung (glazial-isotopisches Signal)

Da ^{16}O in größerem Maße in Eis eingebaut wird als ^{18}O, steigt die Konzentration von ^{18}O im Meerwasser in Relation zu ^{16}O mit zunehmender Eisausdehnung auf der Erde an, das bedeutet mit Abnahme der globalen Temperaturen.

Im heutigen ozeanischen Oberflächenwasser findet man im Mittel $\partial^{18}O_w$-Gehalte von etwa 0 ± 1,5 (Pearson 2012: 12). Falls alles Eis auf der Erde abschmilzt, sinken die $\partial^{18}O_w$-Gehalte auf ca. -1‰ bei ca. 130 m Meeresspiegelerniedrigung (ca. 0,0077‰ m^{-1}). In den Kaltzeiten führte der Aufbau großer Eisschilde zu einem Absinken des Meeresspiegels und zu einer deutlichen Erhöhung der $\partial^{18}O_w$-Werte um bis zu 1,2 ± 0,25‰ (Abb. E2.2).

In Eisbohrkernen ist prinzipiell das umgekehrte Verhältnis gespeichert, da Gletschereis aus ^{18}O-abgereicherten Niederschlägen (bis zu -60‰) gebildet wird.

2.3 $\partial^{18}O_w$ in Abhängigkeit vom Salzgehalt des Meerwassers

Das $\partial^{18}O_w$-Verhältnis in den Ozeanen ist auch abhängig vom Salzgehalt (Salinität, S) des Meerwassers. Allgemein gilt: *je höher der Salzgehalt, desto höher ist auch der $\partial^{18}O_w$-Gehalt.*

Je nach Wassermasse variiert das Verhältnis von $\partial^{18}O_w$ zur Salinitätsänderung (S) zwischen 0,2 bis 0,75‰ pro ‰ Salinitätsänderung. Im ozeanischen Oberflächenwasser überwiegen Werte von $^{18}O_w/\Delta S = 0,60$ (Bigg & Rohling 2000: Figure 3) oder $\partial^{18}O_w/\Delta S = 0,50$ (Broecker 1989).

Im zirkum-antarktischen Ozean kann durch Meereisbildung (Salzgehalt nur noch 8-20‰; Meerwasser meist 32-35‰) der Salzgehalt und die Dichte des antarktischen Tiefenwassers (AABW *AntArcticBottomWater*, Temp. <0°C bis ca. -2°C) zunehmen. Durch Absinken trägt es zur thermohalinen Zirkulation bei, allerdings ohne nennenswerten Einfluss auf die $\partial^{18}O_w$-Gehalte des Oberflächen- und Tiefenwassers (Ravelo & Hillaire-Marcel 2007: 744). Allerdings besitzt das Meereis leicht erhöhte $\partial^{18}O_w$-Gehalte von 2,57 ± 0,10‰ (Rohling 2013: 918), was geringe regionale $\partial^{18}O_w$-Schwankungen im umgebenden Meerwasser bewirken kann.

2.4 $\partial^{18}O_{[PDB]}$-Gehalte in marinen Organismen und marine Sauerstoff-Isotopenstadien (MIS)

Marine Kalkschaler (Foraminiferen, Korallen, Mollusken, Gastropoden) speichern durch den Einbau von Kalziumkarbonat ($CaCO_3$) Informationen über das Sauerstoffisotopenverhältnis im Meerwasser während ihres Wachstums. Sie können neben lokalen Einflüssen (Salzgehalte, Süßwasserzuflüsse) Hinweise geben zu Veränderungen von **Meerestemperaturen**, **Meeresströmungen** (u.a. thermohaline Zirkulationen) und globalen **Eisvolumina**.

Ehemalige δ^{18}O-Gehalte in den Ozeanen werden vor allem mit Hilfe der Kalkschalen planktonischer (0 bis 200 m Wassertiefe) und benthischer (am Meeresboden lebender) Foraminiferen in Tiefseesedimenten rekonstruiert. Allerdings ist die Datierung der Tiefseesedimente schwierig. ^{14}C und U/Th-Datierungen der Foraminiferenschalen sowie paläomagnetische Untersuchungen der Sedimente können Zeitmarken liefern. Die Annahme kontinuierlicher Sedimentationsraten zur weiteren Alterseinstufung ist dagegen sehr ungenau.

Die Temperaturabhängigkeit der Sauerstoff-Isotopengehalte in Kalkschalen wurde erstmalig von Urey (1947) erkannt, von Epstein et al (1953) empirisch berechnet und von Emiliani (1955) paläoklimatisch angewendet („Vater“ der marinen Sauerstoff-Isotopen-Stratigraphie OIS; später MIS = *Marine Isotope Stage*“). Mit Hilfe der δ^{18}O-Gehalte planktonischer Foraminiferen aus Tiefseebohrungen erstellte Emiliani (1955) die erste, bis zum MIS 13 zurückreichende marine Sauerstoff-Isotopenkurve (Abb. E2.3). Er benannte die Warmzeiten vom Holozän zurück mit ungeraden Zahlen (Holozän = 1, letztes Interglazial = 5) und die Kaltzeiten mit geraden Zahlen (Ausnahme letzte Kaltzeit = 2, 3, 4).

Shackleton (1969) erkannte im letzten Interglazialkomplex MIS 5 (Eem in Europa, Sangamon in Nordamerika) fünf bedeutende Unterstufen, die er von alt nach jung mit 5e, 5d, 5c, 5b und 5a benannte (Abb. E2.4, Abb. E2.5). Als ***Termination*** bezeichnet man die schnelle δ^{18}O-Abnahme am Übergang vom Glazial zum Interglazial, gegenüber der langsamen Zunahme vom Interglazial zum Glazial. Shackleton (1967) erkannte erstmalig die Bedeutung der Schwankungen globaler Eisvolumina für die Sauerstoff-Isotopenverhältnisse von Foraminiferenschalen in Tiefseekernen. Shackleton & Opdyke (1973) erstellten dann die erste längere Sauerstoff-Isotopenkurve aus Tiefseesedimenten (Abb. 1.2.2).

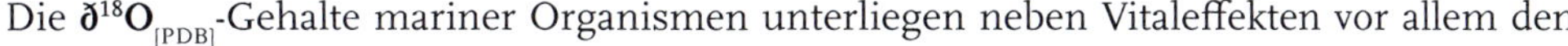
Die **δ^{18}O$_{[PDB]}$**-Gehalte mariner Organismen unterliegen neben Vitaleffekten vor allem den

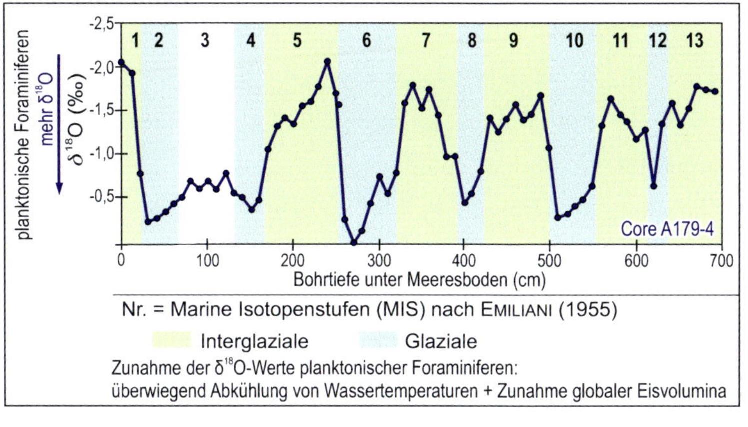

Abb. E2.3: δ^{18}O-Gehalte planktonischer Foraminiferen (*Globigerinoides ruber*) aus der karibischen Tiefseebohrung A179-4 nach Emiliani (1955, stark verändert).

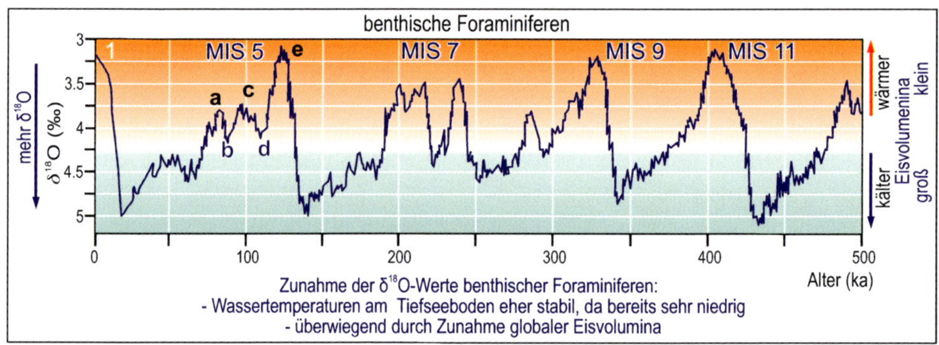

Abb. E2.4: Sauerstoffisotopenverhältnisse benthischer Foraminiferen der vergangenen 500 ka gemittelt aus 57 global verteilten Tiefseebohrungen (Quelle: Lisiecki & Raymo 2005).

Faktoren Wassertemperatur und dem δ^{18}O-Gehalt des Meerwassers und damit dem globalen Wasser- und Eisvolumina.

Regionale Veränderungen können auch durch Bildung von Meereis oder durch Salinitätsveränderungen des Meerwassers entstehen. Sie können außerdem durch Vitaleffekte der Organismen (u.a. Kalkbildungsraten, artenabhängige Isotopenfraktionierungen) beeinflusst sein. Diagenetische Veränderungen in den Karbonatschalen wie partielle Auflösungen, Umkristallisationen (z.B. von Aragonit zu Calzit) oder Isotopenmigrationen können auch das Ergebnis sein:

a) einer Erhöhung der Wassertemperaturen. Sie führt zur Abnahme der $\delta^{18}O_w$-Gehalte im Meerwasser um ca. -0,21 bis -0,23‰ pro Temperaturzunahme um 1°C (Ravelo & Hillaire-Marcel 2007: 747) und umgekehrt.

   Je niedriger die Wassertemperatur, desto mehr ^{18}O wird in die Karbonatschalen mariner Organismen eingebaut.

   Bei einer Abkühlung um 3°C erhöht sich der δ^{18}O-Gehalt in den Karbonatschalen um etwa 0,63 bis 0,69‰ (3 x 0,21 bzw. 0,23‰). Zum Vergleich, die $\delta^{18}O_w$-Erhöhung im Meerwasser durch Zunahme kaltzeitlicher Eisvolumina erreichte maximal 1,1 ± 0,25‰.

b) einer Zunahme des globalen Eisvolumens (glazial-isotopisches Signal). Das führt zur Bindung leichter ^{16}O-Isotope im Eis und damit zur relativen Anreicherung von ^{18}O im Meerwasser von bis zu 1,1 ± 0,25‰.

   Je mehr Wasser im globalen Eisvolumen gespeichert ist, desto höher ist der $\delta^{18}O_w$-Gehalt des Meerwassers und desto mehr ^{18}O wird in Karbonatschalen mariner Organismen eingebaut.

c) einer Bildung von Meereis. Sie führt zu angereicherten δ^{18}O-Gehalten von bis zu 3‰ (Brennan et al. 2013: 389) und zur Produktion von Salzsolen (*brine water effect*) mit entsprechend erniedrigten δ^{18}O-Gehalten von bis zu minus 3‰. Die Salzsolen sinken aufgrund ihrer höheren Dichte nach unten und treiben so die globale ozeanische Zirkulation mit an. Dagegen bewirkt eine verdunstungsbedingte Salinitätserhöhung eine Zunahme der δ^{18}O-Gehalte im Meerwasser und damit auch in den darin lebenden kalkschaligen Organismen.

Der ∂[18]O-Gehalt von ozeanischen Tiefenwässern und darin lebender **benthischer Foraminiferen** ist vor allem ein Ergebnis der isotopischen Zusammensetzung des Einzugsgebiets des Meerwassers und der globalen glazialisotopisch (Eisvolumina) bedingten ∂[18]O-Gehalte im Meerwasser. Ein Temperatureffekt ist wegen der bereits sehr niedrigen Temperaturen der ozeanischen Tiefenwässer von meist unter 1°C vernachlässigbar, da diese bei spätestens -1,8°C gefrieren würden (WAELBROCK et al. 2002: 302). Etwa 70% der ∂[18]O-Gehalte ozeanischer Tiefenwässer sind wahrscheinlich glazialisotopisch von Änderungen globaler Eisvolumina beeinflusst.

∂[18]O-Gehalte benthischer Foraminiferen können also Aussagen zu Veränderungen globaler Eisvolumina und damit indirekt zu Höhenlagen des Meeresspiegels liefern. Die Qualität solcher Meeresspiegelabschätzungen kann über den Vergleich mit anderen Rekonstruktionen ehemaliger Höhenlagen von Meeresspiegeln beurteilt werden. Die Karibikinsel Barbados ist mit ihren gehobenen Korallenriffen ein klassisches Untersuchungsgebiet („Barbados-Modell") für Rekonstruktionen jung- und mittelquartärer Meeresspiegellagen (Abb. E2.5).

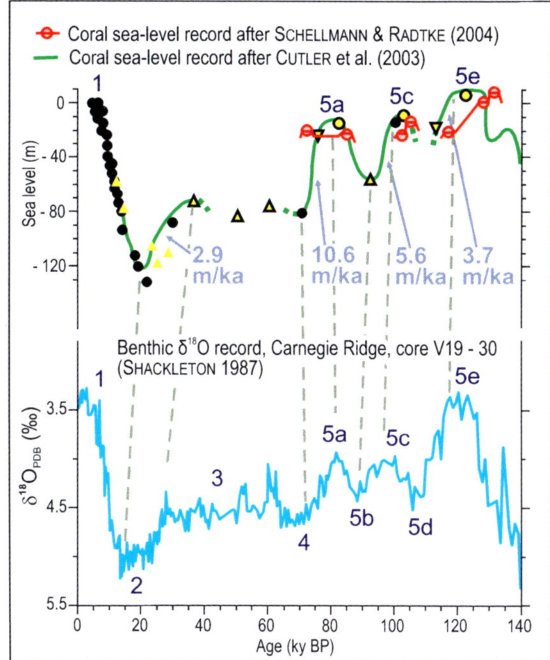

Abb. E2.5:
∂[18]O$_{[PDB]}$-Gehalte benthischer Foraminiferen und Meeresspiegelveränderungen seit dem letzten Interglazial rekonstruiert mit Hilfe von Korallenriffen auf der Huon Peninsula, in Papua Neuguinea und auf Barbados (Quellen: CUTLER et al. 2003; SCHELLMANN & RADTKE 2004; SHACKLETON 1987).

Die ∂[18]O-Gehalte planktonischer, im Oberflächenwasser (bis 200 m Tiefe) lebender Foraminiferen und anderer kalkschaliger Organismen wie Muscheln unterliegen potentiell den Einflüssen von regionalen Verdunstungs-Niederschlags-Verhältnissen (Regionalklima), von Flussmündungen, von schmelzenden Eisbergen, von Salinitätsänderungen, von Verlagerungen von Meeresströmungen und Veränderungen von Meerestemperaturen oder von globalen, glazialisotopisch bedingten Veränderungen mariner ∂[18]O-Gehalte.

Trotzdem sind jahreszeitliche Schwankungen von Wassertemperaturen in Muschelschalen sehr klar anhand von entsprechend schwankenden ∂[18]O$_{[PDB]}$-Gehalten in ihren Schalen zu erkennen (Abb. E2.6). Wegen der potentiell zahlreichen Beeinflussungen der ∂[18]O-Gehalte in Muschelschalen ist die Quantifizierung der konkreten saisonalen Schwankungen der Wassertemperaturen allerdings relativ unsicher.

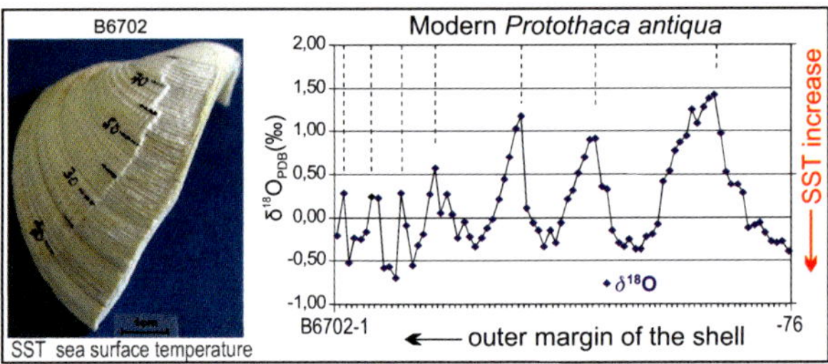

Abb. E2.6:
Saisonal schwankende $\delta^{18}O_{[PDB]}$-Gehalte einer rezenten Muschelschale (*Protothaca antiqua*) an der patagonischen Atlantikküste als Ausdruck jahreszeitlich variierender Wassertemperaturen in der Größenordnung von 3 bis 9°C (verändert nach Schellmann & Radtke 2007: Abb. 2).

Zwischenresumée

$\delta^{18}O$-Gehalte im Meerwasser und damit auch in den Kalkschalen und Kieselskeletten von Organismen werden vor allem von den Wassertemperaturen, vom globalen Eisvolumen und vom Salzgehalt des Meerwassers beeinflusst (Abb. E2.7):

- höhere Wassertemperaturen korrelieren mit niedrigeren $\delta^{18}O_w$-Werten und umgekehrt;
- eine Zunahme des globalen Eisvolumens erniedrigt die $\delta^{18}O_w$-Gehalte und umgekehrt;
- eine Zunahme des Salzgehaltes (z.B. bei Entstehung von Meereis) ist mit niedrigeren $\delta^{18}O_w$-Gehalten verbunden und umgekehrt.

$\delta^{18}O$-Gehalte mariner kalkschaliger Organismen werden durch Subtraktion des globalen glazial-isotopischen Signals und unter Annahme keiner weiteren Einflüsse als Temperatursignal interpretiert (u.a. Shackleton 1967).

Die $\delta^{18}O$-Gehalte benthischer Foraminiferen können unter der Annahme, dass in der Tiefsee keine signifikanten Temperaturschwankungen stattfinden, genutzt werden, um das globale Eisvolumen abzuschätzen (u.a. Labeyrie et al. 1987). Die $\delta^{18}O$-Gehalte, aber noch

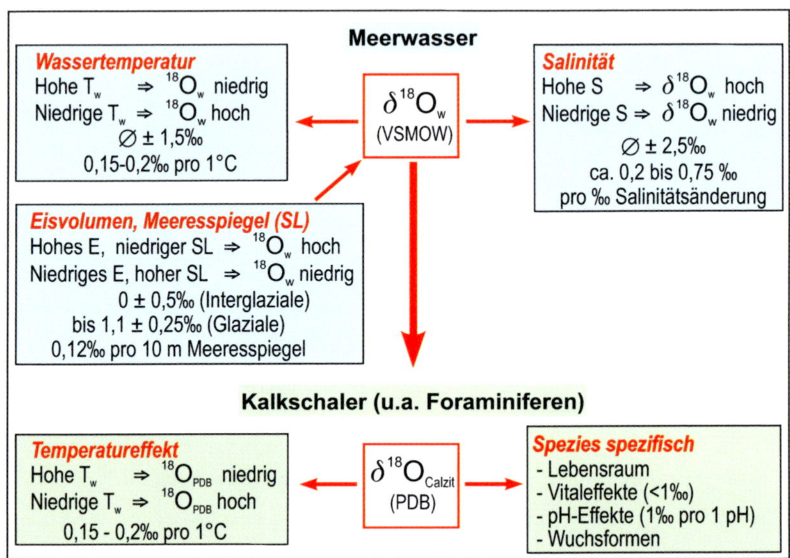

Abb. E2.7: Das $\delta^{18}O$-Signal im Meerwasser und in kalkschaligen Organismen im Überblick.

besser die Arten und Wuchsformen planktonischer Foraminiferen können Hinweise auf Veränderungen ozeanischer Oberflächentemperaturen geben.

3. $\delta^{18}O$, δD, $\delta^{15}N$ und Treibhausgase in Eisbohrkernen Grönlands und der Antarktis

Luftblasen sind im Gletschereis von der Umgebung isoliert und können so Informationen zum Paläoklima, zu Vulkanausbrüchen und zu kosmogenen Nuklidbildungen (u.a. ^{10}Be und ^{14}C) liefern. Umweltinformationen aus der Vergangenheit sind im Eis direkt oder indirekt als **Proxy-Daten** gespeichert in Form:

1. von physikalischen Parametern des Eises wie u.a. Temperatur, Dichte, Textur der Eiskristalle, visuellen Jahresschichtungen;
2. von der im Eis eingeschlossenen Luft mit ihren schwankenden Isotopengehalten ($\delta^{18}O$, $\delta^{5}N$, δD, ^{13}C, ^{14}C, ^{10}Be) und Spurengasen (u.a. CO_2, CH_4, N_2O);
3. von im Eis eingeschlossenen Verunreinigungen wie Tephralagen, Staubpartikeln und Seesalzkernen.

Das stabile Isotop ^{18}**O** (variable Gehalte von etwa 0,20%) ist neben **Deuterium** (D, ^{2}H) (variable Gehalte von etwa 0,015%) das wichtiges temperatur-relevante Isotop in Eisbohrkernen. Beide, ^{18}O und Deuterium (D), liefern Informationen über die Veränderungen **troposphärischer Wasserdampftemperaturen.** Beide unterliegen troposphärischen Isotopenfraktionierungen ***(Rayleigh distillation)***, wobei jeder Phasenwechsel vom Wasserdampf zu Wasser zu Schnee/Eis und umgekehrt mit Veränderungen von $H_2{}^{18}O$ und HDO verbunden sind.

In Grönland besteht nach Johnsen et al. (1989; Johnsen et al. 1997; ähnlich bereits Dansgaard 1964) zwischen den gemittelten jährlichen $\delta^{18}O$-Gehalten im Niederschlag und der mittleren Jahrestemperatur eine empirisch gefundene lineare Beziehung (Abb. E2.8):

$$\delta^{18}O‰ = 0{,}67 \ x \ T \ - 13{,}7‰ \qquad (T = \text{mittlere Jahrestemperatur °C}).$$

Anders ausgedrückt eine Relation von 1,49°C pro 1$\delta^{18}O$‰ bzw. 0,67 $\delta^{18}O$‰ pro 1°C.

Unter der Annahme, dass diese Relation auch in der Vergangenheit gültig war (aktualistisches Prinzip), verwenden jüngstens Sime et al. (2019) für grönländische Eisbohrkerne eine Relation zwischen $\delta^{18}O_{ice}$ und Temperatur von ~1.5°C pro 1$\delta^{18}O$‰. Allerdings weisen Temperaturprofile in Bohrlöchern (u.a. Rapp 2019: 77ff.) und aus $\delta^{15}N$-Gehalten rekonstruierte Paläotemperaturen des Firns (s.u.) daraufhin, dass im letzten Glazial eher Relationen zwischen 0,37 und 0,63 $\delta^{18}O$‰ pro 1°C existierten (u..a. Masson-Delmotte et al. 2006, Vinther 2006: 77; Guillevic et al. 2013, Steen-Larsen et al. 2014, Kindler et al. 2014).

Noch stärker ist die Abreicherung an $\delta^{18}O$ in den Niederschlägen der Ost-Antarktis (Abb E2.8). Die $\delta^{18}O$-Gehalte im Schneefall zeigen dort ein Verhältnis zur Jahresmitteltemperatur von $\Delta\delta^{18}O$ / ΔT = ~0,97‰/1°C (Dahe et al. 1994) bis 0,75‰/1°C (Hou et al. 2013: Table 1). Allerdings werden bei antarktischen Eisbohrkernen Schätzungen von Paläotempera-

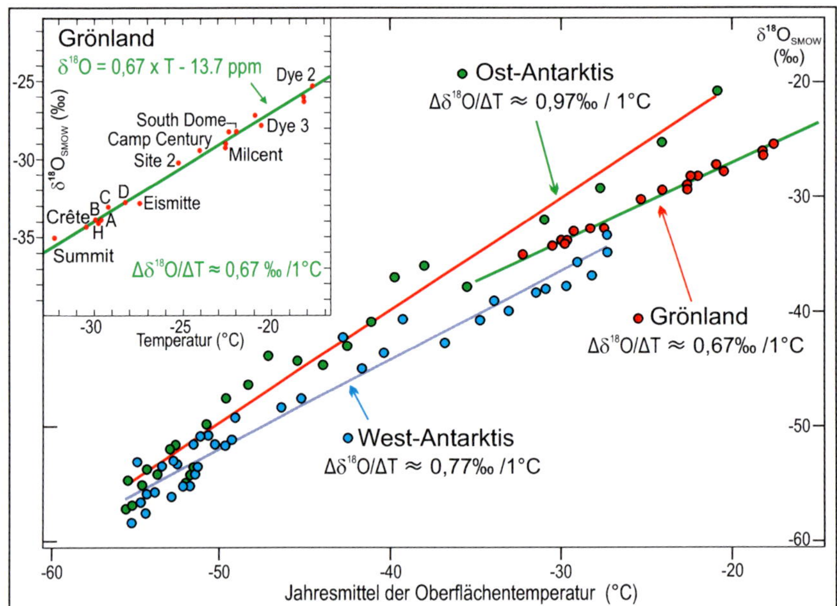

Abb. E2.8:
Beziehung zwischen aktuellen ð18O-Gehalten des Niederschlags und der Jahresmitteltemperatur (benutzt als „isotopisches Paläothermometer") an verschiedenen grönländischen und antarktischen Lokalitäten (Quellen: Johnson et al. 1989 sowie Dahe et al. 1994).

turen meist über den ðD-Gehalt mit einer Relation von ca. 6,04 ðD pro 1°C vorgenommen (Masson-Delmotte et al. 2006: 148).

ð18O- und ðD-Gehalte in Eisbohrlernen sind Mittelungen mehrerer sommerlicher (höhere ð18O- und ðD-Gehalte) und winterlicher Niederschlagsereignisse (niedrigere ð18O und ðD-Gehalte). Damit unterliegen sie Veränderungen der **saisonalen Niederschlagsverteilungen** (s.u.). Neben Temperaturschwankungen können aber auch andere lokale und überregionale Faktoren Veränderungen der ð18O- und ðD-Gehalte im Niederschlag verursachen (s.o.), so das eigentlich eine einfache lineare Beziehung zwischen Temperatur und ð18O und ðD-Gehalten im Eisbohrkern unzutreffend ist.

3.1 Lokale Einflüsse auf die ð18O-Gehalte im Schneeniederschlag

Lokale Einflüsse wie eine Änderung der Niederschlagsverteilung übers Jahr können ohne eine Änderung der jährlichen Mitteltemperaturen zu Zu- oder Abnahmen der gemittelten jährlichen ð18O-Gehalte im Oberflächenschnee führen.

Eine Betonung von Winterniederschlägen mit ihren niedrigeren ð18O-Gehalte führt zur Zunahme der mittleren jährlichen ð18O-Gehalten im Oberflächenschnee und umgekehrt höhere Sommer-niederschläge zu niedrigeren ð18O-Gehalte.

Weiterhin haben Veränderungen der Höhenlage der Gletscheroberfläche zum Beispiel durch stärkere Schneeakkumulationen oder durch ein stärkeres Abschmelzen Auswirkungen auf die ∂^{18}O-Gehalte im Oberflächenschnee (Höheneffekt).

Vor allem in den Glazialen und Stadialen können größere Areale von Meereis oder Treibeis bedeckt sein und eine größere Abkühlung (= Verringerung der ∂^{18}O-Gehalte) der über sie hinweg strömenden Luftmassen bewirken. Ablenkungen von Meeresströmungen, wie zum Beispiel des warmen und salzhaltigeren Golfstroms nach Süden, oder Veränderungen der atmosphärischer Zirkulationen (z.B. *North Atlantic Circulation, NAO*) können Luftmassen aus weiteren Entfernungen von den Verdunstungsquellen heranführen und niedrigere ∂^{18}O-Gehalte des Schneeniederschlags bedingen. Temperaturabschätzungen auf der Basis aktueller Temperatur/ ∂^{18}O-Relationen im Niederschlag würden zu hohe Temperaturen ergeben.

Insofern sind ∂^{18}O-Gehalte in Eisbohrkernen immer ein Ergebnis aller Verdunstungs- und Kondensationsprozesse, die der Wasserdampf vom Ursprungsgebiet bis zum Niederschlag an der Eisbohrstelle erfahren hat. Veränderungen der marinen Isotopengehalte oder veränderte Höhenlagen der Gletscheroberfläche können mit Hilfe von Eis-Fließ-Modellen halbwegs korrigiert werden.

Durch den Vergleich von Eisbohrkernen verschiedener Lokalitäten ist die Trennung lokaler Einflüsse (z.B. durch ausgeprägte Kältehochs über dem Inlandeis, durch Höheneffekte beim Aufwuchs oder Abschmelzen der Gletscheroberfläche) von überregionalen klimatisch/ozeanographisch verursachten ^{18}O-Veränderungen möglich. Der Einfluss glazialisotopisch bedingter Schwankungen der ∂^{18}O-Gehalte in Eisbohrkernen kann mit Hilfe mariner ∂^{18}O-Gehalte aus Tiefseebohrkernen korrigiert werden (u.a. Guillevic 2014). Diese werden meist als ∂$^{18}O_{Ice}$ oder ∂$^{18}O_{cor}$ bezeichnet.

3.2 Isotopendiffusion und Isotopenfraktionierung im Firn

Klimarelevante Isotopengehalte (^{18}O, ^{17}O, D, ^{15}N) in Eisbohrkernen unterliegen vor allem bis zur Basis des Firns **molekularen Diffusionsvorgängen** angetrieben durch Konzentrationsgradienten, gravitativen Trennungen (Fraktionierungen) und thermischen Fraktionierungen beim Auftreten markanter Temperaturgradienten. Diese finden in den Porenkanälen des Schnee und Firns statt (Abb. E2.9). Dort bewegt sich Wasserdampf, er kondensiert bzw. sublimiert (Adsorption am Firnkorn) und er entsteht neu durch Evaporation (Desorption vom Firnkorn). Dabei nimmt die Porosität und der Anteil offener, mit der Atmosphäre in Verbindung stehender Poren nach unten ab, der Anteil geschlossener Poren (Luftblasen) zu. Typische Porengrößen liegen bei 1 mm. Sie sind also deutlich größer als die eingeschlossenen gasförmigen Luftbestandteile (Buizert 2011: 13).

Die Geschwindigkeit mit der Firn verdichtet wird, ist abhängig von der Temperatur und der Netto-Schnee-Akkumulationsrate. Vereinfacht gilt:

Umso niedriger die Akkumulationsrate und umso niedriger die Temperaturen sind, desto länger

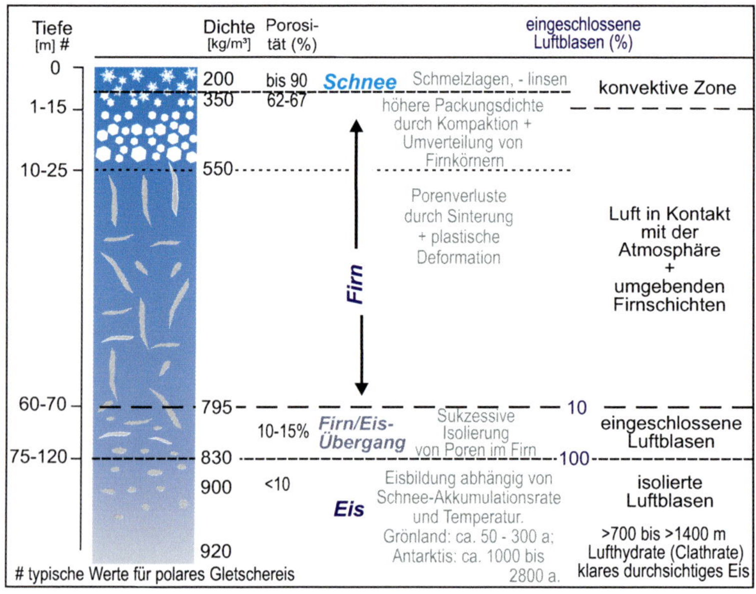

Abb. E2.9: Eisbohrkerne mit konvektiver und diffusiver Zone im Schnee und Firn sowie nichtdiffuser Zone im Gletschereis.

dauert der Transformationsprozess vom Schnee über den Firn zum Gletschereis, und umso länger können Gasdiffusionen und Fraktionierungen die Porenluft in der Firndecke in ihrer chemischen Zusammensetzung verändern.

In der Antarktis dauert die Bildung von Eis etwa 1000 bis 2.800 Jahre, teilweise bis zu 6.000 Jahre, in Grönland nur etwa 50 bis 300 Jahre.

Mit molekularen Gasdiffusionen im Firn können gravitative und temperaturbedingte Isotopen-Fraktionierungen von Luftbestandteilen verbunden sein. **Gravitative Fraktionierungen** führen zu einer Anreicherung schwerer Isotope und Moleküle mit der Tiefe. **Thermische Fraktionierungen** bewirken Verlagerungen, die einem Temperaturgradienten folgen (z.B. $\delta^{15}N$, s.u.). Dabei haben schwere Isotope und Moleküle die Tendenz, zu den kälteren Regionen zu wandern.

Gasdiffusionen und Fraktionierungen sind vor allem abhängig von der Temperatur und Dichte des Firns, seinem Porenvolumen sowie der Größe und Form der Porenkanäle. Isotopendiffusionen führen zu einer Glättung saisonaler Zyklen von Isotopengehalten (s.u.). Gehaltsspitzen (*peaks*) können abgeschwächt werden, und es können neue Maxima (s.u.^{15}N) entstehen. Diffusionsvorgänge sind schwierig zu quantifizieren (van der Wel et al. 2015: 820). Modellierungen stützen sich häufig auf Johnsen et al. (2000). Wichtige Faktoren wie die Porendurchlässigkeit (*tortuosity*), die Verteilung der Firnkörner sowie die früheren Firn-Temperaturen müssen geschätzt werden.

Schnee, Firn und Gletschereis im Detail

Die relativ großen Poren im **Neu- und Altschnee** (Schneekristalle; bis 90% Luft; Dichte Neuschnee 0,05 bis 0,2 kg/l bzw. Altschnee 0,2 bis 0,4 kg/l) ermöglichen einen ungehinderten

konvektiven Luftaustausch mit der Atmosphäre (Abb. E2.9). Ein kräftiges Abschmelzen des Schnees durch warme Sommer, eventuell mit Regen-Niederschlägen, können in der Schneedecke wenige cm-dicke, dichte, luftblasenfreie **Schmelzlagen** (*melt layers*) und -linsen hinterlassen, die durch Kompaktion im Firn und Eis auf einige mm-Stärke reduziert sind. Durch Versickerung des Schmelzwassers in tiefere Schneeschichten können bei einem Schmelzereignis auch mehrere Schmelzlinsen und -lagen entstehen. Solche Schmelzlagen wurden bisher in mehreren grönländischen Eisbohrkernen (EGRIP, NEEM, GISP2) oberhalb der Zone dichten luftblasenfreien Eises beobachtet..

Mit zunehmendem Absinken der Schneedecke verändert sich deren **Temperatur** durch sehr langsame Wärmeleitung, durch Auflastungsdruck und Deformation sowie in den basalen Schichten durch geothermische Wärme. In Polargebieten, wo Niederschläge nur als Schnee fallen, entspricht die Temperatur der Schnee-/Firndecke in 10 m Tiefe in etwa der mittleren jährlichen Lufttemperatur (Stauffer 2001: 109). Ehemalige Jahresmitteltemperaturen können nach Dahl-Jensen et al. (1998) in Zentralgrönland über Messung der **Bohrlochtemperatur** des Eises unter Modellierung der erfolgten Erwärmungen des Eises durch Wärmeleitung, Eisdeformation und geothermischen Energien rekonstruiert werden. Allerdings sind manche Temperaturschwankungen, vor allem starke und kurzfristige, durch Wärmeleitung gedämpft und nicht erkennbar.

Mit zunehmender Alterung verlieren die hexagonalen, sternfömigen Schneekristalle ihre Form und wandeln sich um (Metamorphose, gr. *metamórphosis* = Umgestaltung, Umwandlung, Verwandlung) zu dichter gepackten rundlichen Firnkörnern. Beim **Firn** (*Ferner* = alter Schnee, Tirol 1300 AD) handelt es sich um einen körnigen Schnee, der eine sommerliche Tauperiode überlebt hat und eine geringere Dichte als 830 kg/m^3 besitzt.

Bei seiner Entstehung besitzt der Firn eine geringe Dichte von 300 bis 350 kg/m^3 und eine hohe Porosität von etwa 62 bis 67% (Abb. E2.9). Durch Kompaktion und Re-Organisation einzelner Firnkörner verringert sich das Porenvolumen weiter, so dass mit zunehmender Tiefe zwischen den Poren nur langsame **molekulare Gasdiffusionen** (diffusive Zone) stattfinden. Ab einer Dichte von etwa 550 kg m^{-3} (Blunier & Swander 2000: 308), die etwa die maximale Packungsdichte darstellt (Arnaud et al. 2000: 287), nimmt das Porenvolumen dann vor allem durch Sinterungen (= Verschmelzen von Firnkörnern) entlang von Korngrenzen und plastischen, innerkristallinen Deformationen weiter ab. Die Gasdiffusionen werden mit zunehmender Dichte geringer.

$\eth^{18}$O-Gehalte können fast bis zur Basis des Firns in polaren Breiten bis in 60 bis 70 m Tiefe durch Wasserdampf verändert werden, der in den Poren zirkuliert (diffusive Zone). Das führt zu einer Dämpfung der Gehaltsspitzen (s.u.). Die Poren ermöglichen es aber, anders als beim Eis, dass die im Firn eingeschlossene Luft über Pumpen direkt gewonnen werden kann, also noch sehr beweglich ist.

Bei einer Dichte von etwa 795 bis 830 kg/m³, und damit beim Phasenübergang vom porösen Firn zum undurchlässigen Gletschereis (Zone des Firn/Eis-Übergangs, ***firn-ice transition***), steht die in wenigen Zehntel mm großen Poren eingeschlossene Luft zu mehr als 90% nicht mehr im Austausch mit der Umgebung. Die Porosität liegt nur noch bei 10 bis 15% (Abb. E2.9).

Die Tiefe dieser in Polargebieten meist 10 m mächtigen **Firn/Eis-Übergangszone** (*non-diffusive zone, lock-in zone)*, in der und unterhalb derer Diffusionsprozesse vernachlässigbar klein sind (Abb. E2.9), ist vor allem temperaturabhängig. In Grönland liegt diese Zone bei etwa 60 bis 80 m Tiefe (Holme et al. 2019). Beim Eisbohrkern GISP2 liegt sie in 75 bis 77 m Tiefe und besitzt eine Dichte von 830 kg/m³ sowie nur noch bis zu 10% Luftblasen (Gow et al. 1997). Beim Eisbohrkern NEEM erstreckt sie sich ab 59 bis 63 m Tiefe bis in 78,8 m Tiefe *(total pore closure depth, closed-off zone)* (Guillevic et al. 2013: 1040). Beim Eisbohrkern Renland liegt ihre Basis in 76 m und besitzt eine Dichte von 850 kg/m³ (Taranczewski et al. 2019).

In der Antarktis liegt die Basis der Firn/Eis-Übergangszone bei etwa 56 bis 120 m Tiefe. Zum Beispiel liegt sie beim Eisbohrkern Vostok, Epica Dome C und Dome Fuji in 80 bis 100 m Tiefe (Raynaud et al. 1992; Faria 2013; Oyabu et al. 2021), beim Eisbohrkern Byrd in 56 m Tiefe (Faria et al. 2013) und am Südpol bei 120 m Tiefe.

Die Zeitdauer der vollständigen Schließung der Poren in dieser Übergangszone kann je nach Schnee-Akkumulationsrate sehr verschieden sein. In Vostok (Antarktis) mit sehr geringer Schneeakkumulation dauert es etwa 2800 Jahre, bei deutlich höherer Schnee-Akkumulation in Byrd (Antarktis) nur etwa 250 Jahre (Arnaud et al. 2000: 289).

Eis besteht aus mehr als 1 mm-großen Eiskristallen. Im grönländischen Eisbohrkern GISP2 erreichen sie überwiegend eine Größe von 1,2 bis 5 mm (Gow et al. 1997: Figure 1). Eis hat eine Dichte von über 830 kg/m³ und besitzt Poren (Porosität <10%), die nicht mehr miteinander verbunden sind.

Tiefer im Eis (>700 bis >1.400 m), bei einem Druck von >50 bar, verschwinden die Luftblasen nach und nach. Es entwickeln sich Gashydrate, die auch als **Clathrate** (lat. *clatratus* = vergittert) bezeichnet werden. Bei diesen Luftclathraten (***bubble-clathrate zone***) sind die Gasmoleküle durch den hohen Auflastungsdruck vollständig von einem räumlichen Gerüst aus durch Wasserstoffbrücken verbundene Wassermoleküle umgeben (Details u.a. in Truffer 2013: 37f.). Große Mengen von Luft sind so auf relativ kleinem Raum in die klare Eismatrix eingeschlossen. Erst bei Dekompression sammelt sich die Luft wieder in einzelnen Luftblasen.

Beim grönländischen Eisbohrkern EGRIP wurde diese Zone in 1.100 m Tiefe bei einem Alter von 9.720 b2k (Westhoff et al. 2021) und beim Eisbohrkern GISP2 in einer Tiefe von

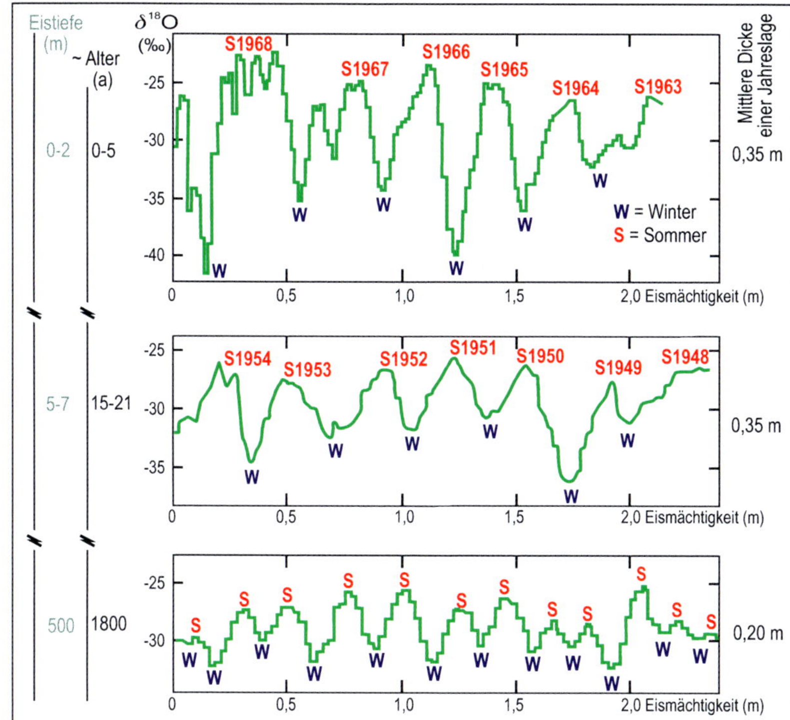

Abb. E2.10: ∂¹⁸O-Gehalte in unterschiedlichen Tiefen des Eisbohrkerns Camp Century am nordwestlichen Rand des grönländischen Inlandeises (1.390 m ü. M). S = Sommer, W = Winter (Quelle: Dansgaard et al. 1973).

ca. 1.400 m bei einer Dichte von 921 kg/m³ und einem Alter von ca. 8.500 Jahren erreicht (u.a. Gow et al. 1997). Beim antarktischen Eisbohrkern Byrd wurde sie in 1.100 m Tiefe (Gow et al. 1997: 26560) und beim Dome Fuji in 1.200 m Tiefe angetroffen bei einem Alter von etwa 75 ka (Oyabu et al. Figure 3).

Molekulare Gasdiffusionen und Glättung, Dämpfung der Gehalts-Amplituden

Die im **Firn** ablaufenden molekularen Diffusionsvorgänge sind mit gravitativen und thermisch-induzierten Fraktionierungen verbunden. Sie führen zu einer Glättung (*low pass* Filterung) der atmosphärischen Aufzeichnungen.

Alte Luft mischt sich mit jüngerer Luft. Fraktionierungen beeinflussen bestimmte Luftbestandteile.

Die **Dämpfung der Amplituden** saisonaler ∂¹⁸O-Gehalte ist in allen grönländischen Eisbohrkernen zu beobachten. Saisonalität der ∂¹⁸O-Gehalte bedeutet:

Winterschnee ist isotopisch leichter als Sommerschnee.

Beim Eisbohrkern Camp Century (1.390 m ü. M) erreicht die jahreszeitliche ∂¹⁸O-Schwankung in der Schneedecke bis in 2 m Tiefe eine Amplitude von bis zu ca. 15‰, in 5 bis 7 m Tiefe von bis zu 10‰ und in 500 m Tiefe von maximal 7‰ (Abb. E2.10). Unterhalb von 1.100 m Tiefe ist sie dort nicht mehr erhalten (Dansgaard et al. 1973).

Im zentralgrönländischen Eisbohrkern „Site E“ (3.098 m ü. M) beträgt die jahreszeitliche ∂¹⁸O –Schwankung in der Schneedecke in 2 m Tiefe etwa 10‰. (Abb. E2.11). In der oberen

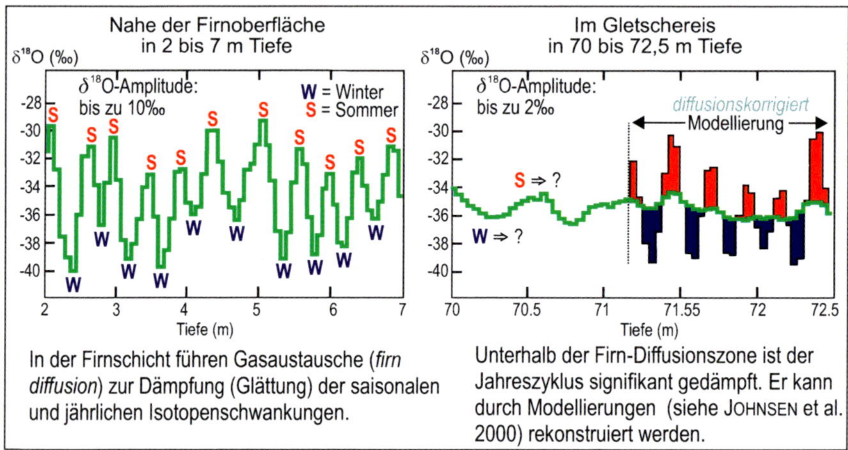

Abb. E2.11: Jährliche saisonale Schwankungen der $\delta^{18}O$-Gehalte im Eisbohrkern „Site E" (3098 m ü. M) und deren Dämpfung durch Gas-Diffusion bei der Firnbildung (verändert und ergänzt nach Johnsen & Vinther 2006: Figure A.2). Blaue und rote Peaks: Rekonstruktion der ursprünglichen saisonalen $\delta^{18}O$-Schwankungen (Sommer = Mai bis Oktober; Winter = November bis April).

Firnschicht in 6 m Tiefe ist sie schon deutlich niedriger bei etwa 3 bis 4‰ und im Gletschereis in 70 m Tiefe signifikant auf etwa 2‰ reduziert. Johnson et al. (2000; Johnson et al. 1997) beschreiben, wie mit Hilfe statistischer Verfahren Glättungen von $\delta^{18}O$-Daten durch Firndiffusion in Eisbohrungen korrigiert werden können und so über die niedrigsten $\delta^{18}O$-Winterwerte und/oder maximalen Sommerwerte eine Jahreschronologie erstellt werden kann (Abb. E2.11).

Mit zunehmender Tiefe werden saisonale $\delta^{18}O$-Zyklen eventuell so dünn, dass bei der Beprobung mehrere zusammengefasst sind. Um das zu vermeiden, ist zum Beispiel beim Eisbohrkern GRIP in 1.580 m Tiefe eine extrem hochauflösende Beprobung von maximal 1 cm Stärke notwendig (Grootes & Stuiver 1997: 26467). Die $\delta^{18}O$-Gehalte in den beiden Eisbohrkernen GRIP und NGRIP wurden in der Regel alle 5 cm gemessen, was nur für den jüngeren, weniger komprimierten Abschnitt des Holozäns eine zeitliche Auflösung von etwa einem Jahr ermöglicht. Der Eisbohrkern GISP2 wurde dagegen mit einem Probenabstand von bis zu 20 cm beprobt, so dass im Frühglazial die zeitliche Auflösung bei etwa 20 Jahren liegt (Rasmussen et al. 2014: 19).

Fazit: *Kurzfristige Klimaschwankungen von wenigen Jahrzehnten (Grönland) oder einigen Jahrhunderten bis wenigen Jahrtausenden (Antarktis) sind in Eisbohrkernen durch Gasdiffusion geglättet, gefiltert und eventuell dadurch auch verborgen.*

Es gibt eine Reihe von Modellen, die zahlreiche physikalische Prozesse im Firn mathematisch beschreiben. Eine Übersicht bietet das *Community Firn Model* (CFM) von Stevens et al. (2020).

3.3 Isotopenfraktionierungen und Paläotemperaturen mittels $\delta^{15}N$

Isotopenfraktionierungen und **Paläotemperaturen** können in einer Schnee-/Firndecke mit Hilfe der Verteilung des stabilen ^{15}N-Isotops abgeschätzt werden.

Stickstoff hat zwei stabile Isotope: ^{15}N (0,368%) und das bei weitem überwiegende ^{14}N (99,632%). **$\delta^{15}N$**, also das Verhältnis von ^{15}N zu ^{14}N bezogen auf die relative Häufigkeit in der Atmosphäre (= Standard), ist zwar mit fast konstanten Gehalten in der Luft enthalten ($\delta^{15}N$ des N_2 in der Luft = 0), unterliegt aber in einer Firndecke molekularen Diffusionen. Sie führen zu gravitativen Anreicherungen von $\delta^{15}N$ in Richtung Firnbasis und zu langsameren thermisch induzierten Verlagerungen in Richtung der kühleren Seite des Temperaturgradienten (Abb. E2.12). Der Anteil gravitativer Fraktionierungen kann durch einen Vergleich mit den Gehalten von $\delta^{40}Ar/4$ (s.u.) quantifiziert werden.

$\delta^{15}N$ ist im Eis ein wichtiger Temperaturindikator für schnelle und abrupte Temperatursprünge (Erwärmungsindikator, Temperatursignal). Sie lösen durch thermisch induzierte Diffusion bei hohen Temperaturgradienten deutliche Gehaltsänderungen aus. Unter konstanten Klimabedingungen entspricht der $\delta^{15}N$-Gehalt im Neu- und höherem Altschnee (konvektive Zone) dem atmosphärischen Gehalt. Darunter nimmt er vor allem gravitativ bis zur Firnbasis, also der Basis der diffusiven Zone, linear zu (Abb. E2.12). Gravitative Anreicherungen liegen dort je nach Firnkondition bei 0,2 bis 0,5‰ über dem atmosphärischen Mittel (Leuenberger 2008: 154).

In der häufig mehrere Meter mächtigen Firn/Eis-Übergangszone (*non-diffusive zone*) sind molekulare Diffusionen vernachlässigbar, da der Anteil von in Poren vollständig eingeschlossenen Luftblasen bis zur Basis auf 100% zunimmt.

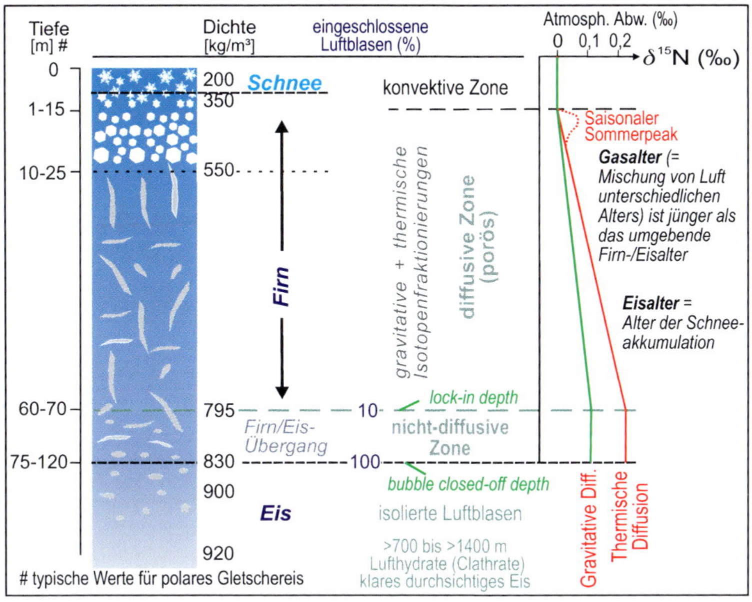

Abb. E2.12: Molekulare Gasdiffusionen im Firn verbunden mit gravitativen und thermischen Fraktionierungen, Bei einem starkem Temperaturgefälle (mehrere K) können $\delta^{15}N$-Verlagerungen in einer Firndecke zum kälteren Bereich stattfinden.

Eine deutliche Temperaturerwärmung an der Schneeoberfläche führt aufgrund des starken Temperaturgradienten und wegen der sehr langsamen Wärmeleitung von Eis (was den Temperaturgradienten lange aufrecht erhält) innerhalb von wenigen Dekaden zu einer deutlichen Anreicherung von schwerem $\delta^{15}N$ an der kalten Basis der Firndecke. Dort wird das $\delta^{15}N$ mit der fortschreitenden Metamorphose des Firns zum Eis sukzessive in geschlossenen Luftblasen von der Umgebung isoliert. Umgekehrt führt eine deutliche Abkühlung der Schneeoberfläche zur Verlagerung von $\delta^{15}N$ von der Basis der Firndecke Richtung Oberfläche.

„Schwere Isotope wandern Richtung kälterem Ende“.
Erwärmung an der Schneeoberfläche führt zu einer zusätzlichen thermisch-diffusiven Anreicherung von $\delta^{15}N$ an der Basis des Firns und umgekehrt führt eine Abkühlung zu einer Verminderung der thermisch-diffusiven Anreicherung von $\delta^{15}N$ an der Basis des Firns.

Die thermische Diffusion von $\delta^{15}N$ ist nur schwach ausgeprägt und daher nur bei kräftigen und abrupten Temperatursprüngen signifikant messbar (Abb. E2.13). Wichtige Anwendungen sind abrupte und starke Wärmeschwankungen. Sie sind im Eis als $\delta^{18}O$-Peak und in der eingeschlossenen Luftporen als markanter $\delta^{15}N$-Peak ersichtlich.

$\delta^{15}N$ kann zur Bestimmung des Gasalters (= Alter der Porenschließung in der Übergangszone vom Firn zum Eis) und das deutlich diffusionsstabilere $\delta^{18}O$ für das Eisalter (= Alter der Schneeakkumulation) herangezogen werden.

Bei gleicher Eistiefe ist die in Poren eingeschlossene Luft (= Gasalter) deutlich jünger als von der Eistiefe (= Eisalter) zu erwarten wäre.

Gravitativ und thermisch bedingte $\delta^{15}N$-Anreicherungen können durch parallele Messung von $\delta^{40}Ar$ halbwegs getrennt werden, da Ar nur halb so sensitiv für thermische Fraktionierungen ist. Bei rein gravitativen Fraktionierungen ist $\delta^{15}N = \delta^{40}Ar/4$. Bei rein thermischen Fraktionierungen sollten sich die Gehalte von $\delta^{40}Ar/4$ nur halb so stark ändern wie $\delta^{15}N$ (Severinghaus et al. 1998: 144). Diskrepanzen zwischen $\delta^{15}N$- und $\delta^{40}Ar/4$-Werten geben also einen Hinweis auf thermisch induzierte Fraktionierungsprozesse, also Temperatursprünge (Abb. E2.14).

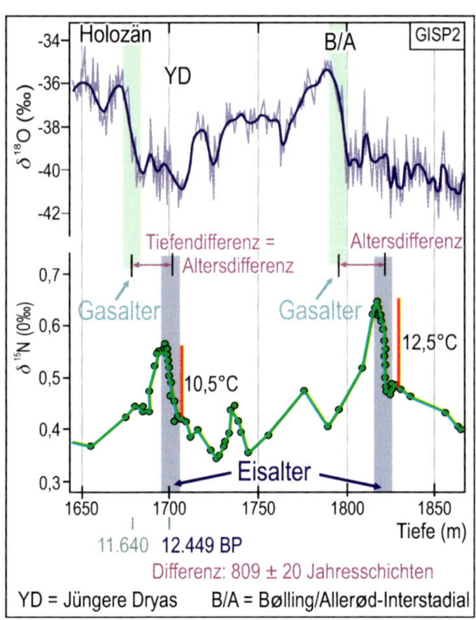

Abb. E2.13:
Wärmeschwankungen zeigen sich in ausgeprägten Peaks von $\delta^{15}N$ und $\delta^{18}O$ (Quellen: Severinghaus et al. 1998 sowie Buizert 2011). Die Altersunterschiede zwischen Eis- und Gasalter resultieren aus den jeweiligen kräftigen thermischen Verlagerungen von $\delta^{15}N$ bis zur Basis der damaligen Firnschichten (Firn/Eis-Übergangsschichten), also in deutlich ältere Jahresschichten hinein.

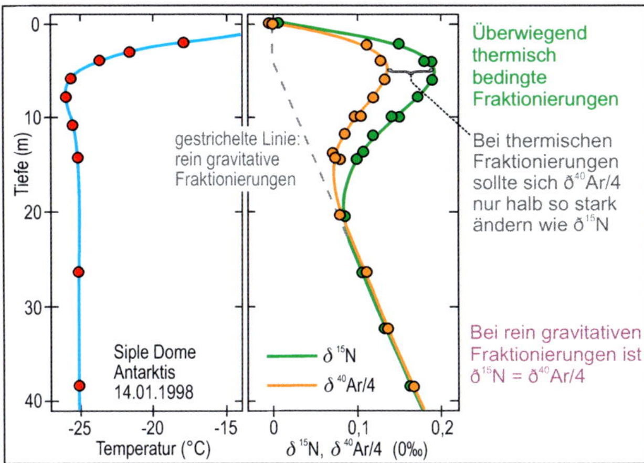

Abb. E2.14: Saisonale gravitative und thermische Diffusion von $\delta^{15}N$ sowie $\delta^{40}Ar/4$ in der oberen Firndecke am Siple Dome (Antarktis) im Südsommer. Die Abweichung zwischen $\delta^{15}N$ und $\delta^{40}Ar/4$ in 5 m Tiefe resultiert aus der deutlich stärkeren thermischen Diffusion von $\delta^{15}N$ und daraus, dass sich beide gravitativ bedingt am kalten Ende der wärmeren oberen 5 m des Profils anreichern. Dabei ist die Temperatursensitivität von $\delta^{15}N$ höher als die von $\delta^{40}Ar/4$. Die generelle Zunahme mit der Tiefe ist gravitativ bedingt (ergänzt und verändert nach Buizert 2011: Figure 2.4).

Isotopische Anomalien (deutliche Abweichungen vom Durchschnittsgehalt) von $\delta^{15}N$ und $\delta^{40}Ar$ können zudem zur zeitlichen Kalibration (Synchronisierung) $\delta^{18}O$-gestützter Rekonstruktionen von Paläotemperaturen (u.a. Severinghaus et al. 1998; Kindler et al. 2014) oder von Verläufen von Treibhausgasen (u.a. Wolff et al. 2010: 2834) genutzt werden.

Die Magnitude von Temperaturänderungen kann mit Hilfe von Modellierungen abgeschätzt werden (Abb. E2.15; ~0,017‰/1°C). Sie verwenden Modelle der Wärmediffusion

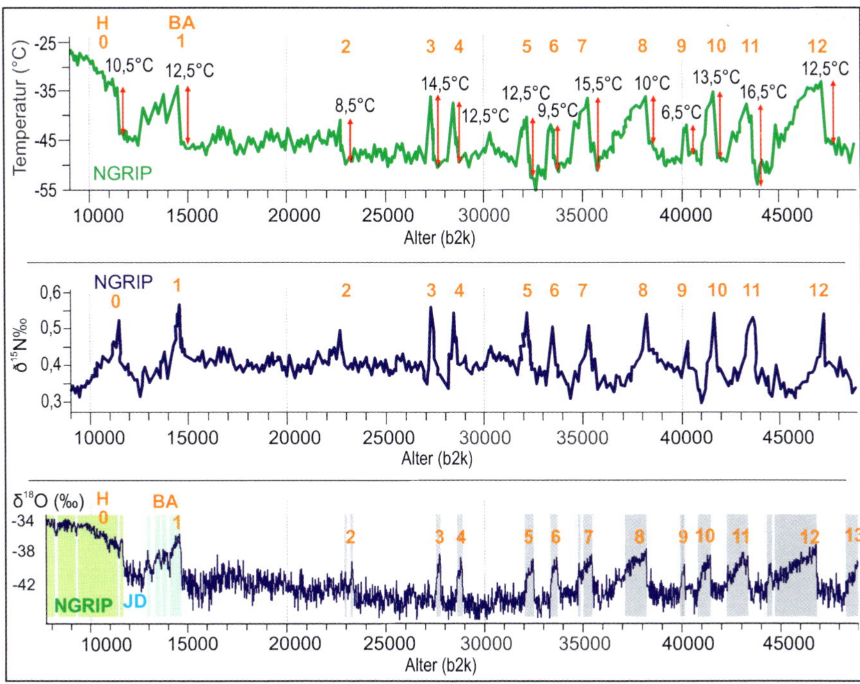

Abb. E2.15: Temperatursprünge während der letzten Kaltzeit auf Grönland nachgewiesen durch markante $\delta^{18}O$- und $\delta^{15}N$-Peaks im Eisbohrkern NGRIP (Quellen: Kindler et al. 2014 sowie Rasmussen et al. 2014). Die Temperaturen wurden von Kindler et al. (2014) modelliert unter Verwendung von $\delta^{18}O$- und $\delta^{15}N$-Daten.

(SCHWANDER et al. 1997) und Firnkompaktion und benötigen Abschätzungen von Firn-Akkumulationsraten in der Vergangenheit (u.a. KINDLER et al. 2014).

Nach solchen Modellierungen (Abb. E2.15) betrug die Erwärmung am Ende der Jüngeren Dryas gegenüber heute etwa 15 ± 3°C (SEVERINGHAUS et al. 1998), bis zum Beginn des Holozäns etwa 10,5°C (Abb. E2.15; KINDLER et al. 2014: Fig. 3). Zu Beginn des Bølling/Allerød-Interstadials (GI1) lag sie bei etwa 11°C (GRACHEV & SEVERINGHAUS 2005) bzw. 12.5°C (Abb. E2.15) und zu Beginn des GI19 sogar bei 16 ± 2,5°C (LANDAIS et al. 2004). Bei den meisten Interstadialen lag die Erwärmung zwischen 7 bis 12°C (WOLFF et al. 2010: Table 2) bzw. 9 und 13°C (KINDLER et al. 2014: 892).

3.4 Datierung, zeitliche Auflösung, Luft- und Eisalter sowie Gasdiffusionen

Die **Datierung** von Eisbohrkernen ist bei hohen Akkumulationsraten wie in Grönland über visuelles Abzählen von Jahresschichten in Form von hellen, größere Kristalle führenden, luft- und staubreichen Sommerlagen sowie dunklen und klaren Winterlagen (*cloudy and clear ice*) möglich, aber nicht immer zuverlässig (SVENSSON et al. 2005; KOTULA 2019).

Antarktischen Eisbohrkernen fehlen wegen der geringen Schnee-Akkumulationsraten in der Regel optisch erkennbare Jahreslagen, was eine Datierung deutlich erschwert. Ausnahmen sind die ostantarktischen Eisbohrkerne Dome Fuji, (SVENSSON et al. 2015) und EPICA Dronning Maud Land (EDML), die beide hohe Schneeakkumulationsraten besitzen (FARIA et al. 2013), sowie der Eisbohrkern *South Pole* (WINSKI et al. 2019). Für das letzte Glazial werden antarktische Eisbohrkerne teilweise über Peaks von CH_4 oder ^{10}Be an grönländischen Eisbohrkernen synchronisiert.

Gut sichtbare Jahreslagen reichen in den grönländischen Eisbohrkernen GISP2 bis in ca. 2.400 m Tiefe und NGRIP bis ca. 2.800 m Tiefe (GROOTES & STUIVER 1997, SVENSSON et al. 2005; WINSTRUP 2011). Nicht immer sind die visuell sichtbaren Jahreslagen exakt zu erkennen und häufiger treten auch Mehrfachlagen (*multiple* layer) auf. Daher benutzt man zur Datierung weitere Parameter wie physikalische, isotopische oder chemische „Jahresschichtungen" wie z.B. saisonale $\delta^{18}O$-Schwankungen (Abb. E.2.10, Abb. E2.11) oder jahreszeitlich unterschiedliche elektrische Leitfähigkeiten. Zusätzlich werden Modelle der Eisakkumulation und des Eisfließens (vor allem in der Antarktis und für ältere Eisschichten) eingesetzt oder zusätzlich Referenzhorizonte wie Tephra- und Staublagen oder magnetische Anomalien oder geochemische Marker (z.B. SO_2-Peaks, ^{10}Be-Peaks, Na^+, Ca^{2+}, Spurengase) herangezogen. Auf solchen Multi-Parameter gestützten Datierungen beruht zum Beispiel die ***Greenland Ice Core Chronology 2005*** (*GICC05*), deren Alter vor dem Jahr 2000 (**b2k**) angegeben wird (RASMUSSEN et al. 2006).

Die **zeitliche Auflösung** von Eisbohrkernen nimmt aufgrund von Firnkompression, variierenden Akkumulationsraten und Fließraten mit zunehmender Eistiefe ab. In Grönland beinhaltet eine Eisschicht von 1 m Mächtigkeit nahe der Oberfläche etwa 2 Jahre, in 2.750 m Tiefe bereits etwa 200 Jahre. In den Eisbohrkernen GRIP und NGRIP geht die durchschnittlichen Mächtigkeit einjähriger Eisschichten von knapp 9 cm in 1.400 m Tiefe (Grenze Spätglazial/Holozän) auf unter 2 cm in 2.400 m Tiefe zurück (Andersen et al. 2006: Fig. 1).

Die im Gletschereis eingeschlossene Luft besteht aus einer über Jahrzehnte bis Jahrhunderte geglätteten Mischung unterschiedlich alter Luftbestandteile (z.B. $\delta^{15}N$, Treibhausgase). Anders als das umgebende Eis, sind die luftgefüllten Poren erst in der Firn-Übergangszone, also in etwa 60 bis 120 m Tiefe unter Oberfläche, von der Atmosphäre und den umgebenden Firnschichten endgültig isoliert. Als Konsequenz des bis dahin möglichen Gasaustausches mit der Umgebung ist die im Gletschereis eingeschlossene Luft je nach Stärke vertikaler Diffusionsbewegungen jünger (**Luftalter, Gasalter,** *gas age*) als das umgebende Eis. Dabei besitzt jedes Gas aufgrund seiner spezifischen Diffussionseigenschaften ein eigenes Gasalter.

Dagegen entsprechen visuelle Jahresschichtungen des Eises und alle festen Partikel dem Zeitpunkt der Schneeakkumulation (= **Eisalter,** *ice age*). Dies gilt weitgehend auch für $\delta^{18}O$ und δD, da diese nach der Schneeakkumulation bis zur Eisbildung kaum signifikanten Verlagerungen durch Moleküldiffusionen und Fraktionierungen unterliegen.

Bei gleicher Eistiefe ist die in Poren eingeschlossene Luft (= Gasalter) deutlich jünger als von der Eistiefe (= Eisalter) zu erwarten wäre (Abb. E2.13).

Der Altersunterschied zwischen Eisalter (= Schneeakkumulation) und Luftalter hängt nicht-linear vor allem von den Temperaturen des Firns und der Schnee-Akkumulationsrate ab.

Umso niedriger die lokalen Firn-Temperaturen und umso niedriger die Akkumulationsrate ist, desto länger dauert die Transformation (Diagenese und Metamorphose) vom Firm zum Eis, und umso größer ist der Altersunterschied zwischen Luft- und Eisalter.

Die Differenz zwischen Luft- und Eisalter in einem Interstadial kann über die Altersdifferenz zwischen dem Eisalter (= Tiefe im Eisbohrkern) des zum Beispiel CH_4- oder $\delta^{15}N$-Peaks und dem Alter des „zugehörigen" $\delta^{18}O$-Temperatursignals (= tatsächliches Gasalter) bestimmt werden (Abb. E2.13; u.a. Blunier & Schwander 2000). Nach Guillevic (2014: Table. 3.4) differieren Luftalter und Eisalter letztglazialer Interstadiale in den grönländischen Eisbohrkernen (GRIP, GISP2, NGRIP, NEEM) um 180 bis 1.500 Jahre, oft um 450 bis 1.100 Jahre. So zeigt sich im GISP2-Eisbohrkern am Ende der Jüngeren Dryas bei den Gehalten von $\delta^{15}N$ eine Altersdifferenz zwischen Gasalter (= zugehöriger $\delta^{18}O$-Peak) und Eisalter (= Tiefe des $\delta^{15}N$-Peaks) von etwa 809 Jahren (Abb. E2.13; Serveringhaus et al. 1998: 145; Blunier & Schwander 2000: Figure 9).

Altersunterschiede von mehreren Jahrtausenden (Steig 2003: 1674) kennzeichnen die Ost-Antarktis (z.B. Eisbohrkern Vostok) u.a. wegen niedriger Temperaturen und den

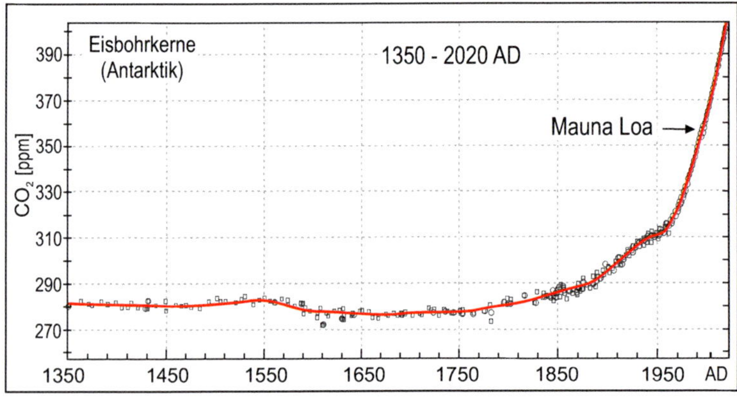

Abb. E2.16: CO_2-Gehalte zwischen 1350 bis 2020 AD nach Daten aus antarktischen Eisbohrkernen und Messungen vom Mauna Loa (Quelle: KÖHLER et al. 2017a).

geringen jährlichen Schnee-Akkumulationen, was zu einer sehr langsamen Transformation des antarktischen Schnees zu Gletschereis führt.

Treibhausgase sollen nur wenig von gravitativen und thermischen Prozessen der **Gasdiffusion** in einer Schnee-/Firndecke betroffen sein (u.a. WOLFF 2013). Zwar findet ebenfalls eine Glättung saisonaler CH_4- und CO_2-Schwankungen statt, allerdings wird überwiegend angenommen, dass die Dämpfung von Gehaltsspitzen relativ gering ist. Die Gründe für diese Annahme sind:

1. CO_2-Gehalte der vergangenen Jahrzehnte in Eisbohrkernen stimmen mit CO_2-Messungen in der Atmosphäre vom Mauna Loa überein (Abb. E2.16).
2. CO_2-Gehalte altersgleicher Firn und Eislagen in der Antarktis sind fast identisch (±1,3 ppm) (ETHERIDGE et al. 1996).
3. CO_2-Gehalte von Luftblasen aus dem Eis der Jahre 1960 bis 1980 sind ebenfalls fast identisch (ETHERIDGE et al. 1996; MEURE et al. 2006).
4. CO_2-Gehalte von Luftblasen aus dem Eis der vergangenen 1.000 Jahre sind an verschiedenen Lokalitäten in der Antarktis fast identisch (u.a. RUBINO et al. 2019: Figures 4 und 5).
5. CO_2-Gehalte der vergangenen 400 ka stimmen in den Eisbohrkernen Vostok und Epica Dome C sehr gut überein.
6. Auch CO_2 unterliegt gravitativen Fraktionierungen mit einer Anreicherung in der Firn-Übergangszone von etwa 1 bis 2 ppm (WOLF 2013).

So zeigt ein Vergleich von $\delta^{15}N$-Peaks als Erwärmungssignal mit dem Verlauf des Anstiegs der CH_4-Gehalte (Abb. E2.17) häufig keinen oder nur einen geringen zeitlichen Versatz von wenigen Jahrzehnten (BAUMGARTNER et al. 2014). Allerdings sind die eingeschränkte zeitliche Auflösung der beprobten Eislagen und das unterschiedliche Diffusionsverhalten von $\delta^{15}N$ und CH_4 zu bedenken. So könnte der scheinbar etwas frühere Anstieg des Erwärmungssignals in Abb. E2.17 durch gravitative und thermische Diffusion des $\delta^{15}N$ verursacht sein. Eindrucksvoll ist aber die hohe Korrelation zwischen Einsetzen des

DO 5-Interstadials, das ja über einen ausgeprägten ∂^{18}O-Peak definiert ist, und das Ansteigen der ∂^{15}N-Gehalte (= Isotopenthermometer, Erwärmungssignal) und der CH_4-Gehalte (kräftiges Treibhausgas).

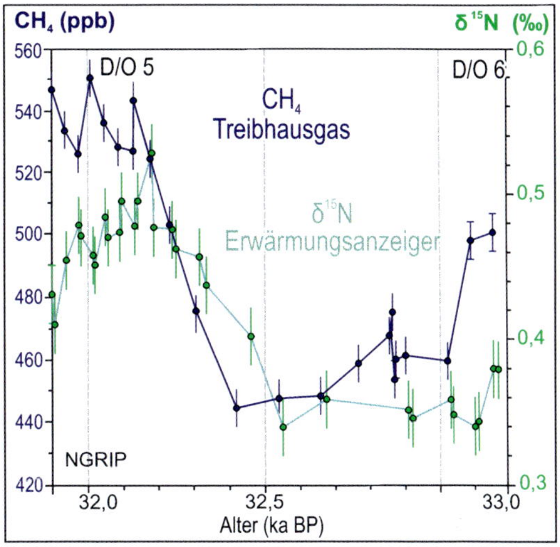

Abb. E2.17:
Beispielhaft der Anstieg der ∂^{15}N- und der CH_4-Gehalte im Eisbohrkern NGRIP zu Beginn des etwa 12,5 °C wärmeren (Abb. E2.15) grönländischen Interstadials DO 5 (Quelle: Baumgartner et al. 2014).

Fazit

1. Isotopen/Temperatur-Beziehungen schwanken zeitlich. Aktuell liegen sie für ∂^{18}O bei 0,8‰ pro 1°C. Für die Vergangenheit deuten Temperaturmessungen in Bohrlöchern und Modellierungen der Firnluft-Fraktionierung via ∂^{15}N auf ∂^{18}O-Veränderungen zwischen 0,3 bis 0,6‰ pro 1°C (Stehen-Larsen et al. 2014).
2. In den Firnporen und Porenkanälen kommt es zu molekularen Gasdiffusionen mit gravitativen Trennungen und thermischen Isotopenfraktionierungen, die eine Glättung der Gehaltskurven verschiedener Gase (z.B. ∂^{18}O, ∂D‰, Treibhausgase?) bewirken, aber auch neue Gehaltsspitzen (∂^{15}N) erzeugen. Dabei ist die im Gletschereis eingeschlossene Luft immer jünger (Luftalter, Gasalter) als das umgebende Eis (Eisalter).
3. Isotopen/Temperatur-Beziehungen sind für ein zeitgleiches Interstadial zwischen verschiedenen Lokalitäten unterschiedlich: in Zentral und Nord-Grönland um 2°C größer als in Nordwest-Grönland. Zum Beispiel besaß das DO 8-Interstadial eine Magnitude von 8,8°C in NW-Grönland und 11,1°C in Zentralgrönland an der Lokalität GISP 2 (Guillevic et al. 2013). Ursachen sind wahrscheinlich Änderungen der atmosphärischen Zirkulation mit veränderten Herkunftsgebieten der Wolken, oder Änderungen in den Destillationsvorgängen (z.B. variierende Meereisverbreitungen), oder veränderte Meeresströmungen (vor allem die Lage und Intensität des Golfstroms).
4. Eisbohrkerne von verschiedenen Lokalitäten ermöglichen die Trennung lokaler von überregionalen klimatischen Ursachen für Veränderungen von ∂^{18}O-Gehalten.

3.5 Eisbohrungen in Grönland und in der Antarktis – eine kurze Erforschungsgeschichte

Die Erforschung von Eisbohrkernen (u.a. Alley 2010; Dansgaard 2005; Johnsen & Vinther 2006; Jouzel 2013; Langway 2008; *http://www.aip.org/history/ sloan/icedrill/index.html*) als neue Umweltarchive begann Anfang der 1950er Jahre zunächst in Grönland, später dann auch in der Antarktis (Tab. E2.1).

Tab. E2.1: Ausgewählte Meilensteine der Untersuchungen von Eisbohrkernen in Grönland und in der Antarktis.

1949/52	Erste, bis 150 m tiefe Eisbohrkerne in der Antarktis, Alaska und Grönland (*British-Norwegian-Svedish Antarctic* Expedition; *Juneau Ice Field Research Project*, Taku Gletscher, Alaska; *Expeditions Polaires Française,* Zentralgrönland).
1956/58	Beginn des modernen *Ice Core Research* Programms: **Site 2**, Grönland: zwei Eisbohrkerne: 305 m (1956) und 411 m (1957) tief.
1963/66	**Camp Century**, Grönland: Tiefe 1391 m. Erste Durchbohrung des grönländischen Eisschilds. Alter der basalen Eisschichten unklar. Zahlreiche Schwankungen der ^{18}O-Gehalte (später als *D/O-events* bezeichnet), wobei insgesamt die δ^{18}O-Werte im Glazial etwa 10 bis 12‰ niedriger waren als im Holozän (Dansgaard 2005).
1966/1968	**Byrd** Station, Tiefe 2164 m. Erste Durchbohrung des ostantarktischen Eisschilds.
1973/74	**Milcent** (1973) Tiefe 398 m und **Crete** (1974), Grönland: erstmals Zählung von δ^{18}O-Jahresschichten bis 534 AD.
1979/81	**Dye 3**, Grönland: Tiefe 2037 m. Bestätigung zahlreicher, sehr schneller und extremer ^{18}O-Schwankungen im letzten Glazial, z.B. Übergang Jüngere Dryas/Präboreal in 20 bis 50 Jahren mit einem Anstieg der Temperaturen um etwa 15°C (Dansgaard 2005). Basis: wahrscheinlich gestörtes Eis aus dem Eem.
1998 2012	**Vostok**-Eisbohrkerne, Antarktis. Tiefe 3623 m, 100 m über dem größten subglazialen See, den *Lake Vostok*. Erstes Klimaarchiv bis 420 ka. Vostok, subglazialer See: Seewasser erbohrt in 3769,3 m Tiefe (Faria 2013).
1988	**Renland**, Grönland: Tiefe 324,4 m. Auf einem Plateau östlich des grönländischen Inlandeises. An der Basis 3 m dickes Eis aus dem Eem (Johnson &Vinther 2006: XII).
1988	H. Heinrich: Letzte Kaltzeit geprägt durch **Heinrich-Events** (H1 bis H6) im NE-Atlantik. Interpretation: Kälteeinbrüche mit Südverlagerung der thermohalinen Zirkulation. Hartmut Heinrich: Bundesamt für Seeschifffahrt und Hydrographie (BSH), Hamburg.
1990/92	**GRIP** (*Greenland Ice Core Programm*): Tiefe 3029 m. Zahlreiche letztglaziale Interstadiale und Stadiale (= Dansgaard-Oeschger Ereignisse, ***D/O-events***) von 500 bis 2000 Jahre Dauer. Holozän relativ stabil. Alter der Basis ist unklar, ob dreigeteiltes Eem oder gestörter Eiskern. Willi Dansgard (1922 - 2011), Niels-Bohr Inst., Kopenhagen. Hans Oeschger (1927 - 1998) Physik. Inst., Universität Bern.
1989/93	**GISP2**: Tiefe 3053 m. Alter der Basis unklar, wahrscheinlich gestörter Eiskern aus dem Eem.
1996/2003	**NGRIP** (*North Greenland Ice core Project*): Tiefe 3085 m. Im letzten Glazial gab es mindestens 25 Interstadiale (GIS Greenland Inter-Stadials 1 bis 25) und Stadiale (GS Greenland) mit abrupten Temperaturschwankungen um 6 bis 12°C in weniger als 100 Jahren. Erstmalig ungestörtes Eis aus dem **Eem**.
2001/04	**Dome C**, Antarktis: Tiefe 3260 m. Basis älter als 810 ka. 8 Glazial/Interglazial-Zyklen.
2003/06	**Dome F** (Dome Fuji), Antarktis: Tiefe 3035 m. Basis etwa 720 ka.
2008/10	**NEEM** (*North Greenland Eem ice core*): Tiefe 2537 m. Basis gefaltetes Eem-Eis.
seit 2016	**EGRIP** (*East GRIP*).

Während die grönländischen Bohrkerne trotz großer Eismächtigkeiten maximal bis zum Ausgang der letzten Warmzeit (Eem) zurückreichen, erschließt der antarktische EPICA Dome C Eisbohrkern etwa 810.000 Jahre Umweltgeschichte.

3.5.1 Eisbohrkerne in Grönland – letztglaziale Kälte- und Wärmeschwankungen

Das Grönländische Inlandeis (Abb. E2.18) bedeckt mit etwa 1,7 Mio. km^2 ca. 85% der Fläche Grönland mit einer N-S-Ausdehnung von 2.200 km und einer W-E-Erstreckung von 750 km. Es ist der größte Eiskörper auf der Nordhalbkugel. Seine größte Höhe von über 3.250 m erreicht die Eiskappe in Zentralgrönland (*Gunnbjørn Field* 3.700 m ü.M.), wo es eine Mächtigkeit von bis zu 3.370 m besitzt. Das Gewicht des Eises hat Zentralgrönland beckenartig bis zu 300 m unter dem aktuellen Meeresspiegel abgesenkt.

Das Eisvolumen von 2,9 Mio. km^3 würde bei vollständigem Abschmelzen den Meeresspiegel um bis zu 7,3 m ansteigen lassen. Man geht davon aus, dass Zentral-Grönland in allen quartären Warmzeiten vergletschert war. Da das grönländische Inlandeis kontinuierlich vom Zentrum nach außen zum Meer fließt, stammt das älteste Eis gerade noch aus dem letzten Interglazial, dem Eem (u.a. Klaer et al. 2018).

Nach dem 2. Weltkrieg begann man Anfang der 1960er Jahre mit der ersten, über 1.000 m tiefen Eiskernbohrung an der nordgrönländischen Lokalität „Camp Century" (Abb. E2.18; Tab. E2.1). Zum ersten Male wurde die Gesteinsbasis erreicht. Das Alter der Eisbasis blieb wegen Störungen im Bohrkern unklar. Einige wichtige Eiskernbohrungen in Grönland und in der Antarktis sind in der Abb. E2.18 und in der Tab. E2.1 aufgelistet.

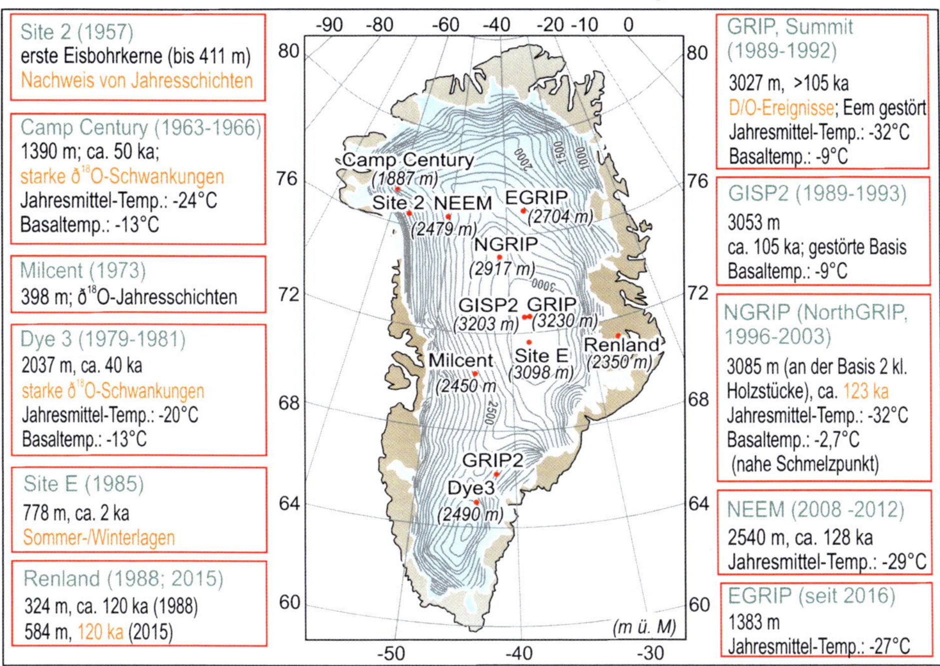

Abb. E2.18: Bedeutende Eisbohrkerne im grönländischen Inlandeis.

Eem

Die ältesten grönländischen Eisschichten stammen aus dem letzten Interglazial, dem **Eem** vor ca. 115 bis 130 ka. Mehrere Eisbohrkerne haben an der Basis Eem-Eis durchteuft, allerdings bis auf NGRIP in gestörter Form. Sie belegen, dass Grönland auch im letzten Interglazial eisbedeckt war.

JOHNSEN & VINTHER (2006: XIII) nehmen an, dass das grönländische Inlandeis nur wenig zum weltweit postulierten mehrere Meter höheren Meeresspiegel im letzten Interglazial beigetragen hat, etwa in der Größenordnung von 1 m. DAHL-JENSEN et al. (2009: 4) postulieren einen Anstieg von 1 bis 3 m.

Das grönländische Eem-Eis (Camp Century, GRIP, GISP2, NGRIP, Renland) hat etwa 2,1 bis 3,5‰ höhere δ^{18}O-Gehalte als heute (Abb. E2.19), ein Hinweis auf ein wärmeres Klima. Unter der wahrscheinlichen Annahme einer damals ähnlichen Eishöhe wie heute, war es damals um 3 bis 5 °C wärmer als heute (VINTHER 2006: XII).

Weichsel-Glazial und seine Stadiale und Interstadiale (D/O-Ereignisse)

Die Bedeutung grönländischer Eisbohrungen liegt vor allem im Nachweis zahlreicher, in wenigen Jahrzehnten stattfindender extremer δ^{18}O-Schwankungen bzw. Wärme- (Interstadiale, GI) und Kälteschwankungen (Stadiale, GS) in der letzten Kaltzeit, die nach ihren Entdeckern als ***Dansgaard/Oeschger events*** (D-O events; D/O-Ereignisse, D/O-Wärmeschwankung) bekannt geworden sind (benannt von Wally BROECKER nach JOUZEL 2013: 3725).

Bisher sind im Laufe der letzten Kaltzeit 25 **grönländische Interstadiale (GI)** und **Stadiale (GS)** nachgewiesen worden (Abb. E2.19). Innerhalb weniger Dekaden (10 bis 200 Jahre) erwärmte sich das Klima um bis zu 8 bis 16°C von kalten Stadialen auf deutlich wärmere Interstadiale (δ^{18}O-Temperaturabschätzungen nach HOLME 2019: 3, LANDAIS et al. 2004; Abb. E2.15). Teilweise betrug die Erwärmung mehr als 1°C pro Jahr (STEIG 2003: 1676).

Die Stadiale waren bis zu 25°C kälter als heute (z.B. GS-2 = letztglaziales Maximum, LGM). Am Gipfel einer interstadialen Wärmeschwankung kühlte sich das grönländische Klima sukzessive über wenige Jahrhunderte oder manchmal auch mehrere Jahrtausende bis zu einem stadialen Minimum ab (Abb. E2.20). Ein Beispiel wäre hier das etwa 1.800 Jahre andauernde GI-1 mit dem Bølling/Allerød-Interstadial und dazwischen geschalteten kurzen Klimarückschlägen der Älteren Dryas. Es mündete in die Kälteschwankung der Jüngeren Dryas (Abb. E2.20: GS-1).

Es gibt aber auch einige Stadial/Interstadial-Zyklen (z.B. Abb. E2.19: GI-2 bis GI-6), die nach einer zügigen Erwärmung auf interstadiale Bedingungen einen drastischen Temperaturabfall auf stadiale Verhältnisse in nur wenigen Jahrzehnten erlebten (Abb. E2.20).

In einzelnen Stadialen ereigneten sich sog. **„Heinrich-Ereignisse“** (HEINRICH 1988; HARTMUND HEINRICH, Hamburger Meeresgeologe) (Abb. E2.19), während der kurzzeitig für etwa 500 bis 700 Jahre zahlreiche Eisberge Lagen grobklastischer Sedimente (*ice-rafted debris*) in Tiefseesedimenten des südlichen Nordatlantiks bis nach Portugal hinterließen.

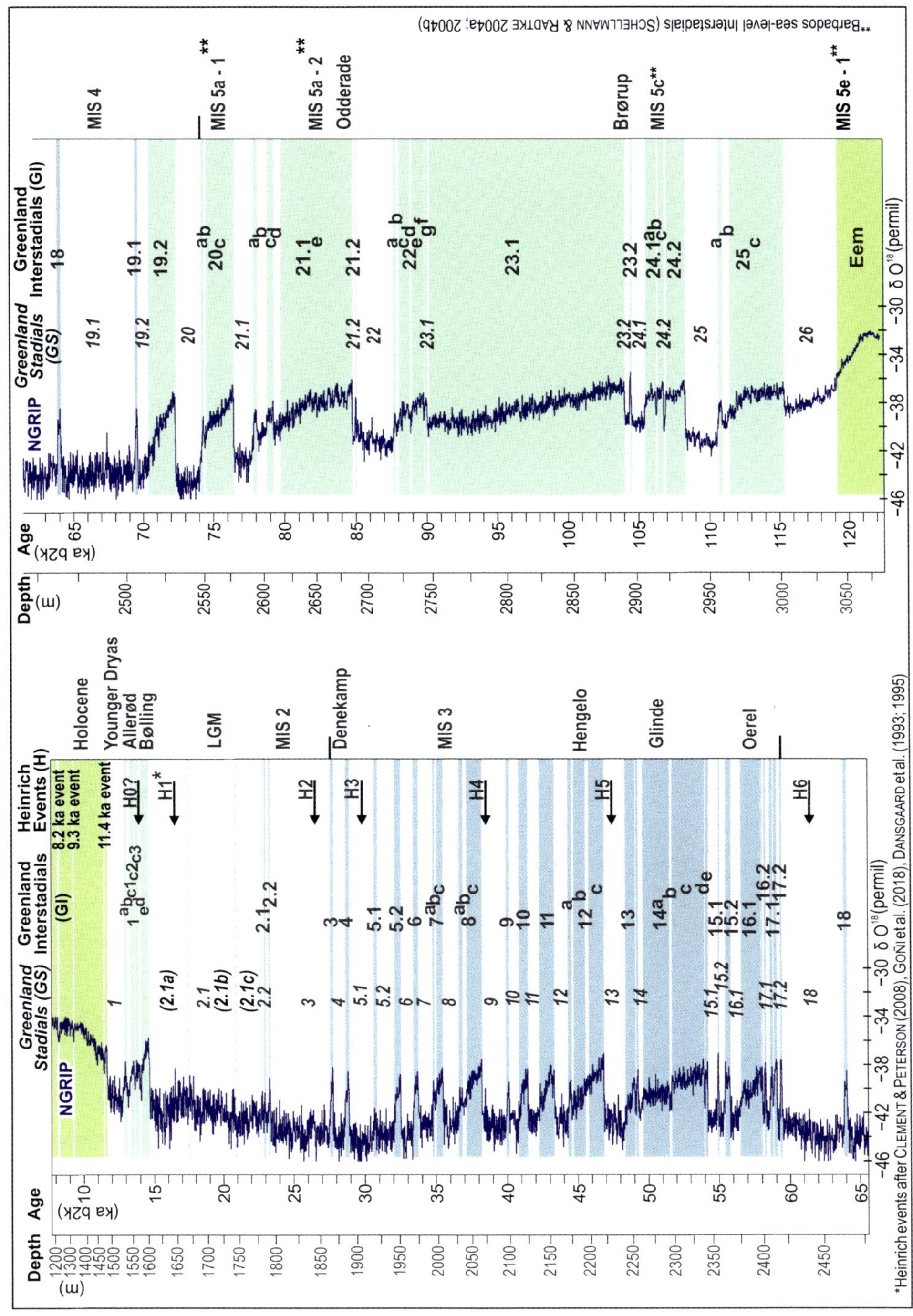

Abb. E2.19:
^{18}O-Gehalte sowie grönländische Interstadiale (GI) und Stadiale (GS) des letzten Glazials im Eisbohrkern NGRIP (Quelle: Rasmussen et al. 2014). Ergänzt sind weitere Klimaindikatoren:
a) Heinrich-Events im Nordatlantik (Stadiale) mit Eisbergdrift bis in die Biskaya und
b) MIS 5-Hochstände des Meeresspiegels auf Barbados (Karibik).

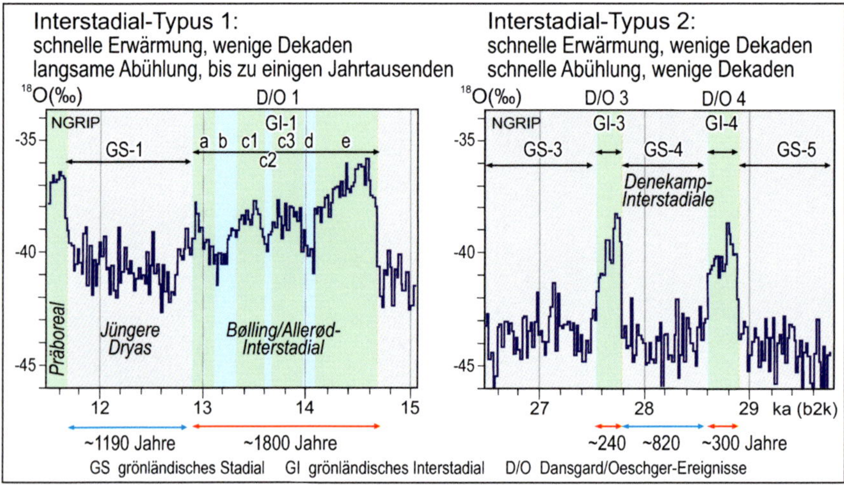

Abb. E2.20:
Häufige zeitliche Abläufe grönländischer Stadiale und Interstadiale (D/O-Ereignisse).
Typ 1: schnelle Erwärmung in wenigen Dekaden und langsame Abkühlung über bis zu mehreren Jahrtausenden.
Typ 2: schnelle Erwärmung und zügige Abkühlung in wenigen Dekaden (Datenquelle: RASMUSSEN et al. 2014: Fig. 1).

Es gibt eine hohe Korrelation zwischen grönländischen Temperaturen bzw. $\partial^{18}O$-Gehalten und dem Treibhausgas Methan (CH_4) sowie Staubeinträgen (Ca^{2+}) (Abb. E.2.21). **Staubeinträge** (Ca^{2+}) sind am niedrigsten während der Interstadiale und nehmen mit beginnender Abkühlung zu (RASMUSSEN et al. 2014: Fig. 1). Die höchsten Staubgehalte besitzen die frühglazialen Stadiale GS-19 und GS-18 vor etwa 70 bis 59 ka mit einem Maximum im GS-19.1 vor etwa 66 ka sowie die hochglazialen Stadiale GS-5 bis GS-2 vor etwa 32 bis 15 ka mit einem Maximum im GS-3 vor etwa 24 bis 26 ka (Abb. E2.21). Die terrestrischen Staubpartikel stammen vor allem aus Trockengebieten Asiens (China) (WOLFF et al. 2010: 2832). Dabei weisen erhöhte Staubeinträge auf eine stärkere Aridisierung in den Herkunftsgebieten hin, mit zumindest jahreszeitlich trockeneren Klimabedingungen und höheren Windgeschwindigkeiten.

Letztglaziale Wärmschwankungen kennzeichnen hohe **CH_4-Gehalte** von meist 500 bis 600 ppb, selten über 640 ppb (Abb.E2.21). Die Kälteperioden besitzen deutlich niedrigere CH_4-Gehalte von unter 500 ppb, im Hochglazial von etwa 360 bis 420 ppb (BAUMGARTNER et al. 2014: Fig. 1; CHAPPELLAZ et al. 2013). Dabei endete das letzte Hochglazial um 17.270 (b2k) mit einem scharfen Anstieg der CH_4-Gehalte (CHAPPELLAZ et al. 2013: 2589).

Es fehlt allerdings eine eindeutige Beziehung zwischen **Methangehalten** und der **Magnitude der Temperaturveränderungen**. Generell schwankt im NGRIP-Bohrkern während interstadialer (D/O-Ereignisse) Erwärmungen die Methan/Temperatur-Relation zwischen 5 ppb und 18 ppb pro 1°C. Nur beim Übergang von der Jüngeren Dryas zum Präboreal waren sowohl die Methangehalte von 770 ppb als auch die Methan/Temperatur-Relation von 25,5

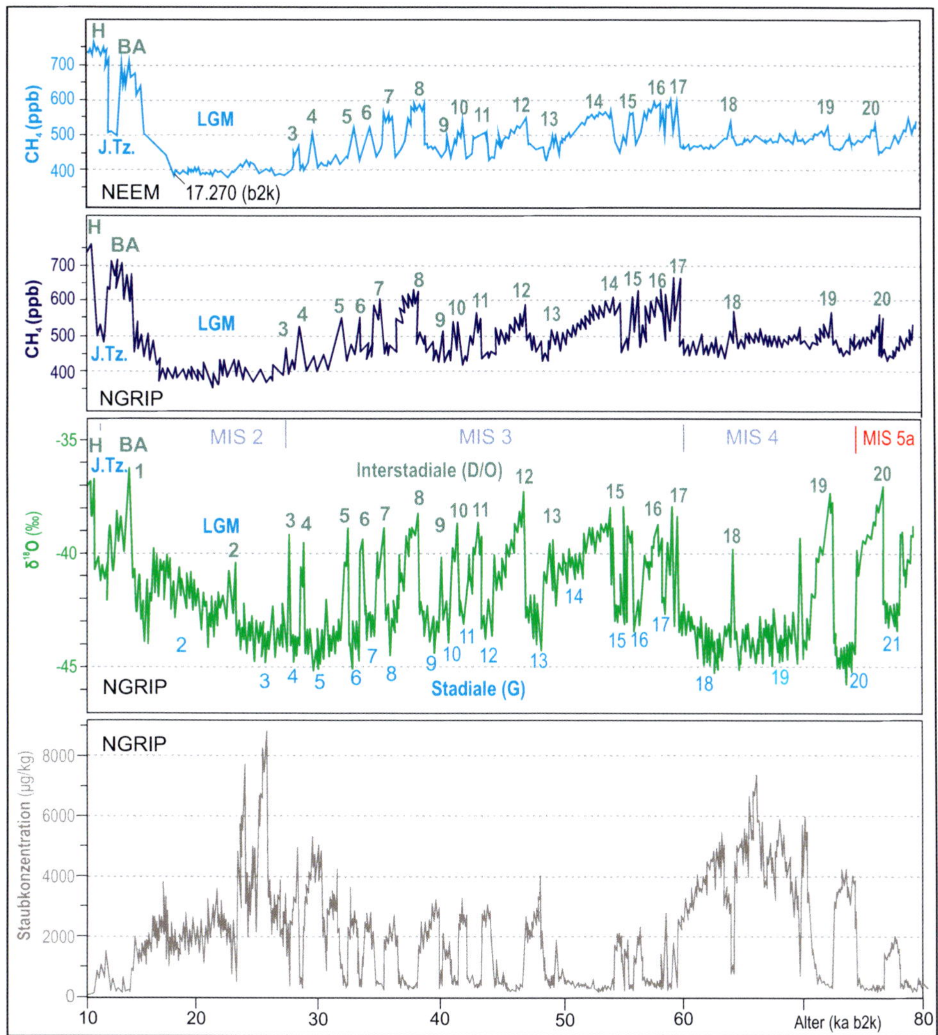

Abb. E2.21: ∂^{18}O- und Methan (CH_4)-Gehalte sowie Staubeinträge (Ca^{2+}) im grönländischen Eisbohrkern NorthGRIP und NEEN zwischen dem Präboreal und dem grönländischen Interstadial GI 20 (Quellen: Chappellaz et al. 2013; Baumgartner et al. 2014; Wolff et al. 2010; Ruth et al. 2007).

ppb/°C deutlich höher (Baumgartner et al. 2014: Fig. 3; Table 2). Unter Berücksichtigung zeitlicher Unschärfen bei der Datierung grönländischer Eisbohrkerne sowie unterschiedlicher Diffusionsgeschwindigkeiten scheinen Temperatur(∂^{15}N)- und Methan(CH_4)-anstieg annähernd zeitgleich zu erfolgen (Abb. E2.17, Abb. E2.21).

Im Gegensatz zu Methan zeigt **Kohlendioxid (CO_2)** in den grönländischen Eisbohrkernen (z.B. GRIP) keine klare Korrelation zu den innerglazialen Wärmeschwankungen. Während der Interstadiale schwanken diese maximal um etwa 20 ppm (Guillevic et al. 2013: 1030). Im Hochglazial der letzten Kaltzeit erreichte CO_2 ein Minimum bei etwa 180 ppm, um bis zum Holozän auf ca. 280 ppm anzusteigen (Schilt et al. 2010: Fig. 1).

Innerglaziale Temperaturschwankungen von etwa 6 bis 12°C in weniger als 100 Jahren (Abb. E2.22; u.a. SIME et al. 2019) sind wahrscheinlich das Ergebnis plötzlicher und starker Veränderungen von Luftmassenströmungen, und/oder von ozeanischen Meeresströmungen, und/oder von starken Süßwassereinträgen abschmelzender Inlandvereisungen in der Umrahmung des Nordatlantiks, und/oder von wechselnden Meereisbedingungen im Einzugsgebiet grönländischer Luftmassen. Man nimmt an, dass während der Stadiale die nordatlantische Zirkulation aussetzte, der Golfstrom wesentlich weiter südlich Richtung Biscaya strömte und Meereis vor den Küsten Grönlands eine deutlich größere Ausdehnung besaß. Dagegen dürfte eine Reorganisation der Meeres- und Luftströmungen mit Nordverlagerung des Golfstroms und einer Reduzierung von Meereisbedeckungen innerhalb weniger Dekaden zur Bildung von bis zu 10 bis 15°C wärmeren Interstadialen (nach δ^{15}N-Daten: 5 bis 16,5°C; KINDLER et al. 2014, WOLFF et al. 2010 Table 2) geführt haben.

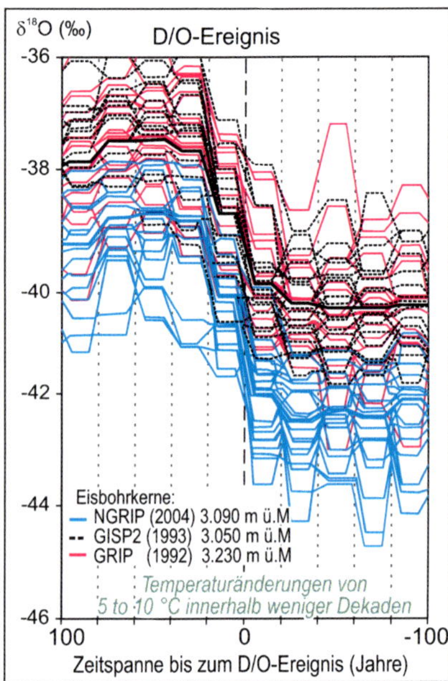

Abb. E2.22:
Mittlere Zeitdauer (Jahre) des Umbruchs vom Stadial zum Interstadial nach δ^{18}O-Veränderungen in den grönländischen-Eisbohrkernen NGRIP, GRIP und GISP2 (Quelle: SIME et al. 2019).

Die grönländischen Interstadiale dauerten zum Teil nur 100 bis 300 Jahre (GI-3), zum Teil bis zu 2500 Jahre (GI-12), sieht man von den frühen und sehr langen Interstadialen GI-25, GI-23 und GI-21 ab (Abb. E2.19). Ebenso variabel ist die Zeitdauer der Stadiale zwischen wenigen hunderten bis zu mehreren tausend Jahren.

Das jüngste Interstadial ist das **Bølling/Allerød-Interstadial** (GI-1) vor 14.700 bis 12.900 Jahren (b2k). In Mitteleuropa war es ähnlich warm wie heute und Wälder aus Birken und Kiefern breiteten sich in kurzer Zeit aus (**spätglaziale Wiederbewaldung**). Im späten Allerød, vor etwa 13.000 Jahren (cal BP) (REINIG et al. 2021), brach der Laacher See Vulkan aus. Seine Sulfatemissionen sind allerdings bisher in grönländischen Eisbohrkernen nicht eindeutig nachzuweisen (ABBOTT et al. 2021).

Anschließend erfolgte abrupt, innerhalb einiger Jahrzehnte, die jüngste kaltzeitliche Kälteschwankung, die **Jüngere Dryas** (GS-1). Sie endete vor ca. 11.700 Jahren (b2k). Das Bølling- und Allerød-Interstadial dauerten etwa 620 und 1.180 Jahre, die Jüngere Dryas ca. 1.190 Jahre (RASMUSSEN et al. 2006). Die Jüngere Dryas war eine weltweit nachgewiesene, extrem kräftige Klimadepression auf kaltzeitliche Temperaturen mit **Dauerfrostboden** und tundra-ähnelnder Vegetation in den Niederungen Deutschlands sowie deutlichen Gletschervorstößen in den Hochlagen der Alpen (**Egesen-Moränen**). Grönländische Eisbohrkerne (u.a. GISP2) belegen etwa 15°C niedrigere Temperaturen als heute (ALLEY 2000: 218) mit einer abrupten Temperaturzunahme von etwa 5 bis 10°C am Ende der Jüngeren Dryas (SEVERINGHAUS et al. 1998; Abb. E2.23). Während die Jüngere Dryas in den CO_2-Gehalten grönländischer Eisbohrkerne nicht ersichtlich ist, zeigt sie sich deutlich in erniedrigten Methan(CH_4)-Gehalten von etwa 500 ppb gegenüber 700 ppb vor und 750 ppb nach der Jüngeren Dryas (Abb. E2.21; ALLEY 2000: 219).

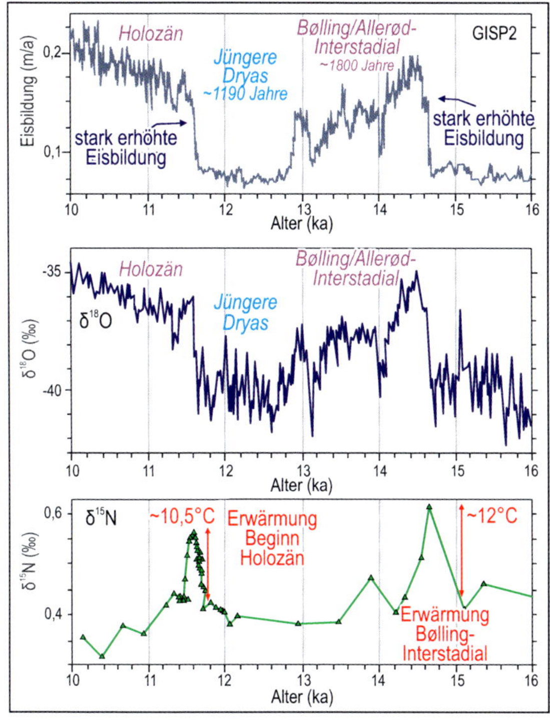

Abb. E2.23:
Höhere Eisbildungsraten zu Beginn des Bølling/Allerød-Interstadials und zu Beginn des Holozäns (Quelle: SEVERINGHAUS et al. 1998).

Die Erwärmungen zu Beginn des Bølling/Allerød-Interstadials und am Ende der Jüngeren Dryas waren in Grönland mit höheren Eisbildungsraten verbunden, die auf eine Verdoppelung der Schneeakkumulationen, also auf feuchtere Klimabedingungen hinweisen (Abb. E2.23).

Holozän

Die Wiederbewaldung am Ende der letzten Kaltzeit begann in Mitteleuropa bereits in der ausgehenden Jüngeren Dryas mit der Ausbreitung von Kiefernwäldern in den Talauen, dendrochronologisch datiert auf etwa 11.990 cal BP (Abb. 1.2.6). Der Beginn des Holozäns wurde vor mehr als 50 Jahren von der *INQUA Holocene Commission* nach ^{14}C-Datierungen auf 10.000 BP (BP = vor AD 1950) festgelegt, pollenanalytisch mit Beginn des Präboreals.

In der Folgezeit konnten parallel durchgeführte ^{14}C- und dendrochronologische Datierungen an subfossilen Hölzern die Unschärfe von ^{14}C-Datierungen aufzeigen. Es zeigte sich, dass unsere Warmzeit nach dendrochronologischen Datierungen an mitteleuropäischen Kiefern bereits vor 11.590 BP (FRIEDRICH et al. 2004: 1120) und in Eifelmaaren varvenchronologisch vor 11.600 oder 11.590 BP begann (u.a. LITT et al. 2003; ZOLITSCHKA 1998).

Das steht im Einklang mit den Befunden aus verschiedenen Eisbohrkernen in Grönland, wonach dort die **holozäne Warmzeit** vor 11.700 Jahren (b2k, vor AD 2000) begann. Dabei markieren zwei Tephralagen den Übergang vom Pleistozän zum Holozän: die 10.347 ± 89 Kalenderjahre (b2k) alte *Sasunarvatn tephra* im frühen Holozän und die 12.171 ± 114 Jahre (b2k) alte *Vedde tephra* am Ausgang der Jüngeren Dryas. Mit Beginn des Holozäns zeigt sich außerdem ein markanter Anstieg der ^{18}O-Gehalte, eine deutliche Abnahme der Staubpartikel und der Seesalzpartikel (Na^+) (Steffensen et al. 2008: Fig. 2) sowie eine Zunahme der jährlichen Eisstärken (Abb. E2.23, Abb. E2.21; Walker et al. 2009: 10).

Im Gegensatz zum sehr variablen Paläoklima der letzten Kaltzeit auf Grönland war das Holozän bezüglich der δ^{18}O-Schwankungen in den Eisbohrkernen sehr stabil und insgesamt in Grönland nach Bohrloch-Temperaturprofilen um ca. 20 bis 25°C wärmer als während des Hochglazials (Jouzel 2013: 2532). Nur im ausgehenden Spätglazial und im frühen Holozän zeigen sich in den Eisbohrkernen drei kurze Erniedrigungen (Anomalien) der δ^{18}O-Gehalte um etwa 1 bis 2‰ (Abb. E2.24) verbunden mit etwas erniedrigten Schnee-Akkumulationen. Das war der Fall im Präboreal und Boreal vor etwa 11.400, 9.300 und 8.200 Jahren (b2k) („***preboreal oscillations***“) (Rasmussen et al. 2007). Man geht davon aus, dass diese etwa 100 bis 160 Jahre (Rasmussen et al. 2014: Table 2) andauernden Kälteeinbrüche durch starke Süßwasser-Zuflüsse des abschmelzenden Laurentischen Eisschildes in den Nordatlantik ausgelöst wurden. Dadurch soll kurzzeitig die Nordatlantische Ozeanzirkulation abgeschwächt und der Golfstrom weiter nach Süden verlagert worden sein.

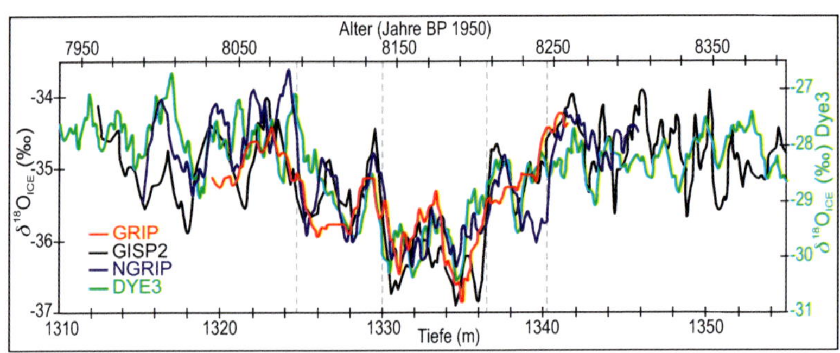

Abb. E2.24:
Niedrigere δ^{18}O-Gehalte in grönländischen Eisbohrlernen für etwa 160 Jahre zur Zeit der borealen (8,2 ka) Klimadepression (Quelle: Thomas et al. 2007).

Das sog. „**holozäne Klimaoptimum**“ vor etwa 6.000 bis 9.000 Jahren (Boreal bis spätes Atlantikum) ist in den δ^{18}O-Gehalten grönländischer Eisbohrkerne klar ersichtlich (Vinther et al. 2009). Dabei weisen die δ^{18}O-Gehalte für das frühe Holozän auf etwa 3°C wärmere Temperaturen hin (Holme 2019: 49). Auch Temperaturrekonstruktionen auf der Basis von Bohrlochtemperaturen belegen während des holozänen Klimaoptimums etwa 2 bis 3°C wärmere Temperaturen (Dahl-Jensen et al. 1998).

Die Häufigkeit und Mächtigkeit sommerlicher **Schmelzlagen** (*melt layers*) im Eisbohrkern EGRIP belegen für das Holozän häufigere Wechsel zwischen kühleren und wärmeren Perioden wie das mittelalterliche, römische und mittelholozäne (5.800 bis 8.100 b2k und 8.500 bis 8.700 b2k) Wärmeoptimum. Auch Extremereignisse wie das Jahr 2012 oder die warmen Sommer während der Landnahme Grönlands durch die Wikinger um 986 AD sind anhand ausgeprägter Schmelzlagen nachweisbar (Westhoff et al. 2021).

Zwischenresumée – D/O-Ereignisse

Grönländische Eisbohrkerne belegen für das letzte Glazial:

1) die Existenz von bis zu 25 ausgeprägten Wärmeschwankungen (**grönländische Interstadiale, GI**) und Kälteschwankungen (**grönländische Stadiale, GS**) mit Temperaturschwankungen von etwa 6 bis 12°, oft in weniger als 100 Jahren. Sie werden auch als **D/O-Ereignisse** bezeichnet;

2) dass viele D/O-Ereignisse einen **asymmetrischen Temperaturverlauf** haben mit einem in etwa 10 bis 200 Jahren erfolgten starken Temperaturanstieg zu Beginn eines Interstadials und langsamer Abkühlung über wenige Jahrhunderte oder über wenige Jahrtausende hinweg bis zum nächsten abrupten interstadialen Temperaturanstieg;

3) dass viele D/O-Oszillationen während den Stadialen mit **Heinrich *Events*** verbunden sind, also mit Abkühlungen des Nordatlantiks und intensiver Eisbergdrift bis vor die portugiesische Atlantikküste. Die Ursachen für die D/O-Ereignisse und den Heinrich-Events sind weiterhin unklar. Vor allem Veränderungen ozeanischer Meeresströmungen werden favoritisiert;

4) dass die extremen innerglazialen Temperaturschwankungen mit troposphärischen **Methan**gehalten korrelieren: hohe Gehalte (500 bis max. 640 ppb) während der Interstadiale (wahrscheinlich freigesetzt aus abtauendem Permafrost in den Tundren und borealen Nadelwäldern), sowie niedrige Gehalte (360 bis <500 ppb) während der Stadiale;

5) dass anders als Methan **Kohlendioxid (CO_2)** keine klare Korrelation zu den innerglazialen Wärmeschwankungen zeigt. Im Hochglazial der letzten Kaltzeit erreichte CO_2 ein Minimum bei etwa 180 ppm, um bis zum Holozän auf ca. 280 ppm anzusteigen;

6) dass **Staubeinträge** (Ca^{2+}) am niedrigsten während der Interstadiale sind und mit beginnender Abkühlung zunehmen. Die höchsten Staubgehalte besitzen die frühglazialen Stadiale vor etwa 70 bis 59 ka sowie das Hochglazial vor etwa 32 bis 15 ka. Die Staubpartikel stammen wahrscheinlich überwiegend aus Trockengebieten Ostasiens. Erhöhte Staubeinträge deuten auf eine stärkere Aridisierung in den Herkunftsgebieten hin mit zumindest jahreszeitlich trockeneren Klimabedingungen und höheren Windgeschwindigkeiten.

3.5.2 Eisbohrkerne der Antarktis – 800.000 Jahre Klimageschichte

Das west- und ostantarktische Inlandeis ist mit 12,3 Mio. km² Fläche, einer durchschnittlichen Mächtigkeit von 2400 m, einer maximalen Mächtigkeit von bis zu 4.776 m (Barry & Gan 2011: 153) sowie einem Volumen von etwa 25 Mio. km³ der größte Eiskörper der Erde. Durch das transantarktische Gebirge wird es unterteilt in das ostantarktische und das kleinere (ca. 14% des Gesamtvolumens) westantarktische Inlandeis. Sein Abschmelzen würde einen **Meeresspiegelanstieg** von bis zu 57 m erzeugen.

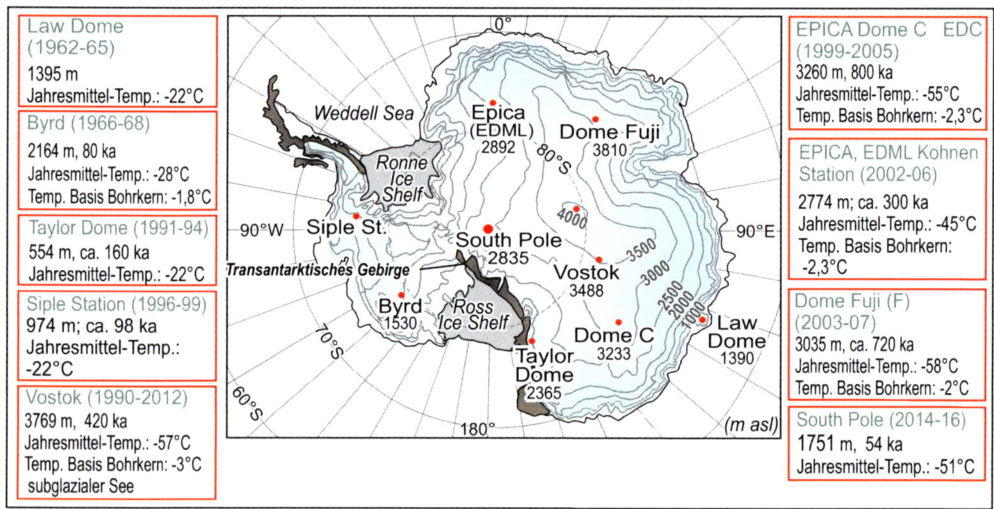

Abb. E2.25: Übersicht wichtiger Eisbohrkerne in der Antarktis.

Während grönländische Eisbohrkerne innerhalb der letzten Kaltzeit extreme, in wenigen Dekaden ablaufende Klimaschwankungen belegen, sind in den Eisbohrungen der Antarktis die großen Klimaschwankungen der vergangenen 810.000 Jahre mit acht großen Glazialen und Interglazialen erhalten.

Meilensteine antarktischer Eisbohrungen (Abb. E2.25) markieren die **Eisbohrkerne** Vostok (1998 und 2012) und EPICA Dome C (1999-2005). Vostok ist seit 1998 mit 3.623 m Tiefe und 2012 verlängert auf 3.769 m Tiefe der tiefste Eisbohrkern der Welt (Tab. E2.1). Er reicht zeitlich aber „nur" bis vor 420 ka zurück. Im Jahr 2012 erbohrte man an seiner Basis einen subglazialen See („*Vostok Lake*").

Der 3.260 m tiefe Eisbohrkern EPICA Dome C ist mit 810 ka der bisher am weitesten zurückreichende Eisbohrkern (Abb. E2.25; Tab. E2.1). Er besitzt eine zeitliche Auflösung in Abhängigkeit von der mit der Tiefe zunehmenden Eiskompaktion von etwa 20 Jahren im Holozän, von etwa 50 Jahren in der letzten Kaltzeit, von etwa 200 Jahren im MIS 11, von etwa 600 Jahren im MIS 12 und von ungefähr 1.000 Jahre während der älteren Epochen. Die zeitliche Auflösung der Analysendaten ist unterschiedlich. Sie liegt zum Beispiel beim CH_4 zwischen minimal 200 Jahren, im Mittel 380 Jahren und maximal 3.500 Jahren (MASSON-DELMOTTE et al. 2010: 115). Das bedeutet nicht nur eine entsprechende zeitliche Unschärfe, sondern vor allem auch eine analytisch bedingte Mittelung, also Glättung der Analysedaten.

∂^{18}O und vor allem **∂D** (Deuterium) dienen auch in der Antarktis als Klimaproxies für die Kondensationstemperaturen des Schneeniederschlags. Dabei geht man ähnlich den heutigen Verhältnissen auch für die Vergangenheit von einer linearen Beziehung zwischen den mittleren Isotopengehalten des Schneeniederschlags und den mittleren Jahresdurchschnittstemperaturen der Luft an der Eisoberfläche aus. Bei ∂D entspricht dies aktuell

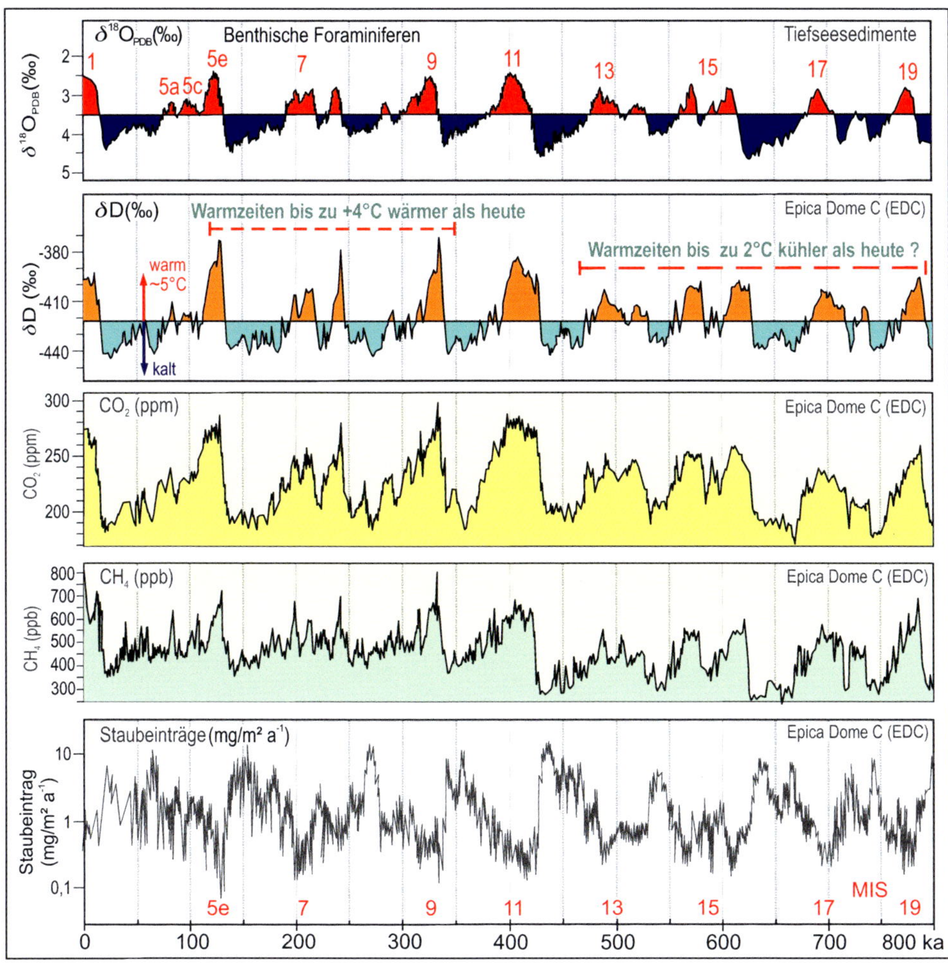

Abb. E2.26: Wichtige Klimaanzeiger der vergangenen 800.000 Jahre im Eisbohrkern Epica Dome C (Quellen: LOULERGUE et al. 2008; Lambert et al. 2008; LISIECKI & RAYMO 2005).

einer Veränderung um etwa 6,04‰ bei einer Temperaturänderung um 1°C (u.a. MASSON-DELMOTTE 2006: 148) und bei ∂^{18}O einer Veränderung um 0,75‰ bzw. in höheren Gebieten einer Veränderung um 1‰ bei einer Temperaturänderung um 1°C (JOUZEL et al. 2003: 3). Als Korrekturfaktoren sind via Schneeakkumulations- und Eisflussmodellen abgeleitete Höhenänderungen der Eisoberflächen in der Vergangenheit zu berücksichtigen. Letztere beeinflussen die erzielten Temperaturrekonstruktionen in der Größenordnung von 0,5 bis 1°C (MASSON-DELMOTTE et al. 2010: 115).

Temperaturen und Treibhausgase

Vor allem die beiden Eisbohrkerne Vostok und Epica Dome C belegen sehr klar extreme Schwankungen atmosphärischer Isotope (∂D, ∂^{18}O), Spurengase (u.a. CO_2, CH_4, N_2O) sowie Staubpartikel im Wechsel vergangener Glaziale und Interglaziale. Im Zeitraum bis vor 800 ka (bis MIS 19) gab es acht Glazial/Interglazial-Zyklen (Abb. E2.26). Dabei waren die kalt-

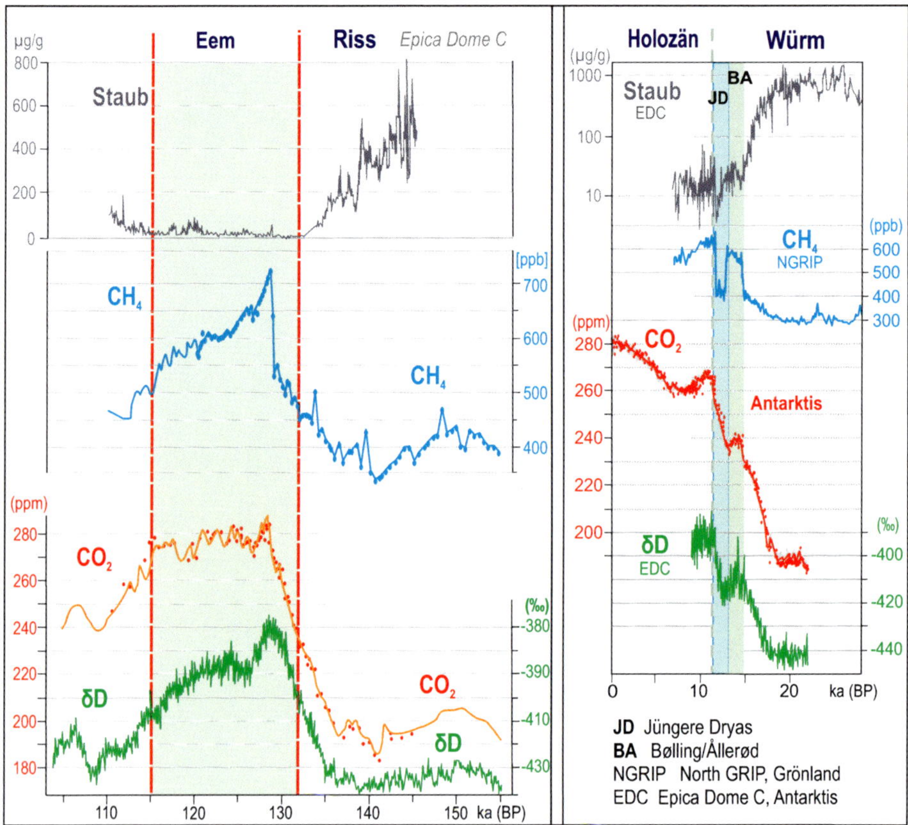

Abb. E2.27: ðD-, CO_2-,CH_4- und Staub-Gehalte in Eisbohrkernen der Antarktis am Übergang vom Riss zum Eem und am Übergang vom Spätglazial zum Holozän (Quellen: Brovkin et al. 2016; Lourantou et al. 2010; Monnin et al. 2001; Orombelli et al. 2009; Schneider et al. 2013).

zeitlichen Temperaturen in der Antarktis um bis zu 9°C niedriger als im Holozän, sofern die Relation von 6,04 ðD pro 1°C auch damals zutraf. Die jüngsten 4 Interglaziale waren etwa 2 bis 4°C wärmer als das Holozän. Dagegen könnten die älteren vier Interglaziale kühler gewesen sein, holozänen Temperaturen ähnelnd. Zumindest weisen die insgesamt niedrigeren ðD-, CO_2- und CH_4-Gehalte daraufhin. Jedes Glazial besaß hohe Staubbelastungen (Abb. E2.26), wohl als Folge einer globalen Aridisierung des Klimas.

Interglaziale und Glaziale

In allen **Interglazialen** waren die Treibhausgase deutlich erhöht. In den 4 jüngeren und wärmeren Interglazialen lag der CO_2-Gehalt bei etwa 280 bis 300 ppm und der CH_4-Gehalt. bei etwa 700 bis 800 ppb (Abb. E2.26). Die vier älteren und wahrscheinlich kühleren, aber längeren Interglaziale besaßen etwas niedrigere CO_2-Gehalte von ca. 250 ppm und auch etwas niedrigere CH_4-Gehalte von etwa 600 bis 700 ppb.

Die Gehalte beider Treibhausgase waren in den **Kaltzeiten** deutlich niedriger. Die CO_2-Gehalte erreichten Minima von 180 bis 190 ppm und die CH_4-Gehalte Minima von 350 bis 400 ppb. Der Ausgang einer Warmzeit wie dem Eem war jeweils verbunden mit einer starken Reduzierung und der Beginn einer Warmzeit wie dem Eem und dem Holozän mit einem starken Anstieg der Treibhausgase CO_2 und CH_4 (Abb. E. 2.27).

Man nimmt an, dass pleistozäne Warm- und Kaltzeiten primär von Veränderungen der Erdbahnparameter um die Sonne ausgelöst werden (Milankovitch-Zyklen). Das daraus folgende Wachsen oder Schrumpfen großer Inlandeise löst Verlagerungen von Luft- und Meeresströmungen aus, beeinflusst die marine CO_2-Aufnahme oder CO_2-Abgabe und steuert so ein Ansteigen oder Absinken troposphärischer CO_2-Gehalte. Letztere verstärken als positive Rückkoppelung (*CO_2 feedback hypothesis*) das Wachsen bzw. Schrumpfen globaler Eisvolumina (u.a. Ruddiman 2006). Das Überschreiten bestimmter Schwellenwerte ausgelöst durch die plötzliche Abschwächung und/oder Verlagerung von Meeres- und Luftströmungen könnte so die Erklärung für die drastischen, in wenigen Jahrzehnten ablaufenden Klimaänderungen sein.

Letztes Glazial – AIM-Schwankungen

Die Kaltzeiten waren geprägt durch hohe Staubgehalte in der antarktischen Atmosphäre und niedrige Gehalte an Seesalzkerne. Erstere weisen auf global windreichere und trockenere Klimabedingungen hin mit Staubeinträgen vor allem aus Patagonien, letztere auf eine größere Entfernung der Bohrlokalität vom Meer durch kaltzeitlich vergrößerte Schelfeisgebiete an den Küsten der Antarktis.

Zwischen Temperaturschwankungen ($\partial^{18}O$, ∂D) und Methan (CH_4)-Gehalten gibt es in der **letzten Kaltzeit** eine hohe Co-Varianz, und zwar sowohl in grönländischen (u.a. NGRIP) als auch in antarktischen (EDML) Eisbohrkernen (Köhler et al. 2017b). Vor allem die stark schwankenden Gehalte von $\partial^{18}O$ und ∂D belegen auch in der Antarktis extreme glaziale Temperaturschwankungen ähnlich den grönländischen D/O-Ereignissen. Sie werden dort als **AIM** (Antarctic Isotope Maximum)-**Ereignisse** bezeichnet (Abb. E2.28).

Die **CH_4-Gehalte** bilden die zahlreichen stadialen und interstadialen Klimaschwankungen in der letzten Kaltzeit sehr klar ab (Abb. E2.28). Fast jede Erwärmung ($\partial^{18}O$, ∂D als Temperatursignale) korreliert mit erhöhten und jede Abkühlung mit erniedrigten Methangehalten. In den Interstadialen sind diese in Grönland und in der Antarktis mit ca. 500 bis 650 ppb deutlich erhöht, in den Stadialen bis auf ca. 380 ppb (AIM 2, D/O 2) erniedrigt. Innerhalb des letzten Glazials besaßen nur die Interstadiale 24 und 21, in Grönland auch 17, sowie das Bølling/Allerød-Interstadial (BA; AIM 1) Methangehalte von über 640 ppb. Sehr niedrige Gehalte von teilweise unter 420 ppb kennzeichnen in der Antarktis und in Grönland das LGM und von unter 500 ppb den Kälterückschlag der Jüngere Dryas. Kurzzeitige Konzentrationserhöhungen von etwa 150 ppb traten am Übergang Ältere Dryas zum Bølling/Allerød-Interstadial, vom Bølling/Allerød-Interstadial zur Jüngeren Dryas und von der Jüngeren Dryas zum Präboreal auf. Innerhalb des Holozäns gab es eine leichte CH_4-

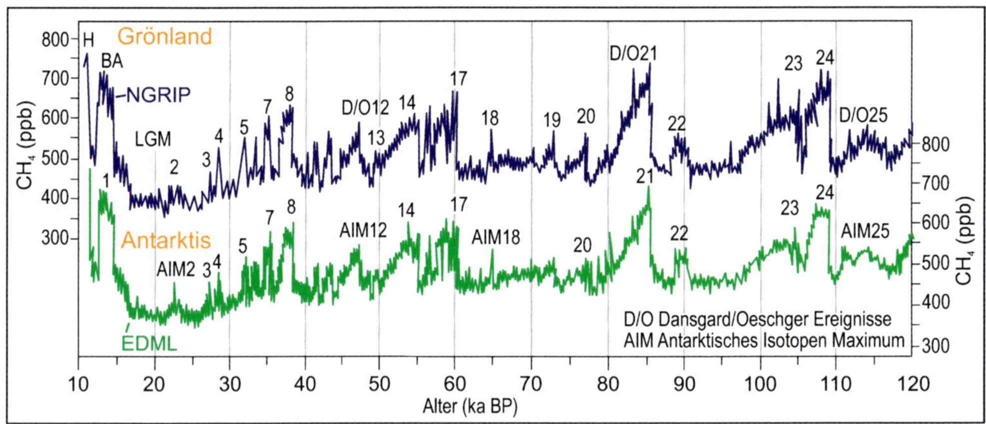

Abb. E2.28: Vergleich der Methangehalte letztglazialer Interstadiale und Stadiale auf Grönland (D/O-Ereignisse) und in der Antarktis (AIM –Ereignisse) (Quellen: Epica Community Members 2006; Baumgartner et al. 2014).

Erniedrigung um etwa 15% zwischen 10 bis 5 ka und anschließend bis zum Beginn des Industriezeitalters einen linearen Anstieg auf ca. 700 ppb (Kleinen et al. 2020: 575).

Die wesentliche natürliche Quelle von Methan sind Feuchtgebiete vor allem der Tropen und borealen Breiten, wo Fäulnisbakterien unter anaeroben Bedingungen organische Substanzen zu Methan umwandeln. Einmal in die Atmosphäre freigesetzt, wird es zügig global verteilt und innerhalb weniger Jahre oxidativ in CO_2 und Wasserdampf umgewandelt. Die Ausdehnungen von Feuchtgebieten auf der Erde steuern also wesentlich den atmosphärischen Methangehalt. Eine Abnahme bedeutet eine Reduzierung der Feuchtgebiete durch größere Trockenheit in den Tropen und/oder geringere Produktion in Permafrostgebieten der borealen Breiten infolge kürzerer Vegetations- und Mineralisierungsperioden.

Auch die Gehalte des Treibhausgases **Distickstoffoxid (N_2O, Lachgas)** korrelieren in , stark grönländischen und antarktischen Eisbohrkernen gut mit innerglazialen Kälte- und Wärmeschwankungen (Abb. E2.29). Hohe Gehalte von bis zu 260 ppb in den grönländischen Interstadialen stehen niedrige Gehalte von etwa 200 ppb im Hochglazial der letzten Eiszeit entgegen. Im Bølling/Allerød-Interstadial und zu Beginn des Holozäns lag er bei ca. 270 ppb, in der Jüngeren Dryas bei etwa 240 ppb (Schilt et al. 2010; Köhler et al. 2017b: Figure

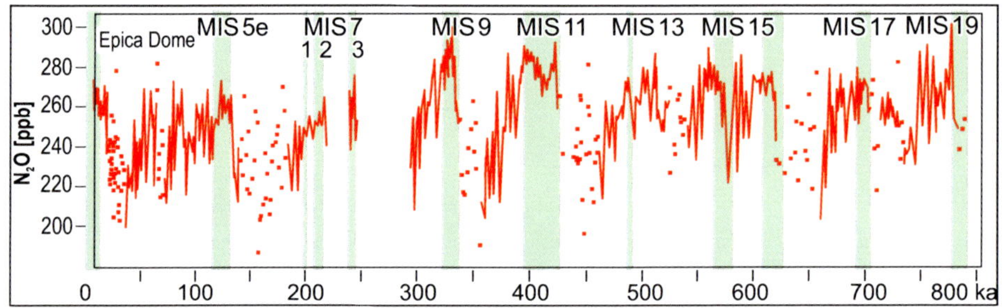

Abb: E2.29: N_2O-Gehalte im antarktischen Eisbohrkern Epica Dome C (Quelle: Jouzel 2013).

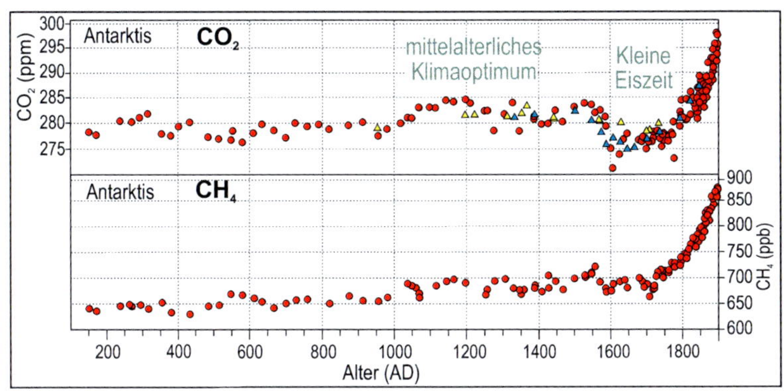

Abb. E2.30: CO_2- und CH_4-Gehalte in Eisbohrkernen der Ostantarktis seit der Römerzeit (Quelle: Rubino et al. 2019).

6). Das Treibhausgas N_2O entsteht in marinen und vor allem im feuchten terrestrischen Milieu. Es wird im Boden freigesetzt durch die Prozesse der Nitrifikation und Denitrifikation. Abgebaut wird es vor allem in der Atmosphäre durch photochemische und oxidative Reaktionen.

Holozän

In den vergangenen 2.000 Jahren waren die CO_2- und CH_4-Gehalte in antarktischen Eisbohrkernen bis zum frühen 19. Jahrhundert relativ stabil und lagen bei ca. 275 bis 285 ppm (CO_2) bzw. bei ca. 650 bis 700 ppb (CH_4) (Abb. E2.30). Den etwas erhöhten CO_2- und CH_4-Gehalten des Hoch- und Spätmittelalters zwischen ca. 1000 bis 1550 AD stehen vor allem deutlich niedrigere CO_2-Gehalte von etwa 277±3 ppm in der späten Kleinen Eiszeit zwischen ca. 1600 AD und 1800 AD gegenüber (Abb. E2.30). Anschließend stiegen die Gehalte beider Treibhausgase mit der Klimaerwärmung am Ausgang der Kleinen Eiszeit und anthro-pogen bedingt mit der zunehmenden Verbrennung fossiler Energieträger stark an, aktuell auf mittlere globale troposphärische Anteile von 419 ppm CO_2 im Frühjahr 2022 und 1909 ppb CH_4 im Jahr 2021.

Historische Zeit - Treibhausgase

Bereits vor fast 200 Jahren erkannte Jean Baptiste Fourier (1827), dass infrarote Wärmestrahlung von Gasen absorbiert wird ähnlich eines Treibhauses. John Tydall (1820-1893) stellte wenige Jahrzehnte (1860) später fest, dass Infrarot-Strahlung von CO_2 und Wasserdampf absorbiert wird. Schon damals vermutete er, dass Kaltzeiten durch die Abnahme von CO_2 entstehen könnten. Vor über 100 Jahren (1896) stellte Svante Arrhenius (1859-1927) fest, dass der CO_2-Gehalt der Atmosphäre ein wichtiger Faktor für die Regulierung des globalen Klimas ist und dass ein Anstieg dieses Spurengases über den massiven Verbrauch fossiler Energiequellen (zunächst Kohle, später auch Erdöl und Erdgas) eine globale Erwärmung auslösen könnte.

„Svante Arrhenius (1896): On the Influence of Carbonic Acid in the Air upon the Temperature of the Ground. - Philosophical Magazine and Journal of Science, Series 5, Vol. 41: 237-276."

Arrhenius berechnete den Temperatureffekt von CO_2 auf die globalen Mitteltemperaturen. Er schätzte, dass eine Verdoppelung der CO_2-Gehalte eine Zunahme globaler

Mitteltemperaturen um 5 bis 6°C bedeuten würde. Heute nimmt man eine etwas niedrigere Erwärmung von etwa 3 ± 1,5°C an.

Diese Theorien des frühen und späten 19. Jahrhunderts fanden damals außerhalb der Fachwissenschaft wenig Beachtung. Aber inzwischen ist allgemein bekannt, dass eine hohe Korrelation zwischen den Gehalten an Treibhausgasen (v.a. H_2O, CO_2, CH_4, N_2O) und den globalen Mitteltemperaturen auf der Erde existiert. Nicht zuletzt die Aufzeichnungen dieser Spurengase in den Eisbohrkernen Grönlands und der Antarktis, die hohe Korrelation zwischen Treibhausgasen und Klimaveränderungen der Stadiale und Interstadiale sowie der Glaziale und Interglaziale haben mit dazu beigetragen.

Die gute Übereinstimmung zwischen direkten Messdaten, wie vom Mauna Loa und den Daten aus den Eisbohrkernen, geben Anlass zur Glaubwürdigkeit auch der älteren holozänen und pleistozänen Gehalte atmosphärischer Spurengase in den Eisbohrkernen. Dabei ist natürlich zu berücksichtigen, dass die im Eis eingeschlossene Luft für Jahrhunderte, eventuell auch für wenige Jahrtausende im Austausch mit den umgebenden Firnschichten bis hin zur Atmosphäre stand. Das führt gemeinsam mit den aus technischen Gründen notwendigen Mindestmächtigkeiten der Beprobungen zeitlich auf Jahrzehnte, Jahrhunderte oder gar Jahrtausende reduzierten Auflösung der Eiskernproben zu einer Glättung von Extremwerten bzw. Gehaltsspitzen.

Kohlendioxid (CO_2)

Der globale atmosphärische CO_2-Gehalt ist seit Mitte des 18. Jh. von damals ca. 280 ppm um fast 50% auf etwa 419 ppm im Frühjahr 2022 gestiegen. Infolge der weiter zunehmenden Verbrennung fossiler Energieträger (Erdöl, Erdgas, Kohle, Holz), der weiter anhaltenden Rodung von Wäldern, der Trockenlegung von Moorgebieten, des klimabedingten Auftauens kohlenstoffreicher Dauerfrostböden ist er weiterhin im Steigen begriffen. Während zu Beginn der industriellen Epoche der CO_2-Gehalt in der Atmosphäre jährlich um etwa 0,2 ppm zunahm, liegt er aktuell bei etwa 2,5 ppm/Jahr, selten bei 3 ppm/Jahr (Abb. E2.31).

Kohlendioxid absorbiert Strahlungsenergie im infraroten Wellenlängenbereich. Seine Absorptionsbanden liegen bei bei 4.2 µm und bei 14 bis 16 µm. Damit ist Kohlendioxid in der Lage, den langwelligen Strahlungsverlust der Erde an den Weltraum stark abzuschwächen. Die atmosphärischen CO_2-Gehalte tragen somit wesentlich zur Erwärmung der Erdatmosphäre bei.

Diese Rolle als ein wichtiges klimasteuerndes Treibhausgas zeigen in beeindruckender Weise die CO_2-Gehalte in den im Eis eingeschlossenen fossilen Luftbläßchen (Abb. E2.26, Abb. E2.27). Im einzelnen betont die hohe Kongruenz des Kurvenverlaufes von CO_2-Gehalten und Paläotemperaturen eine ursächliche Koppelung beider Indizes. Die CO_2-Variationen verlaufen etwa parallel zu den Paläo-Temperaturschwankungen. Warmzeiten haben hohe, Kaltzeiten niedrige CO_2-Werte. Am Übergang von der Warmzeit zur Kaltzeit

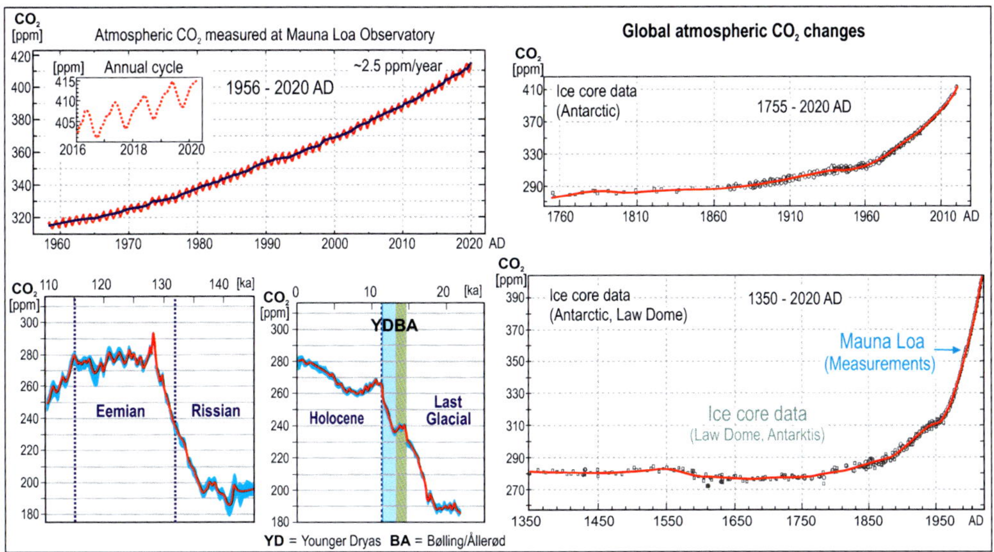

Abb. E2.31: Ehemalige CO_2-Gehalte in der Troposphäre nach Messungen auf dem Mauna Loa und aus antarktischen Eisbohrkernen (Quellen: Brovkin et al. 2016; Koehler et al. 2017c; NOAA April 2020; Rubino et al. 2019).

finden starke Abnahmen der CO_2-Gehalte statt, und umgekehrt am Übergang von der Kaltzeit zur Warmzeit steigen die CO_2-Gehalte extrem an (Abb. E2.31). Man nimmt an, dass eine Verdoppelung des CO_2-Gehaltes in der Troposphäre zu einer globalen Temperaturerhöhung von etwa 3 ± 1,5°C führen würde, also etwas niedriger als dies Arrhenius (1896) berechnet hatte, sofern die Ozeane nicht stärker abschwächend oder verstärkend wirksam werden.

Methan (CH_4)

Methan (CH_4) ist ein Treibhausgas mit einer Absorption von Infrarotstrahlung, die etwa 20- bis 40-mal effizienter ist als die von Kohlendioxid. Es absorbiert Strahlungsenergie im infraroten Wellenlängenbereich mit Absorptionsbanden bei 3,2 µm und bei 7,2 bis 8,1 µm.

Durch chemischen Abbau in der Troposphäre wird Methan zu Kohlenmonoxid und anschließend zum Treibhausgas Kohlendioxid weiter oxidiert. Methanmoleküle können zudem in der Troposphäre je nach Stickoxid-Konzentration *zur* Bildung (viele Stickstoffmonoxide, NOx >0,01 ppb) oder Abbau von Ozon (wenig Stickstoffmonoxide, NOx <0,01 ppb) beitragen.

Der globale atmosphärische CH_4-Gehalt ist seit Mitte des 18. Jh. von damals ca. 750 ppb um über 250% auf etwa 1909 ppb im Frühjahr 2021 gestiegen (Abb. E2.32). Ähnlich wie die anderen Treibhausgase verlaufen die CH_4-Gehalte etwa parallel zu den Paläo-Temperaturschwankungen. Warmzeiten und Interstadiale haben hohe, Kaltzeiten und Stadiale niedrige CH_4-Werte (Abb. E2.32, Abb. E2.26 bis Abb. E2.28). Am Übergang von der Warmzeit zur Kaltzeit nehmen die CH_4-Gehalte stark ab, und umgekehrt am Übergang von der Kaltzeit zur Warmzeit steigen sie extrem an.

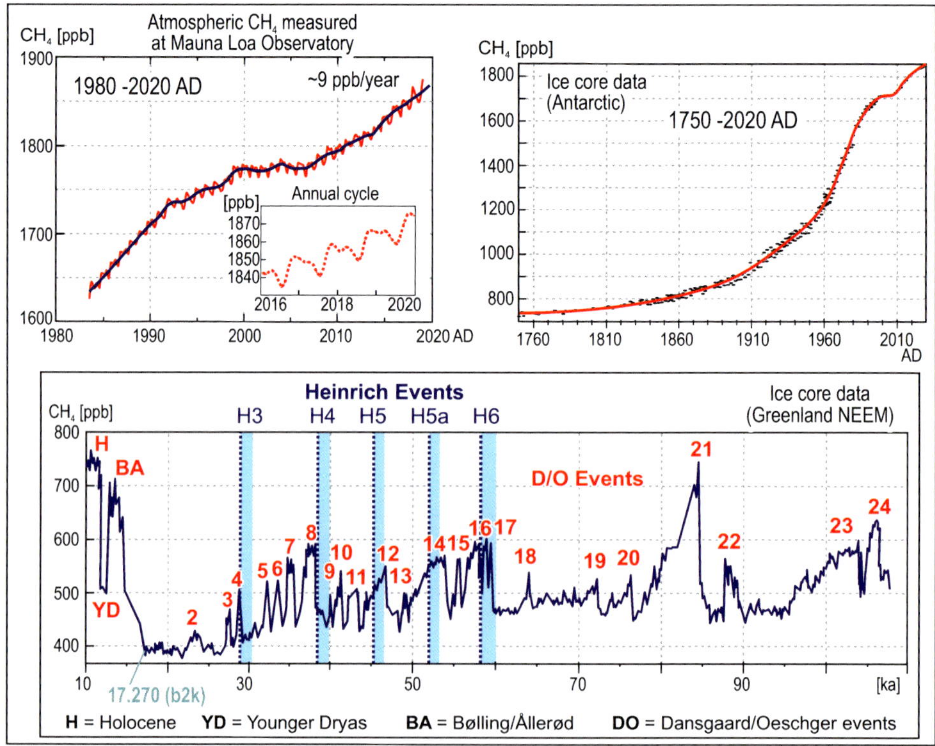

Abb. E2.32: Ehemalige CH_4-Gehalte in der Troposphäre nach Messungen auf dem Mauna Loa und aus Eisbohrkernen in der Antarktis und auf Grönland (Quellen: Ahn & Brook 2008; Chappellaz et al. 2013; NOAA April 2020; Rubino et al. 2019).

Durch weiter anhaltende anthropogene Freisetzungen von Methan (vor allem durch Verbrennungsmotoren, Emissionen von Erdgasleitungen, Verbrennung von Erdgas, Müllkippen, Klärwerke, Viehwirtschaft und Reisanbau) ist weiterhin eine Zunahme troposphärischer CH_4-Gehalte von etwa 9 ppb/Jahr anzunehmen (Abb. E2.32). Eine unbekannte Komponente sind aber sog. „Methanhydrate“. Das sind Verbindungen aus Wasser und Methan unter hohem Druck und niedrigen Temperaturen, vor allem in kontinentalen Permafrostgebieten. Sie könnten durch Auftauen des Permafrosts freigesetzt werden.

Distickstoff (Lachgas)-Oxid (N_2O)

Distickstoffoxid (N_2O, Lachgas) ist ebenfalls ein sehr wirksames Treibhausgas. Es ist etwa 300 mal so effektiv wie CO_2 und besitzt eine sehr lange atmosphärische Verweilzeit von etwa 120 Jahren. N_2O absorbiert Strahlungsenergie im infraroten Wellenlängenbereich mit Absorptionsbanden vor allem bei 4,5 µm und bei 7,5 bis 8 µm. Durch chemischen Abbau in der Atmosphäre wird N_2O zu etwa 90% über Photodissoziation zu N_2, O_2 und O_3 abgebaut und zu etwa 10% mit den Niederschlägen ausgewaschen (nasse Deposition).

Der globale atmosphärische N_2O-Gehalt ist seit Mitte des 18. Jh. von damals ca. 275 ppb um über 250% auf etwa 335 ppb im Frühjahr 2021 gestiegen (Abb. E2.33). Aktuell beträgt

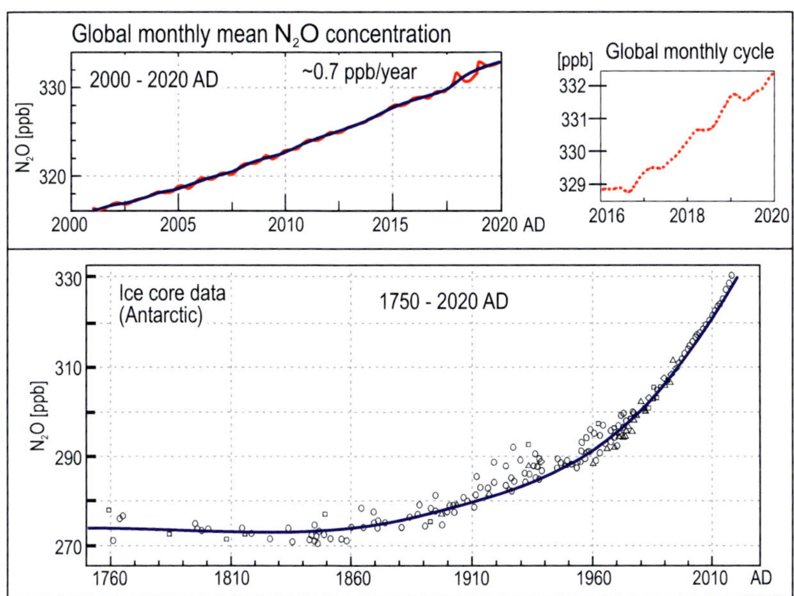

Abb. E2.33: Neuzeitliche und frühneuzeitliche N_2O-Gehalte in der Atmosphäre nach Klimamessungen und Messungen an antarktischen Eisbohrkernen (Quellen: NOAA April 2020; Rubino et al. 2019).

die jährliche Zunahme etwa 0,7ppb/Jahr. Haupt-Emittenten sind Verbrennungsmotoren, die chemische Industrie und die Landwirtschaft (u.a. bakterieller Abbau N-haltiger Düngemittel und Gülle).

Ähnlich wie bei den anderen Treibhausgasen verlaufen die N_2O-Gehalte etwa parallel zu den Paläo-Temperaturschwankungen. Warmzeiten haben hohe und Kaltzeiten niedrige Werte. Am Übergang von der Warm- zur Kaltzeit nehmen die N_2O-Gehalte stark ab, und umgekehrt am Übergang von der Kaltzeit zur Warmzeit steigen sie extrem an (Abb. E2.29).

4. Zusammenfassung

Marine δ^{18}O-Schwankungen in Kalkschalen benthischer Foraminiferen können Informationen liefern zu Veränderungen globaler Eisvolumina, zur Höhenlage des globalen eustatischen Meeresspiegels und damit zu globalen Klimaänderungen. Die Unterteilung des quartären Eiszeitalters in marine Sauerstoffisotopenstufen (OIS, MIS) basiert auf solchen Messungen. δ^{18}O-Schwankungen in Kalkschalen planktischer Foraminiferen oder Steinkorallen oder Muschelschalen geben Hinweise auf Temperaturen und/oder Salinitätsänderungen des oberflächennahen Meerwassers.

δ^{18}O-Schwankungen in Eisbohrkernen sind vor allem abhängig von lokalen Temperaturen, von der Herkunft der Niederschläge, von der Meereisbedeckung und vom globalen Eisvolumen. Dabei reichen Eisbohrkerne in Grönland bis etwa 125 ka, in der Antarktis bis etwa 810 ka zurück. Sie belegen während der Glaziale in Grönland und in der Antarktis extreme Temperaturschwankungen, die sich in wenigen Jahrzehnten ereigneten (D/O- bzw.

AIM-Ereignisse). Das holozäne Klima war dagegen sehr stabil.

Wenig ist bisher über das Auftreten solcher starken und schnellen kaltzeitlichen Klimaschwankungen auch in den außerpolaren Breiten bekannt, und wie die regionalen Modifikationen aussahen. Treibhausgase wie vor allem CO_2 und CH_4 sind temperatur-abhängig und selbst temperatur-beeinflussend (positiver *feedback*, positiver Rückkopplungsmechanismus). Dies zeigt die hohe Korrelation ihrer Gehalte mit Zunahme bei ansteigenden Temperaturen und Abnahme bei sinkenden Temperaturen. Kennzeichen der Kaltzeiten waren zudem niedrige Gehalte an troposphärischen Treibhausgasen und hohe Staubgehalte. Dagegen waren die Warmzeiten geprägt durch niedrige Staubgehalte und durch hohe Konzentrationen an Treibhausgasen, ohne dass bei weitem heutige Gehalte erreicht wurden.

Der primäre Mechanismus für globale Temperaturänderungen sind wahrscheinlich Veränderungen in den Orbitalbewegungen der Erde um die Sonne sowie untergeordnet Schwankungen der Solarkonstanten.

Internetquellen u.a.:
University of Copenhagen, Niels Bohr Institute, Centre for Ice and Climate
http://www.aip.org/history/ sloan/icedrill/index.html

Literatur zur Erforschungsgeschichte

ALLEY, R.B. (2010): Reliability of ice-core science: historical insights. – Journal of Glaciology, 56: 1095-1103.

DANSGAARD, W. (2005): Frozen Annals. Greenland Ice Cap Research. – Copenhagen (Niels Bohr Institute).

FARIA, S.H., WEIKUSAT, I. & AZUMAT; N. (2013): The Microstructure of Polar Ice. Part I: Highlights from Ice Core Research. – Journal of Structural Geology, 61: 2-20.

JOHNSEN, S.J. & VINTHER, B.M. (2006): Stable isotope records from the Greenland ice cores. – In: VINTHEN, B.M.: Greenland and North Atlantic climatic conditions during the Holocene – as seen in high resolution stable isotope data from Greenland ice cores: Appendix A; Diss., University of Copenhagen.

JOUZEL, J. (2013): A brief history of ice core over the last 50yr. – Clim. Past, 9: 2525-2547.

LANGWAY, Ch.C. (2008): The history of early polar ice cores. – Engineer Research and Development Center, Cold Regions Research and Engineering Laboratory (ERDC/CRREL), TR-08-1.

1.2.2 Numerische Altersbestimmungsmethoden

Numerische Altersbestimmungen (Abb. 1.2.4, Tab. 1.2.2) beruhen auf physikalischen Gesetzen. Sie sind immer „Wahrscheinlichkeitsberechnungen", angegeben in Form von Jahren (= Mittelwert) ± Konfidenzintervall (Fehlerintervall). Übliche Konfidenzintervalle sind 1 sigma (68,2%), 2 sigma (95,4%) oder 3 sigma (99,0%). Auch numerische Altersdatierungen liefern letztlich nur Modellalter, die mehr oder minder große, nicht quantifizierbare und daher nicht in die Altersberechnungen eingegangene Fehler enthalten können.

Seit den 1980er Jahren wurden viele numerische Datierungsverfahren verbessert, auch durch die Etablierung der **Massenspektrometrie** in vielen Datierungslaboren. Letztere ermöglicht die Datierung zunehmend kleinerer Probenmengen (µg und weniger) und neben massenspektrometrischen ^{14}C- und Th/U-Altersbestimmungen den Einsatz terrestrischer kosmogener Nuklid-Datierungen wie zum Beispiel Oberflächendatierungen von Moränenblöcken mittels ihrer ^{10}Be-Gehalte. Mit dem Aufkommen hochauflösender und stabiler Elektron-Spin-Resonanz-Spektrometer sowie von Lumineszenz-Messgeräten mit eigener Beta-Strahlenquelle konnten in den vergangenen vier Dekaden ESR- und Lumineszenzverfahren zunehmend zur Altersbestimmung genutzt werden.

Mehrere Lehrbücher und eine Fülle von Publikationen beschreiben die physikalischen Grundlagen und die Bedeutung verschiedener Datierungstechniken für die Geowissenschaften oder Ausschnitte davon. Hier sei insbesondere auf Wagner (1998), Geyh (2005), Schmidt et al. (2015) und dem Band 57 der Zeitschrift „Eiszeitalter und Gegenwart (Quaternary Science Journal)" aus dem Jahr 2008 verwiesen.

Wichtige Verfahren der numerischen Altersbestimmung in der jüngeren Erdgeschichte sind (Abb. 1.2.4): die Dendrochronologie, die Radiokarbonmethode (^{14}C), die Kalium-Argon-Datierungsmethode, verschiedene Uranreihen-Datierungsverfahren (v.a. die Th/U-Methode) sowie die Elektronen-Spin-Resonanz (ESR)- und die Lumineszenz-Verfahren.

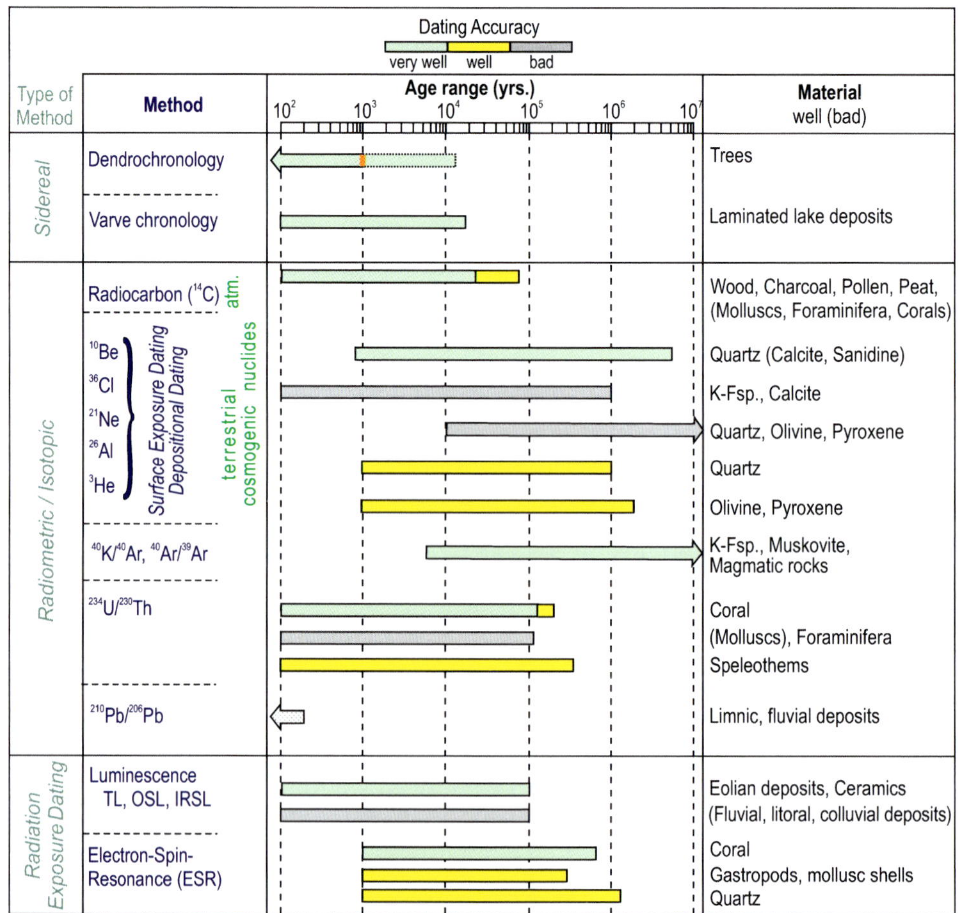

Abb. 1.2.4: Altersbereiche von numerischen Datierungsmethoden, die in den Geowissenschaften häufig benutzt werden.

Die Dendrochronologie datiert jahrgenau, die Radiokarbondatierung (Exkurs 3) wird für organisches Material verwendet und die Kalium-Argon-Datierung ($^{40}K/^{40}Ar$, $^{40}Ar/^{39}Ar$) für magmatische Gesteine (feldspatführende Vulkanite und Plutonite). Mit Uranreihen-Datierungen können vor allem kalkschalige Organismen (Korallen, Mollusken, Foraminiferen) datiert werden.

Weitere numerische Altersbestimmungsverfahren nutzen die Strahlenschädigungen (kosmische und geogene Strahlung) der Kristallgitter von Mineralen (u.a. Feldspäte, Quarze, Aragonite), die mit zunehmendem Alter stärkere Strahlenschäden aufweisen. Dazu zählen die Elektronen-Spin-Resonanzdatierung (ESR)-Methode und verschiedene Lumineszenz-Datierungsverfahren wie die thermisch induzierte (TL), die optisch stimulierte (OSL) oder die infrarot stimulierte Lumineszenz (IRSL).

Tab. 1.2.2 listet die wichtigsten numerischen Datierungsmethoden, deren zeitliche Reichweite und einige wichtige Fehlerquellen auf.

Tab. 1.2.2: Wichtige numerische Datierungsverfahren im Überblick.

Methode	Datierbares Material	Datierbarer Zeitraum	Probleme
	Radiometrische Datierungsmethoden		
Radiocarbon (^{14}C)	alle kohlenstoffhaltigen Materialien, i.W. Holz, Holzkohle, Torf, Knochen, Mollusken, Foraminiferen	1950 n. Chr. bis ca. 30 ka BP (ältere Daten fraglich)	Probenkontamination; Huminsäure-Einträge; atmosphärische ^{14}C-Schwankungen; Suess- und Kernwaffeneffekt; Isotopenfraktionierungen; marine Reservoireffekte u.a.
Uranreihen (hier ^{230}Th / ^{234}Uran)	Korallen, Mollusken, Knochen, Zähne, Kalksinter u.a.	Mittel- und Jungpleistozän Korallen: bis ca. 200 ka BP Mollusken: bis ca. 130 ka BP Stalagmiten: bis ca. 500 ka	Isotopenmobilisierung, v.a. Uran-Migrationen (radiometrische Systemöffnung); Schwankungen des $^{230}Th/^{234}U$-Verhältnisses im Meerwasser)
Kalium/Argon Argon/Argon (^{40}K / ^{40}Ar, ^{40}Ar / ^{39}Ar)	Kaliumhaltige magmatische Minerale (Feldspäte, Glimmer)	Untergrenze ca. 50 ka, Obergrenze mehrere Ga	Argon-Verluste bei Temperastur > 125°C (Altersunterschätzungen)
Kosmogene Nuklide *(u.a. ^{10}Be, ^{26}Al, ^{36}Cl, ^{21}Ne)*	Oberflächendatierungen von Moränenblöcken, Fels, Sedimenten	Holozän und letztes Glazial; theoretisch 1 bis mehrere Ma	Schwankende Produktionsraten; Nullstellung der Oberfläche; Erosionsraten
	Strahlendosimetrische Datierungsmethoden		
Optische und thermische Lumineszenz *(TL, OSL, IRSL)*	Löss, Flugsande, Fluss-, Strandsande Keramik, Vulkanite u.a.	Holozän und Jungpleistozän (mind. bis 70 ka BP)	Verfälschung durch thermisch /optisch instabile Komponenten; unvollständige Bleichung
Elektronen-Spin-Resonanz *(ESR)*	Korallen, aragonitische Mollusken, Zähne, Quarze, Foraminiferen, z.T. kalzitische Mollusken	Obergrenze mehrere Ma (Datierungsgrenze noch unbekannt) Korallen: bis 400 - 600 ka BP; Mollusken, Foraminiferen, Gastropoden: bis 200 - 300 ka BP	ESR-Signalüberlagerungen; Uran-Migrationen; Paläo-Wassergehalte, Rekristallisation der Probe
	Sonstige		
Dendrochronologie	Bäume mit Jahrringmustern wie Eichen, Kiefern, Lärchen	Deutschland: lückenlose Eichenchronologie bis 8481 v. Chr., Kiefern-Chronologie bis 10.611 v. Chr. sowie schwimmende spätglaziale Teilchronologien (u.a. REIMER et al. 2013)	Jahrringzahl zu gering bzw. fehlende markante Weiserjahre; Wuchsanomalien
Varvenchronologie	Jahresschichtung aufweisende Seesedimente	mehrere Jahrtausende, selten >10.000 Jahre	Sedimentationslücken; Eichdatierungen
1 ka = 1000 Jahre; 1 Ma = 1 Mio. Jahre; 1 Ga = 1 Mrd. Jahren			

1.2.2.1 Dendrochronologie

Die Dendrochronologie (gr. *dendron* = Baum, *chronos* = Zeit, *logos* = Lehre) bezeichnet die Datierung von Baumjahrringen. Sie ist eine sehr hochauflösende numerische Datierungsmethode für den Bereich des Holozäns und Spätglazials in den mittleren Breiten der Erde.

Ähnliche zeitliche Auflösungen erreichen nur noch Datierungen mittels Warven, Bändertonen, teilweise auch Isotopenschwankungen (ð[18]O, ðD) in Eisbohrkernen.

Die Dendrochronologie entstand erst in der ersten Hälfte des 20. Jhrdts. im Südwesten der USA. Dort beschäftigte sich A.E. Douglas (1867-1962) mit den Jahrringbreiten der Gelbkiefer (*Pinus ponderosa*) und dem Mammutbaum (*Sequoiadendron giganteum*) und erstellte erste Jahrringchronologien. In Süddeutschland konnte Bernd Becker (1940-1994) vor allem in den 1970er und 1980er Jahren von der Universität Hohenheim aus, einen der weltweit längsten holozänen und spätglazialen Baumjahrringkalender an subfossilen Eichen und Kiefern aus Flussablagerungen („*Hohenheimer Chronologie*") erstellen. Zahlreiche Hölzer in Abb. 1.2.6 basieren auf den Fundsammlungen und den dendrochronologischen Datierungen von Bernd Becker.

Die Dendrochronologie ist in der Lage jahrgenau das Wuchsalter von Bäumen (in Mitteleuropa vor allem Eichen, Kiefern) zu datieren und liefert Kalenderjahre (Jahre v./n. Chr.). Die methodische Grundlage beruht auf dem Phänomen, dass bei einem Jahreszeitenklima Baumquerschnitte unterschiedlich breite Jahrringe ausbilden, die den Wechsel zwischen Ruhe und Vegetationszeit widerspiegeln. Dabei werden klimatische Witterungsbedingungen wie Feuchtigkeits- und Temperaturverhältnisse über die Dichte und Breite der Baumjahrringe abgebildet, wobei Faktoren wie individuelles Wuchsverhalten, Standort, Schädlinge, Feuer und Frost auch ihren Einfluss haben können.

Unter diesen Einflussfaktoren entstehen signifikante Jahrringmuster (Jahrringfolgen). Individuelle Einzelserien können anhand sogenannter „Zeigerjahre" (besonders breite oder besonders schmale Jahrringe) und/oder mittels statischer Verfahren (u.a. Korrelationsanalysen, Gleichläufigkeitstests) zu einer Jahrringchronologie (Synchronisaierung) miteinander verbunden werden (Abb. 1.2.5).

Für Mitteleuropa existiert mittlerweile eine lückenlose Baumjahrring-Chronologie, die bis in die Jüngere Dryas zurückreicht (Abb. 1.2.6). Sie wurde vor allem mit Hilfe begra-

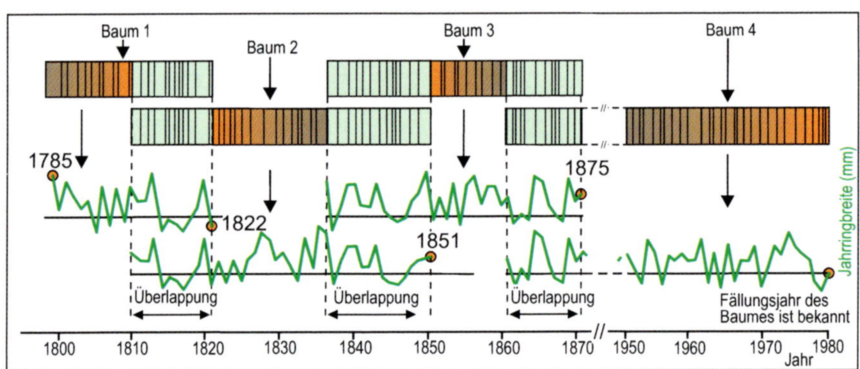

Abb. 1.2.5: Verknüpfung unterschiedlich alter Hölzer über ihre Kurven von Jahrringbreiten (Quelle: Schweingruber 2012).

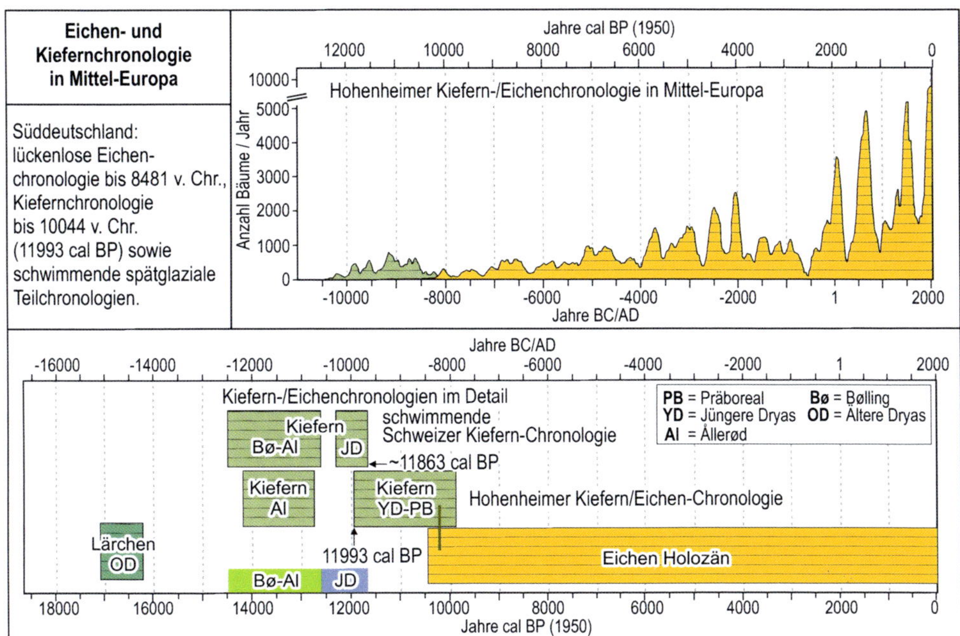

Abb. 1.2.6: Reichweite dendrochronologisch datierter subfossiler Eichen- und Kiefernhölzer vor allem aus Flussablagerungen von Main und Donau. Solche Jahrringchronologien bilden die Basis für dendrochronologische Datierungen (Quellen: REIMER et al. 2013, KROMER & FRIEDRICH 2007, STUIVER et al. 1998).

bener Eichen- und Kiefernstämme in Flussablagerungen von Main, Rhein, Donau, Isar und Weser erstellt. Zusätzlich gibt es in Deutschland und in der Schweiz noch nicht angeknüpfte „schwimmende Chronologien" von Kiefern, die in das Spätglazial der letzten Kaltzeit vom Beginn des Bøllings bis in die frühe Jüngere Tundrenzeit hinein datieren.

Die Bedeutung der Dendrochronologie liegt aber nicht nur in der extrem hohen Auflösung ihrer Datierungsergebnisse. Durch parallel an den Jahrringen durchgeführte ^{14}C-Datierungen war es möglich, starke atmosphärische ^{14}C-Schwankungen in der Vergangenheit nachzuweisen, zu quantifizieren und auf diese Weise Kalibrierungsverfahren für die Altersergebnisse der Radiokohlenstoffmethode zu entwickeln. In jüngerer Zeit nutzt man Baumjahrringe auch als lokales und regionales Klima- und Umweltarchiv. Hierzu untersucht man Jahrringbreiten, Jahrringdichten, verschiedene chemische Elemente und Isotope, Brandverletzungen oder Frostschäden.

1.2.2.2 Radiokohlenstoff (^{14}C) - Datierungsmethode

Die von LIBBY (1946) und seinen Mitarbeitern im Labor E. ANDERSON und J. ARNOLD (TAYLOR 2014) begründete **Radiokohlenstoff-Datierungsmethode (^{14}C)** ist wegen der weiten Verbreitung von Kohlenstoff (C) in der Natur seit den 1960er Jahren die am weitesten verbreitete und am häufigsten angewandte Altersbestimmungsmethode. „Routinedatierungen" decken ungefähr die letzten 40.000 ± 10.000 Jahre ab.

^{14}C-Alter werden in Jahren BP (**BP, ^{14}C BP = ^{14}C-Jahre vor 1950**) ± Konfidenzintervall (n Jahre als einfache Standardabweichung 1s) angegeben.

Die ^{14}C-Methode liefert vertrauenswürdige Alter bei der Datierung von Holzkohle, Holz, organische Makroresten wie Torf und Blattreste sowie Pollen. Wegen mariner Reservoir- und limnisch-fluvialer Hartwassereffekte sind die Datierungsergebnisse mariner und limnisch-fluvialer Faunen wie Korallen, Muschel- und Schneckenschalen, Foraminiferen und Ostrakoden weniger genau, eventuell um viele Jahrhunderte zu alt (Exkurs 3).

Kohlenstoff (C) hat drei natürliche Isotope: die beiden stabilen Isotope ^{12}C (98,89%) und ^{13}C (1,11%) sowie das instabile (radioaktive) ^{14}C. Auf ein ^{14}C-Atom kommen etwa 1176 x 10^9 ^{12}C-Atome. Die **Halbwertszeit** des radioaktiven (Beta-Zerfall) ^{14}C beträgt 5.730 ± 40 Jahre (GODWIN 1962) bzw. 5715 ± 24 Jahre (HOLDEN 1990). Allerdings wird zur Vergleichbarkeit mit älteren Daten bei der Altersberechnung weiterhin die alte Libby-Halbwertzeit (LIBBY 1955) von 5.568 ± 30 Jahren benutzt. Der daraus resultierende Fehler von 3% wird bei der Kalibrierung von ^{14}C-Daten (s.u.) korrigiert.

Die ^{14}C-Methode beruht auf dem radioaktiven Zerfall des instabilen ^{14}C (Mutterisotop) zu stabilem ^{14}N (Tochtersubstanz). Daher berechnet sich ein **^{14}C-Alter** aus der Halbwertzeit T½ (Libby-Halbwertzeit von 5568 Jahren), dem momentanen ^{14}C-Gehalt der Probe ($^{14}C_{Probe}$) nach ihrer Normalisierung auf eine $\delta^{13}C$-Gehalt von -25‰ (Korrektur der Isotopenfraktionierung auf den Durchschnittsgehalt von C_3-Pflanzen) und dem ursprünglichen initialen ^{14}C-Gehalt der Probe bei ihrem Absterben (= $^{14}C_{Standard}$):

$$
\begin{aligned}
t &= -(T½/\ln 2) \ln (^{14}C_{Probe}/^{14}C_{Standard}) \\
&= -5568 / 0{,}69315 \ln (^{14}C_{Probe}/^{14}C_{Standard}) \\
&= -8033 \ln (^{14}C_{Probe}/^{14}C_{Standard}).
\end{aligned}
$$

Als ^{14}C-Standard verwendet man häufig 0,95 NBS Oxalsäure aus dem Jahr 1955 (Standard I) oder dem Jahr 1977 (Standard II). Beide entsprechen zu etwa 95% dem ^{14}C-Gehalt eines Holzes um 1890 AD.

Da einige Organismen leichtere Kohlenstoff-Isotope (^{12}C, ^{13}C) bevorzugt einbauen (**biologischen Fraktionierungen**), wird bei der Altersberechnung die gemessene ^{14}C-Aktivität der Probe auf einen $\partial^{13}C$-Wert von -25,0‰ (mittlerer $\partial^{13}C$-Gehalt von Holz und Holzkohle bei C_3-Pflanzen) normiert (Exkurs 3).

^{14}C entsteht überwiegend in der unteren Stratosphäre und oberen Troposphäre (Maximum in ca. 15 km Höhe) durch Interaktion von Stickstoff (N) mit Neutronen der **galaktischen** (>97%) und solaren (<3%) kosmischen **Sekundärstrahlung**. Dabei ist die Intensität der galaktischen kosmischen Strahlung in der Erdatmosphäre umgekehrt proportional zur solaren kosmischen Strahlung. Die galaktische kosmische Strahlung erreicht die Erde stärker, wenn das solare Magnetfeld und damit die Sonnenaktivität gering ist (= Maximum der ^{14}C-Bildungsrate).

Tab. 1.2.3: Wichtige Fehlerquellen, die ^{14}C-Altersergebnisse verfälschen können.

	Faktoren	**Wirkungsweise**
Faktoren, die eine Veränderung der ^{14}C-Bildungsrate bewirken	▪ **Veränderung der Sonnenaktivität** (De Vries - Effekt) (11-Jahreszyklus der Sonnenflecken; 200-Jahreszyklus, länger anhaltende Intensitätsminima) ▪ Supernovaexplosionen ▪ **Intensitätsschwankungen des Erdmagnetfeldes**	▪ Verringerung der solaren kosmischen Strahlung, die für die ^{14}C-Bildung benötigt wird ▪ kurzfristige Intensivierung der kosmischen Strahlung ▪ zu- oder abnehmende Abschirmung von der kosmischen Strahlung
Faktoren, die das globale ^{14}C-Volumen in der Atmosphäre verändern	▪ **Nutzung fossiler Energieträger** (Suess-Effekt; seit 1850 n. Chr.)	▪ Emission von ^{14}C-freiem Kohlenstoff in die Atmosphäre
Reservoireffekte	▪ Tiefengradient der Isotopengehalte im Meer ▪ Geographische Gradienten der Isotopengehalte im Meer ▪ Lokale Isotopenverschiebungen im Meer (z.B. Hartwassereffekte) ▪ Reservoireffekte in Seen und Flüssen ▪ Isotopenverschiebung in der Nähe aktiver oder ruhender Vulkane	▪ gegenüber der Atmosphäre erheblich verzögerte Durchmischung mit ^{14}C ▪ Meeresströmungen, Aufsteigen von ^{14}C-verarmtem Tiefenwasser ▪ Süßwasserzuflüsse mit gelösten ^{14}C-freien Karbonaten ▪ Zuflüsse von ^{14}C-freien Karbonaten aus der Umgebung ▪ Ausgasen von ^{14}C-freiem CO_2
Isotopenfraktionierung in lebenden Organismen	▪ Bevorzugte Einlagerung der leichteren Kohlenstoffisotope ^{12}C und ^{13}C	▪ Verschiebung des $^{14}C/^{12}C$-Gleichgewichts gegenüber der Umgebung
In situ Produktion von ^{14}C	▪ **Oberirdische Kernwaffentests**	▪ temporäre Erhöhungen des ^{14}C-Gehaltes in der Atmosphäre

Die ^{14}C-Bildung ist außerdem umgekehrt proportional zur Stärke des Erdmagnetfeldes. Schwankungen der Stärke des Erdmagnetfeldes, der galaktischen und solaren kosmischen Strahlung beeinflussen die Intensität des Neutronenbeschusses in der Erdatmosphäre und damit die atmosphärische ^{14}C-Bildungsrate. Darin liegt eine der bedeutenden Fehlerquellen der ^{14}C-Datierungsmethode (Tab. 1.2.3; Exkurs 3).

^{14}C entsteht dadurch, dass einige atmosphärische Stickstoffkerne ein Neutron aufnehmen unter Abgabe eines Protons (Exkurs 3). Das führt zu einer Erniedrigung der Ordnungszahl von 7 (N) auf 6 (^{14}C). Das neu gebildete $^{14}CO_2$ verteilt sich in der Umwelt und wird von Organismen aufgenommen. Dabei ist der ^{14}C-Gehalt lebender Organismen im Gleichgewicht mit ihrer spezifischen Umgebung, der Atmosphäre oder Hydrosphäre.

Mit dem Tod des Organismus endet der $^{14}CO_2$-Austausch mit der Umgebung und es bleibt die radioaktive Zerfallsuhr. Über die Zerfallsrate (= Funktion der Zeit) kann man berechnen, wie viel Zeit seit dem Absterben des Organismus vergangen ist. Denn ^{14}C ist ein instabiles Isotop. Es zerfällt nach und nach durch Umwandlung eines Neutrons in ein Proton unter Emission eines Elektrons und eines Antineutrino. Dadurch erhöht sich die Ordnungszahl auf 7. Es bildet sich also atmosphärischer Stickstoff (N).

Das ^{14}C-Isotop wird bei seiner Bildung oxidiert und mischt sich als $^{14}CO_2$ mit dem atmosphärischen CO_2. Letzteres enthält außerdem die beiden stabilen Kohlenstoffisotope ^{12}C und ^{13}C. Lebende Organismen an Land nehmen $^{14}CO_2$ im Wesentlichen durch Photosynthese auf und stehen hierdurch im Gleichgewicht mit dem $^{14}CO_2$ der Atmosphäre. Aquatische (marin, limnisch, fluvial) Organismen nehmen ihr $^{14}CO_2$ aus dem umgebenden Wasser auf. Der $^{14}CO_2$-Gehalt im Wasser kann allerdings deutlich vom atmosphärischen ^{14}C-Gehalt abweichen:

a) in Meeren durch langsamen $^{14}CO_2$-Austausch zwischen Atmosphäre und $^{14}CO_2$-verarmter Tiefenwasserzirkulation („**mariner Reservoireffekt**") sowie
b) in limnischer und fluvialer Umgebung durch den Lösungseintrag von $^{14}CO_2$-verarmten oder ^{14}C-freien Karbonatgesteinen („**Hartwassereffekt**").

Sofern deren Größenordnung bekannt ist, können entsprechende Korrekturen bei der ^{14}C-Altersberechnung vorgenommen werden (Exkurs 3).

Mit dem Tod des Organismus ist der CO_2-Austausch mit der Umgebung beendet. Das ^{14}C zerfällt mit der oben genannten Halbwertszeit zu ^{14}N unter Abgabe von Beta-Strahlung. Aus der noch in einer Probe vorhandenen ^{14}C-Konzentration kann über die radioaktive Zerfallsrate und den ursprünglichen ^{14}C-Gehalt der Probe das Absterbealter des Organismus bestimmt werden (s.o., Exkurs 3).

Wichtige Voraussetzungen für die **Zuverlässigkeit der ^{14}C-Methode** sind ein konstanter ^{14}C-Gehalt in der Geosphäre. Zudem muss der ^{14}C-Gehalt im lebenden Organismus dem bei der Altersberechnung verwendeten geogenen ^{14}C-Standard (95% Oxalsäure aus dem Jahr 1950 AD) entsprechen. Außerdem muss nach Absterben des Organismus ein Ende des ^{14}C-Austausches mit der Umgebung (geschlossenes System) gegeben sein.

Die größte Fehlerquelle liegt in den zeitlich und räumlich schwankenden ^{14}C-Gehalten in der Geosphäre (Tab. 1.2.3, Exkurs 3). Dazu zählen vor allem variierende ^{14}C-Bildungsraten in der Atmosphäre, anthropogene Verdünnungseffekte durch die Verbrennung ^{14}C-freier fossiler Energieträger (**Suess-Effekt**) oder auch Vulkanausbrüche mit Freisetzung von ^{14}C-freiem CO_2.

Ab den späten 1950er Jahren wurden durch oberirdische Kernwaffenexplosionen und deren Neutronenfreisetzungen die ^{14}C-Bildungsraten in der Troposphäre extrem erhöht (**Kernwaffeneffekt**). Daher werden ^{14}C-Alter in Jahren vor 1950 (= ^{14}C-Jahre BP) angegeben. Deutlich erniedrigte, zeitlich und räumlich stark schwankende ^{14}C-Gehalte im Meerwasser (**marine Reservoireffekte**), Flüssen und Seen (fluviale und limnische **Hartwassereffekte**) sind kaum quantifizierbar. Sie können zu Alterüberschätzungen von vielen Jahrhunderten und mehr führen.

Artabhängige biologische **Isotopenfraktionierungen** beim Einbau von Kohlenstoff in den Organismus können über die Bestimmung des stabilen ^{13}C-Isotops korrigiert werden.

Dabei ist die Isotopenfraktionierung von ^{14}C etwa doppelt so groß wie die von ^{13}C. Solche Isotopenfraktionierungen werden auf den $\delta^{13}C$-Wert von Holz (C_3-Pflanzen) bezogen ($\delta^{13}C$ = -25‰). Eine Normierung um 1‰ $\delta^{13}C$ verändert das ^{14}C-Alter um 16 Jahre (Exkurs 3: Lernblatt 3).

Bei der **konventionellen ^{14}C-Methode** wird die beim ^{14}C-Zerfallsprozess frei werdende Beta-Strahlung gemessen und daraus der ^{14}C-Gehalt in einer Probe berechnet. Bei der seit den 1990er Jahren sich verbreitenden massenspektrometrischen Beschleuniger-Technik (**AMS** = Accelerator Mass Spectrometry) wird dagegen das Verhältnis von ^{14}C- zu ^{12}C-Atomen in einer Probe bestimmt. Der Vorteil dieser Technik sind die benötigten sehr kleinen Probenmengen reinen Kohlenstoffs (<1 mg C) und die kurzen Messzeiten von zum Teil nur wenigen Minuten. Bezüglich der Fehlerquellen gibt es keine Unterschiede zur konventionellen ^{14}C-Datierungstechnik.

Die **Radiokohlenstoffmethode** liefert verlässliche Alter in Jahren vor 1950 (^{14}C BP, oft nur BP = *before present*) für Holz, Holzkohle, Torf, Samen, Blätter. Die Datierung mariner und limnischer Organismen wird von marinen Reservoir- bzw. limnischen Hartwassereffekten beeinflusst, die oft nicht oder nur sehr ungenau quantifizierbar sind (Exkurs 3: Lernblatt 3). Die Datierung von Humus, Höhlensintern, Kalkkrusten, Knochen oder Zähnen ist problematisch und häufig ungenau.

Kalibrierung von ^{14}C-Altern

Die **^{14}C-Produktionsrate** in der Atmosphäre ist nicht gleichmäßig, sondern von verschiedenen Faktoren abhängig (u.a. Sonnenfleckenaktivitäten, galaktische kosmische Strahlung, Stärke des Erdmagnetfeldes). Daher ist es notwendig, ^{14}C-Alter zu **kalibrieren**, um Kalenderjahre zu erhalten (Exkurs 3: Lernblätter 3 und 4). Zur Kalibration werden Paralleldatierungen von Baumjahrringen mit Hilfe der Dendrochronologie und von Steinkorallen und Tropfsteinen mit der massenspektrometrischen $^{230}Th/^{234}U$-Methode eingesetzt.

Für die Kalibration von ^{14}C-Altern werden wiederholt aktualisierte und im Internet kostenfrei zur Verfügung stehende Software Programme wie *„Calib Radiocarbon Calibration Programm"* oder *„OxCal"* genutzt. Eine Kalibration mariner und limnischer ^{14}C-Daten ist eigentlich unzulässig, solange wie der Einfluss mariner Reservoir- sowie fluvialer und limnischer Hartwassereffekte über die Vergangenheit der Probe hinweg unbekannt ist. Globale oder regionale Mittelwerte können nur eine grobe Orientierung geben, da diese Einflüsse zeitlich und räumlich schwanken.

Die Lernblätter in Exkurs 3 erläutern die physikalischen Grundlagen, die Fehlerquellen und die Kalibrationsmöglichkeiten von ^{14}C-Altern bzw. deren Umrechnung in Kalenderjahren (siderische Alter).

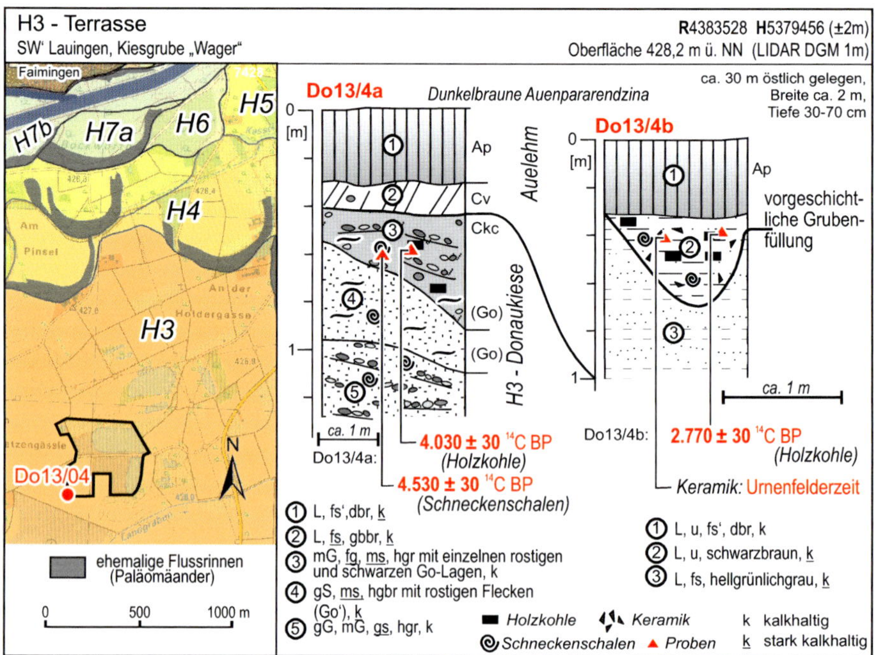

Abb. 1.2.7: 14C-Datierungen an Holzkohlen und Schneckenschalen aus subborealen Flussbettssedimenten der Donau südwestlich von Lauingen (verändert nach Schellmann 2017b).

Fallbeispiel 1: *Vergleich von AMS ^{14}C-Datierungen an Holzkohlen und Schneckenschalen aus subborealen Flussbettsedimenten der Donau südwestlich von Lauingen.*

In der Donauaue südlich von Lauingen sind bis zu acht holozäne Auenterrassen erhalten, die vom frühen Präboreal bis zur Donaukorrektion in den Jahren 1806 bis 1870 AD entstanden sind. Insbesondere die sandig-kiesigen Flussbettsedimenten der subborealen H3-Terrasse sind durch zahlreicher ^{14}C-Datierungen subfossiler Hölzer und einer Holzkohle zeitlich gut abgesichert (Details in Schellmann 2017). Danach entstand die H3-Terrasse im späten Atlantikum und Subboreal zwischen ca. 3.860 und 5.440 ^{14}C BP.

Bereits zur Urnenfelderzeit bzw. vor 2.779 ± 30 ^{14}C-Jahren wurde in die H3-Auelehmdecke eine Abfallgrube mit nicht-hominiden Knochenresten, Keramiken und zahlreichen Holzkohlefragmenten eingelassen (Abb. 1.2.7). Spätestens zu dieser Zeit hatte die Donau die dortigen H3-Flächen verlassen und Donauhochwässer reichten nur noch selten bis dahin.

Zur numerischen Datierung bieten sich auch Schneckenschalen an, die häufiger am Top der sehr sandreichen H3-Flussbettkiese eingelagert sind. Das AMS ^{14}C-Datierungsergebniss an einer Landschneckenschale der Gattung *Arianta arbustorum* ergab ein Alter von 4530 ± 30 ^{14}C BP. Die Datierung der unmittelbar daneben abgelagerten Fragmente von Holzkohlen ergaben ein deutlich jüngeres Alter von 4030 ± 30 ^{14}C BP. Hartwassereffekte dürften der Grund für das etwa 500 ^{14}C-Jahre höhere Alter der Landschneckenschale sein.

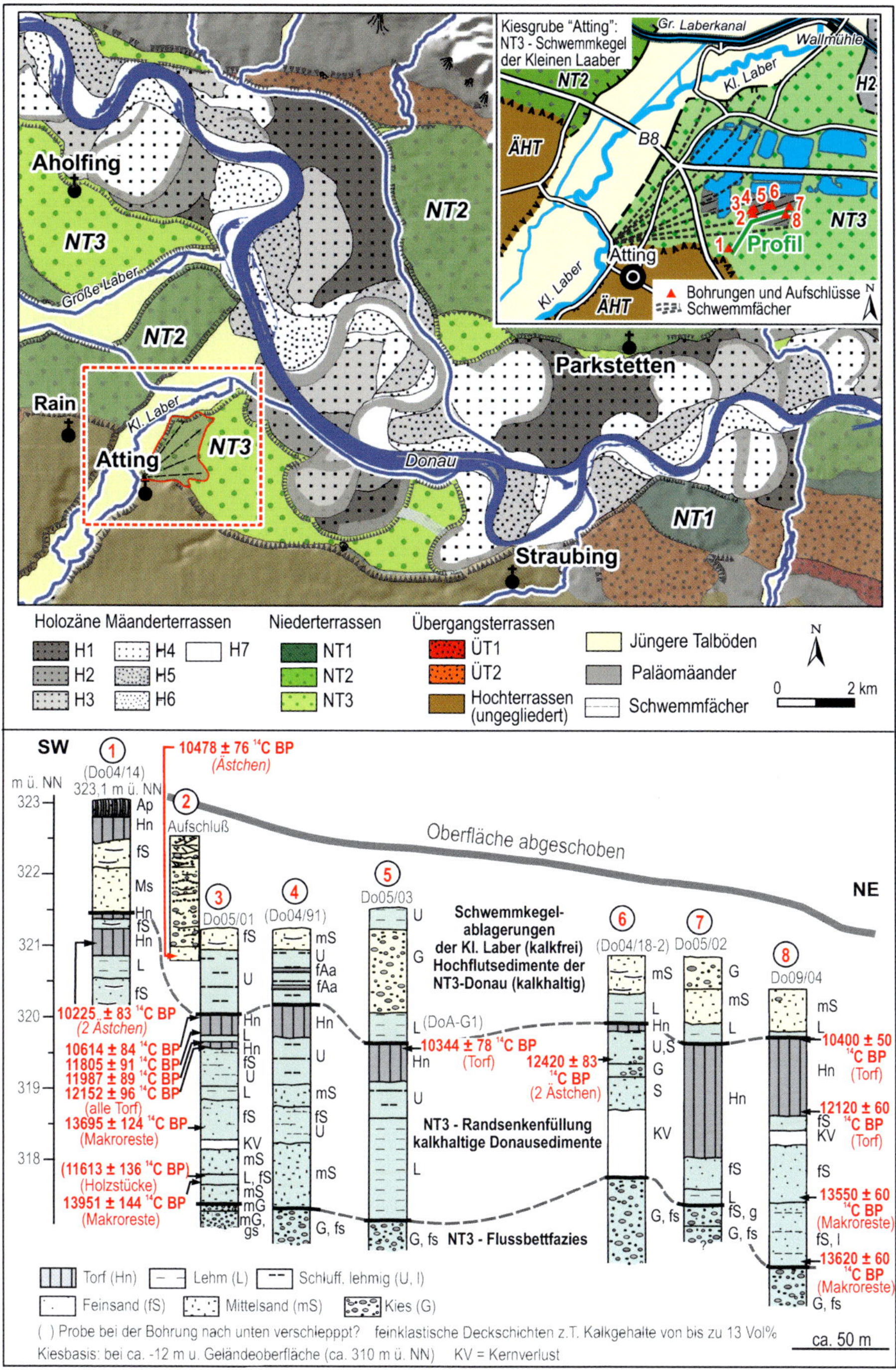

Abb. 1.2.8: Geologische Übersichtskarte des jungtundrenzeitlichen Schwemmkegels der Kleinen Laaber am Talausgang bei Atting mit Lage von Bohrpunkten und Aufschlüssen sowie unten: Geologisches Profil durch die NT3-Randsenke am Talausgang der Kleinen Laber bei Atting. (verändert nach SCHELLMANN 2010: Abb. 15 und Abb. 17).

Wahrscheinlich können solche Hartwassereffekte bei Schneckenschalen, auch bei Landschneckenschalen individuell stark schwanken, so dass deren ^{14}C-Datierung insgesamt nur eine grobe Altersorientierung bieten kann.

Fallbeispiel 2: *AMS ^{14}C-Datierung der Randsenkenfüllung der spätglazialen NT3 der Donau bei Atting, Straubinger Becken.*

Im Straubinger Becken (Dungau) besitzt die Randsenke der spätglazialen Niederterrasse 3 (NT3) der Donau von der Einmündung des Nebentals der Kleinen Laber bei Atting bis Straubing-Kagers (Abb. 1.2.8) einen Feuchtbodencharakter mit stark humosen, häufig anmoorigen Böden. Die Ursache ist ein starker Grundwasserzufluss und Grundwasseraustritt aus der südlich angrenzenden Älteren Hochterrasse (ÄHT).

Die einmündende Kleine Laber hat in der späten Jüngeren Dryas verstärkt ab etwa 10.478 ^{14}C BP (Abb. 1.2.9: Nr. 2 Aufschluss) einen 1 bis >3 m mächtigen Schwemmkegel aus sandigen, kalkfreien Quarzkiesen lokal auch in Wechsellagerung mit kalkhaltigen Donau-Hochflutsedimenten auf die NT3-Oberfläche geschüttet (Abb. 1.2.8). Er überlagert die im Untergrund verbreiteten feinklastischen, kalkhaltigen und teilweise torfigen NT3-Randsenkensedimente der Donau (Abb. 1.2.8).

Fünfzehn AMS ^{14}C-Datierungen an eingelagerten kleinen Ästchen, Torfen und organischen Makroresten belegen zunächst eine Verfüllung mit kalkhaltigen Hochflutsedimenten der Donau, die zum Hangenden von Niedermoortorfen überdeckt sind (Abb. 1.2.8, Abb. 1.2.9). Diese erste Phase der weitgehend vertikalen Verfüllung der NT3-Randsenke mit Hochflutsedimenten der Donau begann in der frühen Ältesten Dryas vor mehr als 13.951 ^{14}C-Jahren und dauerte bis in das Bølling-Interstadial um etwa 12.150 ^{14}C BP an (Abb. 1.2.8). Anschließend existierte bis etwa 10.340 ^{14}C BP, z.T bis 10.225 ^{14}C BP, also deutlich über das Allerød-Interstadial hinaus bis in die späte Jüngere Dryas hinein, eine ausgedehnte Randsenken-Vermoorung. Es konnte in einigen Arealen fast ungestört durch stärkere Sedimenteinträge scheinbar kontinuierlich aufwachsen. Teilweise ist der Torf noch mit einer Mächtigkeit von 1,6 m erhalten (Abb. 1.2.8: Bohrung 7).

Erst in der zweiten Hälfte der Jüngeren Dryas um 10.344 ^{14}C BP bzw. 10.400 ^{14}C BP (Abb. 1.2.8: Bohrungen 5 und 8) erreichten wieder verstärkt Donauhochwässer die Randsenke und hinterließen kalkhaltige Hochflutablagerungen. Zeitgleich wurde etwa ab 10.478 ^{14}C BP (Abb. 1.2.8: Nr. 2 Aufschluss) aus dem einmündenden Seitental der Kleinen Laber der kiesige, quarzreiche und kalkfreie Schwemmkegel in die NT3-Randsenke der Donau geschüttet.

Die vorliegenden ^{14}C-Datierungen belegen auch als kalibrierte Alter (Abb. 1.2.9) die allmähliche, fast kontinuierliche Verfüllung der Randsenke. So begann die feinklastische Verfüllung der Randsenke im frühen Spätglazial etwa ab 17.000 cal BP. Die Torfbildung setzte ab Mitte des Bølling/Allerød-Interstadial (B/A-Interstadial ca. 12.450 bis 10.950 cal

BP) ein und dauerte in weiten Arealen der Randsenke bis in die späte Jüngere Dryas an. Noch in der ausgehenden Jüngeren Dryas wurde dann der quarzreiche und kalkfreie Schwemmkegel der Kleinen Laber in Wechsellagerung mit kalkhaltigen Hochflutsedimenten der Donau abgelagert.

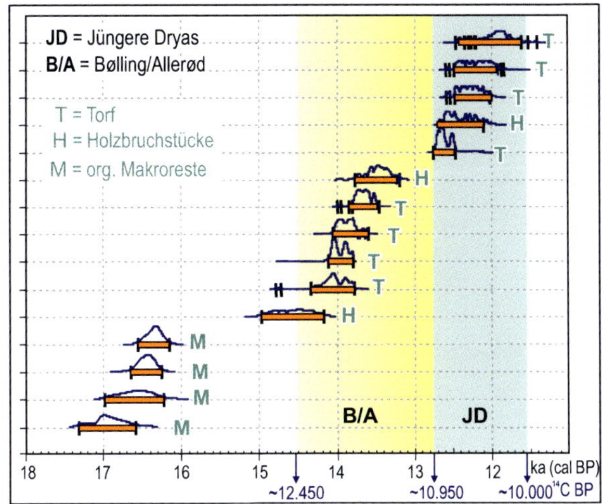

Abb. 1.2.9:
Übersicht der kalibrierten ^{14}C-Alter aus der NT3-Randsenke bei Atting. ^{14}C-Alter aus Schellmann (2010), neu kalibriert mit Calib Rev 8.1.0 (Reimer et al. 2020) mit 2 sigma Konfidenzintervall; horizontaler Balken = Altersintervall mit >90% Wahrscheinlichkeit.

Exkurs 3: *Lernblätter zur Radiokohlenstoff (^{14}C)- Altersbestimmungsmethode*

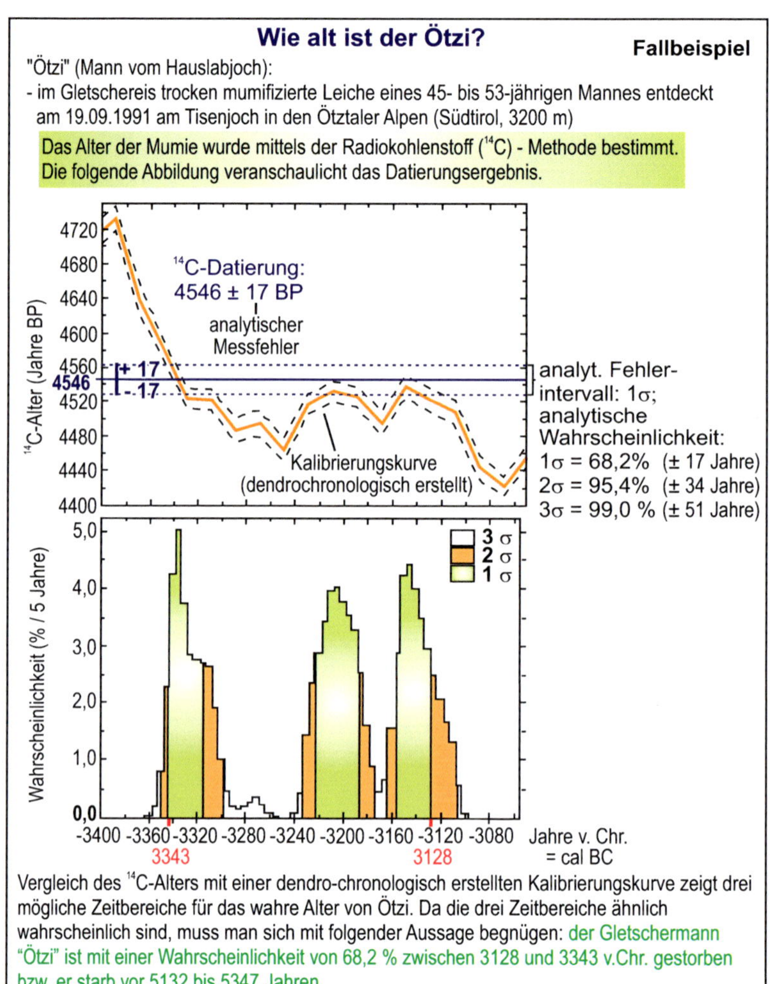

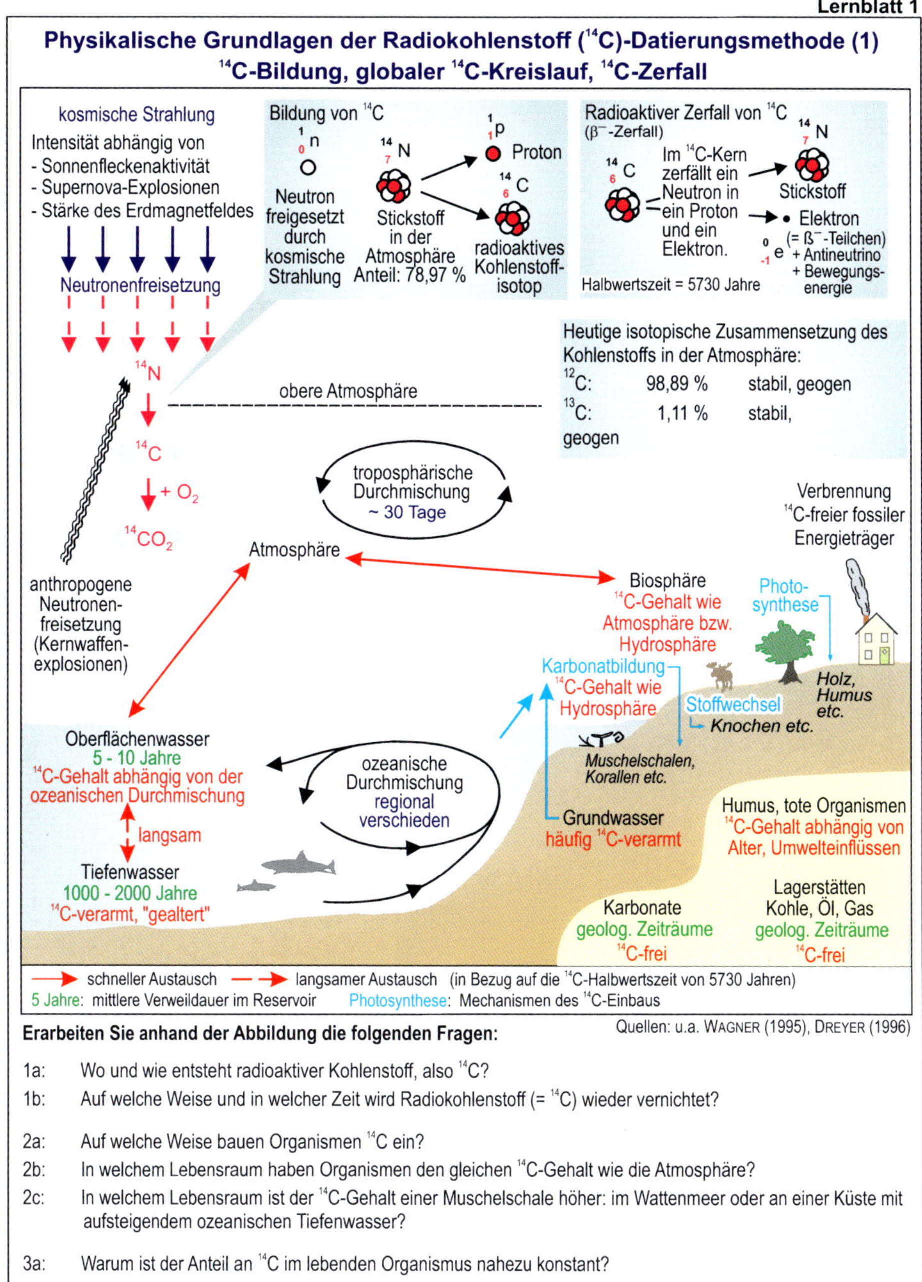

Lernblatt 1

Physikalische Grundlagen der Radiokohlenstoff (^{14}C)-Datierungsmethode (1)
^{14}C-Bildung, globaler ^{14}C-Kreislauf, ^{14}C-Zerfall

Quellen: u.a. WAGNER (1995), DREYER (1996)

Erarbeiten Sie anhand der Abbildung die folgenden Fragen:

1a: Wo und wie entsteht radioaktiver Kohlenstoff, also ^{14}C?

1b: Auf welche Weise und in welcher Zeit wird Radiokohlenstoff (= ^{14}C) wieder vernichtet?

2a: Auf welche Weise bauen Organismen ^{14}C ein?

2b: In welchem Lebensraum haben Organismen den gleichen ^{14}C-Gehalt wie die Atmosphäre?

2c: In welchem Lebensraum ist der ^{14}C-Gehalt einer Muschelschale höher: im Wattenmeer oder an einer Küste mit aufsteigendem ozeanischen Tiefenwasser?

3a: Warum ist der Anteil an ^{14}C im lebenden Organismus nahezu konstant?

Lernblatt 2

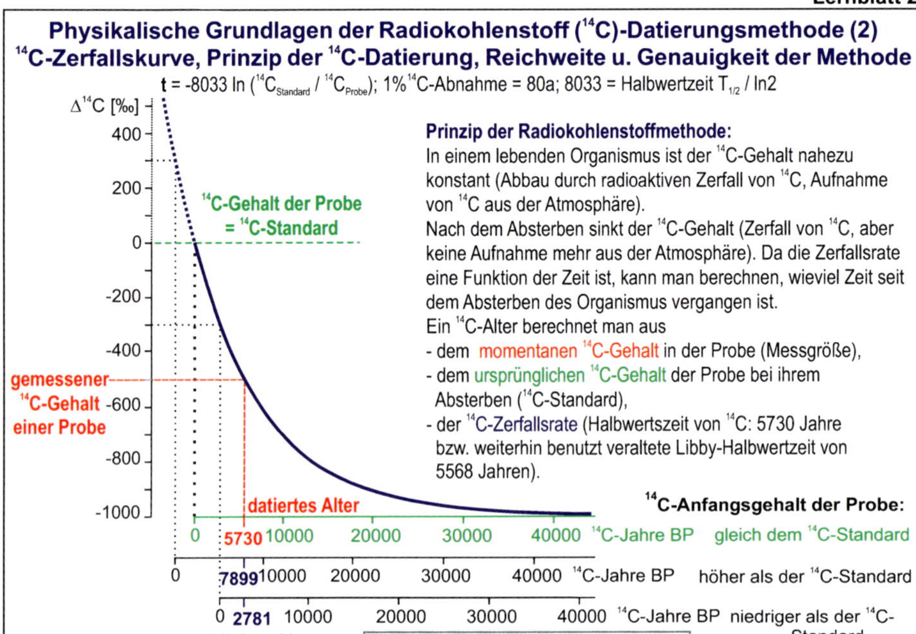

Datierbare Materialien

- Holz, Holzkohle
- Torf
- Korallen
- Muschelschalen
- Knochen
- Pollen
- weitere C-haltige Materialien

Messmethode	konventionell	massenspektrometrisch
Messgröße	Zerfälle pro Zeit	^{14}C-Atome in der Probe
benötigte Probenmenge	einige Gramm	<1 mg
datierbarer Zeitraum	vor 1950 n.Chr. bis ca. 20 000 - 30 000 Jahre BP	vor 1950 n.Chr. bis ca. 50 000 Jahre BP
Genauigkeit	einige Jahre (» ±1%)	einige Jahre (» ±1%)
Nachteile	- lange Messdauer (Wochen - Monate) - große Probenmengen nötig	- hohe Kosten

Modellannahmen:

- Der ^{14}C-Gehalt in der Atmosphäre ist zeitlich konstant.
- Der ^{14}C-Anfangsgehalt der Probe entspricht dem Standardwert der Atmosphäre (ermittelt aus einer Probe von 1830 n. Chr.).
- Das Bezugsjahr für ^{14}C-Alter ist 1950 n.Chr. (Symbol BP: before present).
- Die Halbwertszeit von ^{14}C beträgt 5568 Jahre (Libby-Wert; tatsächlicher Wert: 5730 Jahre) Grund: Vergleichbarkeit der Werte; Fehler: » 3%, wird bei der Kalibration korrigiert.
- Die Isotopenfraktionierung wird auf den $\delta^{13}C$-Wert von Holz bezogen ($\delta^{13}C$ = -25‰).

Diskutieren Sie unter Verwendung von Lernblatt 1, welche der folgenden bei der ^{14}C-Datierung gestellten Annahmen mit Fehlern behaftet sind:

Annahme 1: der ^{14}C-Gehalt in der Atmosphäre unterliegt keinen größeren Schwankungen, sondern ist ein konstanter Wert (konstante ^{14}C-Bildungsrate);

Annahme 2: der natürliche ^{14}C-Gehalt in Lebensräumen wie Ozeanen, Seen und Flüssen entspricht dem atmosphärischen ^{14}C-Gehalt;

Annahme 3: nach dem Absterben werden der Probe weder ^{14}C zugeführt noch abgeführt ("geschlossenes System").

Lernblatt 3

Natürliche und anthropogene ^{14}C-Gehaltsschwankungen

1. Kontamination von Proben mit "jungem" Kohlenstoff:
erkennbar nur über Vergleich mit anderen Proben, Quantifizierung nicht möglich.

2. Biologische Fraktionierungsprozesse:
Leichtere Kohlenstoffisotope (^{12}C, ^{13}C) werden von einigen Organismen bevorzugt eingebaut
→ für verschiedene Organismen bekannt, können berechnet werden (angegeben in δ^{13}C-Werten).

Material	δ^{13}C [‰]	Korrekturbetrag [Jahre]
Holz, Holzkohle	-25 ± 2	-32 bis +32
Knochen	-22 ± 4	-16 bis -112
marine Korallen, Muschelschalen, Foraminiferen	0 ± 2	+368 bis +432

3. Limnische und fluviatile Hartwassereffekte: *nicht möglich*

Marine Reservoireffekte:
^{14}C-Gehalt der Tiefsee ist durch die lange Verweildauer in diesem Reservoir erniedrigt. Steigt Tiefenwasser auf und mischt sich mit Oberflächenwasser, sinkt auch dessen relativer ^{14}C-Gehalt
→ zeitlich und räumlich stark schwankend (0 - ~1200 Jahre).

Region	neuzeitl. Reservoireffekt
patagonische Atlantikküste	300 - 600 Jahre
Karibik	360 ± 80 Jahre
Nordatlantik	400 ± 200 Jahre
global	ca. 400 Jahre

4. Atmosphärische ^{14}C-Schwankungen (anthropogen und natürlich):

a) Kernwaffeneffekt: erhöhte Neutronenfreisetzung infolge oberirdischer Kernwaffentests in den 50-er und 60-er Jahren des 20. Jh's.
→ Proben jünger als 1950 n.Chr.: nicht datierbar.

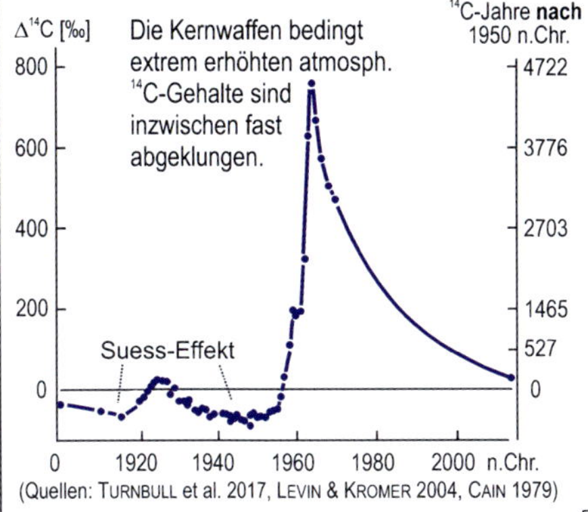

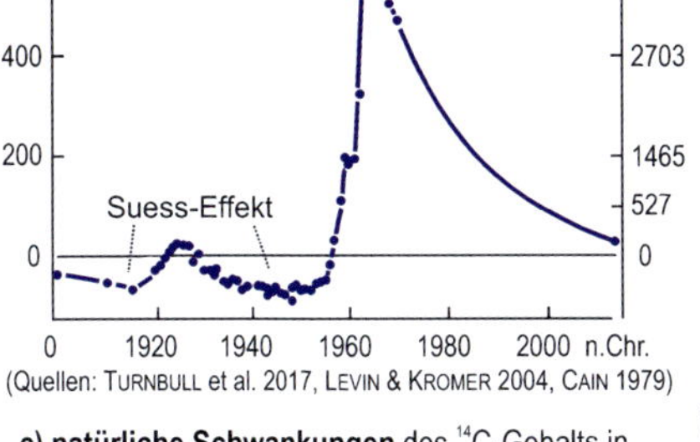

(Quellen: Turnbull et al. 2017, Levin & Kromer 2004, Cain 1979)

b) Suess-Effekt: seit 1850 verstärkte Freisetzung von ^{14}C-freiem Kohlenstoff durch Verbrennung fossiler Energieträger (Industriezeitalter)
→ als Bezugsstandard für den natürlichen ^{14}C-Gehalt der Atmosphäre werden Proben von 1830 n.Chr. verwendet.

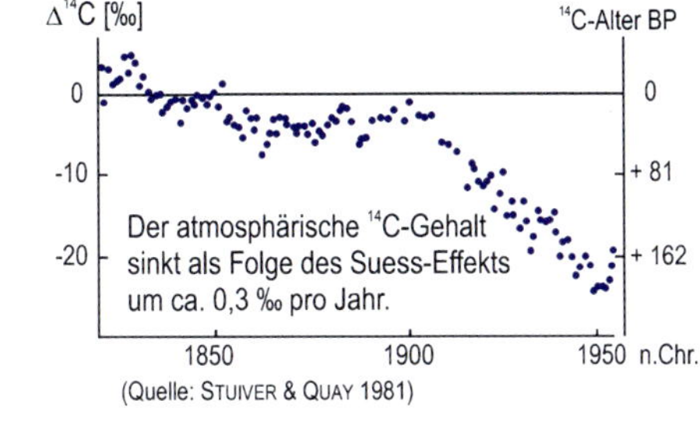

(Quelle: Stuiver & Quay 1981)

c) natürliche Schwankungen des ^{14}C-Gehalts in der Atmosphäre, z.B. aufgrund der sich zyklisch ändernden Sonnenfleckenaktivität (De Vriess-Effekt)
hohe Sonnenfleckenaktivität
→ erniedrigte atmosphärische ^{14}C-Bildung;
geringe Sonnenfleckenaktivität
→ erhöhte atmosphärische ^{14}C-Bildung
Natürliche Schwankungen der ^{14}C-Produktionsrate: ± 200‰ ≈ ±1600 Jahre
→ Kalibrierung von ^{14}C-Datierungen an anderen numerischen Datierungsmethoden (vor allem am dendrochronologischen Jahrringkalender).

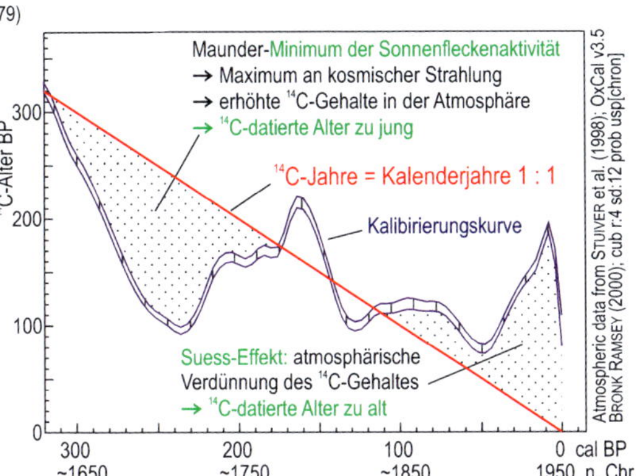

Lernblatt 4

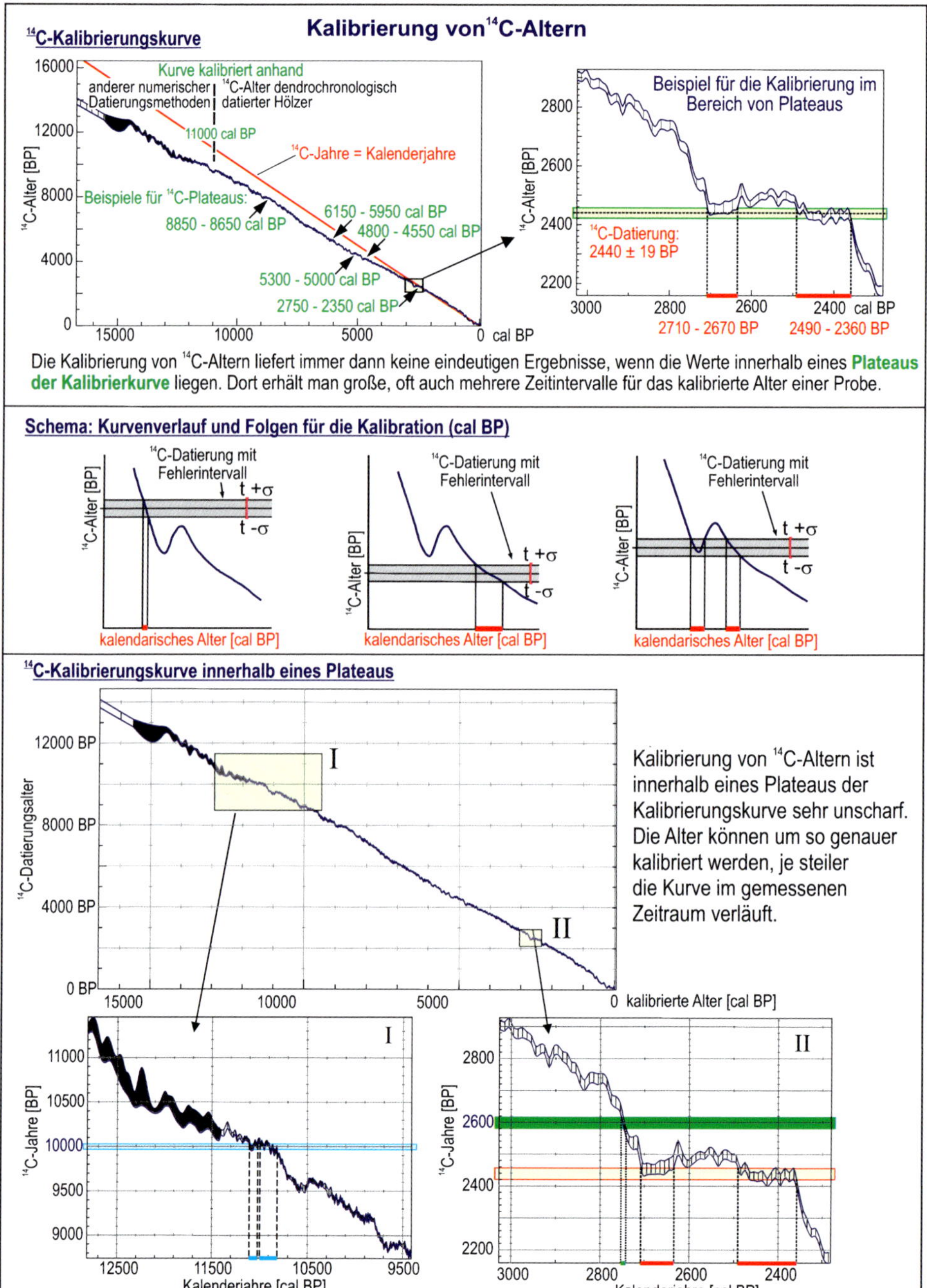

Kalibrierung von ¹⁴C-Altern
¹⁴C-Kalibrierungskurve
Kurve kalibriert anhand
anderer numerischer Datierungsmethoden
¹⁴C-Alter dendrochronologisch datierter Hölzer
11000 cal BP
¹⁴C-Jahre = Kalenderjahre
Beispiele für ¹⁴C-Plateaus:
8850 - 8650 cal BP
6150 - 5950 cal BP
4800 - 4550 cal BP
5300 - 5000 cal BP
2750 - 2350 cal BP
¹⁴C-Alter [BP]
cal BP
Beispiel für die Kalibrierung im Bereich von Plateaus
¹⁴C-Datierung:
2440 ± 19 BP
2710 - 2670 BP
2490 - 2360 BP
Die Kalibrierung von ¹⁴C-Altern liefert immer dann keine eindeutigen Ergebnisse, wenn die Werte innerhalb eines Plateaus der Kalibrierkurve liegen. Dort erhält man große, oft auch mehrere Zeitintervalle für das kalibrierte Alter einer Probe.
Schema: Kurvenverlauf und Folgen für die Kalibration (cal BP)
¹⁴C-Datierung mit Fehlerintervall
t +σ
t -σ
kalendarisches Alter [cal BP]
¹⁴C-Kalibrierungskurve innerhalb eines Plateaus
¹⁴C-Datierungsalter
kalibrierte Alter [cal BP]
Kalibrierung von ¹⁴C-Altern ist innerhalb eines Plateaus der Kalibrierungskurve sehr unscharf. Die Alter können um so genauer kalibriert werden, je steiler die Kurve im gemessenen Zeitraum verläuft.
¹⁴C-Jahre [BP]
Kalenderjahre [cal BP]

Aufgabe

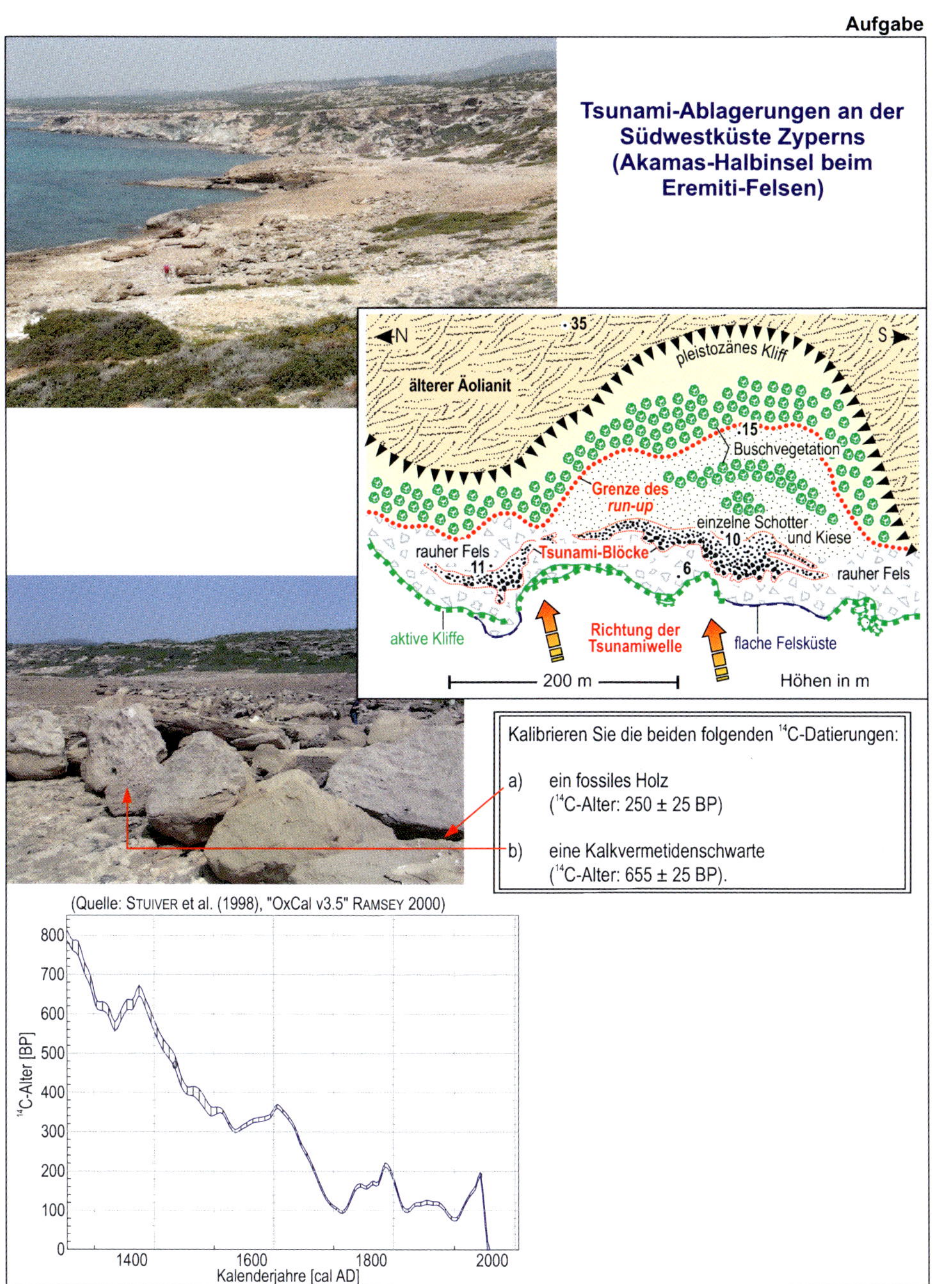
Tsunami-Ablagerungen an der Südwestküste Zyperns (Akamas-Halbinsel beim Eremiti-Felsen)
N
S
35
pleistozänes Kliff
älterer Äolianit
15
Buschvegetation
Grenze des run-up
einzelne Schotter und Kiese
10
rauher Fels
Tsunami-Blöcke
11
6
rauher Fels
aktive Kliffe
Richtung der Tsunamiwelle
flache Felsküste
200 m
Höhen in m
Kalibrieren Sie die beiden folgenden ¹⁴C-Datierungen:
a) ein fossiles Holz (¹⁴C-Alter: 250 ± 25 BP)
b) eine Kalkvermetidenschwarte (¹⁴C-Alter: 655 ± 25 BP).
(Quelle: Stuiver et al. (1998), "OxCal v3.5" Ramsey 2000)
¹⁴C-Alter [BP]
800
700
600
500
400
300
200
100
0
1400
1600
1800
2000
Kalenderjahre [cal AD]

1.2.2.3 Uranreihen-Datierungen (^{238}U-^{234}U-^{230}Th Ungleichgewichts-Datierungsmethode)

Die **Uran (U)-Isotope** ^{238}U und ^{235}U sind radioaktiv und zerfallen über eine Serie von Alpha- und Beta-Zerfällen und über mehrere Zwischenglieder (u.a. Thorium Th, Protactinium Pa) zu stabilen Blei (Pb)-Isotopen (Abb. 1.2.10). Es gibt 3 natürliche Mutternuklide bzw. Zerfallsreihen: ^{238}U (ca. 99,3% des natürlichen Urans), das über Alpha- und Beta-Zerfälle zum stabilen ^{206}Pb-Isotop zerfällt (Halbwertzeit $t_{1/2}$ = 4.469 Mio. Jahre) und ^{235}U, das zum stabilen ^{207}Pb-Isotop zerfällt ($t_{1/2}$ = 704 ka). Eine dritte Zerfallsreihe von ^{232}Th zu ^{208}Pb ist wegen der großen Halbwertzeit von ^{232}Th ($t_{1/2}$ = 14 Mrd. Jahre) und den kurzen Halbwertzeiten der Tochterisotope ^{228}Ra (5,7 Jahre) und ^{228}Th (1,9 Jahre) für Datierungen im Quartär unwichtig.

Für Datierungen wichtige Isotopenverhältnisse sind ^{238}U/^{206}Pb, ^{230}Th/^{234}U, ^{231}Pa/^{235}U, ^{234}U/^{238}U sowie ^{210}Pb/^{206}Pb. Im Quartär sind die ^{230}Th/^{234}U-Altersbestimmungsmethode an sekundären Karbonaten (u.a. Korallen, Tropfsteine, Travertine, Foraminiferen, Muschelschalen), manchmal in Kombination mit der ^{231}Pa/^{235}U-Methode von besonderer Bedeutung. Dabei besitzen ^{238}U und ^{235}U lange Halbwertzeiten von 4,47 Mrd. und 704 Mio. Jahren (Abb. 1.2.10). Deutlich kürzer und damit für die Datierung im Quartär geeignet, sind die Halbwertzeiten von ^{234}U (245 ka), ^{230}Th (76 ka), ^{231}Pa (33 ka) und ^{210}PB (22,3 Jahre).

Die häufigste Uranreihen-Datierungsmethode im jüngeren Quartär ist die **^{230}Th/U-Methode**. Oft wird sie auch als U/Th-Methode bezeichnet. Sie wird manchmal durch parallel durchgeführte ^{231}Pa/^{235}U-Datierungen (Abb. 1.2.10) ergänzt. Beide beruhen auf dem selektiven Einbau von Uran in Probenmaterialien wie Steinkorallen, Höhlensinter, Muschelschalen und Knochen. Die zunächst nicht enthaltenen ^{230}Th- und ^{231}Pa-Isotope entstehen dann im Laufe des Uran-Zerfalls.

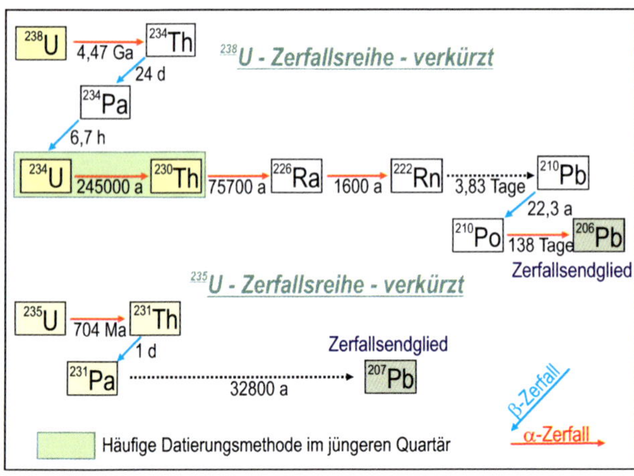

Abb. 1.2.10: Uran-Zerfallsreihen stark gekürzt.

Die ^{230}Th/U-Methode ist eine hochpräzise Methode zur Datierung von Steinkorallen (*coral*) und Tropfsteinen (*speleothems*). Zum Beispiel beruht die Kalibrierung letztglazialer ^{14}C-Daten auf dem Vergleich mit den Ergebnissen massenspektrometrischer ^{230}Th/U-Datierungen von Korallen. Die Methode ist wenig geeignet zur Datierung von solchen Mineralen, die häufig von Uranmigrationen betroffen werden wie Muschel- und Schneckenschalen.

Die am Ende der ^{238}U-Zerfallsreihe stehenden Pb-Isotope werden als **^{210}Pb/^{206}Pb-Altersbestimmungsmethode** manchmal zur Datierung junger, weniger als 120 Jahre alter Auen- und

Seesedimente, junge Torfe oder manchmal auch junge Firnschichten in Eisbohrkernen eingesetzt. Die Datierungsobergrenze liegt wegen der kurzen Halbwertzeit (22,6 a) bei lediglich 100 bis 150 Jahren. SWARZENSKI (2015) gibt einen Überblick über die aktuellen Möglichkeiten und Grenzen von ^{210}Pb-Datierungen.

Ungleichgewichts-Datierungsmethode

Alle Uranreihen-Datierungen beruhen darauf, dass sich innerhalb eines geschlossenen Systems im Laufe einer Zeit, die länger als das Fünf- bis Sechsfache der **Halbwertzeit** des Tochternuklids ist, ein säkulares (andauerndes) Gleichgewicht (***secular equilibrium***) innerhalb der Zerfallskette einstellt. Bei einem solchen Gleichgewicht besitzen alle beteiligten Nuklide die gleiche **Zerfallsaktivität** (Aktivitätsverhältnis Tochter-/Mutter-Isotop = 1) (Abb. 1.2.11). Die Abweichung von diesem Gleichgewicht ist ein Maß für die seit der Störung des Gleichgewichts verstrichene Zeit.

Die Aktivität gibt die Anzahl von Zerfällen pro Zeit an. Sie ist das negative Produkt von Zerfallskonstante (= ln(2)/Halbwertzeit T½) mit der Anzahl von Atomen des radioaktiven Nuklids. Das Ursprungsnuklid wird als **Mutter-Nuklid** und die nachfolgenden Zerfallsnuklide als **Tochter-Nuklide** bezeichnet.

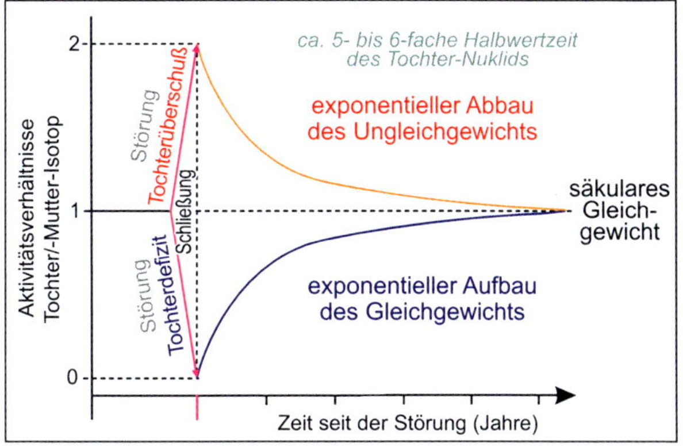

Abb. 1.2.11:
Eintreten eines radioaktiven Ungleichgewichts (= Störung = Zu- oder Wegfuhr des Tochterisotops), Schließung der Störung und exponentieller Auf- bzw. Abbau des Ungleichgewichts über die Zeit.

Die Zerfallsaktivität eines Tochter-Radionuklids hängt von seiner Produktion durch den Zerfall des Mutterisotops ab und von seinem eigenen Zerfall. Die Zerfallsaktivität ergibt sich also aus der Differenz zwischen Produktionsrate durch Zerfall des Mutter-Nuklids und der Zerfallsrate des Tochter-Nuklids. Bei einem **säkularen Gleichgewicht** haben Mutter- und Tochterisotop identische Zerfallsaktivitäten (Zerfallsaktivität von Tochter/Mutter = 1).

Proben, derer U-Zerfallssystem sich in einem säkularen Gleichgewicht befinden, können nicht datiert werden.

Eine **Störung des säkularen Gleichgewichts** und damit ein vorübergehendes Ungleichgewicht (= unterschiedliche Zerfallsaktivitäten von Mutter- und Tochternukliden) kann durch Weg- oder Zufuhr eines Nuklids (= Störung des Zerfallssystems) entstehen. Nach Schließung des Systems stellt sich nach einer gewissen Zeit ein neues radioaktives Gleichgewicht ein (Abb. 1.2.11). Abhängig von der Stärke der Störung dauert es etwa das 5fache bis 6fache der Halbwertzeit des Tochter-Nuklids bis sich über 99% eines neuen Gleichgewichts zwischen beiden Nukliden eingestellt hat. Falls die Anfangskonzentrationen oder initialen Zerfallsaktivitäten bekannt sind, kann über das aktuelle Aktivitätsverhältnis von Tochter/Mutter-Nuklid (Tochter-Defizit oder Tochter-Überschuss) und den Zerfallskonstanten der Zeitpunkt der Störung berechnet werden (Abb. 1.2.12).

Die sogenannten „Störungen" äußern sich in der Natur in Form von geochemischen Fraktionierungen, vor allem verursacht durch unterschiedliche Löslichkeiten der Uranreihen-Isotope bei Verwitterungs-, Transport-, Mineralbildungs- und Sedimentationsprozessen.

Erst das Entstehen solcher Ungleichgewichte ermöglicht eine Datierung via Uranreihen-Verfahren. Man spricht daher auch von der ^{238}U-, ^{234}U- und ^{230}Th-Ungleichgewicht-Datierung oder allgemein von **Uranreihen-Ungleichgewichts-Datierungen** (*Uranium-series disequilibrium datings*).

Je größer das **initiale Aktivitätsverhältnis von ^{234}U/^{238}U** ist, desto länger dauert es, bis ein neues säkulares Gleichgewicht entstanden ist. Diese Zeitdauer markiert die Datierungsobergrenze. Bei der ^{234}U/^{238}U-Datierung dauert es bei einem initialen Aktivitätsverhältnis von 1,15 (wie es im heutigen Meerwasser verbreitet ist) etwa 600.000 Jahre und bei einem initialen Aktivitätsverhältnis (^{234}U/^{238}U) von 2,0 über 1 Mio. Jahre bis ein neues säkulares Gleichgewicht eingestellt ist. Generell hängt die Zeitdauer bis zur Einstellung eines säkularen Gleichgewichts ab von der Halbwertzeit des Tochterisotops und von der Größe des radioaktiven Ungleichgewichts zwischen Mutter- und Tochter-Nuklid.

Heutige natürliche Aktivitätsverhältnisse von ^{234}U/^{238}U liegen in Böden und Sedimenten meist unter dem Zerfallsgleichgewicht von 1 und im Wasser meist darüber, in der Ostsee bei 1,17, im Grundwasser zwischen 0,51 bis 9 und im Flusswasser je nach Einzugsgebiet zwischen 1 bis 2,14 (Borylo & Skwarzec 2014: 719). Im ozeanischen Oberflächenwasser liegen sie im Mittel bei 1,15 ± 0,03 (Edwards et al. 2003) bzw. in ∂-Notation bei einem ∂^{234}U-Wert von etwa 146,8‰ (Andersen et al. 2010). Im Sickerwasser von Karstgebieten kann das initiale Aktivitätsverhältnis (^{234}U/^{238}U) zeitlich und räumlich sehr unterschiedlich sein, je nach Zirkulationsdauer und Einzugsgebiet des Karstwassers. Eine ^{230}Th/U-Datierung ist dennoch möglich, oft über Isochronen-Diagramme der aktuellen Aktivitätsverhältnisse von ^{230}Th/^{238}U und ^{234}U/^{238}U in der Probe (u.a. Scholz & Hoffmann 2008).

^{230}Th/U-Datierungen

Die ^{230}Th/U-Altersbestimmung ist die im Quartär am häufigsten angewandte Uranreihen-Datierung (Abb. 1.2.10; Tab. 1.2.2). Ihre Datierungsobergrenze liegt theoretisch bei einem initialen ^{234}U/^{238}U-Aktivitätsverhältnis von 1,15 bei etwa 440 bis 600 ka. Vor allem Isotopenverlagerungen durch diagenetische Veränderungen der Proben beschränken die Datierung meist auf die vergangenen 130 bis 200 ka. Nur bei sehr reinen Tropfsteinen und Höhlensintern (*speleothems*) scheinen Th/U-Datierungen auch bis zu 600 ka vertrauenswürdig zu sein.

Die ^{230}Th/U-Datierung beruht darauf, dass sekundäre Karbonate bei ihrer Bildung nur U, überwiegend ^{234}U aufnehmen und kein ^{230}Th. Es wird davon ausgegangen, dass zum Zeitpunkt ihrer Bildung das Isotopenverhältnis von ^{230}Th/^{234}U = 0 ist. Oft werden die nicht aus einer Uran-Zerfallsreihe stammenden **^{232}Th-Gehalte** mit bestimmt, da sie ein Anzeiger für eine Kontamination der Probe mit detritischem ^{232}Th und damit auch detritischem ^{230}Th sind. Beide treten zusammen auf. Die ^{232}Th-Gehalte sollten unter 1 ppb liegen.

Weiterhin geht man davon aus, dass es sich um ein geschlossenes System ohne nachträglichen Einbau oder einer nachträglichen Remobilisierung beider Isotope handelt. Dann wird sich in den nachfolgenden etwa 400.000 bis 600.000 Jahren, also ungefähr der fünf- bis sechsfachen Halbwertzeit von ^{230}Th (75,6 ka), ein radioaktives Gleichgewicht von ^{230}Th/^{234}U = 1 einstellen. Mit Hilfe der zeitabhängigen Zunahme des Verhältnisses von ^{230}Th/^{234}U kann der Zeitpunkt der Bildung der sekundären Karbonate (= der Beginn des radioaktiven Ungleichgewichts) datiert werden (Abb. 1.2.11).

Geochemische Fraktionierungen

Die **Fraktionierung**, also das Einstellen eines radioaktiven Ungleichgewichts von Mutter- und Tochter-Isotop, basiert vor allem auf dem unterschiedlichen **Lösungsverhalten** dieser Isotope schon bei der Verwitterung von Gesteinen. Während Th und ebenso Pa in Wasser (pH 5 bis pH 8) unlöslich sind (Ausnahme pH<3 und Anwesenheit organischer Säuren) bzw. nur detritisch in Suspension („Partikel reaktiv") verlagert werden, ist U (^{238}U, ^{235}U, ^{234}U) bei oxidativen Verhältnissen gut wasserlöslich (meist als sechswertiger Uranylkomplex).

Die gute Wasserlöslichkeit von ^{234}U soll auch durch den sogenannten ***„alpha-recoil effect"*** bedingt sei. Dabei handelt es sich um Gitterschädigungen von ^{234}U-Verbindungen, die bei ihrer Entstehung durch Alpha-Partikel beim Zerfall von ^{238}U entstanden sind. Daher findet man im Meerwasser und vielen anderen Aquiferen durch den Eintrag von gelöstem ^{234}U einen Aktivitätsüberschuss von ^{234}U gegenüber ^{238}U (^{234}U/^{238}U >1). Infolge dieses radioaktiven Ungleichgewichts von ^{234}U/^{238}U werden bei Th/U-Datierungen beide Nuklide bestimmt und in der Altersberechnung berücksichtigt.

Datierungsprozedur und initiale δ^{234}U-Werte

Zur Datierung benötigt man die aktuellen Aktivitätsverhältnisse von ^{230}Th/^{238}U und ^{234}U/^{238}U in der Probe sowie deren Zerfallskonstanten. Dazu sind präzise massenspektrometrische Messungen der Isotope ^{238}U, ^{234}U und ^{230}Th notwendig.

Aus den aktuellen ^{234}U/^{238}U-Gehalten einer Probe kann mit Hilfe der ^{234}U-Zerfallskonstante und dem Alter der Probe das **initiale ^{234}U/^{238}U-Aktivitätsverhältnis** bzw. das **initiale δ^{234}U** berechnet werden (u.a. Edwards 2003). Bei marinen Proben wie Korallen sollte es dem aktuellen ^{234}U/^{238}U-Aktivitätsverhältnis im Meerwasser entsprechen. Im Meerwasser wird das ^{234}U/^{238}U-Aktivitätsverhältnis oft als **$\delta^{234}U_{initial}$** dargestellt. Im ozeanischen Oberflächenwasser liegt es bei 1,146 ± 0,03‰ (Edwards et al. 2003, Stirling 2015) bzw. bei einem

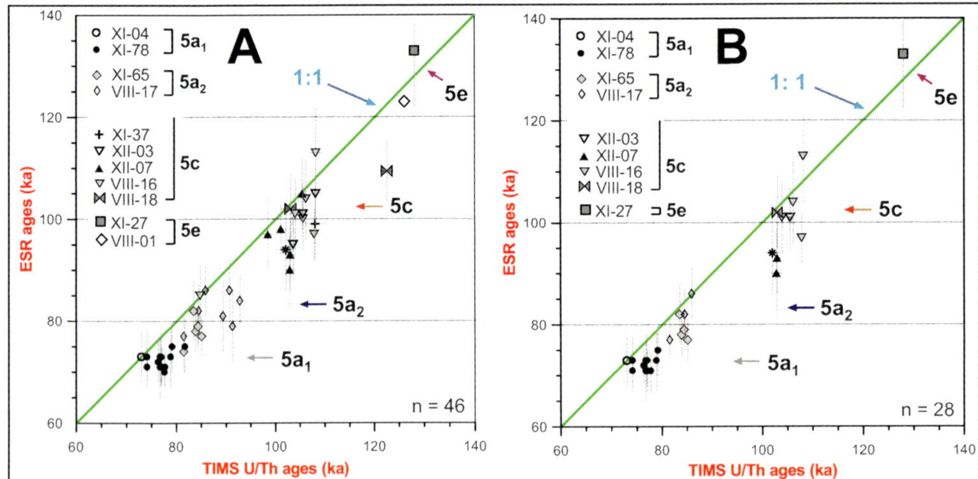

Abb. 1.2.12:
Vergleich von parallel durchgeführten TIMS Th/U und ERS-Datierungen an letztinterglazialen Korallen auf Barbados. A zeigt alle Daten, B zeigt nur die Datensätze von Th/U-Datierungen mit initialen δ^{234}U-Werte zwischen >141 und <157‰ (Details in Schellmann et al. 2004a).

δ^{234}U-Wert von ca. 146,6 ± 1,4‰ (Delanghe et al. 2002). Innerhalb von Glazial-/Interglazial-Zyklen können die δ^{234}U-Werte allerdings um bis zu 15‰ schwanken (u.a. Spooner et al. 2016: 29). Das hat zur Folge, dass vor allem Datierungsergebnisse älterer mittelpleistozäner Korallen um mehrere Jahrtausende fehlerhaft sein können (u.a. Andersen et al. 2009: 55).

Die berechneten initialen δ^{234}U-Werte dienen oft zur Qualitätsbeurteilung von Th/U-Datierungsergebnissen an Korallen, und zwar als ein Hinweis auf diagenetische Veränderungen mit U-Migrationen, falls der initiale δ^{234}U-Wert um mehrere Promille vom aktuellen ozeanischen δ^{234}U-Wert (ca. ±8‰ Gallup et al. 1994) abweicht. Vergleicht man allerdings die Ergebnisse parallel durchgeführter Th/U- und ESR-Datierungen an letztinterglazialen Korallen auf Barbados (Abb. 1.2.12), so verbessert sich die Korrelation der Th/U- und ESR-Datierungsergebnisse nicht durch eine Reduzierung auf die Proben mit sehr günstigen initialen δ^{234}U-Werten zwischen >141 und <157‰. Die Ausreißer von der 1:1-Linie sind wahrscheinlich eher auf leichte U-Verlagerungen infolge beginnender Rekristallisationen des Aragonits der Steinkorallen zurückzuführen. Die generell zu jung ausfallenden ESR-Alter könnten aus einer etwas zu hohen Alpha-Effektivität bei der Berechnung der ESR-Alter resultieren.

Datierungsqualität

Uran kann aus Mineralien durch Verwitterung und Diagenese auch nachträglich zu- oder weggeführt werden. Diese löslichkeitsbedingte Fraktionierung von Th und U führt dazu, dass in sekundären Karbonaten wie Steinkorallen, Muschelschalen, Foraminiferen und Höhlensintern (*speleothems*) nur gelöstes U aus dem umgebenden Wasser eingebaut wird. Das initiale Aktivitätsverhältnis von ^{230}Th/^{234}U und ^{231}Pa/^{235}U ist also nahe Null. Detritische

Th-Verunreinigen sind allerdings möglich. Die potentielle Zu- und Wegfuhr von Uran ist eine der Hauptfehlerquellen.

Massenspektrometrische (TIMS, ICP-MS) ^{230}Th/U-Altersbestimmungen sind vielseitig anwendbar. Jung- bis mittelpleistozäne Steinkorallen, Tropfsteine (*speleothems*) und andere Sinterkalke können am zuverlässigsten datiert werden. Fossile aragonitische Steinkorallen pleistozänen Alters enthalten etwa 2,2 bis 5 ppm U bzw. im Mittel 3,24 ± 0,42 ppm U (Schellmann et al. 2008: Fig. 5) und kein nennenswertes Th. Th/U-Datierungen an letztglazialen Korallen und Tropfsteinen werden außerdem zur Kalibrierung der Radiokohlenmethode (^{14}C) bis vor etwa 54.000 Jahren benutzt (Reimer et al. 2020).

Die Halbwertzeiten von ca. 245.000 Jahren für ^{234}U und 76.000 Jahren für ^{230}Th ermöglichen es rein physikalisch bis vor etwa 600 ka zu datieren (u.a. Edwards et al. 2003: 363; Stirling 2015: 138). Verschiedene, nicht quantifizierbare externe Einflüsse wie Uranmigrationen oder veränderte ^{234}U/^{238}U-Aktivitätsverhältnisse erlauben eine zuverlässige Datierung von Korallen lediglich bis vor etwa 130 bis 200 ka sowie von Tropfsteinen und Sinterkalken bis vor etwa 500 bis 600 ka.

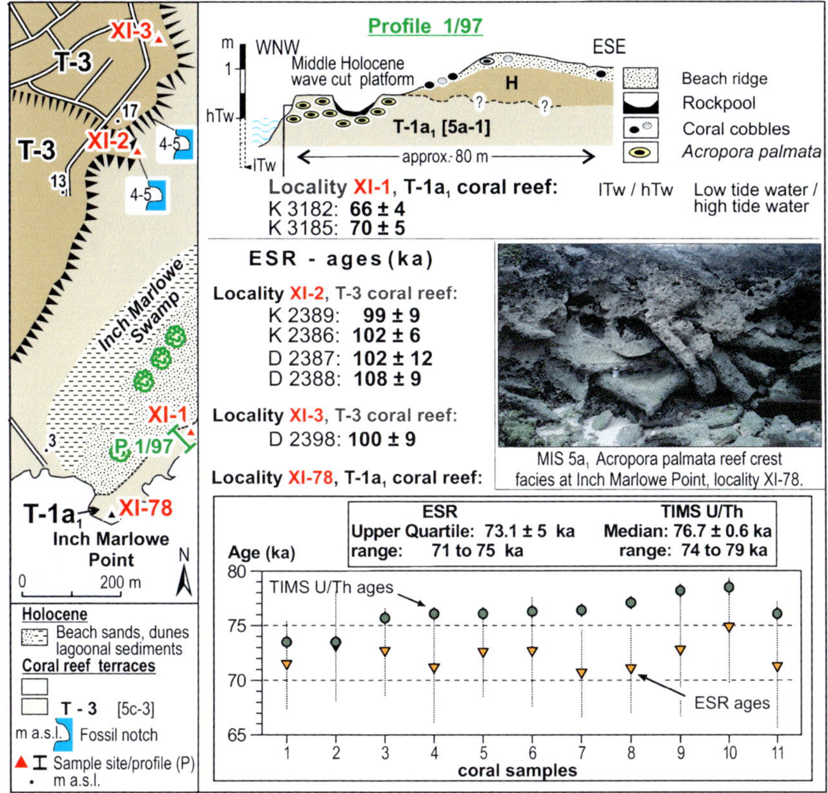

Abb. 1.2.13:
Korallenriffterassen aus dem MIS 5a und MIS 5c an der SE-Küste von Barbados.
Vergleich von parallelen TIMS ^{230}Th/^{234}U-und ESR-Datierungen an Steinkorallen aus einem *Acropora palmata*-Korallenstock der MIS 5a1-Terrasse (Maxwell Stufe) (Quelle: Schellmann & Radtke 2004a).

Obwohl dank der Massenspektrometrie der analytische **Fehler** von Uranreihen-Datierungen häufig unter 1% liegt, gibt es doch eine Reihe externer Einflüsse, die deren Ergebnisse deutlich beeinflussen können. Insbesondere Uran ist stark wasserlöslich, kann weg- und zugeführt werden. Solche Austauschprozesse sind physikalisch nur bedingt zu quantifizieren. Umkristallisationen von Aragonit zu Calzit (Korallen, Muschelschalen) können ebenfalls mit U-Verlagerungen verbunden sein.

Die Angaben über die Messgenauigkeiten, also der analytische Fehler, ist daher rein technischer Natur und wird nur unter sehr günstigen Voraussetzungen erreicht. In den meisten Fällen sind die Altersungenauigkeiten deutlich größer, wie das Beispiel in Abb. 1.2.13 verdeutlicht. Beim Inch Marlowe Point an der Südküste von Barbados wurden aus einem Korallenstock der Gattung *Acropora palmata* („Elchgeweihkoralle“) gleichalte Korallen parallel mit TIMS Th/U und ESR datiert. Anhand der Bandbreite der Einzeldatierungen zeigt sich bei beiden Methoden deren zeitliche Auflösungsqualität, nämlich auf etwa vier (ESR) bis fünf (Th/U) Jahrtausende genau. Das betrifft auch die TIMS Th/U-Daten, obwohl sie einen wesentlich kleineren analytischen Fehler besitzen als die ESR-Datierungen.

Zusammenfassend benötigen Th/U-Datierungen folgende Grundvoraussetzungen:

1. Die Probe ist ein geschlossenes System. U und Th wurden nachträglich weder der Probe zugeführt, noch aus der Probe weggeführt.
2. $^{230}Th_{initial}$ = 0. Zum Zeitpunkt der Mineralbildung (Aragonit, Calzit) war kein ^{230}Th in der Probe enthalten. Alle Veränderungen der Isotopengehalte beruhen auf radioaktiven Zerfällen.
3. Das initiale Aktivitätsverhältniss von $^{234}U/^{238}U$ lag bei der Entstehung der Probe in einer Größenordnung wie in rezenten Karbonaten.

1.2.2.4 Kalium/Argon ($^{40}K/^{40}Ar$, $^{40}Ar/^{39}Ar$)-Datierungsverfahren

Mit der Kalium/Argon-Altersbestimmungsmethode kann man die mehrere Milliarden Jahre alte Entstehung der Erde und des Sonnensystems datieren ($^{40}K/^{40}Ar$), aber auch das Alter holozäner Basalte ($^{40}Ar/^{39}Ar$). K/Ar-Datierungen zählen zu den radiometrischen Datierungsverfahren und beruhen auf dem radioaktiven Zerfall von ^{40}K zu ^{40}Ar (Abb. 1.2.14). Die Datierung stützt sich also auf der Bestimmung des instabilen Mutter-Isotops ^{40}K und des in einer Probe akkumulierten stabilen Tochter-Isotops ^{40}Ar.

Zur **K/Ar-Methode** gehören zwei Datierungstechniken: die konventionelle **$^{40}K/^{40}Ar$-Technik** und die **$^{40}Ar/^{39}Ar$-Technik**. Beide Techniken unterscheiden sich lediglich in der analytischen Bestimmung von ^{40}K und ^{40}Ar. Das physikalische Datierungsprinzip, der Isotopenzerfall des ^{40}K, ist dasselbe (Abb. 1.2.14).

Kalium ist das achthäufigste Element in der Erdkruste. Es ist in vielen gesteinsbildenden Mineralen wie K-Feldspäten (u.a. Sanidine), Amphibolen und Glimmern enthalten. Prinzi-

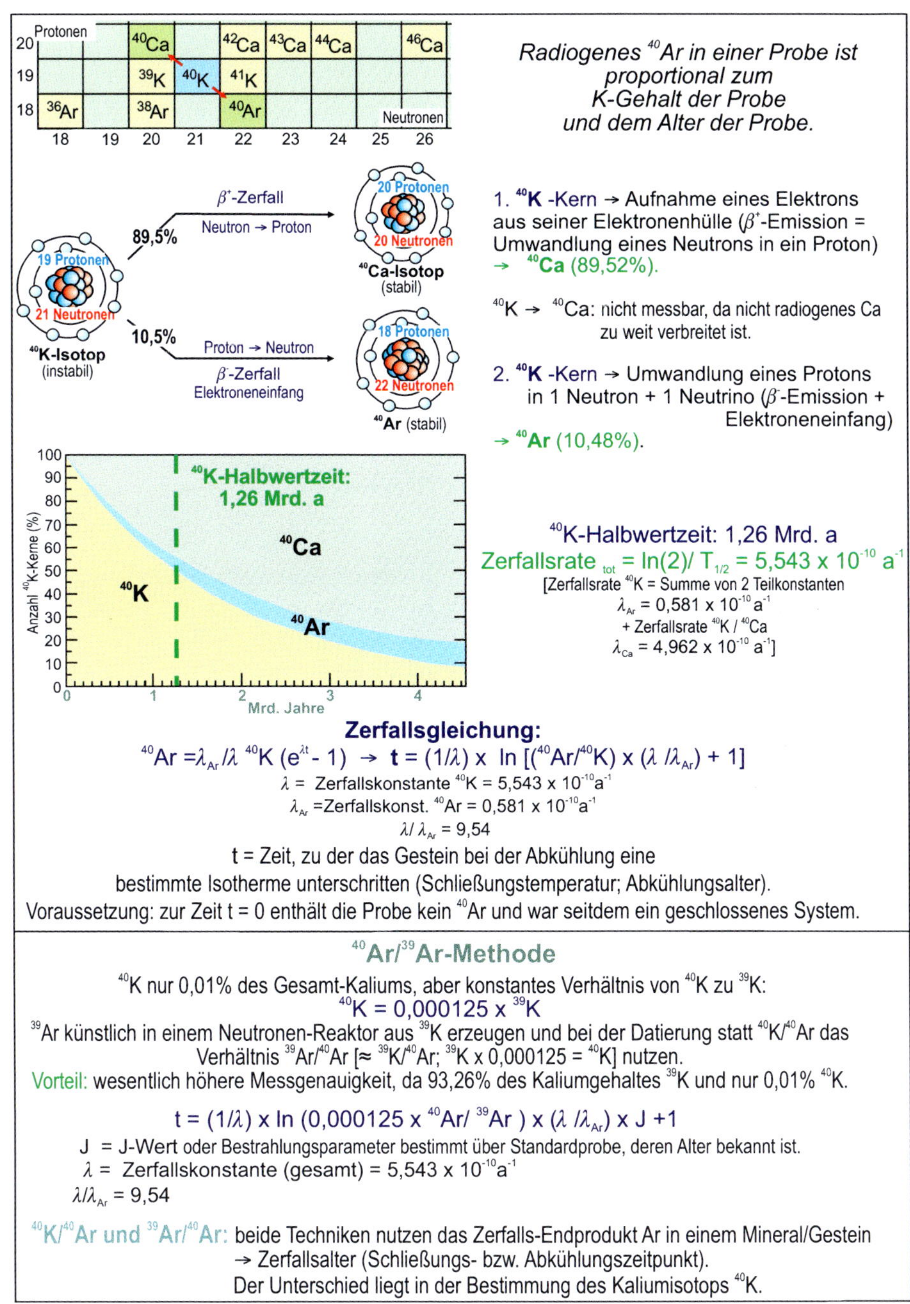

Abb. 1.2.14: Physikalische Grundlagen der K/Ar-Datierungsmethode.

piell sind auch viele K-führende Gesteine wie Basalte, Rhyolithe, Tuffe, Tephren, Meteorite, vulkanische Gläser datierbar.

Bei vulkanischen Gesteinen liefert die Methode das **Eruptionsalter**. Bei Plutoniten und Metamorphiten datiert sie das **Abkühlungsalter**, evtl. auch eine bestimmte, mineralabhängige Abkühlungstemperatur (**Thermo-Chronologie**), bei der die Ar-Entgasung unerheblich („geschlossen") wurde.

Kalium hat 3 Isotope (Abb.1.2.14): die beiden stabilen Isotope ^{39}K (93,25%) und ^{41}K (6,7%) sowie das instabile Isotop ^{40}K (0,01%). **^{40}K** (19 Protonen, 21 Neutronen) zerfällt zu 89,5% (alpha-Zerfall mit Umwandlung eines Neutrons in ein Proton) in ^{40}Ca (20 Protonen, 20 Neutronen) und zu 10,3% (Elektroneneinfang und Umwandlung eines Protons in ein Neutron) in **^{40}Ar** (18 Protonen, 22 Neutronen). Die Halbwertzeit ($t_{1/2}$) beträgt 1,25 Mrd. Jahre. Das Haupt-Zerfallsisotop ^{40}Ca ist zur Altersbestimmung nicht verwendbar, da nicht-radiogenes ^{40}Ca zu weit verbreitet ist.

Argon hat 3 stabile Isotope: ^{36}Ar (0,33%), ^{38}Ar (0,06%) und ^{40}Ar (99,60%) Etwa 99% des **^{40}Ar** stammen aus dem Zerfall von ^{40}K. Insofern ist radiogenes ^{40}Ar in einer Probe proportional zum K-Gehalt der Probe und zum Alter der Probe:

$$t = (1/\lambda) \ x \ \ln [(^{40}Ar/^{40}K) \ x \ (\lambda \ / \ \lambda_{Ar}) + 1]$$

λ = **Zerfallskonstante ^{40}K = 5,543 x $10^{-10}a^{-1}$**

λ_{Ar} = **Zerfallskonstante ^{40}Ar = 0,581 x $10^{-10}a^{-1}$**

t = Zeitpunkt, zu dem das Mineral bei der Abkühlung eine bestimmte Isotherme unterschritten hat (Schließungstemperatur; Abkühlungsalter).

Eine wichtige Voraussetzung ist, dass zum Zeitpunkt t = 0 die Probe kein ^{40}Ar enthielt und seitdem ein geschlossenes System war (Abb. 1.2.15). Das Entweichen von Argon bei Gesteinstemperaturen von >125°C führt häufig zu Altersverfälschungen in Form von Altersunterschätzungen.

Problematisch ist die genaue analytische Bestimmung von ^{40}K wegen der oft nur sehr geringen Gehalte. ^{40}K umfasst nur 0,01% des Gesamt-Kaliums. Zudem gibt es keine interne Kontrolle über eventuelle ^{40}Ar-Verluste (Diffusion) oder Gewinne in der Vergangenheit (z.B. durch Metamorphose). Daher wurde ab Mitte der 1960er Jahre die **$^{39}Ar/^{40}Ar$-Datierungstechnik** entwickelt. Dabei wird die Probe in einem Reaktor einem Beschuss mit schnellen Neutronen ausgesetzt, Dadurch wird das in der Probe enthaltene ^{39}K (19 Neutronen) durch Aufnahme eines Neutrons und Abgabe eines Protons sowie Energie in das künstliche und instabile Isotop ^{39}Ar (18 Neutronen; $t_{1/2}$ = 269

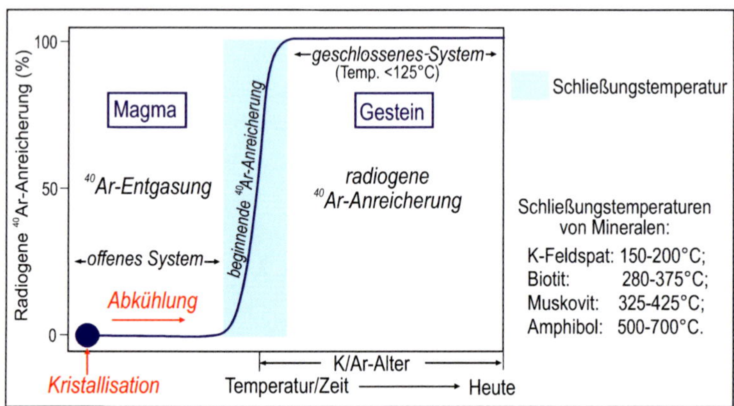

Abb. 1.2.15: ^{40}Ar-Gehalte bei der Kristallisation eines Magmas sowie Schließungstemperaturen wichtiger K-haltiger Minerale.

Jahre) umgewandelt. Die beiden Isotope ^{39}K und ^{40}K besitzen in der Natur ein konstantes Verhältnis von: $^{40}K = 0{,}000125 \times {}^{39}K$. Unter Berücksichtigung dieser Beziehung und des gemessenen Verhältnisses von $^{40}Ar/^{39}Ar$ [entspricht weitgehend $^{40}Ar/^{39}K$] kann das Alter der Probe bestimmt werden:

$$t = (1 / \lambda) \times \ln (0{,}000125 \times {}^{40}Ar/^{39}Ar) \times (\lambda / \lambda_{Ar}) \times J + 1$$

λ = Zerfallskonstante $^{40}K = 5{,}543 \times 10^{-10}a^{-1}$
λ_{Ar} =Zerfallskonstante $^{40}Ar = 0{,}581 \times 10^{-10}a^{-1}$

J = J-Wert oder Bestrahlungsparameter bei jeder Probe bestimmt mittels einer Standardprobe, deren Alter bekannt ist. Dies ist notwendig, da die Umwandlung von ^{39}K in ^{39}Ar unter anderem beeinflusst wird von der Stärke des Neutronenstroms, der Anzahl schneller Neutronen, der Dauer der Bestrahlung und dem K-Gehalt der Probe.

t = Zeitpunkt, zu dem das Mineral bei der Abkühlung eine bestimmte Isotherme unterschritten hat (Schließungstemperatur; Abkühlungsalter).

Bei der $^{40}Ar/^{39}Ar$-Technik repräsentiert ^{39}Ar letztlich das ^{39}K, und über das weitgehend konstante Isotopenverhältnis von ^{40}K und ^{39}K (multipliziert mit dem Reaktor-Faktor) kann ^{40}K berechnet werden. Zwar liegt eine potentielle Fehlerquelle darin, dass ^{39}Ar bei Neutronenbeschuss auch aus Ca entstehen kann, aber es überwiegt bei weitem der Vorteil einer wesentlich höheren Messgenauigkeit. Immerhin bestehen 93,26% des Kaliumgehaltes aus dem stabilen Isotop ^{39}K. Dadurch sind sogar Datierungen an Einzelkristallen möglich.

Zudem können beide Ar-Isotope in einem Massenspektrometer parallel gemessen werden. Dadurch besteht die Möglichkeit, in der Vergangenheit erfolgte ^{40}Ar-Verluste oder ^{40}Ar-Zufuhr zu erkennen. Dazu wird die Probe stufenweise erhitzt und bei jeder Erhitzungsstufe das schrittweise freigesetzte $^{40}Ar/^{39}Ar$-Verhältnis massenspektrometrisch bestimmt sowie das K/Ar-Alter berechnet. Bei fehlender ^{40}Ar-Mobilisierung bleibt das Verhältnis beider Isotope unverändert und die Alterswerte bilden ein „ungestörtes" **Plateaualter** (Abb. 1.2.16). Bei Ar-Verlusten oder Zuwanderungen kann über die Lage zum Plateaualter erkannt werden, ob diese Gasdiffusionen bei niedrigen oder höheren Temperaturen stattgefunden haben.

Zusammenfassung

Beide Datierungstechniken, die $^{40}K/^{40}Ar$- und deren Variante die $^{40}Ar/^{39}Ar$-Methode, benutzen das Zerfalls-Endprodukt ^{40}Ar in einem Mineral und datieren mittels Zerfallsgleichung den Abkühlungszeitpunkt, bei dem ein Entweichen von Ar aus dem Mineral beendet wurde. Der Unterschied liegt in der Bestimmung des instabilen Isotops ^{40}K. Bei der $^{40}K/^{40}Ar$-Datierungstechnik werden beide Isotope direkt bestimmt z.B. K mittels Flammenphotometer und ^{40}Ar via Massenspektrometer.

Bei der $^{40}Ar/^{39}Ar$-Datierungstechnik wird mittels Neutronenbeschuss (Reaktor) der Probe für einige Stunden das stabile Isotop ^{39}K in das künstliche und instabile Isotop ^{39}Ar umgewandelt. ^{39}Ar repräsentiert somit ^{39}K. ^{39}K kann über das weitgehend konstante Isotopenverhältnis von ^{40}K zu ^{39}K (= 0,000125) multipliziert mit einem individuellen Reaktor-

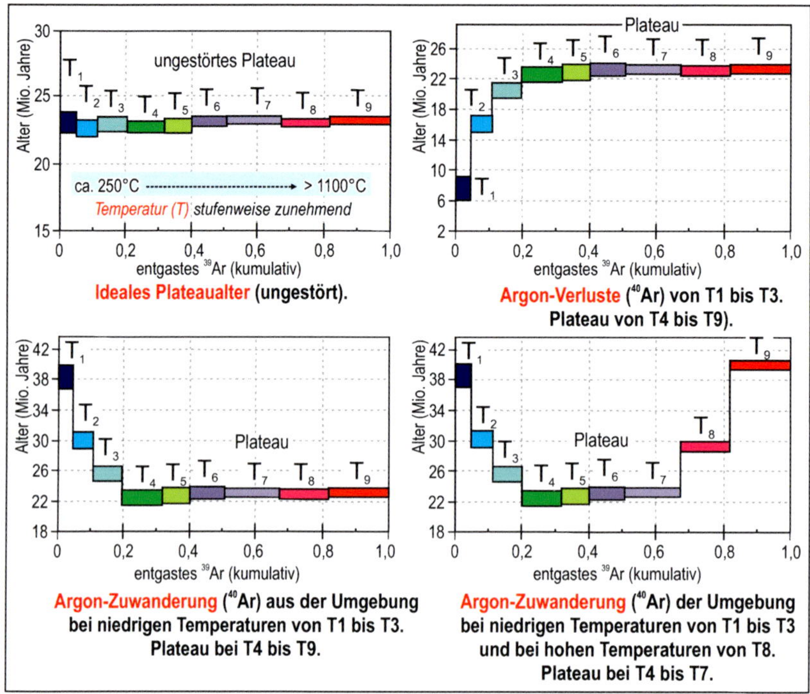

Abb. 1.2.16: Vier Beispiele für die mögliche Interpretation von $^{40}Ar/^{39}Ar$-Altern unterschiedlicher Erhitzungsstufen T_1 bis T_9 je nach der Argon-Vorgeschichte (Quelle: LEE 2015).

Faktor in ^{40}K umgerechnet und zur radiogenen Altersdatierung $^{40}K/^{40}Ar$ verwendet werden. Ein großer Vorteil ist, dass beide, ^{39}Ar und ^{40}Ar, parallel massenspektrometrisch bestimmt werden können. Dadurch kann über Erhitzungsverfahren der Probe (mehrere Stufen, Lasereinsatz möglich) das temperaturabhängige Diffusionsverhalten von $^{40}Ar/^{39}Ar$ gemessen und Plateaualter rekonstruiert werden (Abb. 1.2.16). Plateaualter werden als mit höherer Wahrscheinlichkeit zutreffende Alter angesehen.

Exkurs 4: *Südpatagonien – Talgeschichte des Río Santa Cruz und unterpliozäne Vorlandvergletscherung der Südanden rekonstruiert mittels $^{40}K/^{40}Ar$- und $^{40}Ar/^{39}Ar$-Datierungen an Basalten*

Eine physisch-geographische Besonderheit Südpatagoniens liegt darin, dass aus den gemäßigten Breiten auf der Erde bisher nur aus diesem Raum Hinweise auf jungtertiäre Eiszeiten mit ausgedehnten Vorlandvergletscherungen bekannt sind. Dabei entstand das heutige Landschaftsbild des südlichen Ostpatagonien weitgehend erst nach Ablagerung der überwiegend feinklastischen Molassesedimente der „Santa Cruz Formation“ im mittleren Miozän (Tab. 1.2.4).

Wichtige Zeitmarken für die Relief- und Vergletscherungsgeschichte Ostpatagoniens liefern die weit verbreiteten obermiozänen und pliozänen Basaltplateaus. Im Bereich des oberen Río Santa Cruz-Tales entstanden die ausgedehnten Basaltdecken nach K/Ar-Datierungen (MERCER 1976; SCHELLMANN 1998, ders. 2000) und $^{40}Ar/^{39}Ar$-Datierungen (CLAGUE

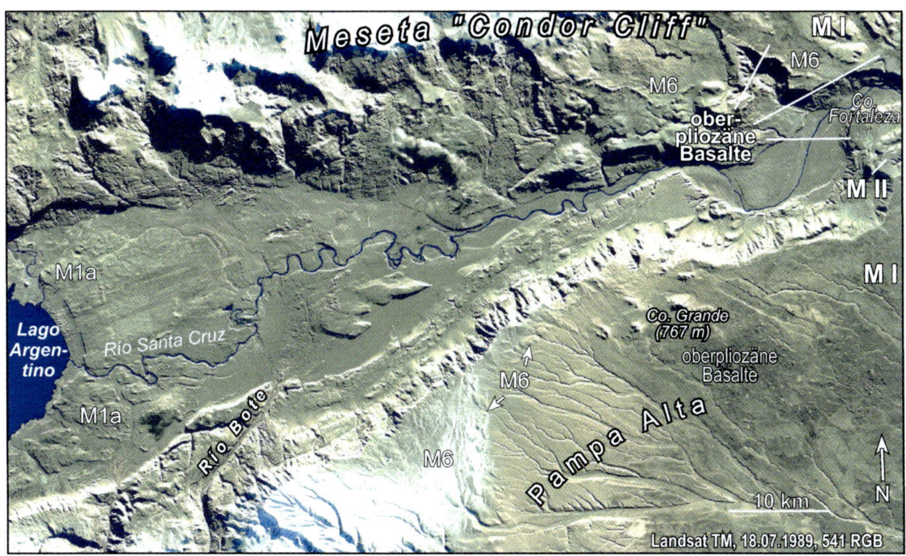

Bild 1.2.1: Das obere Río Santa Cruztal vom Lago Argentino bis zur Talenge von Fortaleza im Satelitenbild. M1a = letztglazialer Endmoränenkranz, M6 = älteste quartäre Seiten-/Endmoränen. MI, MII = Meseta Hochflächen bedeckt von patagonischen Geröllen (*Rodados patagónicos*).

et al. 2020) weitgehend vor etwa 2,3 bis 3,6 Mio. Jahren, also im Oberpliozän. Sie bilden vor allem auf der nördlichen Talseite eine markante geochronologische Leitlinie (Abb. 1.2.17, Bild 1.2.1).

Am Cóndor Cliff überlagern die oberpliozänen Basalte Moränenablagerungen einer extremen Vorlandvergletscherung, die mindestens soweit nach Osten reichte wie die maximale altpleistozäne M6-Vorlandvergletscherung (Bild 1.2.2, Tab. 1.2.4; Abb. 1.2.18). Die K/Ar-Datierung der Basaltbasis ergaben ein Alter von 3,46 ± 0,39 Mio. Jahre (Schellmann 1998b). In der Nachbarschaft ergaben zwei K/Ar-Datierungen etwa in der Mitte der Basaltdecke Alter von 2,66 ± 0,15 Mio. Jahre und 2,73 ± 0,06 Mio. Jahre (Mercer 1976). Die Toplage der Basalte besitzt in einem einmündenden, lavagefüllten Seitental ein K/Ar-Alter von 2,5 ± 0,6 Mio. Jahren (Schellmann 1998). Ähnliche Alter allerdings mit deutlich geringerem Konfidenzintervall ergaben neue $^{40}Ar/^{39}Ar$-Datierungen von Claque et al. (2020: Fig. 7) aus derselben Basaltdecke einige hundert Meter talaufwärts: Toplage 2,71 ± 0,07 Mio. Jahre; 10 m tiefer nahe der Basis ein Alter von 3,25 ± 0,08 Mio. Jahre.

Bild 1.2.2:
Pliozäne Basaltdecke unterlagert von blockreicher Grundmoräne im Santa Cruz-Tal an der Talenge von Fortaleza (*Ea. Cóndor Cliff*).

Die oberpliozänen Basaltdecken liegen an der Talenge von Fortaleza mit ihrer Basis nur etwa 110 m über dem heutigen Talboden (Abb. 1.2.18). Eine K/Ar-Datierung

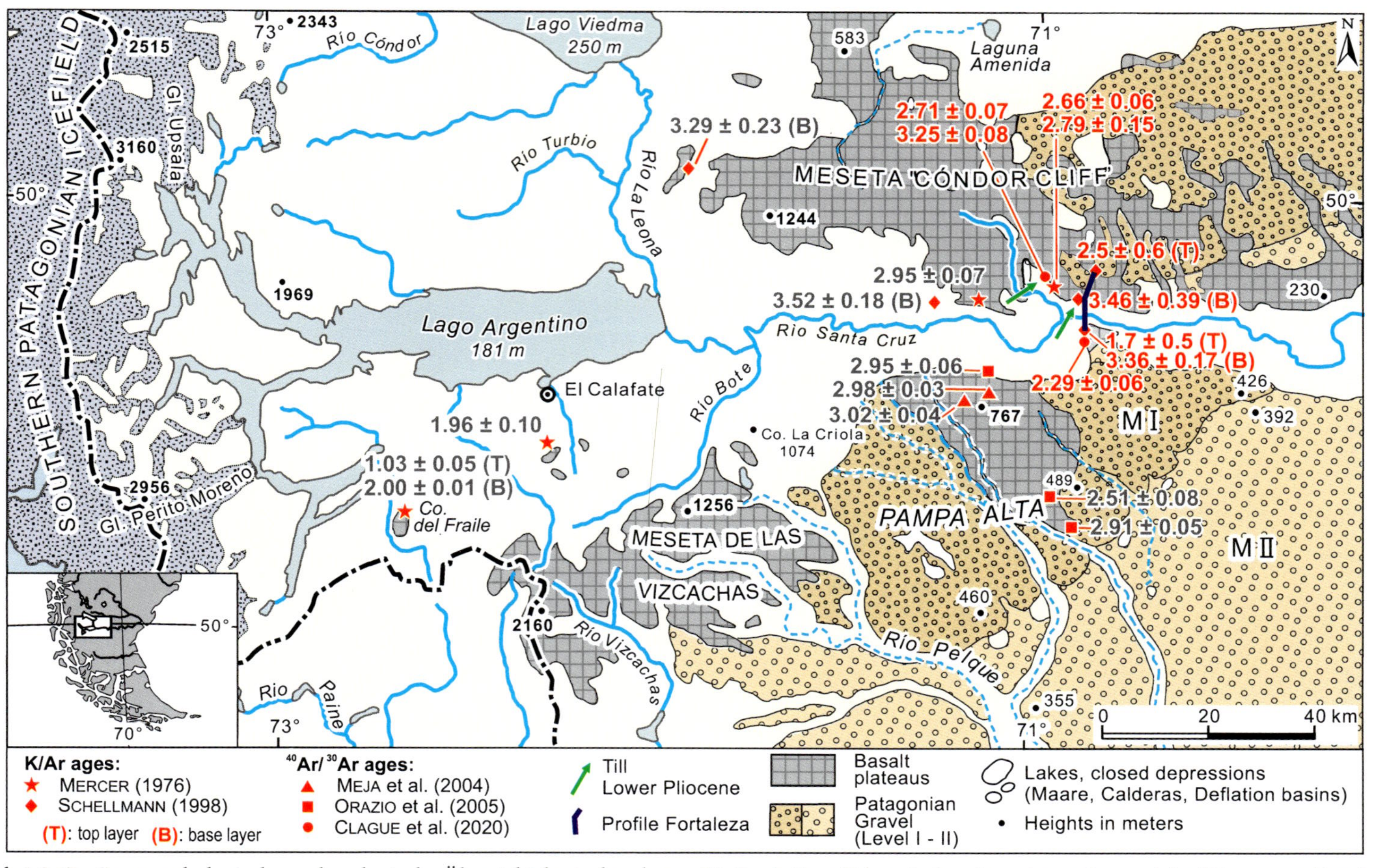

Abb.1.2.17: Geomorphologische und geologische Übersichtskarte des oberen Río Santa Cruz-Tals zwischen Lago Argentino und der Talenge von Fortaleza (Quelle: Schellmann 1998b ergänzt).

von der Basis der Basalte ergab ein Alter von 3,36 ± 0,17 Mio. Jahren (Schellmann 1998b), eine ^{40}Ar/^{39}Ar-Datierung im tieferen Bereich der Basalte ein Alter von 2,29 ± 0,06 Mio. Jahre (Clague et al. 2020: Fig. 7). Eine K/Ar-Datierung von der Toplage der Basalte ergab ein Alter von 1,7 ± 0,5 Mio. Jahren, wobei das Alter wahrscheinlich wegen Argonverlusten zu jung sein dürfte (Schellmann 1998b). Insgesamt ist damit belegt, dass das Tal des Río Santa Cruz schon vor etwa 3,4 Mio. Jahren bis auf etwa 110 m Höhe über dem heutigen Talboden eingetieft war (Schellmann 2000a).

Die oberpliozänen Basaltdecken liegen im Tal des Río Santa Cruz deutlich tiefer als die umgebenden, von patagonischen Geröllen bedeckten Hochflächen der Meseta I und Meseta II (Abb 1.2.18, Abb. 1.2.19; Bild 1.2.3). Landschaftsgeschichtlich neu war der Befund, dass diese auf den umgebenden Meseten (Meseta I und II) in mehreren Metern Mächtigkeit erhaltenen patagonischen Gerölle („*Rodados Patagónicos*“) bereits vor dem Oberpliozän, wahrscheinlich im Obermiozän bis zum

Tab. 1.2.4:
Stratigraphische Übersicht zur Landschaftsgeschichte des oberen Río Santa Cruz-Tals (Quelle: Schellmann 1998b).

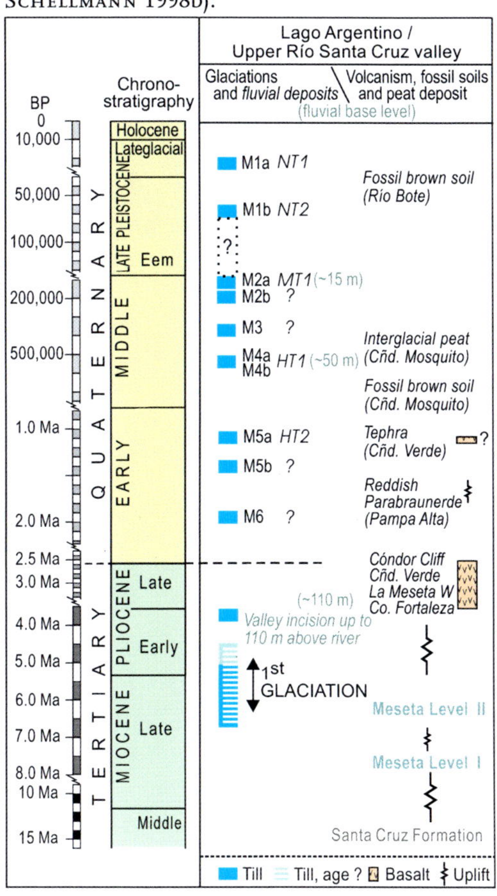

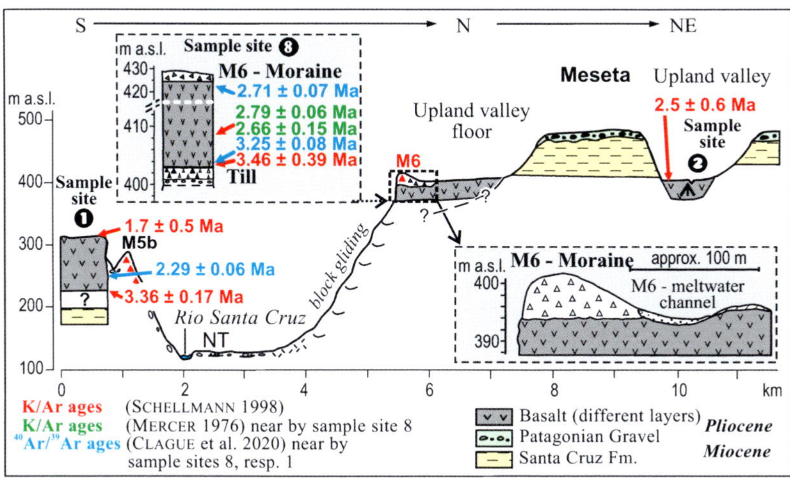

Abb. 1.2.18:
Alter der Basalte beiderseits der Talenge von *Fortaleza*.
Die ^{40}K/^{40}Ar-Alter der Basalte stammen von Mercer (1976) und Schellmann (1998b), die ^{40}Ar/^{39}Ar-Alter von Clague et al. (2020).

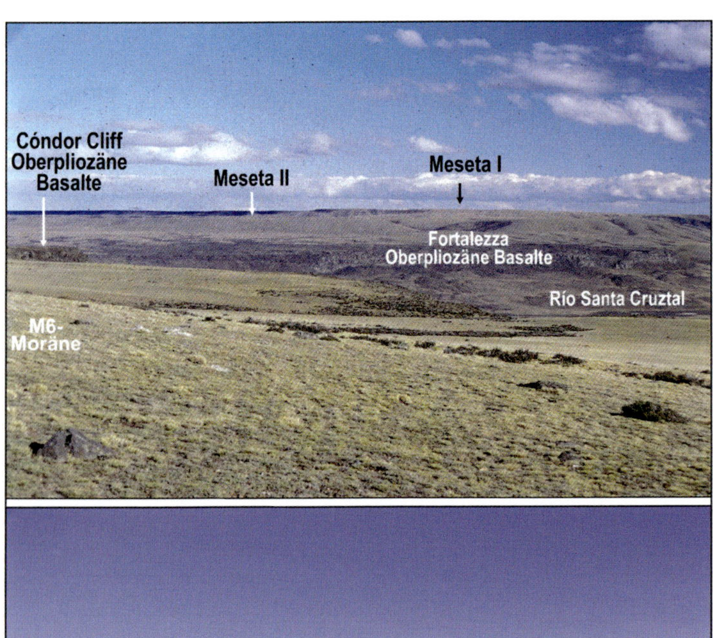

Bild 1.2.3:
Blick nach Süden über die Talenge von Fortaleza. Im Vordergrund die älteste quartäre M6-Moräne, die auf den oberpliozänen Basalten vom Cóndor Cliff liegt. Jenseits des Río Santa Cruztals die oberpliozänen Fortaleza-Basalte und zwei Niveaus höher die von patagonischen Geröllen (*Rodados patagónicos*) bedeckten Hochflächen der Meseta II und Meseta I (*„Pampa Alta“*).

frühen Unterpliozän von Schmelzwässern einer ersten Vergletscherung der Südanden und Teilen der östlich angrenzenden subandinen Sierren abgelagert wurden (Tab. 1.2.4). Ihre Kiese und kopfgroßen Gerölle belegen das Vorhandensein einer deutlichen Reliefenergie zwischen Südanden und östlichem Vorland.

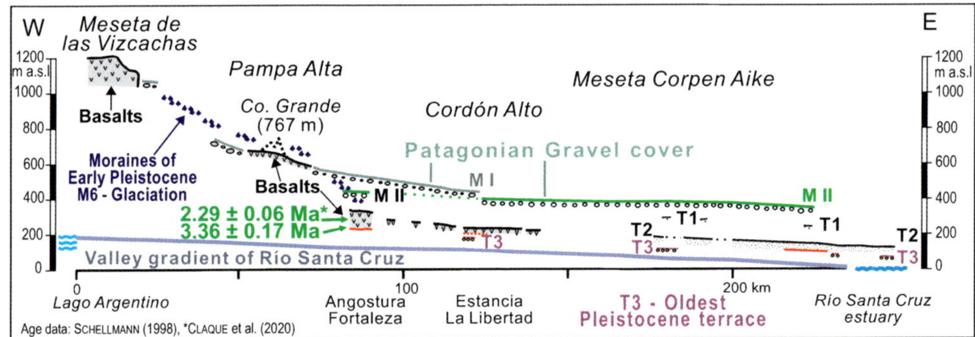

Abb. 1.2.19: Längsschnitt des Río Santa Cruz-Tals mit Lage der oberpliozänen Basalte (Quelle: SCHELLMANN 2000a).

Anschließend erfolgte noch vor dem Oberpliozän die Heraushebung des ostpatagonischen Tafellandes fast bis zur heutigen Höhenlage und die starke Einschneidung größerer Täler wie das Tal des Río Santa Cruz vor etwa 3,5 Mio. Jahren bis auf ca. 110 m Höhe über dem heutigen Talboden. Die bisher vorliegenden K/Ar-Datierungen von Mercer (1976) und Schellmann (1998b) stimmen sehr gut überein mit den neuen $^{40}Ar/^{39}Ar$-Datierungen von Clague et al. (2020).

1.2.2.5 Strahlungsinduzierte dosimetrische Datierungsverfahren

Strahlungsinduzierte dosimetrische Datierungsverfahren basieren auf einer mit wachsendem Alter zunehmenden Strahlungsschädigung von natürlichen Mineralen. Natürliche Strahlenquellen sind die kosmische Partikelstrahlung und die geogene radioaktive Strahlung vor allem durch Zerfall von instabilen Isotopen im Mineral bzw. Sediment. Dazu zählen vor allem instabile Istope der ^{235}U-, ^{238}U- und ^{232}Th-Zerfallsreihen sowie ^{40}K und in geringem Maße ^{87}Rb.

Die Intensität der Strahlenschädigung ist ein Maß für die natürliche Strahlendosis, die ein Mineral seit seiner Bildung (ESR) oder der letzten Nullstellung (Erhitzung oder Belichtung, Lumineszenz) seines Systems erhalten hat. Eine Nullstellung des „ESR-/Lumineszenz-Dosimeters“ ist möglich durch Neu-/Um-Kristallisation des Minerals, durch extremen Druck (Verwerfungsflächen), durch Erhitzen auf mindestens 200 bis 300°C und bei der optisch stimulierten Lumineszenz (OSL, IRSL) durch Belichtung (***bleaching***) des Mineralkorns.

Das **Datierungsprinzip** basiert also darauf, dass viele natürliche Minerale wie Quarze, Feldspäte, Aragonite und Calcite quasi als Dosimeter fungieren und die Energie natürlich vorkommender kosmischer und radioaktiver Strahlung über geologische Zeiträume speichern können (= gespeicherte Dosis oder Paläodosis oder ***equivalent dose*** D_E in Gy).

Durch die natürliche geogene und kosmogene Strahlungsbelastung erfahren Minerale Defekte im atomaren Gitterbau (Abb. 1.2.20). Dort können Ladungen (ungepaarte Elektronen, freie Radikale) einfangen werden. Natürliche Strahlenquellen sind die kosmogene Partikelstrahlung und die geogene radioaktive Strahlung, die vor allem beim Uran-, Thorium- und Kalium-Zerfall freigesetzt wird. Dabei ist die Intensität der Strahlenschädigung ein Maß für die natürliche Strahlendosis, die ein Mineral bzw. Fossil seit seiner Bildung oder der letzten Nullstellung erhalten hat.

Die **natürliche Strahlungsbelastung** besteht vor allem aus:

a) der internen Strahlung im Mineral bzw. im Fossil selbst (D'int, interne Dosisrate; im wesentlichen Uran und Tochterprodukte);
b) der Umgebungsstrahlung (D'ext, externe Dosisrate; vor allem Uran, Thorium, Kalium und ihre Zerfallsglieder) sowie
c) der kosmischen Strahlung (D'cos, kosmogene Dosisrate).

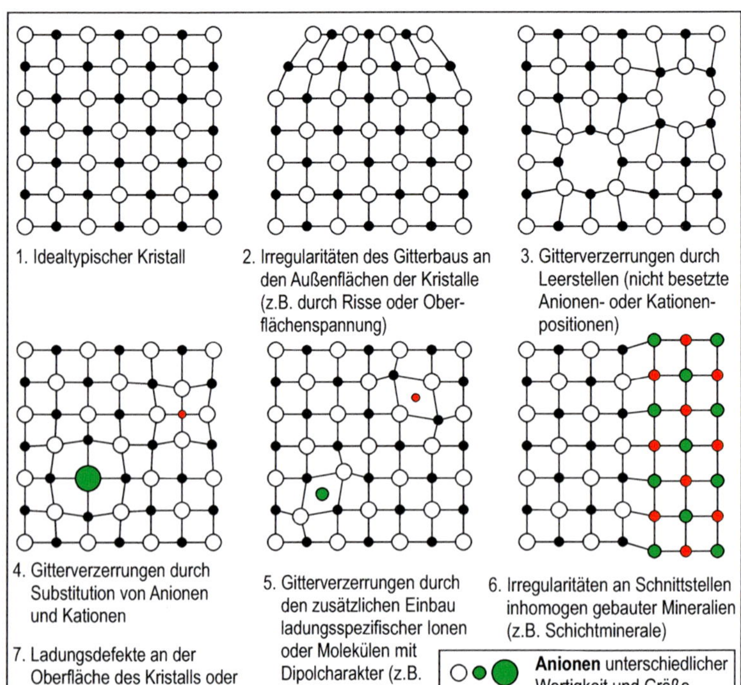

Abb. 1.2.20: Häufig auftretende Fehlstellentypen (positive und negative Potentialmulden) im Kristallgitter von Mineralen (verändert und ergänzt nach Leverenz 1968 aus Janotta 1991).

Beim Durchdringen von Strahlung durch Materie kommt es durch Energieabsorption zu deren Abschwächung (u.a. Grün 1989). Das ist bei der Altersberechnung zu berücksichtigen. Dabei durchdringen α-Teilchen in Form von Tunneln mit hoher Ionisierungsrate nur die äußeren 20 µm. Durch Abätzen kann diese äußere Randschicht oft entfernt werden. Ansonsten muss die α–Effektivität (k-Wert), bestimmbar mittels eines mono-energetischen Alpha-Strahlers (^{241}Am-Quelle), in die Altersberechnung einbezogen werden.

Durch Bestimmung der **aktuellen natürlichen Dosisleistung D'** (Gy/a) am Fundort des Minerals, der Keramik oder des Fossils können unter der Annahme ähnlicher Strahlenbelastungen in der Vergangenheit (aktualistisches Prinzip) deren Einwirkungsdauer (t, Zeitdauer) und damit das Bildungs- oder Ablagerungsalter des Minerals (Nullstellung) bestimmt werden: $t = D_E/D'$.

Insofern besteht die Datierungsroutine aus zwei Teilen: der Bestimmung **der gespeicherten Dosisleistung D_E** und der natürlichen, heute und in der Vergangenheit wirksamen Dosisrate D'.

Die Messung der im Mineral gespeicherten Strahlungsschädigung geschieht via Elektronen-Spin-Resonanz-Messungen (ESR) bestimmter strahlungssensitiver **paramagnetischer Zentren** im Mineral und bei **Lumineszenzzentren** vor allem mittels thermisch (TL), optisch (OSL) oder infrarot stimulierten (IRSL) Lumineszenzverfahren.

Das **Alter** der Bildung oder der letzten Nullstellung eines Minerals berechnet sich durch Division der im Mineral gespeicherte Strahlungsdosis D_E (rekonstruiert über TL-, OSL-, IRSL- oder ESR-Messverfahren) mit der Strahlenbelastung pro Zeit D' (Strahlungsdosisrate = Strahlungsdosis/Jahr): Alter [Jahr] = Paläodosis D_E [Gy] / Dosisleistung D' [Gy/Jahr].

Bestimmung der gespeicherten Strahlendosis D_E

Fehlstellen (Punktdefekte, ***traps***) mit paramagnetischen und/oder Lumineszenz-Eigenschaften entstehen in Kristallen zum Beispiel durch Irregularitäten im Gitterbau (Abb. 1.2.20), durch Gitterfehlstellen, durch Einbau von Fremdionen oder -molekülen, durch Zwischengitteratome oder -moleküle (z.B. Kristallwasser) oder durch radioaktive Bestrahlung (radiogene Gitterdefekte. Bei Aktivierung durch kosmische und radioaktive Strahlungsenergie können so kurzzeitig Elektronen vom Valenzband (*valence band*) auf ein höher-energetisches Leitungsband (*conduction band*) bewegt werden, von wo sie normalerweise schnell rekombinieren und auf das Valenzband zurückfallen (Abb. 1.2.21). Sie können aber auch von **Fehlstellen** (***traps***) mit positivem Ladungsüberschuss eingefangen werden. Bei energetischer Stimulation (u.a. kosmische, radioaktive, thermische, optische Energien) können neue Traps entstehen und vorhandene Traps gefüllt und/oder geleert werden. Die Anzahl der mit Elektronen/Radikalen gefüllten Traps (*trapped charges*) nimmt also mit der Zeit und mit der Strahlenbelastung (Dosisleistung) bis zum Erreichen einer Sättigung (*saturation*) exponentiell zu.

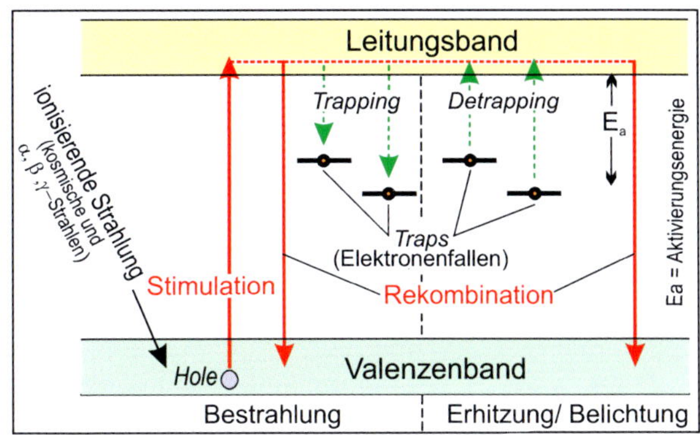

Abb. 1.2.21:
„Energieband-Modell" zur Füllung und Leerung von *Traps* (Fehlstellen mit positivem Ladungsüberschuss), die im instabilen Raum zwischen Valenz- und Leitungsband vorhanden sind.

In einem starken äußeren Magnetfeld können Elektronen und freie Radikale bei bestimmten magnetischen Feldstärken Mikrowellenenergie absorbieren, was über ESR messbar ist, ohne dass die Traps entleert werden. Die Defekte werden also nicht getilgt und können wiederholt gemessen werden. Erst bei Zufuhr thermischer oder optischer Energien können Traps unter Emission von Lumineszenz (Photonenenergie) entleert werden bis zur Nullstellung des Lumineszenzsignals. Diese Photonen-Emissionen beim Übergang in den Grundzustand (Valenzband) können mittels Lumineszenzverfahren gemessen werden. Die Art der Stimulation kann thermisch (TL) oder optisch (OSL) sein. Die häufigste OSL-Stimulation sind blaues Licht bei Quarzen (BSL) oder infrarote Wellenlängen bei Feldspäten (IRSL). Die emittierten Wellenlängen sind von der Art des Lumineszenzzentrums abhängig.

Die Amplitude des ESR-Datierungssignals (= Intensität der Mikrowellenabsorption) und die Intensität der Lumineszenz-Emissionen ist bis zum Erreichen von Sättigungseffekten proportional zur Anzahl der transferierten Traps bzw. paramagnetischen Zentren (= Konzentration von *„trapped charges“*). Sie ist abhängig von der Dosisleistung der ionisierenden Strahlung (= kosmische und radioaktive Strahlung).

Die **gespeicherte Strahlendosis D_E** (*equivalent dose;* Paläodosis, *paleodose*) kann bei der ESR nur additiv, bei Lumineszenztechniken aber regenerativ und additiv bestimmt werden (Abb. 1.2.22). Die D_E (Gy) wird bei einer **additiven Dosis-Wirkungskurve** (*additive dose method*) durch Extrapolation der Wachstumskurve des ESR- oder Lumineszenssignals als eine Funktion künstlicher Bestrahlung (Gamma-Strahlung bei ESR; Beta-Strahlung bei Lumineszenz) von einer Anzahl von Aliquots der Probe *(ESR* häufig *a multiple aliquots method)* im Labor bestimmt.

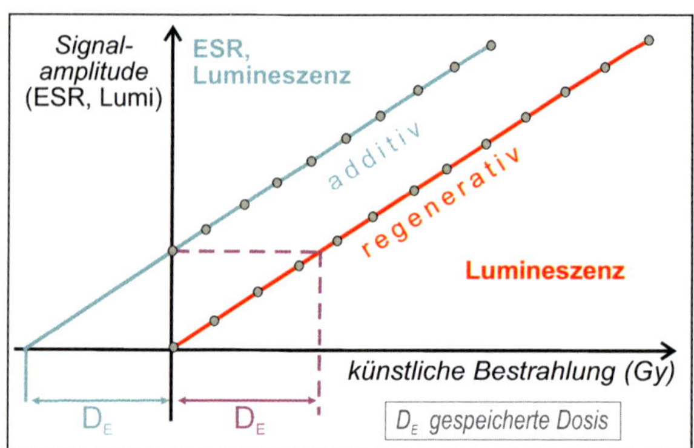

Abb. 1.2.22:
Vereinfachtes Schema der additiven und regenerativen Technik zur Bestimmung der gespeicherte Strahlendosis D_E (*equivalent dose*).

Bei der ESR-Datierung von Korallen, Muschel- und Schneckenschalen sollte man mindestens 20 Aliquots zur Erstellung der additiven Aufbaukurve verwenden und die D_E über ein *D_E D_{MAX} Plot Procedure* (DDP)-Verfahren bestimmen (SCHELLMANN & RADTKE 1999; SCHELLMANN & RADTKE 2001; SCHELLMANN & RADTKE 2015).

Bei Lumineszenzverfahren bleibt das Zentrum nach der Entleerung erhalten. Daher kann die D_E nicht nur über viele Aliquots (*multiple aliquot approach*), sondern auch regenerativ an einem Aliquot (*single aliquot approach*) oder einem Sedimentkorn (*single grain approach*) bestimmt werden. Dabei wird die **regenerative Dosis-Wirkungskurve** (*regeneration method*) über Interpolation und Messung der künstlichen Strahlendosis bestimmt (Abb. 1.2.22), die dasselbe Lumineszenzsignal erzeugt, wie es die natürliche Probe besitzt.

Seit den später 1990er Jahren dominiert das *single-aliquot regenerativ-dose (SAR)* Verfahren (Protokoll) bei Lumineszenzdatierungen. Regenerative Dosis-Wirkungskurven bieten den Vorteil, dass zusätzlich zur Bestrahlung vor der Messung oder in einer Mess-Sequenz verschiedene thermische und/oder optische Behandlungsschritte erfolgen können, um „instabile“ Traps zu entleeren. Insbesondere Feldspäte neigen durch Entleerung solcher instabiler Traps im Laufe der Zeit zu Signalverlusten ohne Erhitzung oder Belichtung (*anomalous fading*), was zu junge Alterswerte erzeugt. Insofern gibt es bei Lumineszenzdatierungen verschiedene Techniken zur Bestimmung der gespeicherten Paläodosis.

Bestimmung der natürlichen Dosisleistung D‘

Die **natürliche Dosisleistung D’** (mGy/a)am Fundort des Minerals oder Fossils (***external dose rate***) erfolgt entweder im Gelände mit Hilfe eines tragbaren Gamma-Spektrometers oder gamma-spetrometrisch im Labor, oder über die analytische Bestimmung (meist via ICP-MS) der wichtigsten radioaktiven Elemente U, Th und K. Die **kosmische Dosisrate** (mGy/ka) wird meist von Prescott & Hutton (1994; dies. 1988) übernommen.

Bei Muschel- und Schneckenschalen oder Zähnen kommt zusätzlich auch die Dosisleistung in den Fossilien (***internal dose rate***) hinzu. Dabei ist es für die Datierungsergebnisse oft nicht unerheblich, ob diese interne Dosisleistung durch Aufnahme radioaktiver Elemente (in der Regel U) sehr früh nach dem Absterben erfolgte (***early uptake model***) oder allmählich im Laufe der Zeit ***(linear uptake model)***.

Anders als bei Steinkorallen nehmen Muschelschalen Uran vor allem erst nach dem Absterben in die Schale auf. Das hängt wahrscheinlich mit der Zersetzung des organischen Materials zusammen (u.a. Ku 1976). Das würde erklären, warum die Urangehalte rezenter Muschelschalen in der Regel extrem niedrig, an der patagonischen Atlantikküste bei 0,1 bis 0,2 ppm liegen (Abb. 1.2.23). Der maximale bisher bekannte Urangehalt einer rezenten Muschelschale an der patagonischen Atlantikküste erreichte nur 0,7 ppm. Erst in den mehr als 2.500 Jahre alten Muschelschalen treten dort vereinzelt deutlich höhere Gehalte von weit über 2 ppm Uran auf. Sie erreichen bereits Größenordnungen, wie sie in pleistozänen Muschelschalen häufig vorkommen. Das weist daraufhin, dass Muschelschalen vor allem in den ersten 2500 Jahren nach ihrem Tode Uran in ihre Schale einbauen. Anschließend scheint dieser Prozess sich stark abzuschwächen. Ein solcher, um wenige Jahrtausende verzögerter *post mortem* Uraneinbau ist bei der Berechnung von ESR-Altern pleistozäner Muschelschalen vernachlässigbar. Bei holozänen Muschelschalen ist er von Bedeutung, vor allem, wenn deren Urangehalte über 0,5 ppm liegen.

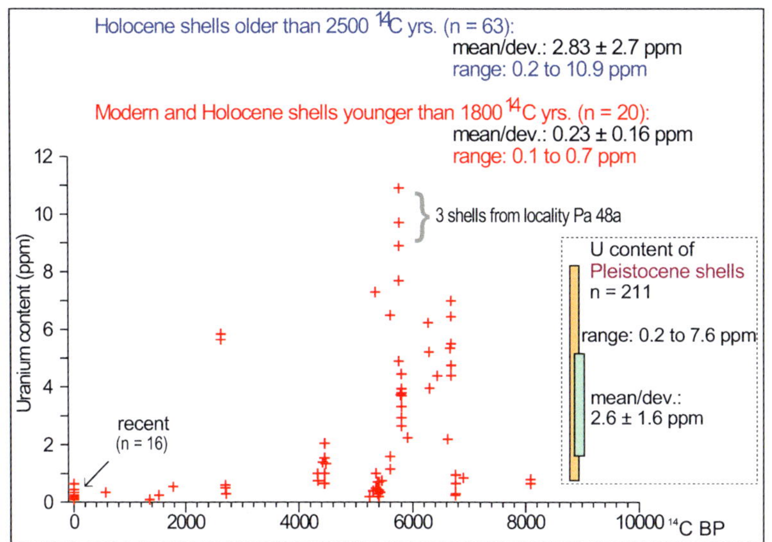

Abb. 1.2.23: Urangehalte (ppm) rezenter, holozäner und pleistozäner Muschelschalen an der patagonischen Atlantikküste (wenig verändert nach Schellmann et al. 2008).

Da der exakte Verlauf des ***post-mortalen*** Uraneinbaus nicht rekonstruierbar ist, liegt deren ESR-Alter zwischen einem Alter, das nach einem linearen Uranaufnahmemodell („**linear U-uptake model**") berechnet wurde und einem Alter, das nach der Annahme einer sehr frühen Uranaufnahme („**early U-uptake model**") unmittelbar mit dem Absterben der Muschel bestimmt wurde. Eine ausführliche Diskussion verschiedener Modelle der Uran-Aufnahme geben Jonas (1997: 968) und Rink (1997: 977ff.).

Für die ESR-Datierung jungholozäner Muschelschalen mit Urangehalten von über 0,5 ppm dürfte eine Altersberechnung nach dem linearen Uranaufnahmemodell am ehesten zutreffen. Je nach Anteil der internen Dosisrate an der Gesamtdosisrate können die Altersunterschiede zwischen beiden Modellen bei hohen Urangehalten von über 5 ppm bis zu 1000 Jahre und mehr betragen. Bei Urangehalten von unter 0.6 ppm ergeben sich dagegen in der Regel zwischen beiden extremen Modellansätzen übereinstimmende ESR-Alter. Je höher die interne Dosisleistung ist, desto größer sind Altersunterschiede zwischen solchen Modellaltern. Altersberechnungen unter Annahme einer frühen Aufnahme radioaktiver Elemente führen zu jüngeren Altern und umgekehrt.

Photonen-Lumineszenz (OSL, IRSL) und Thermo-Lumineszenz (TL)

Das Phänomen der Lumineszenz beschreibt eine Leuchterscheinung (Aussendung von Photonen) als Folge von Strahlenschädigungen im atomaren Gitterbau von Mineralen (Feldspäte, Quarze, Zirkone, Calcite), durch ionisierende (kosmische und radioaktive) Strahlung. Unter **Thermo-Lumineszenz** (**TL**) versteht man die thermisch, bei Temperaturen von bis zu 450°C bis 700°C emittierte Lumineszenz. Die Photonen-Lumineszenz umfasst die durch sichtbares Licht, also optisch stimulierte Lumineszenz (**OSL**) und die durch Infrarotstrahlung stimulierte Lumineszenz (**IRSL, IR-OSL**). Letztere wird an K-Feldspäten angewandt. Bei den OSL-Verfahren verwendet man als Stimulationsmedium grünes Licht (**GSL**) bei Feldspäten und Quarzen, blaues Licht (**BSL**) an Quarzen und rotes Licht (**RSL**) an vulkanischen Feldspäten und Quarzen. In Erprobung ist noch die Radio-Lumineszenz (**RL**) bzw. Radio-Fluoreszenz (**RF**), bei der radioaktive oder Röntgen-Strahlung Lumineszenz- bzw. Fluoreszenz-Emissionen auslösen.

Lumineszenz-Datierungen werden im Labor an mechanisch isolierten Mineralkörnern durchgeführt. Je nach verwendeter Korngröße unterscheidet man die Feinkorn- (4 bis 10 µm) und die Grobkornmethode (100 bis 200 µm). Dabei sind Quarze und kaliumreiche Feldspäte gut geeignet für TL, OSL und IRSL sowie K-Feldspäte für TL. Feldspäte besitzen eine höhere Sättigungsdosis als Quarze. Allerdings kann ihr Lumineszenz-Signal durch sog. ***„anomalous fading"*** reduziert sein und damit zu junge Alter verursachen.

Mit den Lumineszenz-Methoden wird der Zeitpunkt der letzten Nullstellung des natürlichen Lumineszenzsignals bestimmt. Bei Sedimenten ist das der Zeitpunkt der Ablagerung mit Bleichung (= Belichtung, ***bleaching***) des Lumineszenzsignals, bei Keramik der Zeitpunkt des Brennens. Das OSL-Signal ist lichtempfindlicher als das TL-Signal. Bei Exposition zum Tageslicht erfolgt die Bleichung des OSL-Signals innerhalb weniger Minuten, die des TL-Signals dagegen erst innerhalb einiger Stunden.

Die Lumineszenz-Datierung ist heute für viele jungquartäre Sedimentarchive im terrestrischen und zum Teil auch im fluvialen und litoralen Milieu zu einer wichtigen Methode der Altersbestimmung geworden. Methoden der Photonen-Lumineszenz (OSL, IRSL) können auf Sedimente verschiedener Faziesbereiche angewendet werden, sofern die einzelnen Mineralkörner während des Transports und vor der letzten Deposition ausreichend lange dem Tageslicht zur Bleichung bzw. Nullstellung des vererbten Lumineszenzsignals ausgesetzt waren.

Äolische Sedimente wie Löss und Dünensand sind besonders gut geeignet, da die Transportmechanismen eine ausreichende Sonnenlichtexposition und damit eine Nullstellung des Lumineszenzsignals vor der Ablagerung in der Regel gewährleisten. Litorale, lakustrine oder fluviale Sedimente sind ebenfalls geeignet, wenn in Abhängigkeit von Wassertiefe und Schwebfrachtanteil Licht in ausreichendem Maße in diese jeweiligen Sedimentationsräume eingedrungen ist. Nicht vollständige Bleichungen während ihrer Ablagerung können zu Altersüberschätzungen führen. Gleiches gilt für das flachmarine Milieu in Regionen mit intensiver Einstrahlung.

Erstaunlich gute Ergebnisse hat die Datierung von Kolluvien ergeben. Aber auch hier gilt, dass kolluviale Sedimente, die während der letzten Umlagerung nicht oder kaum gebleicht wurden, mit Lumineszenz-Methoden nicht datiert werden können. Mittels Thermo-Lumineszenz sind auch gebrannte Feuersteingeräte und Keramik datierbar, da durch das Brennen eine Nullstellung des Lumineszenzsignals erfolgt.

In Abhängigkeit von der Signalintensität und der natürlichen Dosisleistung (Sättigungseffekte) in den Sedimentabfolgen sind mit OSL- und IRSL-Methoden Alter zwischen wenigen Jahrhunderten und etwa bis 100 bis 150 ka bei Quarzen (BSL) und bis etwa 200 ka bei Feldspäten (IRSL) möglich. TL-Datierungen an Lössen sind bis maximal 130 ka möglich. Der 1 sigma Fehler liegt in Abhängigkeit vom Mineral und Sedimenttyp in der Regel zwischen 5 bis 15%. Unvollständige Bleichungen („*bleaching*“) des Lumineszenzsignals oder langsame Entleerungseffekte („*anomalous fading*“) der zur Datierung verwendeten Lumineszenzzentren oder das Erreichen der Sättigungsdosis sind nicht quantifizierbare Fehlerquellen von Lumineszenzdatierungen.

Exkurs 5: *Vergleich von Lumineszenz-Datierungen von Sandlinsen und ESR-Datierungen an Schneckenschalen aus der Langweider Hochterrasse*

Im Alpenvorland sind in tieferen Paläo-Flussrinnen an der Basis von riß-zeitlichen Hochterrassenkiesen manchmal ältere Flussablagerungen als sog. „Sockelschotter“ erhalten. Bekannte Beispiele sind die wahrscheinlich altpleistozänen „Hartinger Schichten“ im niederbayerischen Donautal unterhalb von Regensburg (Schellmann 1988; Schellmann et al. 2010) oder die vorletztinterglazialen Sockelschotter an der Basis der Sontheim-Dillinger Hochterrasse im bayerisch-schwäbischen Donautal (Schellmann et al. 2019).

Im Lechtal nördlich von Augsburg wird bereits seit Ende der 1950er Jahre (Schäfer 1957) eine vertikale Zweiteilung des Schotterkörpers der Langweider Hochterrasse diskutiert, und zwar in einen 6 bis 8 m mächtigen riß-zeitlichen Hangendschotter und einen unterlagernden, 2 bis 4 m mächtigen Sockelschotter unbekannter Zeitstellung. Infrarotstimulierte Lumineszenzdatierungen (IRSL) an Feldspäten aus verschiedenen Sandlinsen im Hangendschotter mit Altern zwischen 160 bis 179 ka sowie die ESR-Datierung einer Schneckenschale der Gattung *Trochulus hispidus* mit einem Alter von 156 ± 21 ka (Abb. 1.2.24) bestätigen insgesamt eine Aufschotterung des Hangendschotter in der Riss-Kaltzeit.

Vier IRSL-Messungen an Feldspäten aus Sandlinsen im Liegendschotter weisen auf ein prä-rißzeitliches (>MIS 6) Alter hin. Eine Datierung aus der benachbarten Kiesgrube Burghof W (A8) ergab ein Alter von 263 ± 29 ka. Ingesamt streuen die erzielten Alterswerte enorm, so dass eine genauere Alterseinstufung via IRSL nicht möglich ist (Schielein et al. 2015). Wahrscheinlich ist bereits die Datierungsobergrenze der IRSL an Feldspäten erreicht.

Dagegen ergab die ESR-Datierung einer großen Schneckenschale der Gattung ***Succinea putris*** ein vorletzt-interglaziales Alter von 204 ± 27 ka (MIS 7). Solche vorletzt-interglazialen Schotterkörper mit warmzeitlichen Schneckenfaunen sind an der Basis riß-zeitlicher Hochterrassenkiese nach ESR-Datierungen an Schneckenschalen lokal auch an der Basis der Sontheim-Dillinger Hochterrasse und als mittlerer von drei Kieskörpern in der Rainer Hochterrasse erhalten (Schellmann et al. 2019).

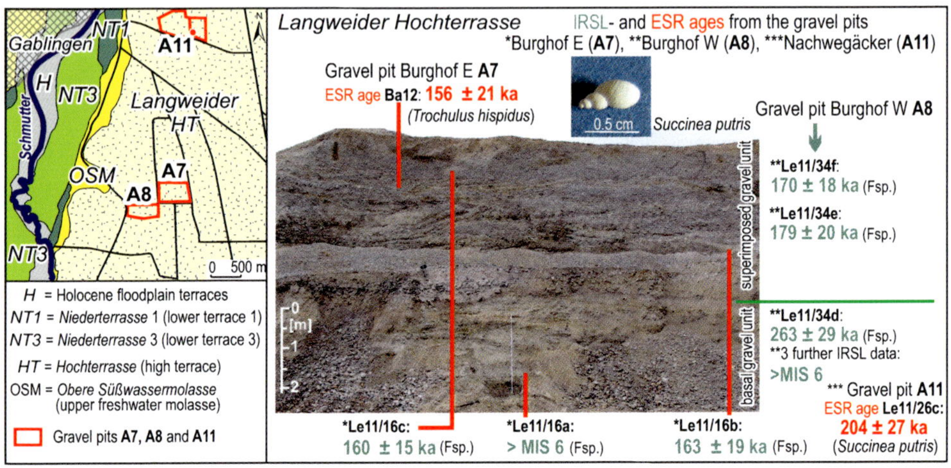

Abb. 1.2.24:
Lumineszenz- und ESR-Alter aus dem Liegend- und dem Hangendschotter der Langweider Hochterrasse im Lechtal nördlich von Augsburg und südöstlich von Gablingen. Einzelne Proben stammen aus benachbarten Aufschlüssen und wurden in die Abbildung hineinprojiziert (verändert nach Schellmann et al. 2019 und Schielein et al. 2015).

Elektronen-Spin-Resonanz-Altersbestimmungsmethode (ESR)

Die **ESR**-Altersbestimmungsmethode zählt wie die Lumineszenz-Verfahren zu den **strahlungsinduzierten Datierungsmethoden**. Diese gehen davon aus, dass bestimmte Minerale (bei ESR vor allem Aragonite, Kalzite, Quarze, Zähne) als natürlicher Dosimeter fungieren und mit wachsendem Alter zunehmende Strahlenbelastungen speichern können. Ein ESR-Alter ist dabei eine Funktion der Strahlenbelastung und der dadurch über die Zeit erzeugten und mit ungepaarten Elektronen gefüllten atomaren Gitterdefekte. Letztere werden mit Hilfe von ESR-Messungen quantifiziert.

ESR misst die Absorption von Mikrowellenenergie bei konstanter Mikrowellen-Frequenz (X-Band 9 GHz, Q-Band 34 GHz, W-Band Spektrometer 95 GHz) als Funktion der Magnetfeldstärke. Durch Variation der Magnetfeldstärke können verschiedene ESR-Zentren gemessen werden. Die Lage des Zentrums wird auch Lande-Faktor oder **g-Wert** genannt. Nur bei gleichen Messbedingungen (u.a. Mikrowellenleistung, Modulationsamplitude, gleiches Messröhrchen. Raumtemperaturen) entspricht die Signalamplitude der relativen Spin-Konzentration bzw. der Anzahl der mit Ladungen (ungepaarten Elektronen, freien Radikalen) besetzten Gitterdefekte.

Bei Veränderungen der ESR-Messbedingungen verändern sich die Signal-Amplituden. Daher sind konstante Messbedingungen (Geräteeinstellungen, Temperaturen) bei der ESR-Messung der einzelnen Aliquots einer Probe wichtig.

Jedes untersuchte Material weist ein charakteristisches **ESR-Spektrum** mit mehreren Einzelsignalen auf (Abb. 1.2.25), aber nicht alle diese Signale sind für die Datierung geeignet. Ein **Datierungssignal** muss strahlungssensitiv sein. Es sollte nicht durch Mörsern, Lichtbestrahlungen oder anomale Entleerungen (*anomolous fading*) der Fehlstellen beeinflussbar sein. Die Anzahl der Fehlstellen sollte über den Datierungsbereich konstant sein, d.h. weder

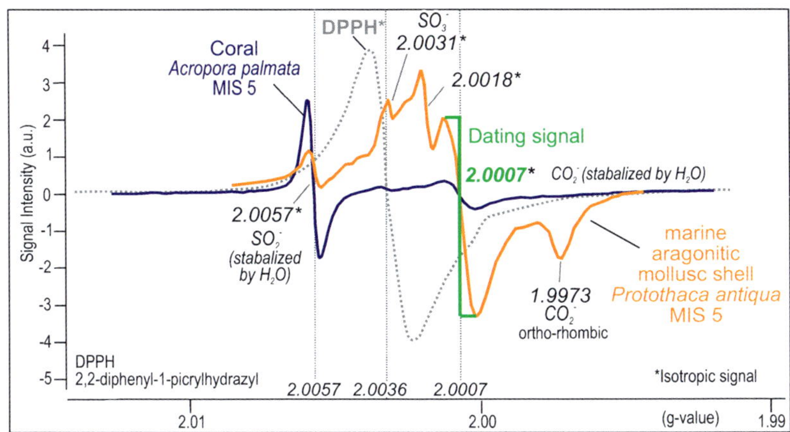

Abb. 1.2.25: ESR-Spektren einer aragonitischen letztinterglazialen Steinkoralle (*Acropora palmata*) und einer aragonitischen letztinterglazialen marinen Muschelschale (*Protothaca antiqua*) mit dem Datierungssignal bei g = 2,0007.

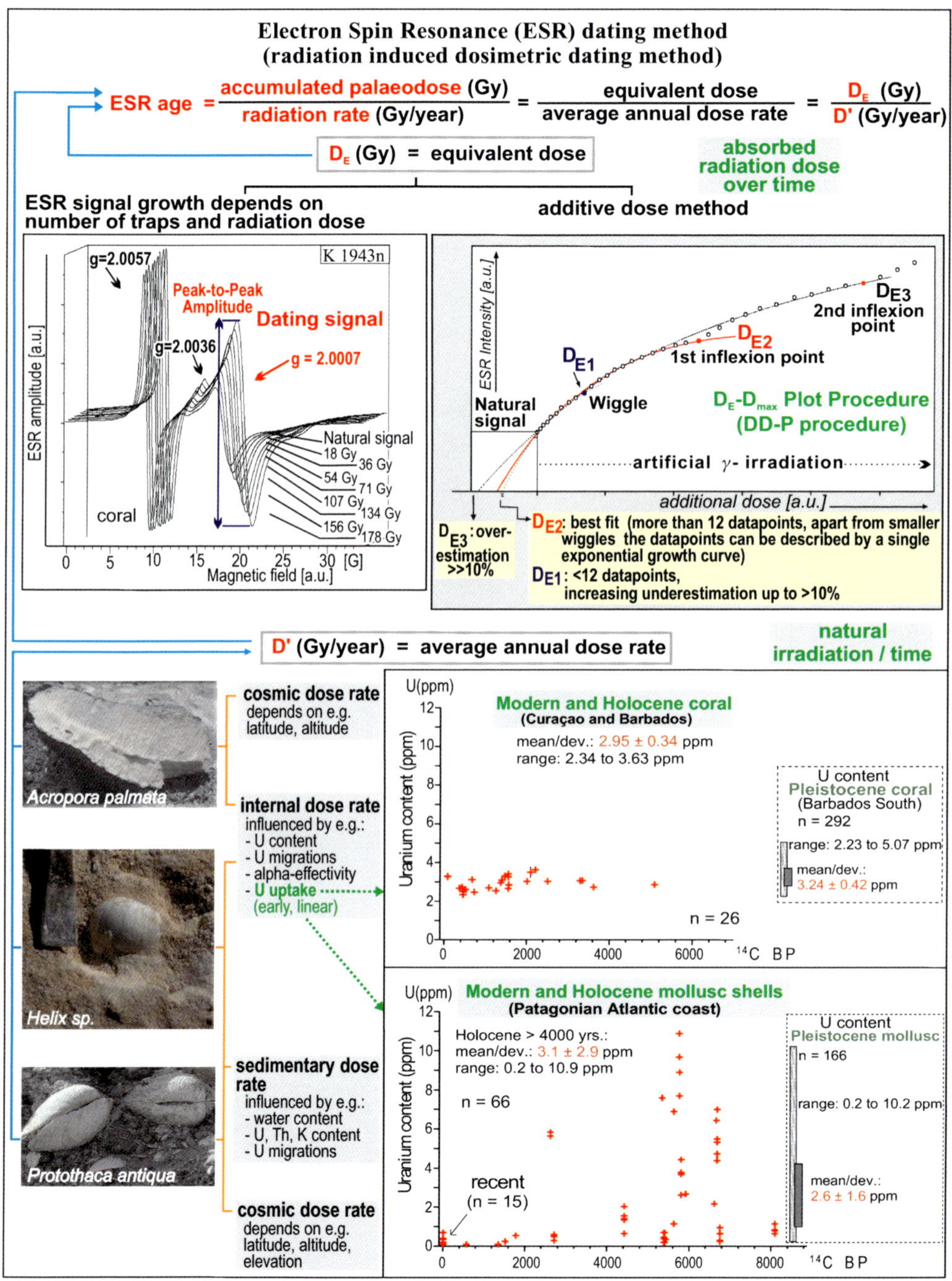

Abb. 1.2.26: Übersicht zur ESR-Altersbestimmung aragonitischer Muschel- und Schneckenschalen sowie Steinkorallen.

Rekristallisation noch Kristallwachstum sollten auftreten. Das ESR-Datierungssignal sollte eine thermische Stabilität besitzen, die wenigstens fünf- bis zehnmal größer ist als das zu ermittelnde Alter.

Bei aragonitischen Steinkorallen, Muschel- und Schneckenschalen erfüllt diese Voraussetzungen am besten das ESR-Signal bei g = 2,0007 (Abb. 1.2.25, Abb. 1.2.26). Allerdings wird es bei primär vorhandenem oder sekundär durch Rekristallisationen entstandenem Kalzit durch Triplets von Mn^{2+}-Linien überlagert (Abb. 1.2.27). Im Extremfall ist dadurch eine ESR-Datierung nicht mehr möglich.

Ein **ESR-Alter** (Abb. 1.2.26) berechnet sich aus der Division der im Laufe der Zeit akkumulierten strahlungsinduzierten Gitterdefekte (= gespeicherte Strahlungsdosis D_E) durch die jährliche auf die Probe einwirkende natürliche externe und interne radioaktive Strahlung sowie die kosmische Strahlenbelastung (natürliche Dosisrate D´):

$$\text{Alter (a)} = D_E\ [\text{Gy}]\ /\ D'\ [\text{Gy/a}]$$

Da die Anzahl und Füllgeschwindigkeit paramagnetischer Gitterdefekte individuenspezifisch ist, wird bei der ESR-Datierung das Äquivalent der akkumulierten Paläodosis (D_E) über eine **„additive Dosis-Wirkungskurve“** (*„additive dose method“*) ermittelt. Dabei wird mit Hilfe künstlicher Gamma-Bestrahlung für jede Probe eine individuelle künstliche Bestrahlungs-Aufbaukurve erstellt und durch Extrapolation auf die x-Achse der D_E-Wert berechnet (Abb. 1.2.26).

Die **kosmogene Strahlenbelastung** (D'cos) errechnet sich aus der Tiefe der Probe unter der Oberfläche, der Breitenkreislage sowie der Höhe über dem Meer (u.a Prescott & Hutton 1994).

Die **natürliche Umgebungsstrahlung** (D'ext) wird entweder direkt im Gelände mit Hilfe eines tragbaren Gammadetektors gemessen oder über die analytische Bestimmung der Uran-, Thorium- und Kaliumgehalte in den umgebenden Sedimenten ermittelt. Die **interne Dosisrate** (D'int) wird in der Regel über den Urangehalt bestimmt. Eine ausführliche Darstellung der physikalischen Details der ESR-Altersbestimmungsmethode geben Jonas (1997), Rink (1997), Blackwell (2006) und Grün (2007).

Die **Qualität einer Datierungsmethode** ist von analytischen, häufig aber auch von verschiedenen geogenen Faktoren abhängig, die nicht in die analytische Fehlerberechnung einfließen. Bei der ESR-Datierung mariner Muschelschalen sind es zum Beispiel nicht quantifizierbare diagenetische Veränderungen im Datierungsmaterial oder die zwischenzeitliche Zu- und Abfuhr radioaktiver Elemente (vor allem U) oder auch Schwankungen der Paläowassergehalte (Abb. 1.2.26).

Ebenso folgenreich für die Datierungsergebnisse sind bei der ESR-Altersbestimmung von Muschelschalen und Korallen Überlagerungen des Datierungssignals durch **Nebensignale**. Wahrscheinlich werden dadurch diskontinuierliche Wachstumseigenschaften des Datierungssignals erzeugt, was sich im Auftreten sog. **„Inflexionspunkte“** (*inflexion points*, Abb. 1.2.26) zeigt. Dabei handelt es sich um eine sprunghafte Zunahme der Amplitude des Datie-

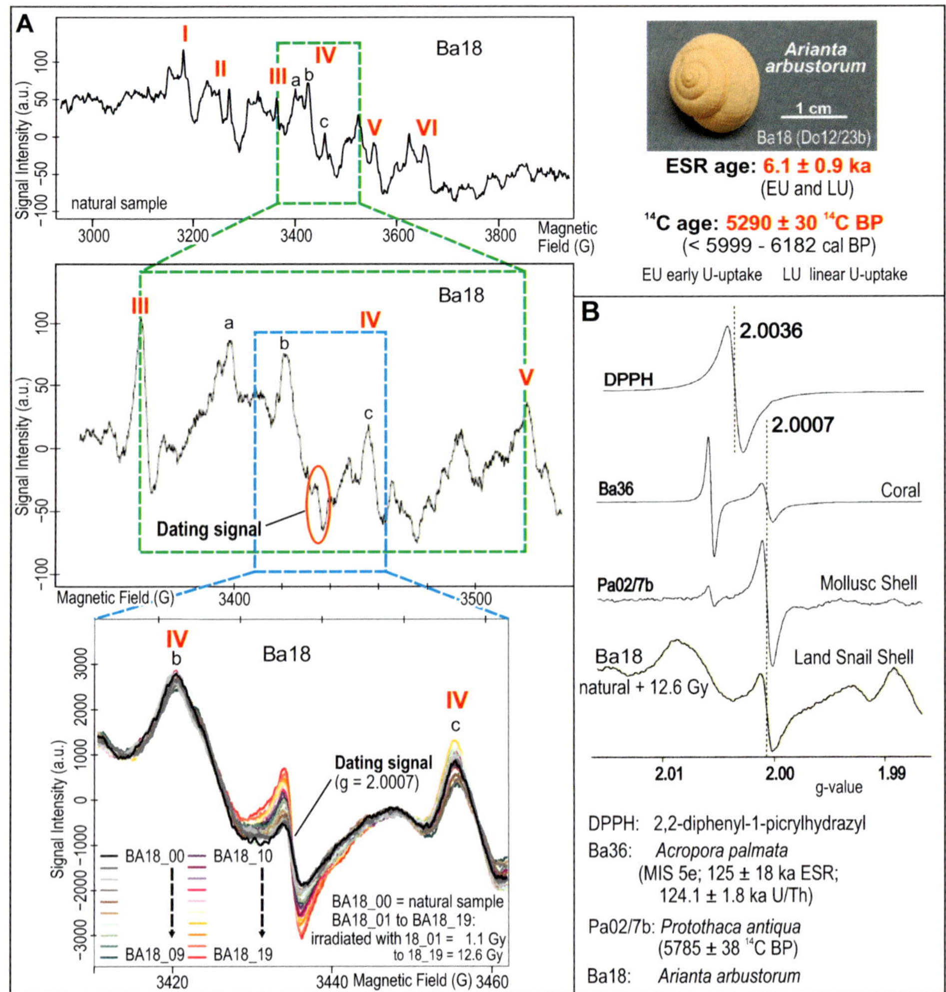

Abb. 1.2.27:
ESR-Spektren einer holozänen Landschnecke (Arianta arbustorum). Die aragonitische Schale besitzt etwa 2% Kalzit (XRD.Messung), wodurch im extraweiten ESR-Screening (A) sechs Triplets von Mn^{2+}-Linien (I bis VI) auftreten.

A) Das ESR-Spektrum der 20 Aliquots, die mit unterschiedlichen Gammadosen bestrahlt wurden, zeigt ein starkes Wachstum des Datierungssignals bei g = 2,0007. Probe Ba18_00 = natürliche Aliquot, Proben Ba18_01 bis Ba18_19 mit stufenweiser erhöhter Gammadosis von 0.55 Gy bis zu 12.56 Gy. Das relativ schlechte Signal-Grundrauschen-Verhältnis (*signal-to-noise ratio*) ist eine Folge des jungen holozänen Alters der Probe und damit der noch sehr schwachen Intensität des Datierungssignals. Das breite ESR Screening von 1000 G zeigt sechs Triplets von Mn^{2+}-Linien.

B) Vergleich der ESR-Spektren der datierten Probe Ba18 mit den ESR-Spektren einer letztinterglazialen Steinkoralle und einer mittelholozänen Muschelschale. Zur Lokaisierung des g-Wertes dient der DPPH-Standard mit dem bekannten g-Wert = 2,0036.

rungssignals unter künstlicher Gammabestrahlung, woraus fehlerhafte D_E-Abschätzungen und damit fehlerhafte ESR-Alter resultieren. Eine objektive, standardisierte Methode zur Berechnung des D_E-Wertes unter stärkerer Eliminierung solcher Inflexionspunkte bietet

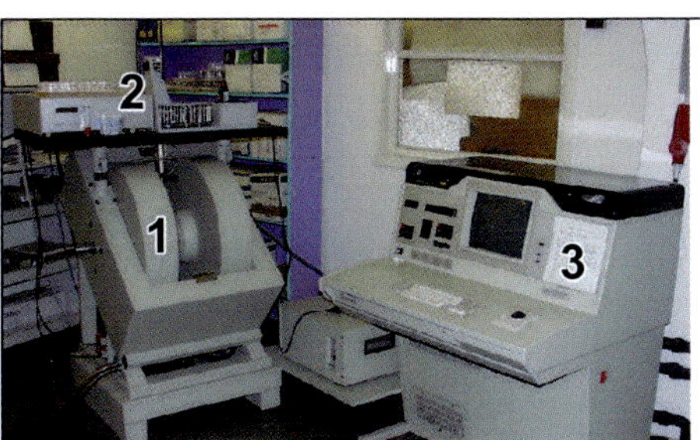

ESR-Spektrometer
(Geogr. Inst., Universität zu Köln)

3 Bauteile:

1) starker Elektromagnet mit linear variierbarer Magnetfeldstärke *(sweep)*
2) Mikrowelle, inkl. Mikrowellenbrücke + Resonanzraum *(cavity)* mit konstanter Mikrowellenfrequenz (z.B. X-Band Spektrometer 9 GHz) + veränderbarer Mikrowellenleistung (bis 200 mW)
3) Rechner zur Signalverarbeitung. 1. Ableitung des Absorptionssignals (= ESR-Intensität) gegen variierende Stärke des äußeren Magnetfeldes

ESR-Probenbehandlung
Probe (Steinkoralle, Molluskenschale)
nach Reinigung:
Schalendicke (Mollusken) bestimmen
vor und nach dem Abätzen;
per Hand mörsern;
Absieben der Fraktion 0,1 - 0,2 mm;
Einwiegen 20 Aliquots á 0,2 g;
Bestrahlen mit unterschiedlichen γ-Dosen

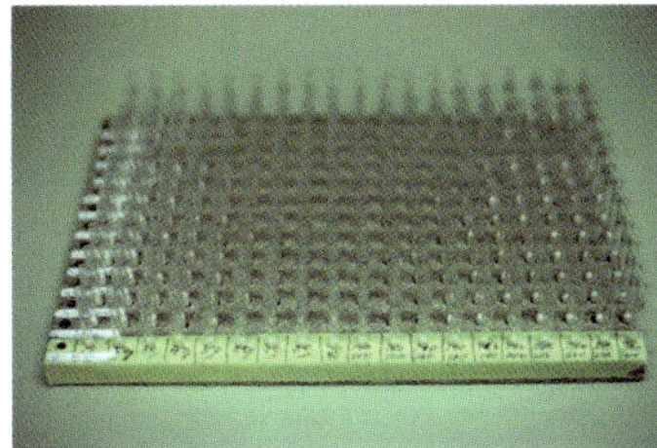

ESR-Proben
pro Probe jeweils mindestens 19 Aliquots zur Bestrahlung

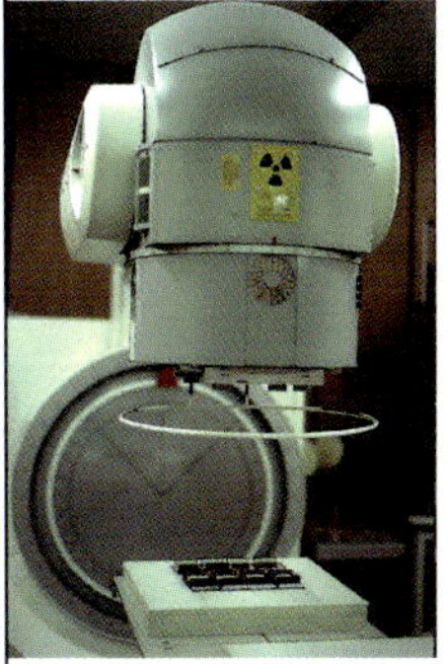

^{60}Co Gamma-Bestrahlungsquelle
Universitätsklinik Düsseldorf

Bestrahlung der Aliquots
mit jeweils unterschiedlicher
γ-Dosis

ESR-Schalendicke via
Rasterelektronenmiskroskop (REM)-Aufnahmen
oder manuell mit Hilfe einer Mikrometerschraube

Ba18 (Do12/23b)

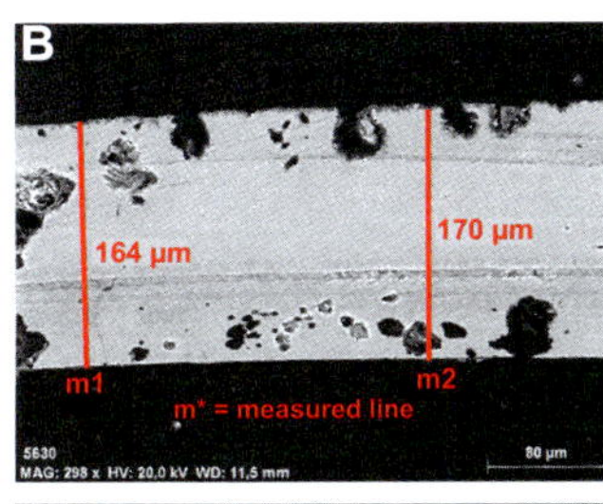

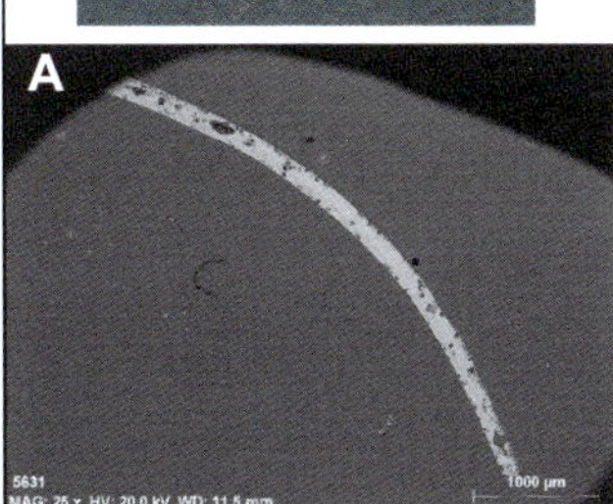

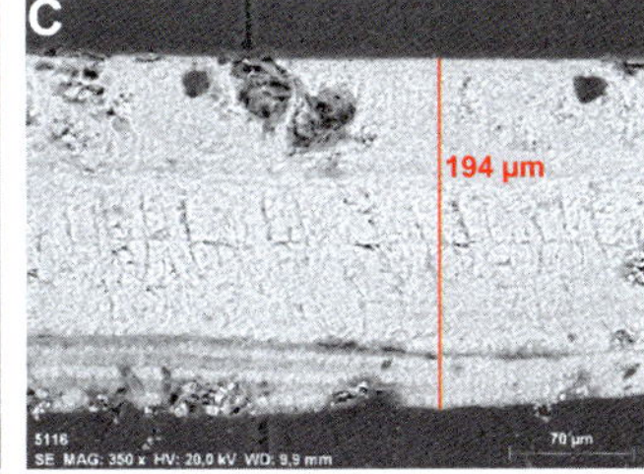

Ba18 (Do 12/23b)	
Arianta arbustorum after etching	
Micrometer	**REM**
mm	mm
0.17	0.36
0.16	0.164
0.22	0.17
0.22	0.146
0.13	0.162
0.36	0.159
0.15	0.15
0.16	0.168
0.2	0.163
0.17	0.171
0.15	0.178
0.11	0.176
0.17	0.185
0.11	0.19
0.23	0.203
0.18	0.216
0.33	0.203
0.21	0.2
0.13	0.204
0.16	0.194
Mean: 0.186	Mean: 0.1881
Std.: 0.065	Std.: 0.045

Abb. 1.2.28: ESR-Datierung von Molluskenschalen: Probenaufbereitung, Bestrahlungsquelle und ESR X-Band Spektrometer im Überblick.

ein *„plateau-screening“*-Verfahren (Abb. 1.2.26), das auch als *D_E-D_{Max}—Plot (DDP)-Procedure* bezeichnet wird (Schellmann & Radtke 1999, dies. 2001).

ESR-Altersbestimmungen benötigen einen leistungsfähigen ESR-X-Band-Spektrometer, eine Reihe von Proben-Vorbehandlungen, eine leistungsstarke Gammaquelle, genügend Probenmaterial, um diese eventuell abzuätzen (bei Mollusken und Gastropoden) und um mindestens 20 Aliquots á 0,1 bis 0,2 g abzuwiegen. Bei Muschel- und Schneckenschalen ist vor und nach dem Abätzen die Schalendicke zu messen. Dazu reicht in der Regel eine Mikrometerschraube, wie vergleichende REM-Aufnahmen zeigen (Abb. 1.2.28).

In den vergangenen 20 Jahren konnte die ESR-Methode soweit verbessert werden, dass sie inzwischen bei geochronologischen Untersuchungen sedimentärer Quarze und Zähne (u.a. Blackwell et al. 2016; Skinner 2015) oder litoraler Ablagerungen (Korallen, marinen Muschelschalen) oder äolischen Sedimenten (Schneckenschalen in Äolianiten oder Lössablagerungen) eine wichtige weitere Datierungsalternative darstellt (u.a. Schellmann et al. 2008; Skinner 2015; Schellmann et al. 2020).

Die **ESR-Datierung pleistozäner Korallen** ermöglicht dabei nicht nur eine chronostratigraphische Unterscheidung der marinen Sauerstoffisotopenstufen (MIS) 1, 5, 7, 9 und 11, sondern auch der Unterstufen MIS 5e-2,3 (ca. 128-132 ka) 5e-1 (ca. 118 ka), 5c (ca. 105 ka), 5a-2 (ca. 85 ka) und 5a-1 (ca. 74 ka) (Radtke et al. 2003, Schellmann et al. 2004a; Schellmann & Radtke 2015). Der durchschnittliche Altersfehler von ESR-Datierungen an Korallen liegt bei etwa 5% bis 8%. Diese Fehlerangaben schließen zufällige wie auch abschätzbare systematische Fehlerquellen mit ein. Die Datierungsobergrenze wird wegen Rekristallisationen oder anderen diagenetischen Veränderungen meist bei etwa 500.000 bis 700.000 Jahren erreicht.

Die zeitliche Auflösung von **ESR-Datierungen an Muschel- und Landschneckenschalen** ist mit einem durchschnittlichen Altersfehler von 10 bis 15% deutlich geringer. Auch die Datierungsobergrenze liegt mit 300 000 bis 400 000 Jahren niedriger. Insgesamt ermöglicht sie bisher nur die geochronologische Unterscheidung der marinen Isotopenstufen 1, 2, 3, 5, 7, 9 und >9 (Schellmann 1998; Schellmann & Radtke 1999; Schellmann et al. 2020).

Dringender **Forschungsbedarf** besteht in einer qualitativen Verbesserung bei der ESR-Datierung karbonatischer Muschel- und Landschneckenschalen u.a. durch Anwendung einer *single aliquote* Technik sowie zum Potential von ESR-Datierungen an Quarzen.

Exkurs 6: *Vergleich von ESR- und TIMS Th/U-Datierungen pleistozäner Steinkorallen auf Barbados und Curaçao*

Eine eindrucksvolle Anwendung der ESR- und der TIMS Th/U-Datierungsmethode ist deren Anwendung an jung- und mittelpleistozäne Steinkorallen wie sie in herausgehobenen Korallenriffen erhalten sind. Dadurch können ehemalige Höhenlagen von

Meeresspiegeln rekonstruiert werden. Bis heute ist die Karibikinsel Barbados ein klassisches Untersuchungsgebiet für solche Fragestellungen („Barbados Modell" letztinterglazialer Paläomeeresspiegel) und für die Erprobung von Datierungsmethoden wie ESR und Th/U.

Ein Grund für die Sonderstellung von Barbados liegt in der besonderen tektonischen Lage 160 Kilometer östlich des vulkanischen Inselbogens der Kleinen Antillen, dort, wo die Karibische See gegen den Mittelatlantischen Ozean grenzt. Damit gehört Barbados geographisch noch zu den Kleinen Antillen, also zu den innerhalb der Passatzone gelegenen, „Inseln über dem Winde" (Kap. 2.3).

Geologisch-tektonisch unterscheidet sie sich aber von diesen auf besondere Weise. Nur Barbados liegt auf einem sogenannten „Anlagerungskeil" („fore-arc ridge", ***accretionary prism***), einer Zone, die durch die Subduktion der Atlantischen Ozeanplatte unter die Karibische seit mindestens einer Million Jahren langsam herausgehoben wird, und das, wie es scheint, zumindest in den südlichen Inselbereichen relativ kontinuierlich. Dabei gelangten nicht nur die Insel, sondern mit ihr auch die sie umgebenden Korallenriffe über den Meeresspiegel, sodass heute etwa 86% der Inselfläche aus gehobenen, unterschiedlich alten und bis zu 130 m mächtigen Korallenriffen besteht. Sie steigen treppenartig vom Karibischen Meer bis zum Landesinneren auf bis zu 340 m Meereshöhe an. So ist im Süden von Barbados eine Terrassentreppe aus gehobenen Saumriffen erhalten (Abb. 1.2.29), die im

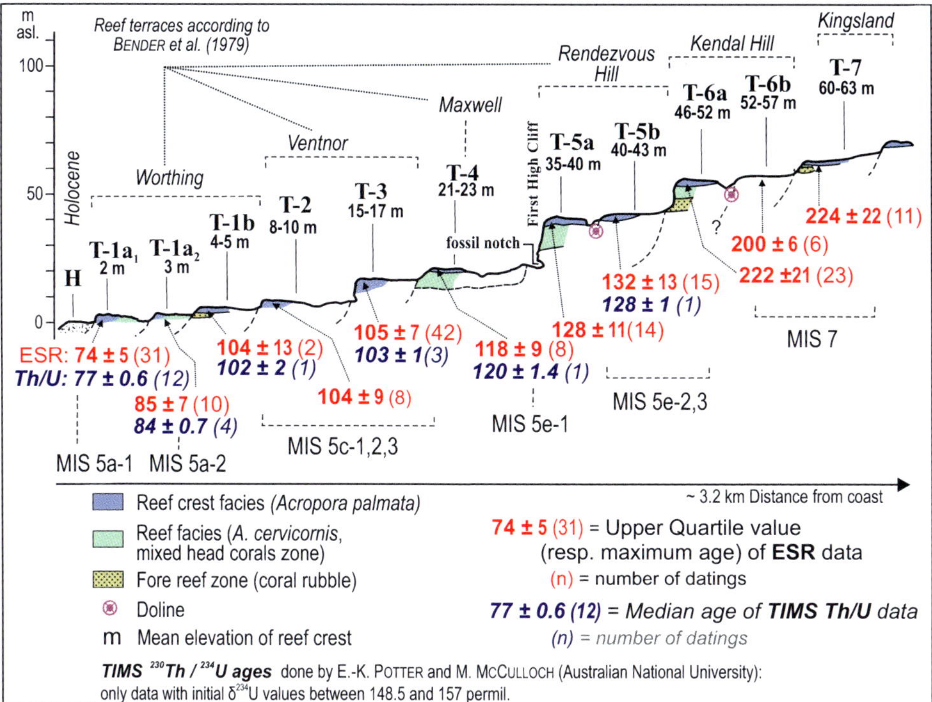

Abb. 1.2.29: Vergleich von ESR- und TIMS Th/U-Altersdatierungen jung- und mittelpleistozäner Korallenriffterrassen im Süden von Barbados (Quelle: SCHELLMANN & RADTKE 2004b).

Jung- und Mittelpleistozän entstanden sind und heute bis in 63 m über aktuellem Meeresspiegel (ü. M) liegen. Dabei existiert eine eindeutige Höhenlage/Alter-Relation mit den jüngsten fossilen Saumriffen der T-1a$_1$-Korallenriffterrasse in nur 2 m ü. M und den ältesten vorletzt-interglazialen (MIS 7) Saumriffen der Korallenriffterrasse T-7 in 60 bis 63 m ü. M. Die ESR- und ebenso die Th/U-Alter nehmen ebenso zu: von der etwa 74 ± 5 ka (ESR) bzw. 77 ± 0,6 ka (Th/U) alten T-1a$_1$ bis zu der etwa 224 ± 22 ka (ESR) alten T-7.

Aber schon schwache diagenetische Veränderungen mit beginnenden Umkristallisationen von Aragonit zu Kalzit oder eventuell auch zu sekundärem Aragonit können bei der ESR-Datierung ein zu junges Alter ergeben. Daher sind zur Alterseinstufung einer Korallenriffterrasse mehrere ESR-Datierungen notwendig und der obere Quartilwert (Abb. 1.2.29) sollte dem wirklichen Alter am ehesten entsprechen. Bei Th/U-Datierungen sollte der Medianwert aller Datierungen das Alter einer Korallenriffterrasse am besten wiedergeben.

Auffällig ist das geringe Konfidenzintervall und damit die hohe Präzession (*precession*) der TIMS Th/U-Alter gegenüber den ESR-Altern. In der Datierungsqualität (*accuracy*) unterscheiden sich beide Datierungsmethoden allerdings nicht essentiell. Wie bereits oben ausgeführt (Kap. 1.2.2.3), kommen beide Datierungsmethoden zu ähnlichen Altersschwankungen bei der Mehrfach-Datierung gleich alter Steinkorallen (Abb. 1.2.14)

Wie die vertikale Beprobung und Datierung eines Korallenriffs aus dem MIS 5c zeigt (Abb. 1.2.30), ähneln sich deren Datierungsergebnisse. Beide Methoden belegen unter der

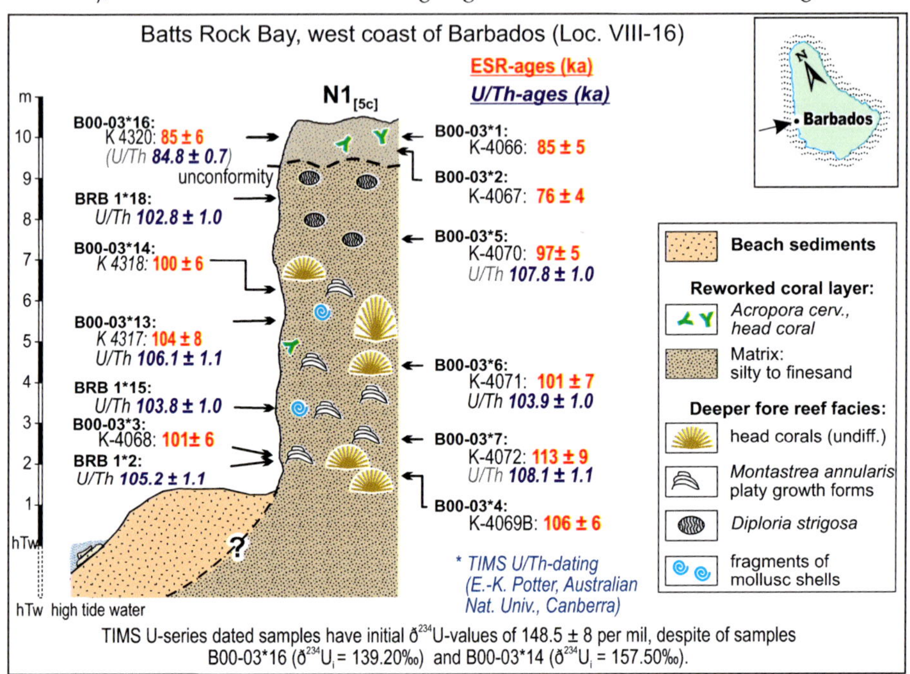

Abb. 1.2.30: Vergleich von ESR- und TIMS U/Th-Alter von Steinkorallen aus dem MIS 5a und MIS 5c. in der *Batts Rock Bay*, Westküste von Barbados (Quelle: Schellmann & Radtke 2004a).

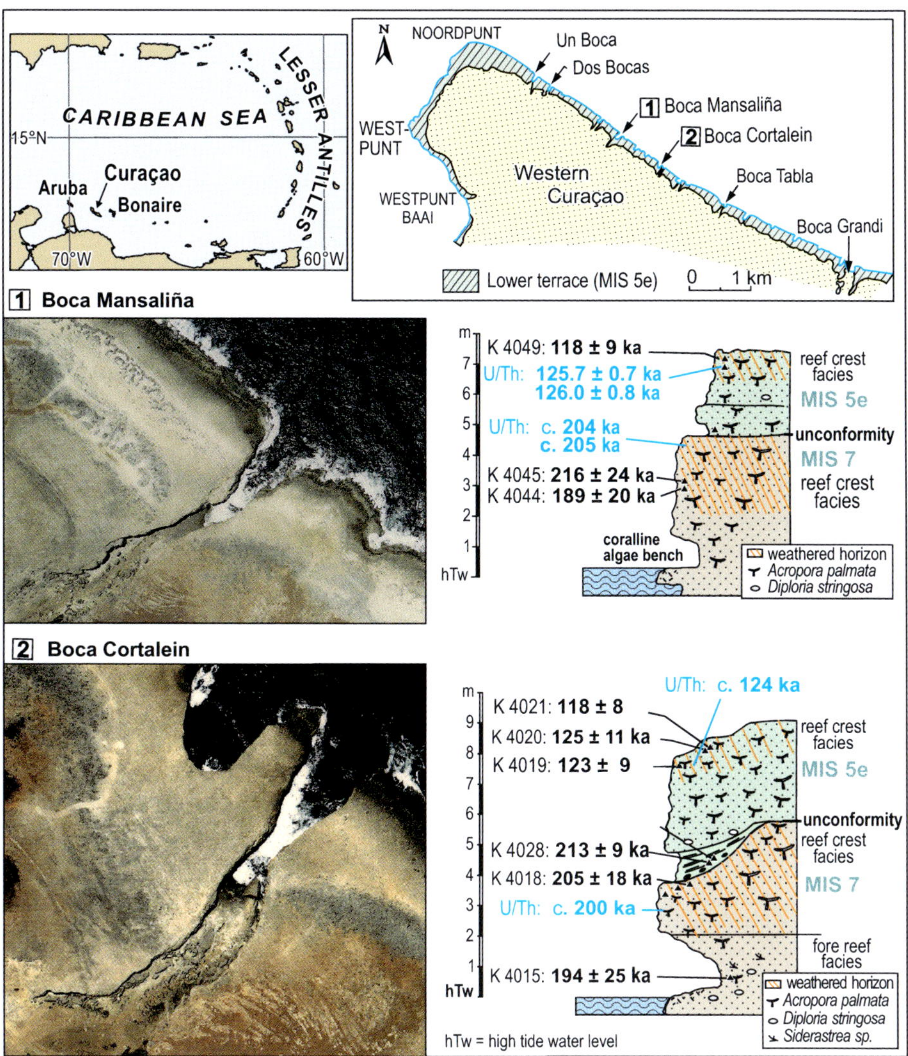

Abb. 1.2.31: Vergleich von ESR-Datierungen (Schellmann et al. 2004b) und U/Th-Datierungen (Muhs et al. 2012) jung- und mittelpleistozäner Korallen auf Curaçao, Lokalitäten Boca Cortalain und Boca Mansaliña.

Erosionsdiskordanz aus dem MIS 5a einen Riffkörper, der im MIS 5c aufgewachsen ist: nach den ESR-Datierungen zwischen etwa 97 bis 113 ka (Mittelwert 103 ka) und nach den Th/U-Datierungen zwischen 103 bis 108 ka (Mittelwert 105,4 ka). Beide Methoden können die nach oben zu erwartende generelle Altersverjüngung des vertikal aufgewachsenen Riffkörpers nicht wiedergeben.

Der Vorteil der ERS-Datierungsmethode an aragonitischen Steinkorallen liegt in der deutlich höheren Datierungsobergrenze, die theoretisch bei über 1 Mio. Jahre liegt. In der Regel liegt sie aber wegen diagenetischer Veränderungen der Proben (U-Mobilisationen, Umkristillisationen des Aragonits) deutlich darunter, auf Barbados bei etwa 500 bis 700 ka. TIMS

Th/U-Datierungen an Steinkorallen reichen maximal bis ca. 200 ka (MIS 7), wie dies z.B. von Muhs et al. (2012) auf Curaçao erfolgreich vorgenommen wurde (Abb. 1.2.31).

Exkurs 7: ***Vergleich von ESR- und*** ^{14}***C-Altern an Gehäusen von kleinen Landschnecken aus würmzeitlichen Lössablagerungen mit Lumineszenzaltern des umgebenden Lösses***

Die Würmlössdecke auf der risszeitlichen Augsburger Hochterrasse kann durch interstadiale Paläoböden in bis zu sechs Sequenzen unterteilt werden (Abb. 1.2.32: I bis VI). Aus den jüngeren Sequenzen III bis VI konnten kleine Landschnecken geborgen werden und trotz der geringen Probenmenge mit einem hochauflösenden ESR-Verfahren datiert werden (Schellmann et al. 2020). Die jüngsten Schneckenschalen vom Top der Lössdeckschichten wurden zudem AMS ^{14}C datiert. Dabei ist das ^{14}C-Alter wegen möglicher Hartwassereffekte bei der Schalenbildung als Maximalalter anzusehen. Zudem liegen Lumineszenzdatierungen von Mayr et al. (2017) sowie Schielein und Schellmann (2016) aus verschiedenen Lösslagen vor.

Zwei OSL- und eine IRSL-Datierung geben der Sedimentation der Sequenz II ein mittelwürmzeitliches Alter im Zeitraum zwischen 59 bis 45 ka, wobei der humose Bodenhorizont (fAh) um 47 ± 5 ka entstand (Abb. 1.2.32). Nach weiteren OSL-Datierungen entstanden die Sequenzen IV und V vor etwa 29,6 ka bzw. 28,5 ka und die Sequenz VI vor etwa 23,1 ka. Bis auf Sequenz VI entsprechen die ESR-Datierungen innerhalb der Konfidenzintervalle weitgehend den OSL-Datierungen. Im ausgehenden Mittelwürm vor ca. 36,1 ± 3,3 ka wurde Sequenz III abgelagert und im Hochglazial vor etwa 29 ka die beiden Sequenzen IV und V. Zu alt erscheint das ESR-Alter von 29,9 ±1,9 ka der Lössschnecken aus Sequenz VI. Das AMS^{14}C-Alter der Schneckenschalen und auch das OSL-Alter des Löss sprechen eher für ein jüngeres Alter im Bereich von etwa 23 ka.

1.2.2.6 Kosmogene Nuklide

In der Geomorphologie gibt es zahlreiche Fragestellungen, bei denen das Expositionsalter einer Reliefform oder Ablagerung von Interesse ist, also der Zeitraum, seit dem eine Gesteinsoberfläche frei liegt. Hier kommt seit Mitte der 1990er Jahren eine Datierung mit terrestrischen kosmogenen Nukliden große Bedeutung zu. Die Anwendung dieser Methode ist noch relativ jung und in der Erprobung. Es zeigt sich aber schon jetzt ihr hohes Potenzial.

Kosmogene Nuklide (z.B. ^{3}He, ^{10}Be, ^{21}Ne, ^{26}Al, ^{36}Cl) entstehen durch Kernreaktionen der kosmischen Strahlung mit Atomen der Atmosphäre (meteorische Produktion) und mit Atomen in der obersten 1 bis 3 m mächtigen Gesteinsoberfläche (*in situ* Produktion) (Abb. 1.2.33). Zunächst treffen Protonen (kosmische Primärpartikel) auf atmosphärischen Stickstoff (N), Sauerstoff (O), Kohlenstoff (C) oder Argon (Ar). Es kommt zu Spallationsreaktionen (= Zerbrechen eines Atomkerns) mit Entstehung sekundärer Nukleonen wie Neutronen, Protonen, Myonen, und Elektronen. In der Atmosphäre entstehen so ^{14}C aus

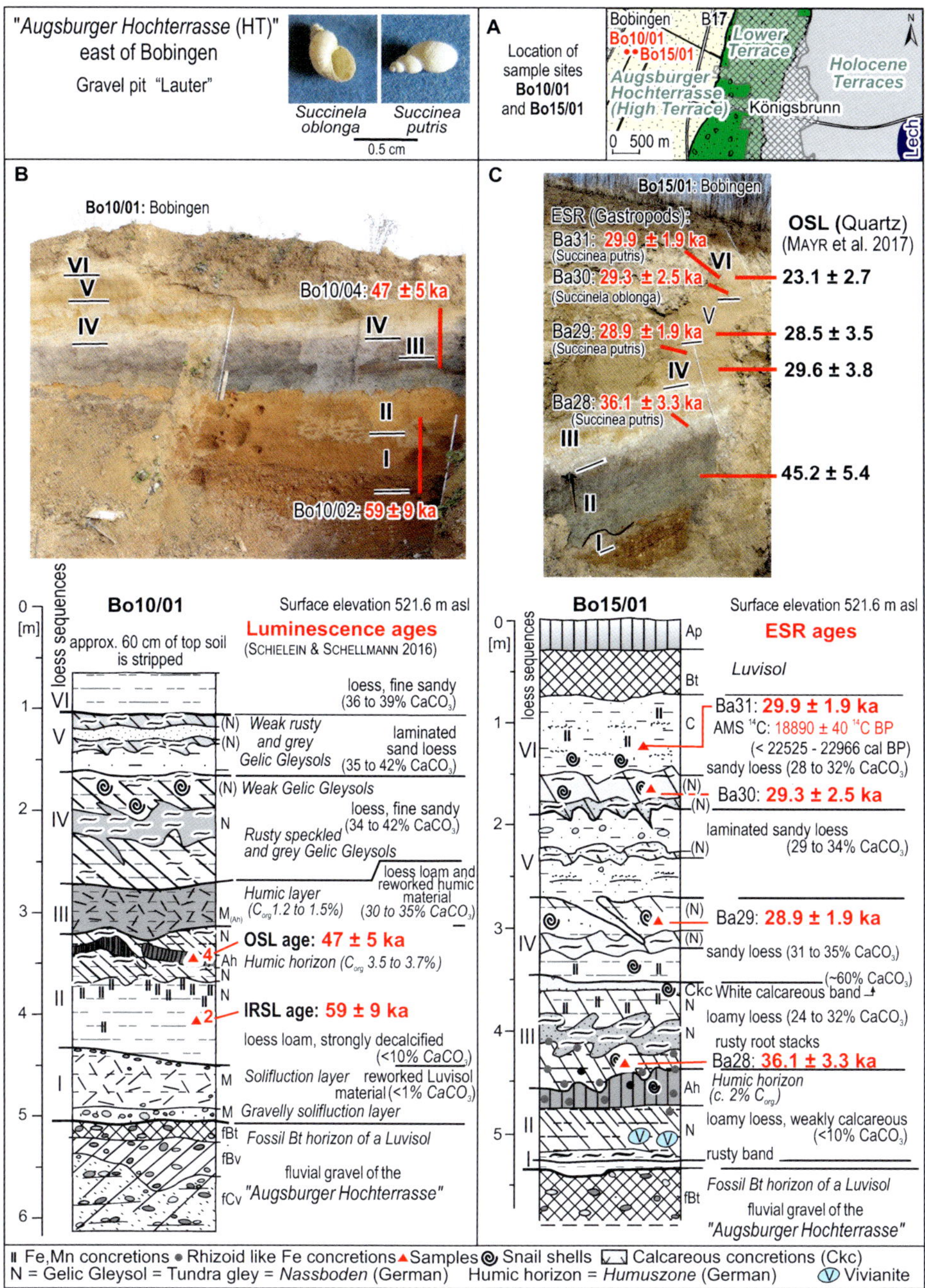

Abb. 1.2.32: Vergleich von ESR- und AMS ^{14}C-Altern an Schalen kleiner Lössschnecken (Schellmann et al. 2020) sowie Lumineszenzalter umgebender Sedimente (Mayr et al. 2017; Schielein & Schellmann 2016a). Lokalität: Ksg. „Lauter" bei Bobingen auf der Augsburger Hochterrasse.

^{14}N, ^{10}Be aus ^{16}O oder ^{14}N sowie ^{36}Cl aus ^{40}Ar. Dabei hängt die **Produktionsrate** kosmogener Nuklide von den variablen Intensitäten der galaktischen und solaren kosmischen Strahlung

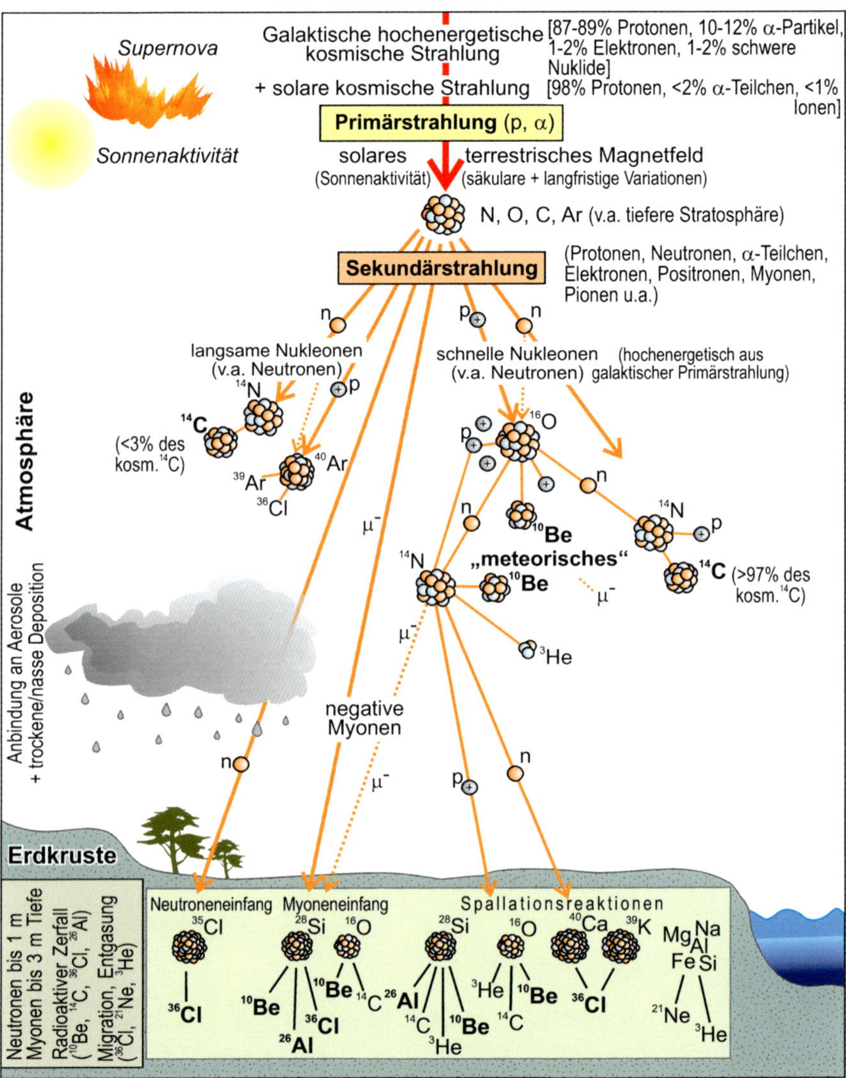

Abb. 1.2.33: Entstehung kosmogener Nuklide in der Atmosphäre und der Erdoberfläche bis in etwa 3 m Tiefe.

ab sowie wesentlich auch von der geographischen Breite und Länge sowie der Meereshöhe. Vor allem die hoch-energetische (höhere Protonenenergien) galaktische Strahlung, die von Supernovae-Explosionen, von Pulsaren und schwarzen Löchern ausgesendet wird, beeinflusst die Bildungsrate kosmogener Nuklide wesentlich. Je größer ihre Intensität ist, desto höher ist auch die Produktionsrate irdischer kosmogener Nuklide. Welchen Anteil die galaktische *versus* solare komsische Strahlung in der Erdatmosphäre hat, unterliegt einer nicht-linearen Abhängigkeit von der Stärke des solaren und irdischen Magnetfeldes.

Bei starker (schwacher) Sonnenaktivität, das bedeutet viele (wenige) Sonnenflecken, viele (wenige) Sonnenfackeln und ein starkes (schwaches) solares Magnetfeld, erreicht weniger (mehr) galaktische und mehr (weniger) solare kosmische Strahlung die Erde. Bei starkem Erdmagnetfeld erreicht sowohl weniger galaktische als auch weniger solare kosmische Strahlung die Erde.

Die Produktion kosmogener Nuklide ist also weder zeitlich noch räumlich konstant hoch. Zudem sind einige kosmogene Nuklide instabil und unterliegen einem radioaktiven Zerfall (^{10}Be, ^{26}Al, ^{36}Cl, ^{14}C). Einige hochenergetische sekundäre Partikel (Neutronen, Myonen) erreichen die Erdoberfläche, wo es in den obersten 1 bis 3 m zur *„in-situ"* Bildung **terrestrischer kosmogener Nuklide** (*TNC*) kommt.

Die *in situ* produzierten **terrestrischen kosmogenen Nuklide** ^{10}Be, ^{26}Al, ^{3}He, ^{21}Ne, ^{36}Cl sind potentielle Kandidaten für Oberflächenaltersdatierungen. Dabei sind deren Produktionsraten nicht nur abhängig von der Stärke der kosmischen Sekundärstrahlung, der Meereshöhe, geographischen Breite und Länge, lokalen Abschirmungen oder Beschattungen sowie der Exposition einer Oberfläche, sondern zusätzlich auch noch von der Eindringtiefe der kosmischen Strahlung in das Gestein bzw. den Boden. Die Eindringtiefe nimmt ab mit zunehmender Dichte des Gesteins. Im Mittel reichen Spallationsreaktionen durch Myonen bis ca. 2 bis 3 m Tiefe, Spallationsreaktionen ausgelöst durch Nukleonen (v.a. Neutronen, weniger Protonen) bis ca. 0,6 bis 1,0 m Tiefe.

Das für Altersbestimmungen am häufigsten verwendete terrestrische kosmogene Nuklid, das instabile **^{10}Be**, entsteht durch Spallationsreaktionen eines O-Atoms im Quarz (SiO_2), Kalzit oder Sanidin. Seine Produktionsrate ist gut abgesichert und die Genauigkeit der AMS-Analytik ist gut (Fehler <4%). Aufgrund seiner langen Halbwertzeit von 1,39 Mio. Jahren sind Datierungen zwischen >1 ka bis etwa 4 Ma theoretisch möglich.

Ein weiteres häufiger für Datierungen verwendetes terrestrisches kosmogenes Nuklid ist das ebenfalls in Quarzen gebildete instabile **^{26}Al** mit einer Halbwertzeit von 720 ka. Es kann massenspektrometrisch gemeinsam mit ^{10}Be gemessen werden kann. Seine Produktionsrate ist ebenfalls gut abgesichert, so dass Datierungen zwischen >1 ka bis etwa 1 Mio. Jahre theoretisch möglich sind. Zur Datierung geeignet sind allerdings nur ^{26}Al-Bildungen in sehr reinen Quarzen mit Feldspatgehalten von <0,5% (Schaefer & Lifton 2007: 415).

Bei den terrestrischen kosmogenen Edelgas-Bildungen **^{3}He und ^{21}Ne** können vor allem Gasdiffusionen aus Mineralen und Gesteinen Altersbestimmungen stark verjüngen. Unsichere Produktionsraten behindern die Nutzbarkeit des instabilen ^{36}Cl mit einer Halbwertzeit von 300 ka für kosmogene Oberflächendatierungen.

Datierungen mittels kosmogener terrestrischer Nuklide nutzen häufig:
- bei instabilen Nuklinden den radioaktiven Zerfall (**Zerfallsalter**);
- die Nuklid-Akkumulation (**Expositionsalter**, Oberflächendatierung, *surface exposure dating*).

- oder die Nuklid-Akkumulation und die Nuklid-Erosion (*je höher die **Erosionsrate**, desto weniger Nuklide sind in einer gewissen Tiefe vorhanden*).

Die Abschätzung von **Erosions-/Denudationsraten von Landoberflächen** benötigt die aktuelle Nuklidkonzentration, die Nuklid-Produktionsrate an der Landoberfläche, das Expositionsalter, die mittlere Abschirmtiefe für kosmische Strahlung (z.B. bei ^{10}Be = 60 cm) und bei einem instabilen Nuklid die Zerfallskonstante. Voraussetzung ist eine kontinuierliche lineare Abtragung der Oberfläche, was in der Regel nicht gegeben ist.

Zunehmend an Bedeutung gewinnt die kosmogene Nuklid-Datierung von Moränenblöcken oder von durch Gletscher oder Tektonik exhumierten Felsoberflächen oder von Lavadecken, Flussterrassen, Schwemmfächern. Solche **kosmogenen Oberflächendatierungen** *(surface exposure dating, SED)* nutzen vor allem die terrestrischen Isotope ^{10}Be, ^{26}Al, ^{21}Ne in Quarz sowie ^{36}Cl in Ca- und K-reichen Feldspäten und Karbonatgesteinen. Ihre Entstehung beruht darauf, dass die kosmische Sekundärstrahlung ***in situ*** auf Gesteinsoberflächen und bis in Tiefen von 2 m (Festgestein) bzw. 3 m (Lockergestein) terrestrische kosmische Nuklide erzeugt. Dabei besitzt jedes Nuklid eine eigene Tiefenfunktion.

Aus den aktuellen Nuklidgehalten C kann unter Berücksichtigung der Produktionsrate P (Bildungsrate) und der Zerfallskonstanten λ das **Oberflächenalter** (**Expositionsalter**) berechnet werden:

Oberflächenalter (T) oder Bestrahlungsalter =
-ln (1 - Nuklidkonzentration C x Zerfallskonstante λ / Produktionsrate P / Zerfallskonstante λ

Zur Bestimmung der Produktionsrate (Atome/g Mineral/Jahr) fließen ein u.a. die Höhenlage (ü.M), die geogr. Breite, die geogr. Länge, topographische Abschwächungen durch Berge. Hinzu kommt die Abschwächung der Bildungsrate im Gestein/Sediment (u.a. je nach Dichte des Gesteins) und bei instabilen Nukliden die Zerfallsrate.

Wichtige **Fehlerquellen** können neben der Bildungsrate kosmogener Nuklide sein:
- eine unvollständige „Nullstellung“ der Gesteinsoberfläche (Rest-Nuklide), bei der ältere Nuklidgehalte nicht vollständig erodiert wurden (zu hohe Nuklidalter);
- eine nachträgliche Erosion oder Verwitterung der Gesteinsoberfläche (zu niedrige Nuklidalter, Minimumalter);
- eine post-sedimentäre Exhumierung der Gesteinsoberfläche (zu niedrige Nuklidalter);
- eine zeitweilige Überdeckung mit Schnee (einige % Abschwächung der Nuklidbildung), Eis (>10 m keine ^{10}Be-Bildung), Sedimenten oder Gesteinen (zu niedrige Nuklidalter);
- eine falsche Nuklid-Produktionsrate, z.B. infolge zeitweiliger Abschirmung durch Waldvegetation oder Felsblöcke.

Kosmogene Nuklid-Datierungen besitzen ein weites Spektrum interessanter geowissenschaftlicher Anwendungen wie die ^{10}Be- und ^{26}Al-Datierung von Moränenblöcken oder glazial abgeschliffener Oberflächen oder auch die ^{36}Cl-Datierung (Halbwertzeit 301 ± 2 ka) durch Erdbeben an exponierten Bruchflächen exhumierter Karbonatgesteine. Weitere potentielle Anwendungsfelder sind die Datierung von u.a. Bergstürzen, Terrassensedimenten, Schwemmfächern, Dünen und vulkanischen Eruptionen.

1.2.2.7 Weitere in der Geomorphologie wichtige Datierungsmethoden

Bisher wurden die für geomorphologische Fragestellungen wichtigsten Datierungsmethoden behandelt. Weitere sind etwa die Warvenchronologie an jahreszeitlich laminierten Seesedimenten oder historische Karten und Quellen. Darstellungen dieser und weiterer Techniken mit ihren jeweiligen Anwendungsmöglichkeiten findet man u. a. bei Wagner (1998), Geyh (2005) und Rink & Thompson (2015).

Forschungsperspektiven sind u.a. die Ausweitung der verschiedenen Datierungsmethoden auf weitere Geoarchive, eine Erhöhung der zeitlichen Auflösung und Paralleldatierungen desselben Geoarchivs mit unterschiedlichen Methoden.

Diskutieren Sie mit Hilfe des Textes und der Literatur oder seriöser Internetquellen die nachfolgenden Fragen.

1. *Wann endete die letzte Kaltzeit?*
2. *Wann begann das Holozän?*
3. *In welcher paläomagnetischen Epoche leben wir?*
4. *Wo liegt die Hauptquelle des Erdmagnetfeldes?*
5. *Mit welcher marinen Isotopenstufe (= Sauerstof-Isotopenstufe) wird das letzte Interglazial bezeichnet? (siehe Exkurs 2)*
6. *Wieviele Interstadiale (= D/O-Ereignisse) gab es in der letzten Kaltzeit nach grönländischen Eisbohrkernen? Wie schnell änderte sich damals das Klima von stadialen zu interstadialen Verhältnissen?*
7. *Was versteht man unter ^{14}C BP und wie erklären sich die Unterschiede zu den tatsächlichen Kalenderjahren? (siehe Exkurs 3)*
8. *Was versteht man unter einer „atmosphärisch bedingten Fehlerquelle“ bei ^{14}C -Datierungen?*
9. *Was versteht man bei der Radiokohlenstoffdatierung unter dem Suess-Effekt? (Exkurs 3)*
10. *Was ist bei ^{14}C -Datierungen mariner Organismen die Ursache für den marinen Reservoireffekt und in welcher Größenordnung liegt er global gesehen? (siehe Exkurs 3)*
11. *Nennen Sie fünf wichtige nummerische Datierungsmethoden in der Physischen Geographie, welche Materialien damit datiert werden können und welchen Datierungszeitraum sie abdecken?*

Weitere Fragen für BA-Studierende und Lehramt Gymnasium

12. *Was versteht man unter Leitfossilien, welche Eigenschaften müssen diese besitzen?*
13. *Was versteht man unter der „Brunhes-Matuyama-Grenze“ (M/B-Grenze) und wie alt ist sie?*
14. *Was versteht man unter dem Jaramillo- und dem Blake-Event und wann fanden sie statt?*
15. *Welche Gesteine kann man paläomagnetisch „datieren“?*

16. *Wie alt sind die Sauerstoffisotopenstufen 5, 7, 9 und 11?*
17. *Nennen Sie die marine Isotopenstufe, die dem Eem-Interglazial entspricht.*
18. *Was versteht man unter den „Dansgaard-Oescher events“?*
19. *Was versteht man unter den „Heinrich events“?*
20. *Für welches Klimaelement liefern in Eisbohrkernen die Isotope ^{18}O und ^{15}N Informationen und warum können Sie das?*
21. *Nennen und erklären Sie die wichtigsten Fehlerquellen bei folgenden numerischen Datierungsverfahren: ^{14}C-, K/Ar- und Th/U-Datierungen, sowie Lumineszenz und ESR-Verfahren.*
22. *Wie funktioniert die Kalibrierung von Radiokarbonalter? (siehe Exkurs 3)*
23. *Was bedeutet 1 sigma Fehlergenauigkeit? (siehe Exkurs 3)*
24. *Welche Materialien können mit Hilfe der ESR - Methode datiert werden?*
25. *Welcher Datierungszeitraum kann mit der ESR - Methode datiert werden?*
26. *Wie genau sind ESR-Datierungen an Korallen und welches Altersintervall kann datiert werden?*
27. *Wie genau sind ESR-Datierungen an Muschelschalen, was sind die Hauptfehlerquellen und welcher Altersbereich kann datiert werden?*

Für Fortgeschrittene

1) *Wie entstehen in Kristallen Fehlstellen mit paramagnetischen und/oder Lumineszenz-Eigenschaften?*
2) *Wovon ist die Höhe der ESR- Signalamplitude abhängig?*
3) *Was wird zur ESR-Datierung benötigt?*
4) *Was ist der D_E-Wert und wie wird er bestimmt?*
5) *Wie bestimmt man die interne Dosisrate einer Muschelschale?*
6) *Wie bestimmt man die externe Dosisrate?*
7) *Welche Strahlenbelastung muss bei ESR-Datierungen neben der internen und der externen Dosisrate noch berücksichtigt werden?*
8) *Was schwächt die Strahlenbelastung in einem Sediment stark ab?*

Weiterführende Literatur

BLACKWELL, B.A.B., SKINNER, A.R., BLICKSTEIN, J.I.B., MONTOYA, A.C., FLORENTIN, J.A., BABOUMIAN, S.M., AHMED, I.J. & DEELY, A.E. (2016): ESR in the 21th century: From buried valleys and deserts to the deep ocean and tectonic uplift. – Earth-Science Reviews, 158: 125-159.

BLARDA, P.-H., D. BOURLES, D., LAVE´,J. & PIK,R. (2006): Applications of ancient cosmic-ray exposures: Theory, techniques and limitations. – Quaternary Geochronology, 1: 59-73.

DULLER (2008): Luminescence Dating. Guidelines on using luminescence dating in archaeology. – Swindon (Englisch Heritage).

DUNAI, T.J. (2010): Cosmogenic Nuclides. Principles, Concepts and Applications in the Earth Surface Sciences. – Cambridge.

EDWARDS, R.L., GALLUP, C.D., CHENG, H. (2003): Uranium-series dating of marine and lacustrine carbonates. – Rev. Mineral. Geochem., 52: 363-405.

ELIAS, E. (ed.) (2008): Encyclopedia of Quaternary Science. – Dordrecht (Springer Verl.).

GOSSE, J. & KLEIN, J. (2015): Terrestrial comogenic nuclide dating. – In: RINK, W.J. & THOMPSON, J.W. (eds.): Encyclopedia of Scientific Dating Methods: 799-813. – Dordrecht (Springer).

HAJDAS, I. (2008): Radiocarbon dating and ist applications in Quaertnary studies. – E & G (Eiszeitalter und Gegenwart) Quaternary Science Journal, 57: 2.-24.

GEYH, M.A. (2005): Handbuch der physikalischen und chemischen Altersbestimmung. – Darmstadt (WBG).

GRÜN, R. (1989): Electron Spin Resonance (ESR) dating. – Quaternary International, 1: 65-109.

IVY-OCHS, S. & KOBER, F. (2008): Surface exposure dating with cosmogenic nuclides. – Eiszeitalter u. Gegenwart, 57: 179-209.

IVY-OCHS, S., ALEÇAR, N., JULL, T.A.J. (2014): Tracking the space of Quaternary landscape change with comogenic nuclides. – Quaternary Geochronology, 19: 1-3.

LEE, J. (2015): Ar-Ar and K-Ar Dating. – In: RINK, J.W. & THOMPSON, J.W. (eds.): Encyclopedia of Scientific Dating Methods: 58-73; Berlin, Heidelberg (Springer Verl.).

PREUSSER, FR., DEGERING, D., FUCHS, M. et 6 further Co-Authors (2008): *Luminescence dating: basics, methods and applications*. – Eiszeitalter u. Gegenwart, 57: 95-149.

RINK, W.J. & THOMPSON, J.W. (eds.) (2015): Encyclopedia of Scientific Dating Methods. – Dordrecht (Springer Verl.).

SCHAEFER, J.M. & LIFTON, N. (2007): Cosmogenic Nuclide Dating – Methods. – In: ELIAS, S.A. (ed.): Encyclopedia of Quaternary Science, 1: 412-419; Amsterdam (Elsevier).

SCHELLMANN, G., BEERTEN, K., & RADTKE, U. (2008): Electron spin resonance (ESR) dating of Quaternary materials. – Eiszeitalter und Gegenwart, Quaternary Science Journal, 57: 150-178.

SCHMIDT, CH., ZÖLLER, L. & HAMBACH, U. (2015): Dating of sediments and soils. – Erlanger Geogr. Arb., 42; Erlangen.

SCHOLZ, D. & HOFFMANN, D. (2008): ^{230}Th/U-dating of fossil corals and speleothems. – E & G (Eiszeitalter und Gegenwart) Quaternary Science Journal, 57: 52-76; Stuttgart.

WAGNER, G.A. (1995): Altersbestimmung von jungen Gesteinen und Artefakten. – Stuttgart (Ferdinand Enke Verlag).

WAGNER, G.A. (2007): Chronometric Methods in Paleoanthropology. – Berlin, Heidelber (Springer Verl.)

WALKER, M. (2005): Quaternary Dating Methods. – Chichester (John Wiley & Sons).

ZÖLLER, L. & WAGNER, G.A. (2014): 4.5.2 Datierungsmethoden. – Handbuch der Bodenkunde, 13. Erg.Lfg. 5/02: 1-25.

2. Endogene Prozesse und überwiegend endogen geprägte Formen

Die Formen der Erdoberfläche unterliegen einem Wechselspiel endogener (griech. *endogenes* = innen geboren) und exogener (griech. *exogenes* = außen entstanden) Einflussfaktoren und Prozesse.

Die **exogene Dynamik** umfaßt alle von oben (von außen) auf die Erdoberfläche einwirkenden Prozesse und Faktoren. Ihr Ursprung liegt im wesentlichen in der Atmosphäre, der Biosphäre, der Hydrosphäre, dem menschlichen Wirken (Anthroposphäre) oder auch außerhalb unseres Planeten. **Exogene Einflussfaktoren** auf die Gestaltung unserer Erdoberfläche sind beispielsweise die Sonnenstrahlung, aber auch die kosmische Strahlung, Wind, Regen, Schnee und Frost oder die Gezeiten. Aus ihnen resultieren **exogene Prozesse** wie verschiedene Arten von Verwitterung, Massenverlagerungen, glaziale, fluviale, äolische und marine Abtragungs- und Ablagerungsvorgänge bis hin zur Lösung von Gesteinen.

Unter der **endogenen Dynamik** versteht man alle Erscheinungen, die durch Wirkungen aus dem Erdinneren bedingt sind, d.h. ihre Ursache in der Erdkruste oder im Erdmantel haben. Dazu zählen alle magmatischen und tektonischen Vorgänge sowie die Gesteinsdiagenese und -metamorphose. Geläufige endogene Erscheinungen sind beispielsweise Erdbeben und Vulkanismus, aber auch die in geologischen Zeiträumen ablaufenden vertikalen und horizontalen Bewegungen der Erdkruste.

2.1 Der Schalenbau der Erde

Die meisten Deformationen geologischer Schichten, tektonische Hebungen und Senkungen, der gesamte Vulkanismus und die Entstehung von magmatischen und metamorphen Gesteinen werden durch Prozesse gesteuert, die in der Erdkruste und dem Erdmantel ablaufen. Um diese zu verstehen, benötigt man einige Kenntnisse über den inneren Aufbau der Erde.

Informationen über die Zusammensetzung des Erdinneren liefern u.a. **Bohrungen**, deren Reichweite allerdings auf die oberste Erdkruste beschränkt ist. So erreichte die bisher tiefste Bohrung auf der Halbinsel Kola aus den Jahren 1989 bis 1994 nur eine Tiefe von 12.260 m. Die in den Jahren 1990 bis1994 niedergebrachte KTB-Bohrung bei Windischeschenbach nördlich von Weiden erreichte eine Teufe von 9.101 m und musste wegen technischer Probleme beendet werden.

Mehr Informationen liefern regional differierende **geothermische Wärmeflüsse** (Reichweite: obere Erdkruste), Vulkane bzw. deren Magmen (Reichweite: Unterer Erdmantel) und vor allem **seismische Wellen** (Reichweite: Erdkruste, Erdmantel, Erdkern).

Bereits in Bergwerken, größeren Straßentunneln und bei tieferen Bohrungen kann man feststellen, dass die Temperatur in der Erdkruste nicht überall gleich hoch ist, sondern zum Erdinneren hin zunimmt. Diese Temperaturzunahme wird als **geothermischer Temperaturgradient** (K/100 m) bezeichnet. Er beträgt:

- im globalen Mittel auf den Kontinenten 2 bis 3 K /100 m;
- in alten Schilden (fennoskandischer, afrikanischer und kanadischer Schild) 1 K /100 m;
- in der Nähe heißer Grundwässer mehr als 5 K /100 m;
- in der Nähe von Magmenherden (Vulkanen) mehr als 10 K /100 m, lokal bis zu 30 K /100 m.

Betrachtet man die Vertikalentfernung, innerhalb derer die Temperatur um 1°C [1 K] zunimmt, dann spricht man von der **geothermischen Tiefenstufe**. Sie beträgt:

- im Durchschnitt 33 m (d.h. 3°C /100 m bzw. 3 K/100 m);
- im Bereich der Schwäbischen Alb etwa 11 m;
- in Vulkangebieten teilweise unter 4 m;
- in alten Kratonen Kanadas und Südafrikas mehr als 120 m.

Die im Erdinneren vorhandenen höheren Temperaturen bewirken einen **Wärmefluss (Wärmeflussdichte** in mW m^{-2}) zur Erdoberfläche hin. Er beträgt im globalen Mittel etwa 50 bis 60 mW m^{-2}. Die Wärmeflussdichte (Q) ist das Produkt aus der Wärmeleitfähigkeit des Gesteins G (ungefähr 2 W m^{-1} K^{-1}) und dem lokal gemessenen geothermischen Temperaturgradienten T (K km^{-1}):

$$Q = G \times T \ (\text{mW m}^{-2})$$

Das Modell eines schalenartigen Erdaufbaus beruht aber vor allem auf seismologischen Untersuchungen. Veränderungen der **Ausbreitungsgeschwindigkeiten seismischer Wellen** (vor allem Erdbebenwellen) ermöglichen Rückschlüsse auf Diskontinuitätszonen (seismische Sprünge), auf Dichteänderungen, auf Änderungen des Aggregatzustandes oder auf Änderungen in der mineralogischen Zusammensetzung des Erdinneren. So betragen die Ausbreitungsgeschwindigkeiten seismischer P-Wellen in quarzreichen Graniten nur etwa 6 km/s, die der S-Wellen nur etwa 3,6 km/s. In quarzarmen Basalten erreichen dagegen P-Wellen bereits Geschwindigkeiten von 6,5 bis 7,5 km/s und S-Wellen von ca. 3,9 km/s.

Der Schalenbau der Erde im Überblick.

Sprunghafte Veränderungen der Geschwindigkeit seismischer Wellen, **sogenannte seismische Diskontinuitäten** (z.B. Conrad-, Moho- und Wiechert-Gutenberg-Diskontinuität), dienen als Grundlage für eine Einteilung des Erdinneren in schalenförmige Bereiche wie Obere und Untere Erdkruste, Oberer und Unterer Erdmantel, Innerer und Äußerer Erdkern (Abb. 2.1.1, Abb. 2.1.2).

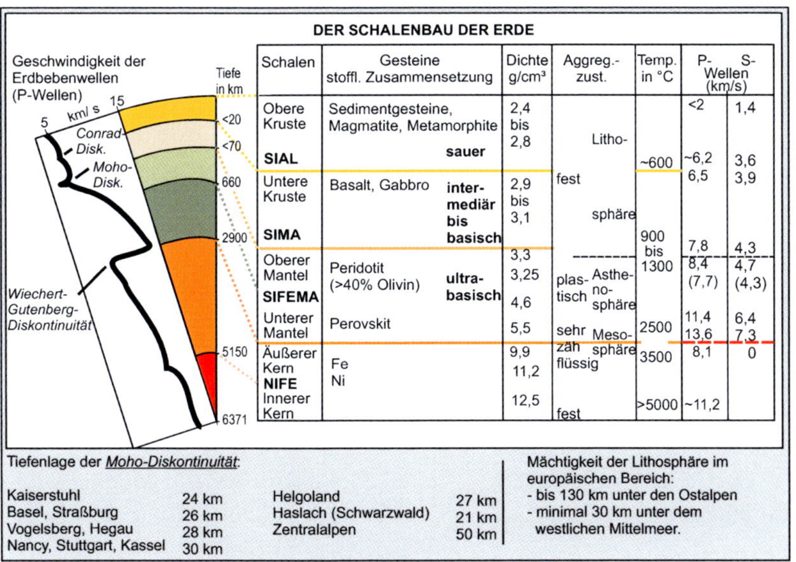

Abb. 2.1.1: Der Schalenbau der Erde, stark vereinfacht.

Erdkruste (Basis in 6 bis >50 km Tiefe)

Eine Unterteilung der Erdkruste in Oberkruste (Sial) und Unterkruste (Sima) ist nur im Bereich der Kontinente verwirklicht (Abb. 2.1.2). Die **kontinentale Erdkruste** besitzt ungewöhnliche Mächtigkeiten, häufig in Form einer 10 bis 20 km mächtigen oberen Erdkruste und einer 10 bis 40 km mächtigen unteren Erdkruste. Dabei ist die kontinentale Kruste unterschiedlich dick. Besonders dick ist sie subduktionsbedingt (Kap. 2.3) im Bereich junger Faltengebirge und besonders dünn im Bereich großer kontinentaler Grabenbrüche. In Deutschland besitzt sie im Mittel eine Dicke von 28 bis 32 km, im Oberrheingraben am Kaiserstuhl von etwa 24 km und in den Alpen von 50 km und mehr (Abb. 2.1.1; Abb. 2.1.3). Die Grenze zwischen oberer und unterer Erdkruste bildet die **Conrad-Diskontinuität.**

In der **oberen kontinentalen Erdkruste** dominieren Sedimentgesteine, kieselsäurereiche (>65% SiO_2) plutonische (z.B. Granite) und metamorphe (z.B. Gneise) Gesteine. Sie besitzt die geringste Dichte: etwa 2 bis 2,3 g/cm^3 bei anstehenden Sedimentgesteinen und etwa 2,7 bis 2,8 g/cm^3 bei den im Krustenaufbau vorherrschenden magmatischen und metamorphen Gesteine (Abb. 2.1.2; Abb. 2.1.3).

Die **untere kontinentale Erdkruste** besteht aus kieselsäureärmeren (ca. 60% SiO_2) basischen Plutoniten (u.a. Gabbro, Diorite) und Metamorphiten Die mittlere Dichte liegt bei 2,9 bis 3,0 g/cm^3 (Abb. 2.1.3). etwas höher als in der oberen Erdkruste.

Anders ist der Aufbau der **ozeanischen Erdkruste**. Sie ist häufig nur 6 bis 10 km mächtig (Abb. 2.1.2), im Bereich der mittelozeanischen Rücken auch deutlich weniger. Unter einer wenige hundert Meter mächtigen Sedimentdecke aus Tiefseetonen folgen **basaltische Kissenlaven** (*pillow lava*) sowie Förderkanäle und Lagergänge (***sheeted dykes***), die nach unten in

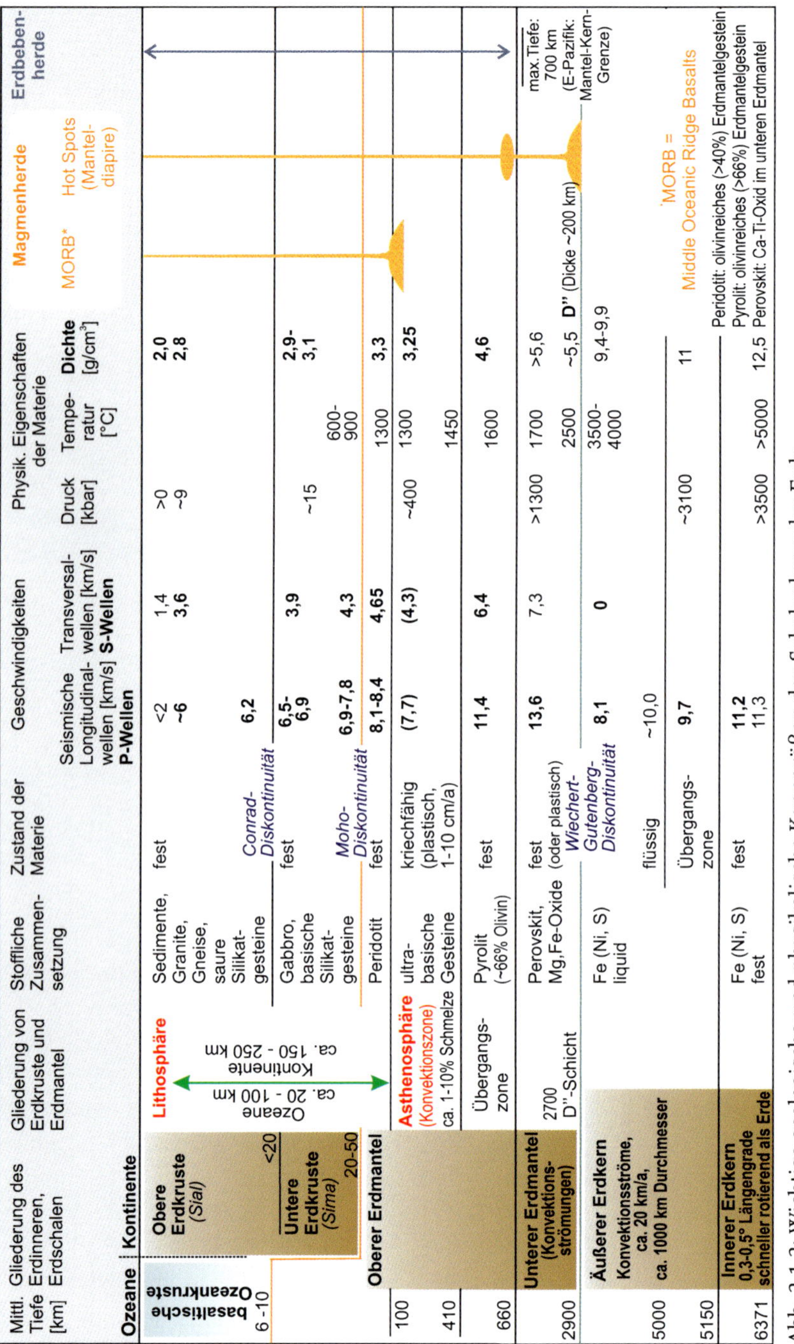

Abb. 2.1.2: Wichtige geologische und physikalische Kenngrößen des Schalenbaus der Erde.

Gabbros (Tiefengesteinspendant des Basalts, Kap. 2.2.2) übergehen. Stofflich (<50% SiO_2) und von der Dichte um 3,0 bis 3,1 g/cm³ her ähnelt die ozeanische Kruste der Unteren Erdkruste im kontinentalen Bereich.

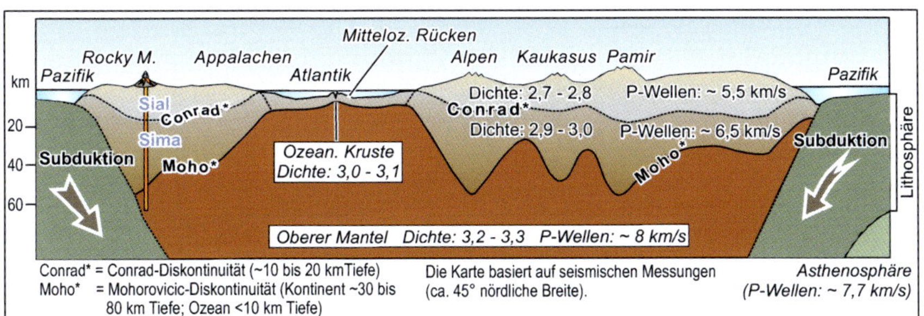

Abb. 2.1.3: Der Schalenbau der Erde in einem kontinentalen West-Ost-Profil von Nordamerika bis Ostasien (Quelle v.a. LENZ & WIEDERSICH 1993).

Die **seismische Untergenze** der kontinentalen und der ozeanischen Erdkruste bildet die **Mohorovicic (Moho)-Diskontinuität**. Sie liegt im Bereich der Kontinente häufig in 20 bis 50 km Tiefe, im Bereich junger Faltengebirge aber auch deutlich tiefer, im Himalaya und in den Zentralanden bei teilweise über 70 km Tiefe und in den Ozeanen in ca. 6 bis 10 km Tiefe (Abb. 2.1.2, Abb. 2.1.3). Die Untergrenze der Erdkruste wird auch petrologisch definiert als Grenze zwischen den olivinarmen Erdkrustengesteinen und den olivinreichen, schweren (Dichte von 3,3 bis 3,4 g/cm^3) peridotischen Erdmantelgesteinen (Abb. 2.1.2).

Die **seismische** und **petrologische Untergrenze** der Erdkruste liegt nicht überall auf Erde in identischer Tiefe. Sie ist dort unterschiedlich, wo an der Basis der Erdkruste subduktionsbedingt dichte Eklogite anstehen (Kap. 2.2.2). Eklogite sind hochdruck-metamorphe Gesteine, die ähnliche seismische Eigenschaften besitzen wie die peridotischen Gesteine des Oberen Erdmantels.

Lithosphäre (*gr. lithos* = Gestein)

(Basis in ca. 20 bis 250 km Tiefe)

Die Erdkruste und die höchsten Bereiche des aus Peridotit bestehenden oberen Erdmantels sind fest und werden daher auch als **Lithosphäre** (= Gesteinsphäre) bezeichnet (Abb. 2.1.2). Unter den Ozeanen ist die Lithosphäre nur insgesamt 20 bis 100 km mächtig.

Dabei ist ozeanische Lithosphäre erdgeschichtlich gesehen relativ jung, maximal 180 Mio. Jahre. Ihre Mächtigkeit ist altersabhängig: weniger dick im Bereich der jungen mittelozeanischen Rücken (ca. 20 km) und deutlich mächtiger im Bereich der ältesten Ozeanböden (60 bis 100 km). Die Untergrenze ist seismologisch gut nachzuweisen, anders als in vielen Bereichen der kontinentalen Lithosphäre.

Im Bereich der Kontinente ist die Lithosphäre dicker und deutlich älter (bis zu 2 bis 3,5 Mrd. Jahre). Ihre Untergrenze liegt meist in 150 km Tiefe, unter alten Kratonen teilweise in 200 bis 250 km Tiefe. Die Untergrenze der Lithosphäre bzw. der Übergang zur Asthenosphäre ist durch eine markante Abnahme der Geschwindigkeiten von P- und S-Wellen gekennzeichnet (Abb. 2.1.2), ein Hinweis auf eine geringere Dichte durch Verbreitung von Gesteinsschmelzen (Magma).

Asthenosphäre (*gr. asthenos* = nachgiebig, weich, plastisch)
(zwischen ca. 100 bis 410 km Tiefe)

Die Asthenosphäre ist eine relativ schmale Zone unterhalb der Lithosphäre und reicht bis in ca. 410 km Tiefe (Abb. 2.1.2). Sie ist gut ausgebildet unter den Ozeanen und jungen Kontinenten, unter den alten Kontinente ist ihre Existenz unsicher. Die Asthenosphäre besteht vor allem im Bereich der mittelozeanischen Rücken aus teilweise geschmolzenen Erdmantelgesteinen (ca. 1 bis 10% Schmelzanteile). Dadurch besitzt sie einen **Konvektionsstrom** mit Aufstieg im Bereich der mittelozeanischen Rücken und Abstieg im Bereich der Subduktionszonen (Kap. 2.3: Plattentektonik). Die Bewegung beträgt nur etwa **1 bis 10 cm/Jahr.** Ein vollständiger Umlauf dauert je nach Größe der Konvektionszelle etwa 200 bis 400 Mio. Jahre. Die feste Lithosphäre wird auf diesem Konvektionsstrom mitgetragen (Kap. 2.3: Plattentektonik). Die Asthenosphäre ist zudem eine der wichtigsten Produzenten von **basaltischen Mantelschmelzen, den Mittelozeanischen Rückenbasalten** (MORB) (Kap. 2.3 und Kap. 2.4).

Übergangszone (in ca. 410 bis 660 km Tiefe)

Die feste Übergangszone beginnt mit einer plötzlichen Zunahme der Geschwindigkeiten von P- und S-Wellen (Abb. 2.1.2). Sie besteht vor allem aus Pyroliten, sehr olivinreichen Gesteinen, die manchmal geschmolzen werden, aufsteigen und als **basaltische Magmen** bis zur Erdoberfläche gelangen (Hot Spot-Vulkanismus, Abb. 2.1.2).

Unterer Erdmantel (in ca. 660 bis 2900 km Tiefe)

In 660 km Tiefe ändert sich dier Mineralbestand erneut zu Mg(Fe)-Perovskiten und Mg-Fe-Hochdruckoxiden. (Abb. 2.1.2). Bei Perowskiten ist das Si-Atom aufgrund der hohen Druckverhältnisse von sechs „zusammengepressten" O-Atomen (oktaedrisch) umgeben, während es im oberen Erdmantel und in der Erdkruste nur vier O-Atome (tetraedrisch) besitzt. An der Erdoberfläche subduzierte Lithosphäre wird vereinzelt erst im Unteren Erdmantel vollständig aufgeschmolzen. Das Schmelzen dieser relativ kalten und relativ wasserreichen Lithosphäre initiiert wahrscheinlich im Unteren Erdmantel großräumige Konvektionsströmungen.

Der Untere Erdmantel besitzt thermisch bedingt an der Basis zum flüssigen Äußeren Erdkern ab etwa 2700 km Tiefe eine etwa 200 km mächtige Region mit häufigen Bildungen basaltischer **Mantelschmelzen** (*mantle plumes*). Sie wird als **D"-Schicht** (*D" layer*) oder als D"-Region bezeichnet (Abb. 2.1.2). Diese Schmelzen können ebenfalls bis an die Erdoberfläche aufsteigen und dort einen **Hot Spot-Vulkanismus** auslösen (Kap. 2.4: Vulkanismus). Damit gibt es zwei, von der Genese und Zusammensetzung her unterschiedliche basaltische Primärmagmen. Dabei sind die mittelozeanischen Rückenbasalte u.a. verarmt an einigen Spurenelementen wie Uran (U), Thorium (Th) und Helium (He).

Die Grenze des unteren Erdmantels zum Erdkern ist gekennzeichnet durch eine plötzliche Geschwindigkeitszunahme der P-Wellen und das abrupte Erlöschen der S-Wellen

(Abb. 2.1.2, Abb. 2.1.4). Dieses Verhalten der seismischen Wellen wird als Wiechert-Gutenberg-Diskontinuität bezeichnet. Da S-Wellen nicht durch Flüssigkeiten laufen können, geht man davon aus, dass das Gestein unterhalb dieser Diskontinuität flüssig oder geschmolzen ist.

Äußerer Erdkern (in ca. 2900 bis 5150 km Tiefe)

Der Äußere Erdkern besteht überwiegend aus Eisen (Fe) und Nickel (Ni), untergeordnet zu etwa 10% aus einigen leichteren Elementen wie Schwefel (S) und Sauerstoff (O). Er ist flüssig, besitzt **schraubenförmige Konvektionsströmungen** mit ca.1000 km Durchmesser. Sie besitzen Geschwindigkeiten von etwa 20 km pro Jahr (Abb. 2.1.2; Clauser 2014: 203ff.). In Kombination mit der Erdrotation und mit der langsamen Rotation des festen inneren Erdkerns kommt es zu einem Dynamoeffekt, der ca. 95% des **Erdmagnetfeldes** erzeugt (Macmillan 2011: 373).

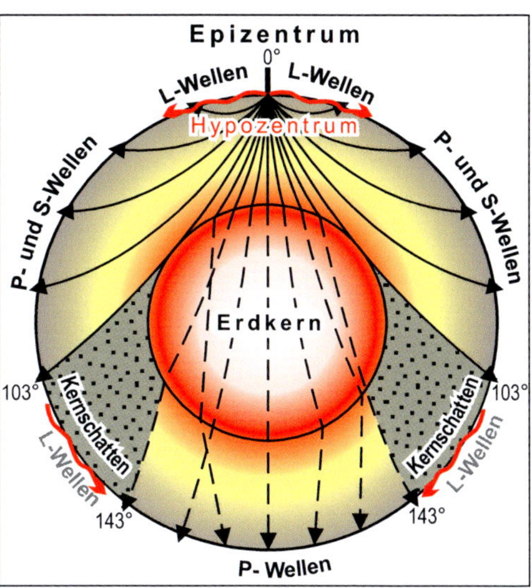

Abb. 2.1.4:
Wege der Erdbebenwellen (L-Wellen = Oberflächenwellen; P-Wellen = Longitudinal-Wellen; S-Wellen = Transversalwellen).

Innerer Erdkern (ca. 5150 bis 6371 km Tiefe)

Der feste Innere Erdkern aus solidem Eisen und etwas Nickel und Schwefel rotiert etwa 0,3 bis 0,5 Längengrade schneller als die Erde und trägt so ebenfalls zur Entstehung des Erdmagnetfeldes bei.

Ausgewählte Literatur

Bahlburg, H. & Breitkreuz, Ch. (2017): Grundlagen der Geologie: Kap. 9.2. – Stuttgart (Enke Verl.).

Schellmann, G. (2020a): Geologische Grundlagen. – In: Gebhardt, H., Glaser, R., Radtke, U., Reuber, P. & Vött, A. (Hrsg.): Geographie. Physische Geographie und Humangeographie: 352-368; München (Spektrum Akad. Verl.).

Vertiefende Literatur

Jacobshagen, V., Arndt, J., Goetze, H.-J., Mertmann, D. & Wallfass, C. (2000): Einführung in die geologischen Wissenschaften. – Stuttgart (Ullmer Verl.).

Tarbuck, E.J. & Lutgens, F.K. (2009): Allgemeine Geologie. – München (Pearson Studium).

Beantworten Sie mit Hilfe des Textes, der Abbildungen und der Literatur folgende Fragen:

1. *Was sind endogene Dynamiken?*
2. *Welche Tiefe erreichte die bisher tiefste Bohrung auf der Halbinsel Kola und welche Tiefe erreichte die KTB-Bohrung in der Oberpfalz?*

3. *Was versteht man unter einer geothermischen Tiefenstufe?*
4. *Welche Größenordnung erreicht der geothermische Temperaturgradient im globalen Mittel?*
5. *Wie unterscheidet sich der seismische und petrographische Aufbau der Erdkruste im Bereich der Kontinente von der ozeanischen Kruste?*
6. *Wo ist die Erdkruste in Deutschland am mächtigsten?*
7. *Aus welchem Gestein besteht der feste Obere Erdmantel und welches Mineral dominiert dort?*
8. *Aus welchen Gesteinen besteht die ozeanische Erdkruste und wie mächtig ist sie?*
9. *Wie heißt die seismische Diskontinuität an der Untergrenze der Erdkruste?*
10. *In welcher Tiefe liegt die Moho-Diskontinuität unter Faltengebirgen wie den Ostalpen?*
11. *Wo findet man im Untergrund keine Conrad-Diskontinuität?*
12. *Wie mächtig ist die Lithosphäre im Bereich der Kontinente?*
13. *Welche besondere physikalische Eigenschaft besitzt die Asthenosphäre?*
14. *Wie hoch ist der Anteil an geschmolzenem Gestein in der Asthenosphäre?*
15. *Wie schnell bewegen sich Konvektionsströmungen in der Asthenosphäre?*
16. *Wo wird basaltisches Magma, das aus der Asthenosphäre stammt, gefördert?*
17. *Aus welcher Tiefe stammen Magmen, die von Hot spot - Vulkanen gefördert werden?*
18. *Aus welcher Zone (Sphäre) stammen Magmen, die am mittelozeanischen Rücken gefördert werden?*
19. *Wo entsteht das Erdmagnetfeld?*
20. *Was ist der Unterschied zwischen Erdkruste und Lithosphäre?*
21. *Wie mächtig ist die obere Erdkruste im Bereich der Kontinente und aus welchen Gesteinen besteht sie?*

Weitere Fragen für BA-Studierende und Lehramt Gymnasium

22. *Welche Dichte haben im Durchschnitt Sedimentgesteine und welche Dichte besitzt im Durchschnitt die ozeanische Erdkruste?*
23. *Wie hoch ist der geothermische Temperaturgradient im globalen Mittel?*
24. *Welche Informationen liefern Ausbreitungsgeschwindigkeiten seismischer Wellen?*
25. *Was sind seismische Diskontinuitäten? Nennen Sie drei. Welche trennt obere und untere Erdkruste?*
26. *Welche seismischen Wellen laufen durch den Erdkern?*
27. *Welche Gesteine bauen vor allem die ozeanischen Erdkruste auf?*
28. *Welches Mineral überwiegt in den Gesteinen des Erdmantels?*
29. *Wieviel Prozent der Asthenosphäre sind flüssig?*
30. *Welche Funktion hat die D‘‘-Schicht an der Mantel-Kern-Grenze?*
31. *Wo entstehen mehr als 90% des Erdmagnetfeldes?*

2.2 Das Material von Erdkruste und Erdmantel

Minerale sind feste, homogene (stofflich einheitliche), von wenigen Ausnahmen abgesehen anorganische Verbindungen, die aus ein oder mehreren Elementen in geometrisch regelmäßiger Anordnung (Kristallgitter, kristalline Minerale) oder ungeregelt (amorphe Minerale = strukturlose Minerale) aufgebaut sein können. Künstliche Mineralbildungen werden als synthetische Minerale bezeichnet (z.B. synthetischer Quarz).

(Definition eines Stoffes)

Kristalle sind dreidimensionale Festkörper, künstlich oder natürlich, deren chemische Bausteine streng periodisch regelmäßig angeordnet sind (Raumgitter), und die oft durch ebene Begrenzungsflächen äußerlich erkennbar sind.Alle natürlichen Kristalle sind gleichzeitig Minerale, aber nicht alle Minerale sind kristallin. Nichtkristallin sind amorphe Minerale wie vulk. Gläser (u.a. Obsidian, Bims) und Opale (amorphe Kieselsäure).

(Definition von Formen und Eigenschaften)

Minerale bauen Gesteine auf. Man kennt über 1000 Mineralarten, aber nur etwa 30 Minerale sind gesteinsbildend (Tab. 2.2.1). In magmatischen und metamorphen Gesteinen treten sie häufig als ein Gemisch verschiedener Minerale auf. In biogenen Sedimentgesteinen bilden sie monomineralische Gerüste. In klastischen Sedimentgesteinen treten sie als Körner oder Gruspartikel auf und in chemischen Sedimentgesteinen als monomineralische Ausfällungen. In Böden existieren zudem besondere pedogene Minerale wie diverse Tonminerale und Sesquioxide (Fe-Oxide, Fe-Hydroxide etc.). Sie sind erst im Laufe der Bodenentwicklung als Neubildungen entstanden angepaßt an das jeweilige Bodenmilieu. Aus der Mineralzusammensetzung eines Gesteins resultieren wesentliche Eigenschaften wie Dichte, Chemismus, Resistenz gegen chemische Verwitterung und andere.

Tab. 2.2.1:
Häufigkeit (Masse %) wichtiger Minerale und Mineralgruppen in der Erdkruste (Quelle: Rösler 1984).

Feldspäte	50,0 %	Silikate 91,5 %
Pyroxene, Amphibole, Olivin	16,5 %	
Quarz	12,5 %	
Glimmer (3,5 %) und silikatische Tonminerale	04,5 %	
Eisenoxid	3,5 %	
Calcit	1,5 %	
alle anderen Minerale	3,5 %	
Summe	***100 %***	

Ein **Gestein** ist ein natürliches Gemenge von verschiedenen Mineralen (heteromineralisch) oder nur einer Mineralart (monomineralisch) oder aus Mineral- und Gesteinsbruchstücken oder aus einer natürlichen Ansammlung tierischer bzw. pflanzlicher Reste. Ein Gestein ist das Ergebnis eines geologischen Prozesses. Aus seiner mineralogischen und chemischen Zusammensetzung, seinem Gefüge und seinem geologischen Verband lassen sich Rückschlüsse auf seine Bildungsbedingungen ziehen.

(Definition eines Stoffes, seiner Eigenschaften und seines Werdeganges)

2.2.1 Einige physikalische Eigenschaften von Mineralen

Farbe (Eigenfarbe) vieler Minerale ist keine eindeutige diagnostische Eigenschaft. Minerale mit einer konstanten Farbe (*idiochromatisch*) sind selten. Beispiele sind bleigrauer Bleiglanz, gelber Schwefel, blauer Azurit, grüner Malachit, violetter Amethyst oder eisenschwarzer Magnetit.

Anlauffarben sind korrosionsbedingte Oxidationshäutchen. Beispiele sind Kupferkies (Chalkopyrit) oder Rostspuren beim Eisenerz.

Fremdfarbe (*allochromatisch*) entstehen u.a. durch Einbau von Spurenelementen in den Kristallbau oder durch Einschlüsse von Flüssigkeiten. Beispiele sind: Blauquarz, blau durch feine TiO_2-Nadeln; rosa Kalifeldspat durch fein verteilten Hämatit; weißer Milchquarz durch Gas- und Flüssigkeitseinschlüsse.

Farbschiller sind Unstetigkeiten oder Inhomogenitäten im Kristallbau.

Strichfarbe ist eine relativ konstante Eigenschaft von Mineralen. Beispiele sind: Hämatit, rotbraun; Limonit und Goethit, gelbbraun; Zinnober, rot; Malachit, hellgrün; Pyrit, schwarz; Magnetit, dunkelgrau bis schwarz; Schwefel, gelb; Gold, gelb.

Beim **Glanz** (reflektiertes Licht an der Mineraloberfläche) unterscheidet man zwischen
a) metallischem Glanz: opak (licht-undurchlässig) und stark reflektierend;
b) nichtmetallischem Glanz: Glasglanz, Wachsglanz, Fettglanz, Seidenglanz, Perlmuttglanz, matt, stumpf, Diamantglanz.

Minerale können:
- durchsichtig (transparent) (z.B. Marienglas, Muskovit, Calcit, Bergkristall),
- durchscheinend (translucent) (z.B. Milchquarz, Steinsalz),
- kantendurchscheinend (z.B. Feuersteine, Obsidian) oder
- undurchsichtig (opak) sein (z.B. alle Erze wie Bleiglanz).

Die **relative Härte** eines Minerals mit den Härtegraden 1 bis 10 nach **MOHS** (1822) ist der Widerstand, den das Mineral einem spitzen, zum Ritzen geeigneten Gegenstand entgegenbringt (Tab. 2.2.2).

Tab. 2.2.2: Härteskala (Ritzhärtegrade) nach MOHS (1822).

Härte	Mineral	Bemerkungen
1	**Talk**	mit Fingernagel schabbar
1,5	**Gips**	
2	**Steinsalz**	mit Fingernagel (2,5) ritzbar
3	**Calcit** (Kalkspat)	mit Kupfermünze (3,5) ritzbar
4	**Fluorit** (Flußspat)	mit Glas leicht ritzbar
5	**Apatit**	mit Glas (5,5) ritzbar
6	**Feldspat**	mit Messerstahl (6,5) (Feile) ritzbar
7	**Quarz**	ritzt Glas und Messerstahl (6,5)
8	**Topas**	ritzt Quarz (7)
9	**Korund**	
10	**Diamant**	härteste natürlich vorkommende Mineral; nur von sich selber ritzbar

Spaltbarkeit ist die Eigenart eines Minerals bei mechanischer Beanspruchung (z.B. Hammerschlag) nach bestimmten kristallographischen Flächen zu spalten. Spaltflächen laufen parallel zu möglichen Kristallflächen. Qualität und Winkel der Spaltbarkeitsflächen sind oft gute Unterscheidungsmerkmale. Bei der Spaltbarkeit wird unterschieden zwischen:

- höchst vollkommen (*Glimmer, Talk, Graphit*),
- sehr vollkommen (*Kalkspat, Marienglas, Steinsalz*),
- vollkommen (*Feldspäte, Flußspat*),
- unvollkommen bzw. undeutlich (*Amphibole, Pyroxene*),
- nicht vorhanden (*Quarz*).

Beim Zerbrechen entstehen dagegen unregelmäßige Bruchflächen. Man unterscheidet folgende Brucharten:

- uneben (Bernstein, Quarz),
- faserig (Fasergips),
- muschelig (Obsidian, Feuerstein, Quarz),
- splitterig (Pyroxen),
- körnig (Magnetit),
- eben oder glatt (Spatminerale).

Die Dichte bzw. das spezifische Gewicht von Mineralen ist sehr unterschiedlich. Je nach Dichte unterscheidet man zwischen:

a) Schwermineralen: Dichte >2,85 g/cm^3
   (z.B. Olivin, Amphibol: ca. 3,5 g/cm^3) und
b) Leichtmineralen: Dichte <2,85 g/cm^3
   (z.B. Bernstein: 1-1,1 g/cm^3; Quarz, Feldspat: 2,6 g/cm^3).

Eine auffällig hohe Dichte besitzen:

- Erze (z.B. Pyrit 5 g/cm^3; Bleiglanz 7,5 g/cm^3);
- Schwerspat (Baryt) 4,5 g/cm^3;
- Gold 19 g/cm^3.

Weitere Eigenschaften von Mineralen sind:

- Ferromagnetismus, z.B. Magnetit (Fe_2O_3);
- Geschmack, z.B.Steinsalz (salzig), Kalisalz (bitter);
- HCl-Reaktion, z.B. Kalkspat ($CaCO_3 + 2\ HCl = CaCl_2 + H_2O + CO_2$);
- Geruch, z.B. Schwefelgeruch (Schwefel und einige Sulfide wie Pyrit oder Markasit);
- Anfühlen (fettig, seifig, glatt, rauh, kalt, warm).

Ausgewählte Literatur

MARKL, G. (2015): Minerale und Gesteine. – 3. Aufl.; Berlin, Heidelberg (Springer Spektrum).

OKRUSCH, M. & MATTHES, S. (2014): Eine Einführung in die Spezielle Mineralogie, Petrologie und Lagerstättenkunde. – 9. Aufl.; Springer Verl.

Sebastian, U. (2014): Gesteinskunde. Ein Leitfaden für Einsteiger und Anwender. – 3. Aufl.; Heidelberg (Sektrum).

Vinx, R. (2015): Gesteinsbestimmung im Gelände. – 4. Aufl.; München (Elsevier Verl.).

Empfehlenswerte Skripte im Internet

Stosch, H.G., Hollerbach, R., Eckhardt, J.-G. & Kleinschrodt, R. (2013): Übungen zur Mineral- und Gesteinsbestimmung für Studierende der Geologie und der Mineralogie. – http://www.geologie.uni-freiburg.de/root/people/fschaft/Gesteinsbestimmung.pdf

Marks, M. & Warnecke, M. (2017): Gesteinskunde. Skript für die Übungen zur Dynamik der Erde. – Universität Tübingen (frei im Internet 2020).

Erarbeiten Sie mit Hilfe der Literatur folgende Fragen.

1. *Wie unterscheiden sich Gesteine von Mineralen und Minerale von Kristallen?*

2. *Sind alle Minerale auch Kristalle?*

3. *Besitzt ein Mineral chemisch und physikalisch gleiche Eigenschaften?*

4. *Was versteht man unter dem Begriff „idiomorph" und „xenomorph" und nennen Sie ein Beispiel für einen idiomorphen Kristall.*

5. *Was versteht man unter den Begriffen:*
   a) monomineralisch;
   b) heteromineralisch;
   c) makrokristallin;
   d) mikrokristallin;
   e) kryptokristallin.

6. *Wie lautet der Mineralname für:*
   a) durchsichtigen kristallinen Quarz;
   b) violetten kristallinen Quarz;
   c) gelben kristallinen Quarz;
   d) schwarzen kristallinen Quarz;
   e) rauchfarbenen kristallinen Quarz;
   f) durchsichtigen kristallinen Gips;
   g) faserigen kristallinen Gips;
   h) durchsichtigen hellen Glimmer;
   i) schwarzen Glimmer;
   j) schwarzes vulkanisches Glas;
   k) goldgelben metallisch glänzenden Würfel mit schwarzem Strich.

7. *Nennen Sie die drei Hauptgruppen der Gesteine hinsichtlich ihr Entstehungsgeschichte.*

8. *Beschreiben Sie die geologischen Vorgänge, die zur Entstehung von Vulkaniten, Plutoniten, Ganggesteinen,Sedimentgesteinen und Metamorphiten führen.*

9. *Geben Sie zu allen der oben genannten Gesteinstypen jeweils eine Gesteinsart an.*

10. *Was versteht man unter einem Gesteinsgefüge?*

11. *Welche Strichfarbe besitzt:*
    a) Goethit;
    b) Hämatit;
    c) Magnetit;
    d) Pyrit.

12. *Welche Moh'sche Härte besitzt*
    a) Quarz und welches Hilfsmittel ritzt Quarz?
    b) Gips und welches Hilfsmittel ritzt Gips?
    c) Talk und welches Hilfsmittel ritzt Talk?
    d) Kalkspat und welches Hilfsmittel ritzt Kalkspat?

13. *Nennen Sie zwei Minerale mit auffällig hoher Dichte (= großes spez. Gewicht).*

14. *Nennen Sie ein Mineral mit typischem Geschmack.*

15. *Nennen Sie ein Mineral, das beim Beträufeln mit verdünnter Salzsäure (10%) braust.*

2.2.2 Einige häufige Minerale

Primäre Minerale entstehen in der Regel durch Auskristallisation aus Schmelzen, Lösungen oder Dämpfen oder dadurch, dass bereits existierende Minerale bei der Gesteinsmetamorphose unter veränderten Druck- und Temperaturbedingungen umgewandelt werden.

Durch Verwitterungsprozesse können aus ihnen neue **sekundäre Minerale** entstehen:

a) durch Neubildung nach vollständiger oder teilweiser Auflösung der Primärminerale. Dazu zählen u.a. Tonminerale sowie pedogene Oxide und Hydroxide (Sesquioxide);
b) durch chemische bzw. biochemische Ausfällung (u.a. Calcit, Dolomit, Salzminerale, Kieselgele wie Opal).

Mehr als 91% der häufigsten Minerale in der oberen Erdkruste sind Silikate und Quarz (SiO_2), während Karbonate, Sulfate, Sulfide und Chloride (NaCl), Oxide und Hydroxide, Phosphate (Apatit) sowie viele weitere Minerale deutlich unterrepräsentiert sind.

Zu den **Silikaten** gehören Feldspäte und Glimmer, Pyroxene, Amphibole, Olivine, amorphe Varietäten wie Opal (SiO_2 x n H_2O) und viele mehr. Silikate sind überwiegend aus magmatischen Schmelzen oder bei der Metamorphose entstanden. Einige **amorphe Silikate** resultieren aus der Eindickung von SiO_2-haltigen kolloidalen Lösungen (Kieselsole und Kieselgele) oder aus dem Skelettbau einiger Organismen wie z.B. die Opalskelette von Kieselalgen (Diatomeen), Radiolarien und Kieselschwämmen oder die aragonitischen Skelette von Steinkorallen oder die aragonitischen/calzitischen Schalen von Muscheln und Schnecken. Silikate sind wesentliche Ausgangsminerale für die bei der Verwitterung neu entstehenden pedogenen Minerale und Tonminerale. Die Löslichkeit von SiO_2 ist neben der Temperatur vom pH-Wert und von der Form abhängig, in der das SiO_2 vorliegt. Generell gilt: Bei pH-Werten von >pH 8 (basischer) nimmt die Löslichkeit sprunghaft zu und amorphes SiO_2 (z.B. Skelettopal) ist etwa um den Faktor 10 besser löslich als Quarz (SiO_2) (ROTHE 1994: 17).

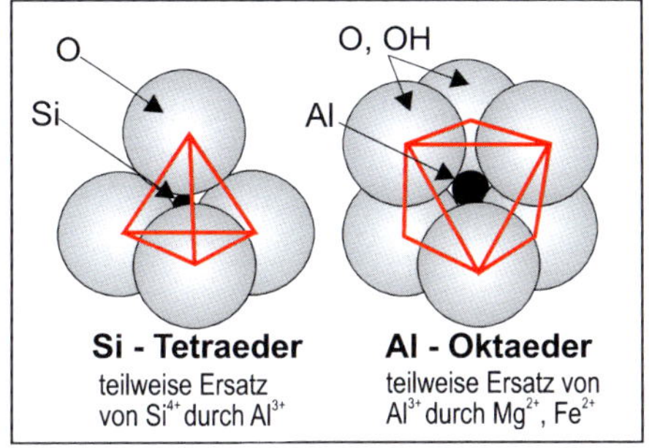

Abb. 2.2.1: Grundbausteine von Silikaten.

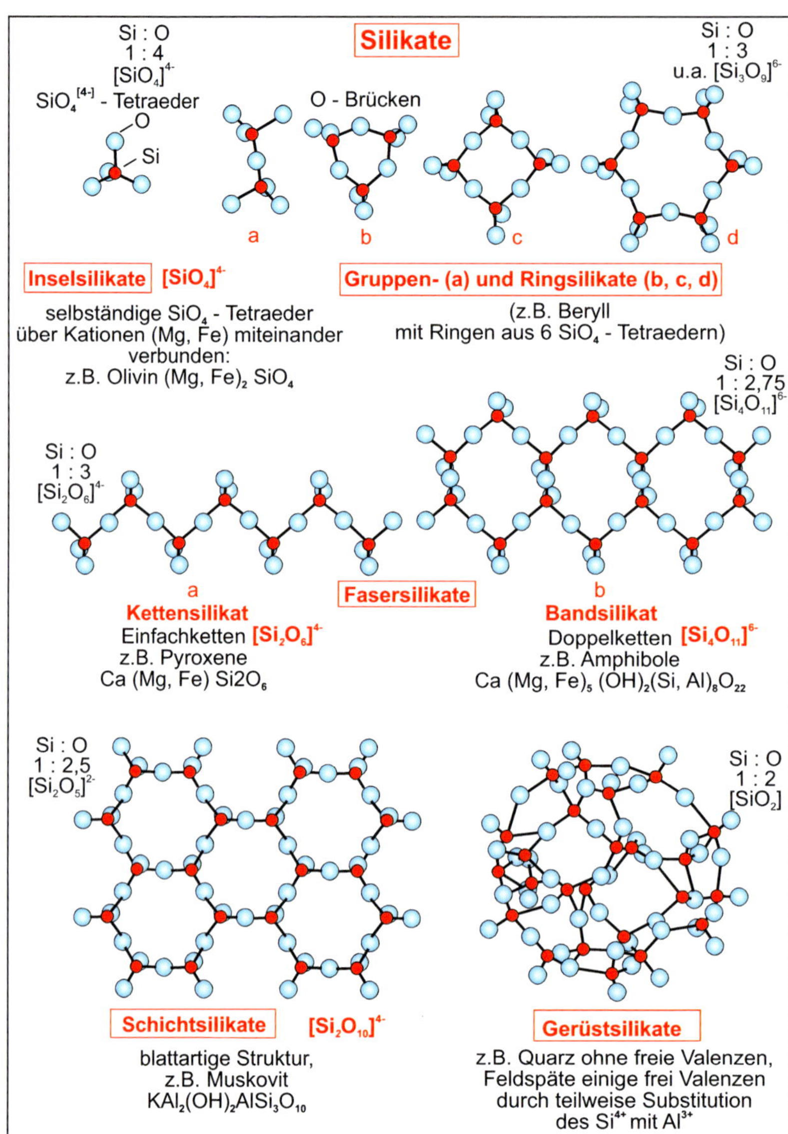

Abb. 2.2.2: Silikatstrukturen von Mineralien im Überblick (Quelle v.a. ALTABA & TANELLI 1993).

Atomarer Grundbaustein von Silikaten ist der **SiO_4-Tetraeder** (Vierflächner): Si (Al) sitzt als Zentralkation im Zentrum des Tetraeders und ist von vier Sauerstoff-Atomen umgeben (Abb. 2.2.1). Durch teilweisen Ersatz des vierwertigen Si^{4+} durch dreiwertiges Al^{3+} kann es zu einem positiven Ladungsüberschuss kommen, der die Anbindung anderer Kationen an den Tetraedern ermöglicht. Über Sauerstoffbrücken können die Tetraeder zu verschiedenen dreidimensionalen Strukturen vernetzt sein: als Insel-, Band-, Ketten-, Gerüst- oder Schichtsilikate (Abb. 2.2.2).

Schichtsilikate und viele andere Silikate besitzen zudem als weiteren wichtigen Grundbaustein **Al-Oktaeder** (AlO_6), bei dem Al (Mg, Fe) als Zentralkation im Oktaeder von sechs

		Härte	Farbe	Bemerkungen	Vol.-% Erdkruste	Chemismus	Gitterbau	SiO_2-Gehalt (%)
Quarz		7	viele Farbvarietäten	muscheliger Bruch	12	SiO_2	Gerüstsilikat	100
Muskovit[1]	leukokrat[3]	2 - 2,5	farblos	hell, verwittert silbrig	0,8	(K)(OH) Al-Silikat	Schichtsilikat	
Orthoklas[2]	leukokrat[3]	6	farblos, rosa, weiß, grün	Entmischungslamellen	14	(K, Na) Al-Silikat	Gerüstsilikat	< 65 (Kali-Fsp.)[4] (Albit)[5]
Plagioklas[2]	leukokrat[3]	6	farblos, rosa, weiß, grün	Albitzwillinge	41	(Ca,Na) Al-Silikat	Gerüstsilikat	45 (Albit)[5] 70 (Anorthit)[6]
Biotit[1]	melanokrat[3]	2 - 2,5	schwarz bis hellbraun	dunkel, verwittert goldfarben	2,2	(K, Mg, Fe)(OH) Al-Silikat	Schichtsilikat	
Amphibolgruppe	melanokrat[3]	5,5 - 6	schwarz bis grünlichbraun	Spaltwinkel 124°, Treppenbruch, gut spaltbar, Glasglanz	3	(Ca, Mg, Fe)(OH) Silikat	Bandsilikat (Doppelketten)	50 - 60
Pyroxengruppe	melanokrat[3]	5,5 - 6	schwarz bis grünlichbraun	Spaltwinkel 90°, unebener Bruch, schlecht spaltbar	10	(Mg, Fe, Ca, Na) Silikat	Kettensilikat (Einfachketten)	~ 50
Olivin		6,5 - 7	olivgrün, flaschengrün	körnige Einzelkristalle	2	(Mg, Fe) Silikat	Inselsilikat	30 - 40

Pfeile (von Olivin zu Quarz): Verwitterungsresistenz zunehmend; Bildungstemperatur abnehmend (1250 °C – 650 °C); SiO_2-Gehalt zunehmend

[1] Glimmer
[2] Feldspäte
[3] leukós: weiß; mélas: dunkel; kratío: herrschen
[4] Kali-Feldspat: K-Feldspat
[5] Albit: Na-Feldspat
[6] Anorthit: Ca-Feldspat
Silikat = (Si_xO_y)

Abb. 2.2.3: Wesentliche Merkmale der acht wichtigsten silikatischen Mineralien.

Oxid- und Hydroxyl-Gruppen umgeben ist (Abb. 2.2.1). Durch teilweisen Ersatz des dreiwertigen Zentralkations Al^{3+} durch zweiwertiges Mg^{2+} oder Fe^{2+} kann es zu einem positiven Ladungsüberschuss kommen, der die Anbindung anderer Kationen (Radikale, Wasser) an die Oktaeder ermöglicht. Die Begriffe „di-okataedrisch" und „tri-oktaedrisch" beschreiben die Art der Zentralkationen (Abb. 2.2.4).

Schichtsilikate, wie die bodenkundlich so wichtigen Tonminerale, bestehen aus Stapelungen von Tetraeder- und Oktaederschichten (Abb. 2.2.4). Einige wesentliche Merkmale der acht wichtigsten silikatischen Minerale sind in Abb. 2.2.3 aufgelistet.

Tonminerale

Tonminerale (Teilchengröße <2µm) sind Schichtsilikate (Phyllosilikate). Sie besitzen in Böden eine besondere Bedeutung aufgrund ihrer großen, insgesamt negativen ladungsaktiven Oberflächen und zum Teil auch Zwischenschichten. Dadurch sind sie befähigt, positive Ladungen (Kationen) austauschbar zu adsorbieren (**potentielle Kationenaustauschkapazität, KAK**). Da viele Nährstoffe als Kationen in die Bodenlösung freigesetzt werden, können diese zunächst an den Tonmineralen angelagert werden und bei Bedarf an die Pflanzenwurzeln abgegeben werden. Damit sind Tonminerale wichtig für die Nährstoffversorgung von Pflanzen und ein wichtiger anorganischer Bestandteil für die natürliche Bodenfruchtbarkeit.

Durch reversible Anlagerung von Wasser an ihre Oberflächen oder zum Teil auch in die Zwischenschichten (Abb. 2.2.4) können Tonminerale große Mengen Wasser einlagern

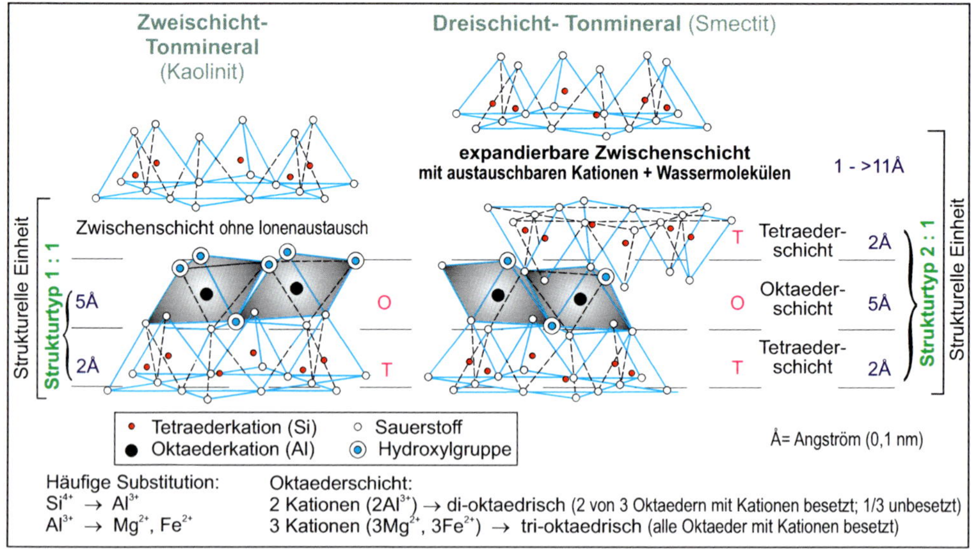

Abb. 2.2.4: Modell eines Zweischicht-Tonminerals (Kaolinit) und eines Dreischicht-Tonminerals (Smectit) (Quelle u.a. Bahlburg & Breitkreuz 2004).

und wieder abgeben. Sie geben Böden Plastizität und Gefügestrukturen, ermöglichen ein Quellen und Schrumpfen des Bodens und damit vertikale und seitliche Vermischungsvorgänge (**Peloturbation**).

Nach ihrem strukturellen Aufbau können Tonminerale in Zweischicht-, Dreischicht- und Vierschichttonminerale (Chloritgruppe) sowie Wechsellagerungsminerale unterteilt werden. Die Grundbausteine von **Zweischicht-Tonmineralen** sind eine Tetraeder- und eine Oktaederschicht (T-O), die durch gemeinsame Sauerstoffatome miteinander verbunden sind (Abb. 2.2.4; Abb. 2.2.5). Der Hauptvertreter ist der Kaolinit.

Die Elementarzelle von **Dreischicht-Tonmineralen** besteht aus zwei Tetraeder- und einer Oktaederschicht (T-O-T), die ebenfalls durch gemeinsame Sauerstoffatome miteinander verbunden sind (Abb. 2.2.4). Wichtige Vertreter sind Illite, Smectite und Vermiculite oder die in semiariden Böden auftretenden faserförmigen Palygorskite (Attapulgite) und Sepiolithe.

Pedogene **Vierschicht-Tonminerale (Chlorit-Gruppe)** bestehen aus zwei Tetraeder-, einer Oktaeder- und einer besonderen oktaedrischen Zwischenschicht (T-O-T-ZO; ZO i.d.R. Gibbsit), die durch gemeinsame Sauerstoffatome miteinander eng verbunden sind.

Häufig besitzen Tonminerale wechselnde Schichtfolgen von verschiedenen Elementarschichten. Sie bezeichnet man als **Wechsellagerungsminerale** (*mixed layers*). In Böden kommen vor allem unregelmäßige Wechsellagerungen zwischen Illit und Smectit, Illit und Vermiculit, Vermiculit und Chlorit, Chlorit und Smectit oder Kaolinit und Smectit vor.

Tetraeder- und Oktaederschichten sind über Wasserstoffbrückenbindungen fest ver-

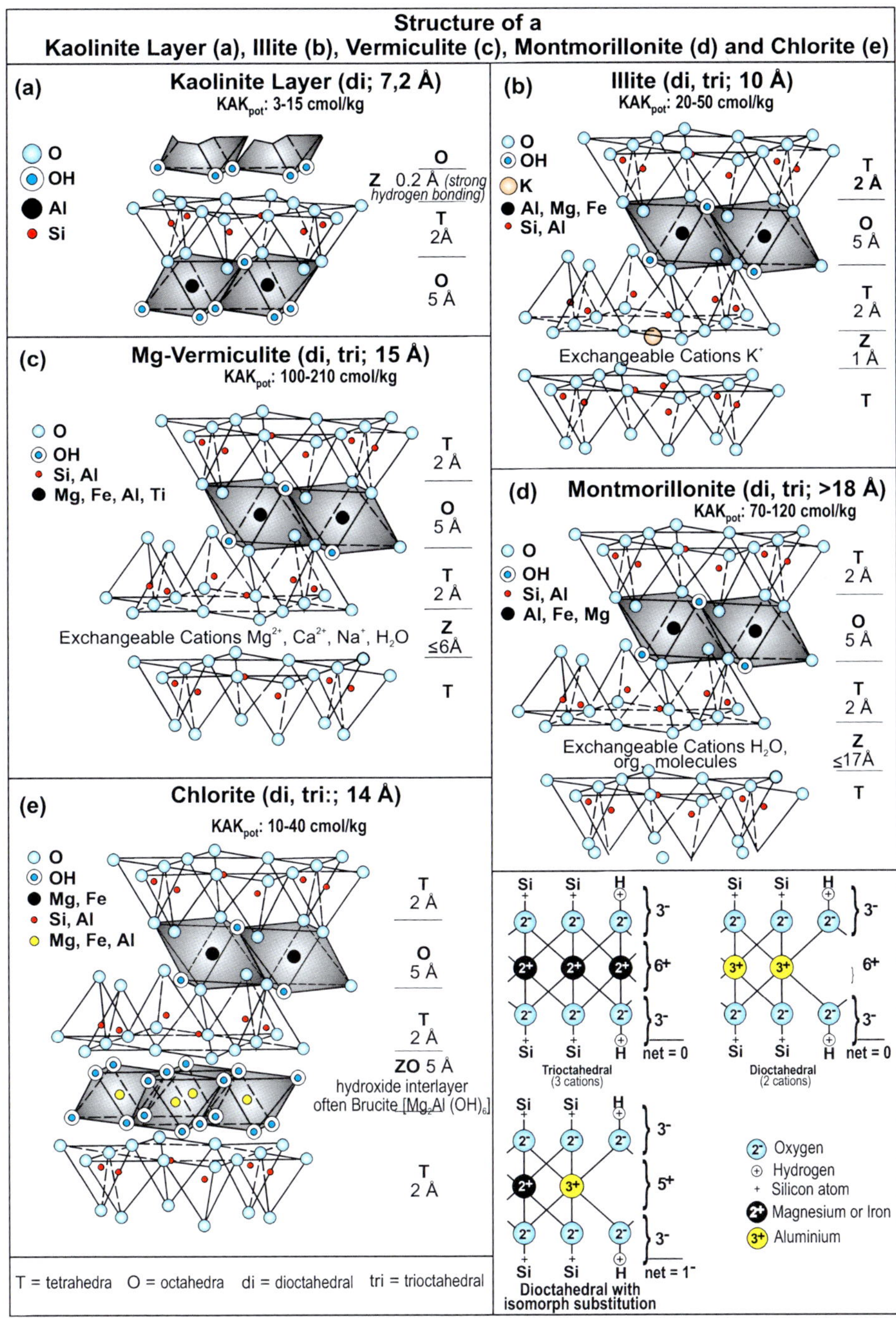

Abb. 2.2.5: Atomarer Gitterbau der wichtigsten Tonminerale: Kaolinit (a), Illit (b), Mg-Vermikulit (c), Montmorillonit (d) und Chlorit (e) (Quellen: Brady & Weil 2008; Grim 1962; Jasmund & Lagally 1993; Mathieson 1958).

bunden. Bei den Dreischicht-Tonmineralen wird der Zusammenhalt zwischen den beiden Tetraederschichten durch die reversible Einlagerung von Kationen oder Molekülen (Wasser,

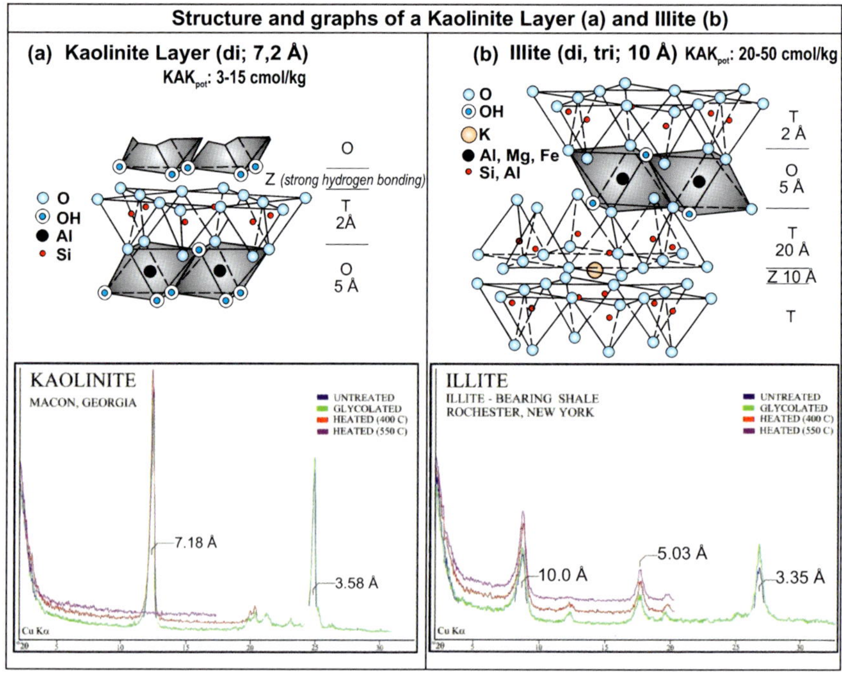

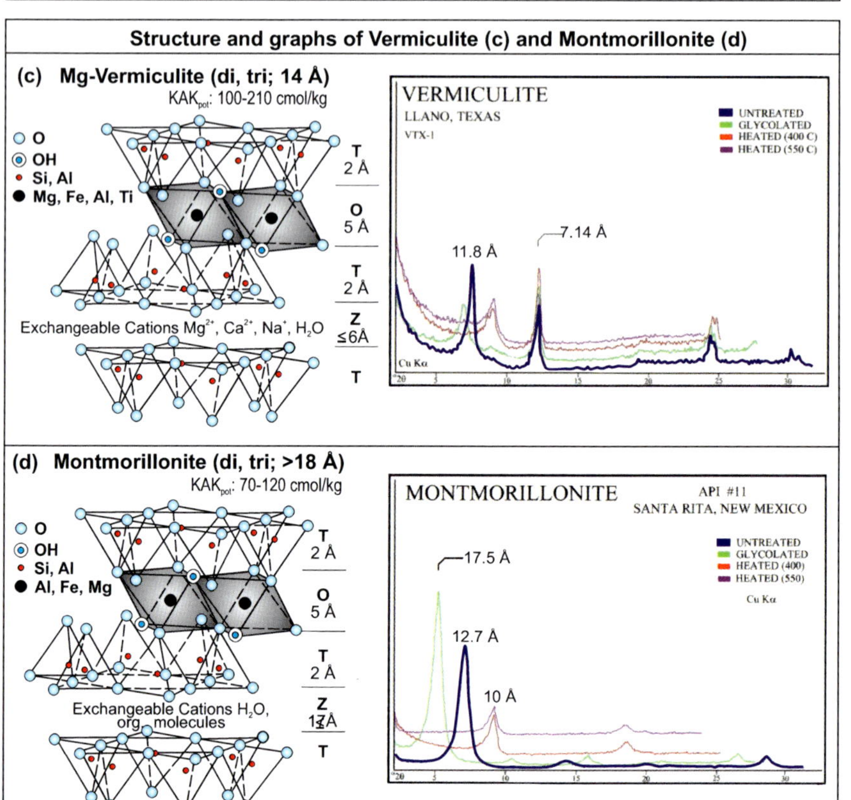

Fortsetzung Abb. 2.2.5: Atomarer Gitterbau und Röntgen-Diffraktometer-Aufnahmen (RDA) der wichtigsten Tonminerale: Kaolinit (a), Illit (b), Mg-Vermikulit (c) und Montmorillonit (d) (Quellen: Grim 1962; Jasmund & Lagaly 1993; Mathiesen 1958).

organische Moleküle) in die Zwischenschicht ermöglicht. Bei den Vierschicht-Tonmineralen folgt jeder Tetraederschicht eine Oktaeder- oder eine oktaedrische Zwischenschicht (T-O-T-ZO) (Abb. 2.2.5). Eine für Kationenaustausch nutztbare Zwischenschicht fehlt. Die **Elementarzelle** jedes Tonminerals besteht aus ein oder zwei Tetraederschichten mit Si als Zentralkation (T) und einer Oktaederschicht mit Al als Zentralkation (O). In der **Tetraederschicht** kann Si^{4+} auch isomorph durch Al^{3+} ersetzt sein (Abb.2.2.4) mit der Folge einer negativen Schichtladung. Sie kann durch Anlagerung von Kationen ausgeglichen werden.

In der **Oktaederschicht** gibt es zwei Möglichkeiten. Sind zwei von drei Oktaedern mit zwei dreiwertigen Al^{3+}-Zentralkationen besetzt, dann nennt man das **di-oktaedrisch (2/3)**. Das heißt in jedem 3. Oktaeder fehlt das Zentralkation. Es ist aber auch möglich, dass alle drei Oktaeder durch drei zweiwertige Mg^{2+} oder Fe^{2+} Zentralkationen besetzt sind. Das nennt man **tri-oktaedrisch (3/3)**. Chemische Zusammensetzung und Verteilung der negativen Schichtladungen können also selbst beim gleichen Mineraltyp variieren.

Abschließend einige Eigenschaften der häufigsten pedogenen Tonminerale im tabellarischen Überblick.

Zweischicht-Tonminerale (1:1)

Kaolinit (Schichtabstand 0,7nm): reines Al-Silikat $Al_2(OH)_4Si_2O_5$ (jedoch Al z.T. durch Fe ersetzt).
Schichtzusammenhalt durch Wasserstoff-Brücken (OH...O).
Wasser kann nicht eindringen, nicht stark quellbar.
Kaum isomorpher Ersatz von Si und **Al**, daher kaum Kationenbindung.
KAK: lediglich 3 bis 15 $cmol^{(+)}$/kg [cmol = Centimol Ionenladung, früher mval].
Verbreitung: sehr häufig in intensiv verwitterten tropischen Böden (z.B. Ferralsols, Bauxite).

Wichtige Dreischicht-Tonminerale (2:1)

Illit (Schichtabstand ca. 1 nm = 10 Angström): Verwandtschaft mit Glimmern (Ausgangsmineral), jedoch K-Kationen austauschbar.
Schichtenzusammenhalt durch K-Ionen, daher nicht quellbar.
KAK: 20 bis 50 $cmol^{(+)}$/kg.
Wichtig für die **K-Versorgung** von Pflanzen (in unseren Böden häufig 5-6% K). Durch K-Herauslösung vollständig aufweitbar. Entstehung von Wechsellagerungen von Illit und Vermiculit sowie Illit und Smektit.
Nach K-Zufuhr (z.B. Düngung): K-Einlagerung in Zwischenschichten, dadurch Kontraktion der Zwischenschichten zum Illit, dadurch K-Fixierung.
Verbreitung: In allen Klimaten vor allem durch Glimmerverwitterung.

Smektit-Gruppe (Montmorillonit): stark aufweitbar, Schichtabstand von 1 bis 2 nm. Dadurch starke Wassereinlagerung. Folge: starkes Quellen und Schrumpfen von Böden.
Zwischenschicht: Kationen sind hydratisiert, daher locker gebunden und daher **austauschbar**; **Wasser** kann eindringen (1 Schicht Wasser 0,25 nm Dicke).
KAK: 70 bis 120 $cmol^{(+)}$/kg.
Verbreitung: Böden der gemäßigten Breiten (Pelosole, Terrae fuscae), aber auch in den subhumiden bis semiariden Tropen (Vertisole). In Na-haltigen Böden (Solonetze) durch Na-Belegung Verlust des Schichtzusammenhaltes.

Vermiculit: aufweitbar bis 1,4 bis 1,8 nm, daher stärkere Wassereinlagerung möglich, aber weniger quellbar wie Smektite. Dennoch Quellung und Schrumpfung von Böden.
KAK: 130 bis 210 $cmol^{(+)}$/kg.
Verbreitung: typisch für Böden auf sauren Tiefengesteinen (z.B. Granit), entsteht häufig aus Biotit.

Pedogenes Vierschicht-Tonmineral (2:2)
bzw. Dreischicht-Tonmineral mit besonderer Oktaederlage (i.d.R. Gibbsitlage)

Pedogene Chlorite: nicht aufweitbar; 1,4 nm.
KAK: niedrig, 10 bis 40 $cmol^{(+)}/kg$, ähnlich dem Kaolinit.
Verbreitung: In Böden Neubildung bei pH 4 bis ph 5.

Si-Oxide bzw. Silcretes

(terrestrische Kieselgesteine)

Bei der chemischen Verwitterung wird Kieselsäure freigesetzt und bildet die wichtigste Quelle für die Neubildung von Tonmineralien. Zudem können Anreicherungen von Kieselsäure (SiO_2) zur Bildung von terrestrischen Kieselgesteinen und Kieselkrusten führen. **Kieselsäureanreicherungen** bis hin zu Silcretes entstehen bei intensiver chemischer Verwitterung überwiegend unter warm-humidem Klima: (1) Silikat-Verwitterung – (2) Amorphphase – (3) Polymerisation der Si-Oxide zu amorphen Verkieselungen (Kieselgele) oder zum Opal (SiO_2 x n H_2O). Über geologische Zeiträume hinweg (viele Mio. Jahre) können Opale unter Wasserabgabe auskristallisieren zu mikrokristallinen Chalzedonen und manchmal auch zu kristallinem Quarz (Abb. 2.2.6).

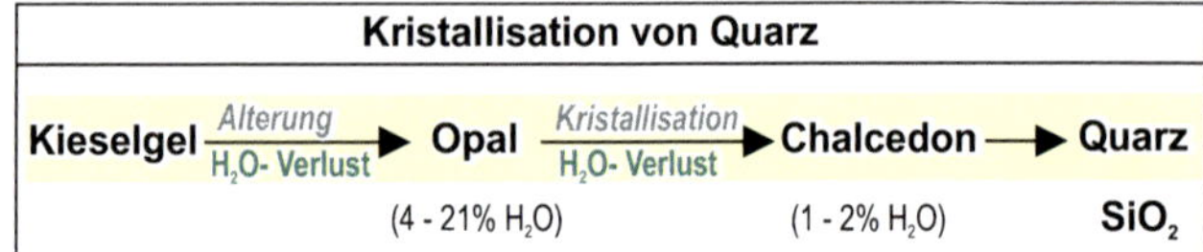

Abb. 2.2.6: Umwandlungsstadien vom Kieselgel zum Chalzedon und zum Quarz.

Relative oder absolute pedogene SiO_2-Anreicherungen an oder nahe der Oberfläche können Verhärtungen (Panzer) und Krusten bilden, die als **Silcretes** bezeichnet werden. Das SiO_2 kann entweder direkt *in situ* pedogen angereichert worden sein oder durch Transport mit dem Grundwasser oder Sickerwasser an den Ausfällungsort gelangt sein (häufig mehrphasig und polygenetisch). Silcretes findet man auch in Playas und Sebkas warm-arider Gebiete und sollen dort durch Aszendenz von SiO_2-Lösungen entstanden sein (ausführlich in Füchtbauer 1988: 314ff.).

Wichtige pedogene Oxide und Hydroxide des Eisens (Fe)
und des Aluminiums (Al) (Abb. 2.2.7)

Magnetit, (Fe_3O_4): schwarz; magnetisches Mineral; hohes spez. Gewicht (5,2 g/cm^3); verwitterungsbeständig. Vorkommen in vielen magmatischen (Basalte, Gabbros) und sedimentären Gesteinen (Schwermineralseifen). In gebänderten Eisenerzen bildet Magnetit zusammen mit Hämatit bedeutende Eisenerzlagerstätten (z.B. Itabirite). Das Vorkommen von Magnetit in magmatischen Gesteinen ermöglicht paläomagnetische Untersuchungen.

Hämatit, Roteisen (Fe_2O_3; Eisenglanz, Roteisenerz). Hämatit kommt in hydrothermalen Gängen, metasomatisch in Kalksteinen, in gebänderten Eisenerzen, als vulkanisches Exhalationsprodukt auf Klüften und Sinterbildungen, seltener metamorph sowie als pedogene Bildung in tropischen und subtropischen Böden vor. Als Roteisenerz bzw. Roteisenstein ist Hämatit ein wichtiges Eisenerz. Eisenglanz, manchmal auch als Eisenglimmer bezeichnet, besteht aus dünntafeligen und blättrigen Hämatitkristallen, die trotz schwarzer Farbe einen roten Strich besitzen.

Für die Rotfärbung von Sedimentgesteinen und Böden genügt etwa 1% Fe (Rothe 1994: 23). Älteste Vorkommen terrestischer roter Gesteinsschichten („*red beds*", Itabirite) stammen aus dem Präkambrium (vor ca. 1,9 Mrd. a). Sie weisen daraufhin, dass in dieser Zeit in der Erdatmosphäre bereits freier Sauerstoff vorhanden war.

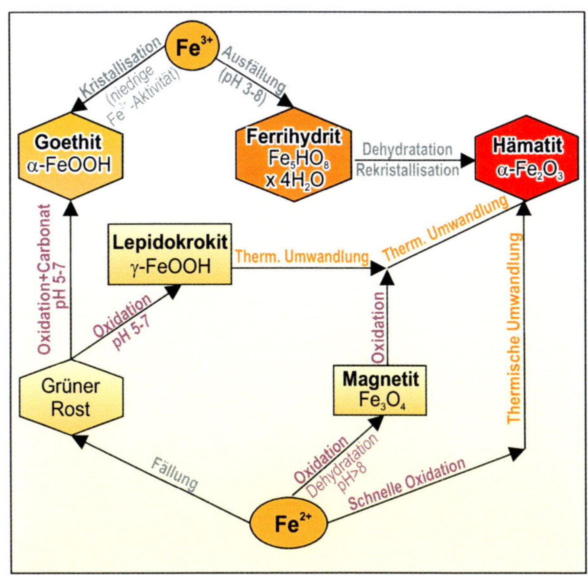

Abb. 2.2.7:
Bildungs- und Umbildungspfade von Eisenoxiden und Eisenhydroxiden (Quelle v.a. Jasmund & Lagaly 1993).

Goethit (FeOOH). Als pedogene Neubildung ist Goethit die Ursache für braune bis gelbbraune Bodenfarben bevorzugt unter gemäßigt-feuchten Klimabedingungen bei langsamer Fe-Nachlieferung und niedriger Fe-Konzentration in der Bodenlösung. Goethit ist zudem eine typische Verwitterungsbildung von primären Sulfiderzen (z.B. Pyrit). Es bildet marin-sedimentäre Eisenerze (Minette-Typ), Bohnerze, Raseneisenerze, See-Erze. In Böden ist Goethit ein wichtiger Fe-Lieferant und ist im saueren Milieu in der Lage, Anionen und Schwermetalle teilweise irreversibel zu binden.

Lepidokrokit (y-FeOOH; Rubinglimmer): orange; selten; entsteht vorwiegend aus Pyrit (FeS_2); vorherrschend unter reduzierenden, d.h. vernäßten Bedingungen (Grundwasser, Stauwasser); meist nur kleinräumig auftretend; manchmal allmähliche Umwandlung in Goethit.

Ferrihydrit (Fe_2O_3H x $4H_2O$; wasserhaltiges Eisenoxihydroxid): rotbraun; schlecht geordnetes junges Eisenoxid. Es entsteht bei schneller Oxidation bei hohem Fe^{3+}-Angebot (z.B. Austritt eisenhaltiger Grundwässer) oder bei Störung der Fe-Kristallisation, z.B. durch organische Stoffe, Silikat- oder Phosphationen. Krustenformen sind Raseneisenstein und Ortstein. Es ist Bestandteil von „Verockerungen". Eine Umwandlung in Hämatit kann durch Entwässerung in Böden wärmerer Klimate geschehen, eine Umwandlung in Goethit ist nur über Auflösung möglich.

Limonit (Brauneisen): Sammelname für Fe-Hydroxide mit wechselnden H_2O-Gehalten. Er besteht überwiegend aus Goethit.

Ferricrets, Eisenkrusten

Anreicherungen von Fe-Oxiden können zu Verfestigungen und Zementierungen führen und sehr hart sein. Solche Horizonte werden als **Ferricrets** bezeichnet. Dazu gehören auch Ortstein und Raseneisenerz. Das Eisen wird gelöst als Fe^{2+} in humussauren Wässern transportiert: beim **Ortstein** in deszendenten Lösungen (absteigenden Verwitterungslösungen), beim **Raseneisenerz** überwiegend lateral mit dem Grundwasserstrom. Mit Erhöhung des pH und/oder durch Temperaturerhöhung im neutralen bis schwach sauren Bereich wird das Fe^{2+} als Siderit ($FeCO_3$) oder als Goethit (α-FeOOH) ausgefällt (ausführlicher in FÜCHTBAUER 1988: 603). Raseneisenerze sind ockerfarbene, erdige Erzlagen, Linsen oder Knollen, die selten mehr als 1 m Mächtigkeit erreichen.

Bei sehr intensiver chemischer Verwitterung in den feuchten Tropen kann es auf basenarmen Ausgangsgesteinen auch unter Abfuhr von Kieselsäure (SiO_2) zur Anreicherung von Fe- und Al-Oxiden kommen (**Ferralitisierung**). Typische Böden sind die Roterden bzw. **Ferralsole** der feuchten Tropen. Teilweise können Fe-Verkrustungen entstehen (Plinthisation, Lateritisierung), sog. **Plinthosole** (Laterite).

Aluminiumhydroxide

(Gibbsit, Boehmit, Diaspor)

Gibbsit ($Al(OH)_3$) ist das häufigstes Al-Mineral in tertiären Bauxiten. Es ist farblos bis weiß und aufgebaut aus Oktaedern, deren Zentren nur zu 2/3 mit Al besetzt sind. Gibbsit entsteht in schwach saurem Bodenmilieu und nur bei sehr niedriger Si-Konzentration in der Bodenlösung, also bei sehr intensiver Verwitterung der Tropen und Subtropen. Eine weitere Voraussetzung ist, dass das Ausgangsgestein mehr als 15% Al_2O_3 enthält, was für viele magmatische und metamorphe Gesteine, Tone, Arkosen und Grauwacken zutrifft.

Gibbsit entsteht durch **Feldspatverwitterung**:

a) direkt (Feldspat – Amorphphase – Gibbsit) oder
b) über die Verwitterung des Kaolinits (Feldspat – Amorphphase – Kaolinit – Amorphphase – Gibbsit).

Weitere wichtige pedogene Al-Minerale sind der **Boehmit** (y-AlOOH) und der **Diaspor** (α-AlOOH), die in mesozoischen und paläozoischen Bauxiten häufig sind (FÜCHTBAUER 1988: 39). **Bauxite** sind verwitterungsbedingte Anreicherungen von 45 bis 75% Al_2O_3, bis 35% Fe_2O_3 und 0 bis 5% SiO_2.

Diese **Alucrets** (Al-Mineralien) treten meistens zusammen mit Ferricrets (Fe-Mineralien) und kaolinitischen Saprolithen (Tonmineralien) auf. Häufig findet man eine vertikale Zonierung, teilweise auch laterale Verzahnung folgender **Horizonte**: einen oberen eisenhaltigen Horizont (Ferricret, Ferallit, Fersiallit), darunter einen eisenarmen Horizont (Alucret, Allit) und einen liegenden kaolinit- und/oder smectitreichen (z.B. auf Basalten) Saprolith (Siallit, Fersiallit). Bauxite sind der Rohstoff für die Aluminium- und die Keramikindustrie.

Pedogene Oxide und Hydroxide sind bei aeroben Bedingungen meist über geologische Zeiträume hinweg sehr stabile Verwitterungsbildungen. Selbst rote Paläoböden und Bodenderivate des Buntssandsteins haben bis heute ihre rote Bodenfarbe beibehalten. Unter anaeroben Bedingungen und unter Anwesenheit organischer Substanzen können Eisenoxide allerdings bei der mikrobiellen Oxidation von Bio-masse reduziert und damit gelöst werden (SCHEFFER & SCHACHTSCHABEL 2002: 24).

Karbonate, Sulfate und Salze

Eine besondere morphologische Bedeutung besitzen **karbonatische Minerale** wie **Calcite** ($CaCO_3$), **Aragonite** ($CaCO_3$) und **Dolomite** ($CaMg\ (CO_3)_2$) sowie **Sulfate** (Gips, Anhydrit, Baryt) und **Salze** (u.a. Stein- und Kalisalze). **Calcite** bauen ca. 1,5% der Erdkruste auf, besitzen besondere Fällungs- und Lösungseigenschaften und erzeugen dadurch an der Erdoberfläche charakteristische morphologische Formen, die sog. Karstformen (Kap. 3.6).

Magnesiumfreie $CaCO_3$-Minerale mit säuliger Kristallform heißen **Aragonit.** Das Skelett vieler Steinkorallen, Muschel- und Schneckenschalen besteht ganz (Korallen) oder teilweise (Mollusken) aus Aragonit. Unter terrestrischen Bedingungen ist Aragonit metastabil, d.h. er erfährt eine Umkristallisation zu Calcit.

Beim **Dolomit** sind etwa 50% des Ca durch Mg ersetzt [$CaMg\ (CO_3)_2$]. Der Dolomit entsteht meistens sekundär aus Calcit durch Einbau von Mg in das Kristallgitter (**Dolomitisierung**: Ca-Austausch durch Mg im Porenwasser oder Meerwasser, Bildung sekundärer Porosität). Dabei wechseln sich im Kristallgitter Lagen aus $CaCO_3$ mit $MgCO_3$ ab.

Gips ist ein weit verbreitetes Calciumsulfat ($CaS0_4$ x $2H_20$). Er besitzt bis zu zwei Wassermoleküle, die in das Calcium-Sulfat-Gitter eingebaut sind. Ist kein Wassermolekül eingebaut, dann bezeichnet man das Calciumsulfat als **Anhydrit** ($CaS0_4$; wie sein Name andeutet: *an-hydros* = „ohne Wasser"). Anhydrit besitzt eine etwas größere Härte als Gips und ist zudem quellfähig. Anhydrit wird bei Kontakt mit Grundwasser unter Quellung zu Gips umgewandelt (Abb. 2.2.8). Dieser Quellungsdruck führt zum Verbiegen und Verstellen der umgebenden Gesteine (**Gipstektonik**).

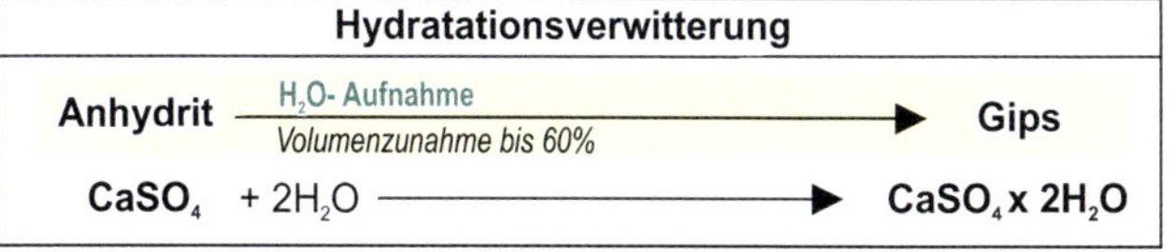

Abb. 2.2.8: Umwandlung von Anhydrit zu Gips durch Wasseraufnahme.

Baryt (Schwerspat, $BaSO_4$) ist als hydrothermales Mineral oft in Form tafeliger Kristalle oder blättriger Rossetten („Barytrosen") auf Erzgängen und im Bereich submarin-vulkanogener Sulfiderz-Lagerstätten weit verbreitet. Im sedimentären Ablagerungsmilieu ist Baryt oft feinst verteilt in Kalk-, Sand- und Tonsteinen enthalten. Für ein Nichtmetall ist seine Dichte von 4,5 auffällig hoch. Baryt ist ein wichtiger Rohstoff u.a. für weiße Farbe, zum Glätten von Papier, für die Erstellung von Schwerbeton, für das Beschweren des Spülwassers bei Erdöl- und Erdgasbohrungen, in der Medizin und in der chemischen Industrie.

Salzminerale oder Halogenide (Dichte von Steinsalz: 2,2 g/cm^3; Gips: 2,3 g/cm^3) sind leichter als die meisten silikatischen Minerale (z.B. Quarz: 2,65g/cm^3) und besitzen zudem die Fähigkeit, strukturviskos zu kriechen. Daher kommt es bei einer mächtigen Überlagerung von Salzgesteinen durch andere, dichtere Gesteine (z.B. Sandsteine) zu einem sehr langsamen gravitativ bedingten Kriechen und Aufsteigen des Salzes. Es bilden sich mächtigere Salzkissen bis hin zu Salzstöcken und Salzdomen (sog. „**Salzdiapire**"), die die darüberliegenden Schichten verdrängen und verbiegen (**halokinetische Tektonik, Salinartektonik, Salztektonik**). Bei Kontakt mit Grundwasser werden Salze gelöst und es entstehen Subrosionssenken und andere **Lösungshohlformen (Gipskarst)**.

Gips, Anhydrit, Kalke und Salze werden in kontinentalen Milieus (Salzkrusten, Salzpfannen, Salzseen) oder bei der Eindunstung von Meerwasser in Randmeeren ausgefällt (**Barrentheorie, Ausscheidungszyklen**) (Kap. 2.2.3 Salzlagerstätten). Daher bezeichnet man die aus diesen Mineralien aufgebauten Gesteine auch als **Evaporite** (Evaporation = Verdunstung).

Aus einer Säule von 1000 m Meerwasser (3,5% Salzgehalt) können insgesamt etwa 16,5 m Salz abgeschieden werden in der Ausfällungsfolge von den schwerer löslichen Karbonaten ($CaCO_3$, ca. 0,3 m) über Anhydrit und Gips ($CaSO_4$, ca. 0,5 m) zum Steinsalz (NaCl, ca. 12,9 m). Zum Schluß folgen weitere leicht lösliche Edelsalze (u.a. Kalisalze, ca. 2,8 m).

Ausgewählte Literatur

Press, F. & Siever, R. (2017): Allgemeine Geologie: Kap. 3; Heidelberg (Spektrum).

Bayerisches Staatsministerium für Umwelt und Gesundheit (Hrsg.) (2009): Lernort Geologie: Modul B. – München.

Scheffer, F. & Schachtschabel, P. (2018): Lehrbuch der Bodenkunde: Kap. 7.2.12; Stuttgart (Enke Verl.).

Vertiefende Literatur

Tarbuck, E.J. & Lutgens, F.K. (2009): Allgemeine Geologie. – München (Pearson Studium).

Füchtbauer, H. (Hrsg.) (1988): Sedimente und Sedimentgesteine. – Stuttgart (Schweizer-bart'sche Verl.).

Rothe, P. (2010): Gesteine: Entstehung - Zerstörung - Umbildung. – Darmstadt (Wiss. Buchgesellschaft).

Markl, G. (2015): Minerale und Gesteine, Mineralogie - Petrologie - Geochemie. – Berlin, Heidelberg (Springer Verl.).

Okrusch, M. & Matthes, S. (2014): Mineralogie. Eine Einführung in die spezielle Mineralogie, Petrologie und Lagerstättenkunde. – Berlin, Heidelberg (Springer Verl.).

Beantworten Sie mit Hilfe des Textes, der Abbildungen und der aufgeführten Literatur die nachfolgenden Fragen.

1. *Was sind in der Erdkruste die häufigsten Minerale und was sind dort die häufigsten Gesteine?*
2. *Was sind sekundäre Minerale? Nenne mindestens 4 Minerale.*

3. *Welche Minerale sind Schichtsilikate?*
4. *Wie unterscheiden sich Zwei- und Dreischicht-Tonminerale in ihrem Kristallbau?*
5. *Welche besonderen Eigenschaften besitzen Dreischicht-Tonminerale?*
6. *Nennen Sie zwei Minerale, die in der Erdkruste weit verbreitet sind und besonders resistent gegen chemische Verwitterung sind.*
7. *Welches Mineral erzeugt eine braune Bodenfarbe, welches eine rote Bodenfarbe?*
8. *Wo in Deutschland dominieren an der Erdoberfläche Kalksteine und aus welcher geologischer Epoche stammen diese?*
9. *Mit welchem einfachen Hilfsmittel kann man Kalksteine bestimmen?*
10. *Was versteht man unter der Barrentheorie?*
11. *Was sind Evaporite?*

Weitere Fragen für BA-Studierende und Lehramt Gymnasium

12. *Wo entstehen Silikate?*
13. *Was ist der atomare Grundbaustein von Silikaten?*
14. *Welche silikatischen Minerale besitzen Eisen (Fe)-Kationen in ihrem Kristallgitter und welche Eigenfarbe besitzen diese Minerale?*
15. *Welche Minerale sind Schichtsilikate?*
16. *Wie unterscheiden sich Zwei- und Dreischicht-Tonminerale in ihrem Kristallbau?*
17. *Welche Grundbausteine besitzen Zweischichttonminerale?*
18. *Welche Grundbausteine besitzen Dreischichttonminerale?*
19. *Nennen Sie eine Ursache für den negativen Ladungsüberschuss von Tonmineralen, der es ermöglicht, Kationen austauschbar anzulagern.*
20. *Welche Tonmineralgruppe hat die höchste potentielle Kationenaustauschkapazität (KAK)?*
21. *Welches Tonmineral findet man weltweit in vielen Böden?*
22. *Welche Tonmineralgruppe kann Wasser austauschbar in die Zwischenschicht einlagern?*
23. *Welche Tonminerale entstehen in immerfeuchten tropischen Böden auf a) basenarmen Gesteinen wie Sandsteinen und auf b) basenreichen Gesteinen wie Kalksteinen?*
24. *Wie hoch ist das Potential von Kaoliniten, Wasser und Nährelemente austauschbar zu speichern?*
25. *Welche Tonminerale entstehen in gemäßigt feuchten Klimaten und wie unterscheiden sie sich bezüglich der Möglichkeit, reversibel Wasser- und Nährelemente zu speichern?*
26. *Geben Sie die chemischen Formeln folgender Minerale an: Calcit, Hämatit, Goethit, Gips, Quarz.*
27. *Welche silikatischen Minerale liefern bei der Verwitterung die wichtigen Nährelemente K, Ca, und Mg?*
28. *Wie lange halten sich rote Bodenfarben?*
29. *Unter welchen Bedingungen können Eisenoxide in der Natur aufgelöst werden?*
30. *Was ist „Gibbsit“, wodurch entsteht er und wo auf der Erde tritt er häufig in Böden auf?*
31. *Wie entsteht „Goethit“ und wo und wo auf der Erde tritt er häufig in Böden auf?*
32. *In welches Mineral kann sich Ferrihydrit umwandeln?*

33. *Wie entsteht „Hämatit“ und wo auf der Erde tritt er häufig in Böden auf?*
34. *Wie entsteht „Lepidokrokit“ und wo und in welchen Bodenhorizonten tritt er häufig auf?*
35. *Was sind Ferricrets, was sind Silcretes und wie entstehen Sie?*
36. *Wie entsteht Gibbsit?*
37. *Aus welchem Mineral ist das Skelett von Steinkorallen und vielen Muschelschalen aufgebaut?*
38. *Welche morphologisch bedeutsame Eigenschaft hat Anhydrit?*
39. *Wie entsteht ein Gipskarst?*
40. *Wie entstehen Diapire?*
41. *Was ist Halokinese?*
42. *Wie entstehen Evaporite?*
43. *Was versteht man unter Dolomitisierung?*
44. *Welche Minerale besitzen hygroskopische Eigenschaften mit welchen physikalischen Folgen?*
45. *Welche Minerale werden in welcher Reihenfolge bei der Eindunstung von Meerwasser ausgeschieden?*

2.2.2 Einige wichtige Gesteine

Die meisten an der Erdoberfläche zu beobachtenden Gesteine repräsentieren die durchschnittliche Zusammensetzung der Erdkruste. Mit rund 65% dominieren magmatische Gesteine, gefolgt von metamorphen Gesteinen mit ca. 27%. Zwar ist der Massenanteil der sedimentären Gesteine in der Erdkruste mit rund 8% relativ gering, aber sie bedecken etwa 75% der Erdoberfläche (Tab. 2.2.3).

Tab. 2.2.3: Häufigkeit der wichtigsten Gesteinstypen in der Erdkruste (Quelle: Rösler 1984).

	Gestein	Anteil in %		Masse in 10^{24} g
Sedimentite	Sande	1,7	7,9	0,43
	Tone und Tonschiefer	4,2		1,07
	Karbonate (+Evaporite)	2,0		0,51
Magmatite	Granite	10,4	64,7	2,95
	Granodiorite, Diorite	11,2		3,11
	Syenite aller Art	0,4		0,11
	basische Gesteine	42,5		12,70
	ultrabasische Gesteine	0,2		0,06
Metamorphite	Gneise	21,4	27,4	5,96
	kristall. Schiefer	05,1		1,41
	Marmor	00,9		0,25
	Summe	***100***		***28,56***

Je nach den Entstehungsbedingungen bauen die Minerale als **Minerale oder Mineralgemische** magmatische und metamorphe Gesteine auf. Als **Bruchstücke bzw. Korngemische bzw. als monomineralische Aggregate** bilden sie Sedimente und Sedimentgesteine. Minerale, die nur in sehr geringen Anteilen in einem Gestein (unter 1%) vertreten sind, werden als Akzessorien bezeichnet. Aus der Mineralzusammensetzung eines Gesteins resultieren wesentliche Eigenschaften wie u.a. Dichte, Chemismus, Resistenz gegen chemische und physikalische Verwitterung.

Magmatische Gesteine (**Magmatite**) entstehen durch Kristallisation während der Abkühlung aus einem Magma, also aus einer überwiegend silikatischen Gesteinsschmelze, in der

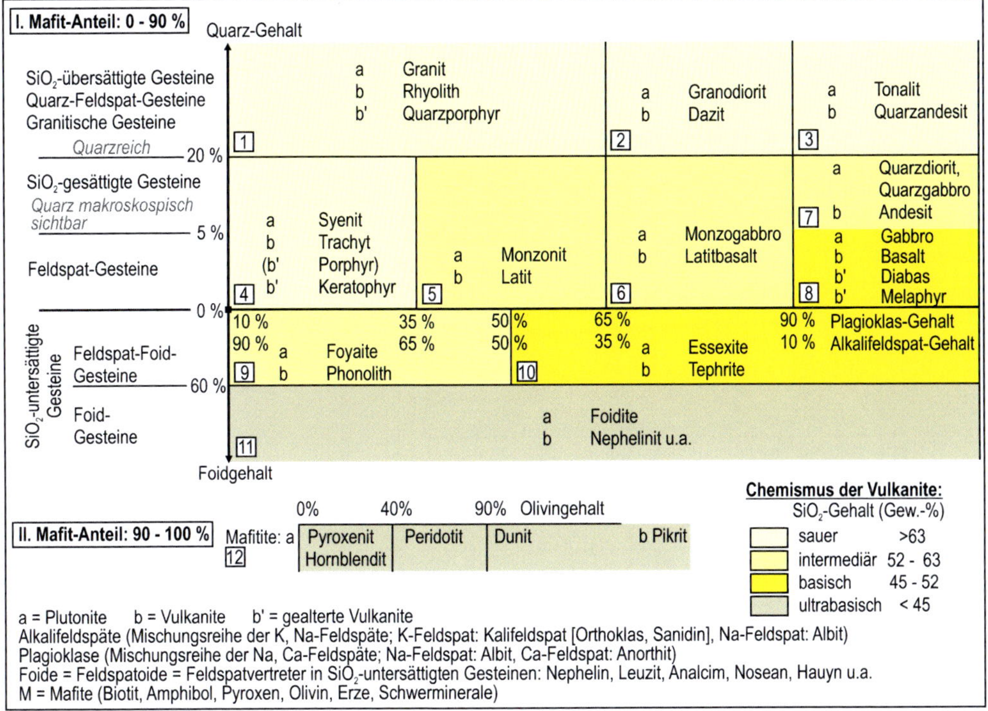

Abb. 2.2.9: Wichtige Magmagesteine (Quellen: v.a. Matthes 1996; Schirmer 1979, unveröff.; Sebastian 2009).

Gase gelöst sind. Daher bestehen sie ganz überwiegend aus SiO_2. Der Chemismus eines Magmas hängt vom Entstehungsort ab (Kap. 2.4: Vulkanismus) und kann sich vor allem durch die Prozesse der gravitativen Kristallisations-Differentiation und der Assimilation von Nebengesteinen ändern.

Ein Magma kann:

a) als Pluton in einigen Kilometern Tiefe (etwa unterhalb von 3 bis 5 km Tiefe) in der Erdkruste (**Plutonite**, Tiefengesteine) oder
b) relativ oberflächennah erstarren (Subvulkanite, **Gänge**) oder
c) bis zur Erdoberfläche empordringen und dort als Lava ausfließen (**Vulkanite**, Ergußgesteine) oder
d) als **Pyroklastika** (Aschen, Schlacken, vulk. Bomben etc.) ausgeschleudert werden (Kap. 2.4).

Die verschiedenen Gesteinsgruppen der Plutonite, Subvulkanite und Vulkanite (Abb. 2.2.9) repräsentieren unterschiedliche Erstarrungsorte des Magmas und als Resultat ein unterschiedliches Erscheinungsbild der Gesteine mit differierenden physikalischen Eigenschaften. Dabei dominieren in den vielen magmatischen Gesteinen wie z.B. Granit und Rhyolith vor allem drei Minerale: Feldspat, Quarz und Glimmer („die vergess‘ ich nimmer“).

Nach dem **Gehalt an Kieselsäure (SiO_2)** unterteilt man die magmatischen Gesteine in felsische bzw. saure (mit >63 Gew.-% $Si0_2$), intermediäre (52-63 Gew.-% $Si0_2$) basische (mit 45-52 Gew.-% $Si0_2$) und ultrabasische (<45 Gew.-% SiO_2) (Abb. 2.2.9).

Zu den sauren Magmatiten gehören die Tiefengesteine Granit und Granodiorit sowie das Ergußgestein Rhyolith. Als intermediäre lassen sich die Tiefengesteine Syenit und Diorit nennen. Diesen entsprechen im Mineralbestand die Vulkanite Trachyt, Latit und Andesit. Syenit und Trachyt liegen nahe an der Grenze zwischen sauren und intermediären Gesteinen. Gabbro ist ein basischer Plutonit, Basalt ein basischer Vulkanit. Noch SiO_2-ärmer als der Basalt ist das Tiefengestein Peridodit und das Ergußgestein Pikrit (sehr olivinreiche Gesteine). Sie werden auch als ultrabasische Gesteine bezeichnet.

Sedimente und Sedimentgesteine (**Sedimentite**) (Abb. 2.2.10, Abb. 2.2.11) bestehen aus organischen Substanzen (biogene Sedimente) und/oder aus Gesteinsmaterial, das irgendwo abgetragen und in mehr oder weniger großer Entfernung vom Abtragungsort wieder abgelagert (klastische Sedimente) und/oder aus wässerigen Lösungen ausgefällt wurde (chemische Sedimente).

Lockersedimente können durch verschiedene Prozesse verfestigen, die man unter dem Begriff **Diagenese** zusammenfaßt (Abb. 2.2.12, Abb. 2.2.13). Häufige **Bindemittel** zwischen einzelnen Klastika sind Karbonate, Kieselsäure, Tonminerale oder Eisenoxide und -hydroxide. Aber auch eine starke Kompaktion, zum Teil mit **Druckverflüssigung** an den

Korngrößen-bezeichnungen	mm				verfestigtes Gestein (Klastika + Bindemittel, z.B. tonig, karbonatisch, eisenhaltig, kieselig)		Vulkan. Auswurfmassen (Pyroklastite, locker auch Tephra)
			eckig	gerundet	Klastika eckig	Klastika gerundet	
Psephite (gr.: Steinchen) oder Rudite	63	Blöcke	Steine	Geschiebe (glaziär)	Brekzie (=Breccie)	Konglomerat Nagelfluh (= Konglomerat der alpinen Molasse)	Bombentuffe Lapillituffe (Lapilli = Steinchen) Schlackenagglomerate
	2	Kies	Bruchschutt	Geröll Schotter			
Psammite (gr. Sand) oder Arenite	0,063	Sand	Sand		Sandstein Quarzit (festes, kieseliges Bindemittel) Arkose (Feldspat-Geh.> 25%) Grauwacke (weites Korngrößenintervall, viele Gesteinsbruchstücke, graugrüne Matrix)		locker: vulkanische Asche, Tephra
Pelite (gr. Schlamm)	0,002	Schluff = Silt	Schluff = Silt Staub (äolisch)		Schluffstein=Siltstein Löß (äolischer Siltstein, vorw. Quarz, kalikges Bindemittel, reiner Schluff, gelb-braun, nadelstichfeine Poren, Schneckenschalen)		verfestigt: vulkanische Tuffe
oder Lutite		Ton	Ton		Tonstein (ungeschichtet) Schieferton, Letten (geschichteter Tonstein) Tonschiefer (tektonisch verschiefert: häufig schon schwachmetamorph mit Serizit-Neubildung. z.B. beim Dachschiefer)		
Mischungen:			Lehm (=Ton + Silt/Sand) Mergel (=Ton + Kalk) Geschiebelehm Geschiebemergel (glaziär), engl. till		[= tonig gebundener Siltstein/Sandstein] Mergelstein (kalkig gebunden) Schiefermergel (stärker kalkhaltig geschichtet) Tillit (glaziär)		Tuffit (Tuff + Sedimentmaterial)

Abb. 2.2.10: Klastische Sedimentgesteine (Trümmergesteine, mechanische Sedimentgesteine).

Stoffbestand	vorwiegend chemisch	vorwiegend biogen
Eisenreiche Gesteine (Oxide, Hydroxide, Karbonate, Sulfide, Silikate) häufig manganreich	Brauneisenstein=Limonit (FeOOH) Limonitoolith Limonit-Trümmererz Raseneisenerz Bohnerz Roteisenstein=Hämatit (Fe_2O_3) Hämatitoolith Toneisenstein (Siderit+Ton) Sphärosiderit (konkretionär) Kohleneisenstein (Siderit+Kohle+Ton) Chamosit (Fe-Mg-Silikat) Magneteisenstein=Magnetit (Fe_3O_4)	
Kiesel-gesteine (Quarz, Chalzedon, Opal) – fest	Hornstein Feuerstein=Flint	Radiolarit Kieselschiefer (Lydit) Diatomit
Kiesel-gesteine (Quarz, Chalzedon, Opal) – unverfestigt	Tripel	Radiolarienerde Diatomeenerde=Kieselgur
Phosphatgesteine (Ca-Phosphat)	Phosphorit (häufig Konkretionen)	Guano
Karbonatgesteine (Ca-, Mg-Karbonat)	Kalkstein ($CaCO_3$) Kalkoolith Kalktuff (Travertin) Sinterkalkstein Dolomit ($CaMg(CO_3)_2$) Mergelstein (Kalk+Ton)	Fossilkalkstein Schillkalkstein Schreibkreide Seekreide Riffkalkstein Stromatolithen Kalkalgenplattformen
Salzgesteine (Evaporite) (K-, Na-, Mg-, Ca-Chloride und Sulfate)	Gips ($CaSO_4 \cdot 2H_2O$) Anhydrit ($CaSO_4$) Steinsalz (NaCl) Kalisalz (K-Mg-Salze)	
Pflanzliche Substanz		Kohlen — C-Gehalt: Torf 55-65% Braunkohle 65-80% Steinkohle 80-93% Anthrazit 93-98% (z.Vgl. Graphit 98-100%) Harze Bernstein
Tierische und pflanzliche Substanz niederer Organismen		Bitumina Erdgas Erdöl Erdwachs Asphalt Bitumengesteine Ölschiefer (bituminöser Schieferton) Stinkkalkstein (bituminöser Kalkstein)

Abb. 2.2.11: Chemisch-biogene Sedimentgesteine.

Korngrenzen der Minerale und deren **Rekristallisation** können Ursache von Gesteinsverfestigungen sein (Abb. 2.2.12).

Zwischen den formenden Prozessen Abtragung, Transport und Ablagerung bzw. Anreicherung, Abbau und Umbau organischer Substanz und dem Ergebnis, dem Sediment bzw. Sedimentgestein, besteht eine enge kausale Beziehung (Abb. 2.2.12). Innerhalb der großen Gruppe der Sedimentgesteine unterscheidet man zwischen Trümmergesteinen oder **klastischen** (mechanischen) Sedimentgesteinen, **chemischen** Sedimentgesteinen sowie **biogenen Sedimentgesteinen**.

Metamorphe Gesteine (**Metamorphite**, Umwandlungsgesteine) (Abb. 2.2.14) entstehen durch Gesteinsmetamorphose:

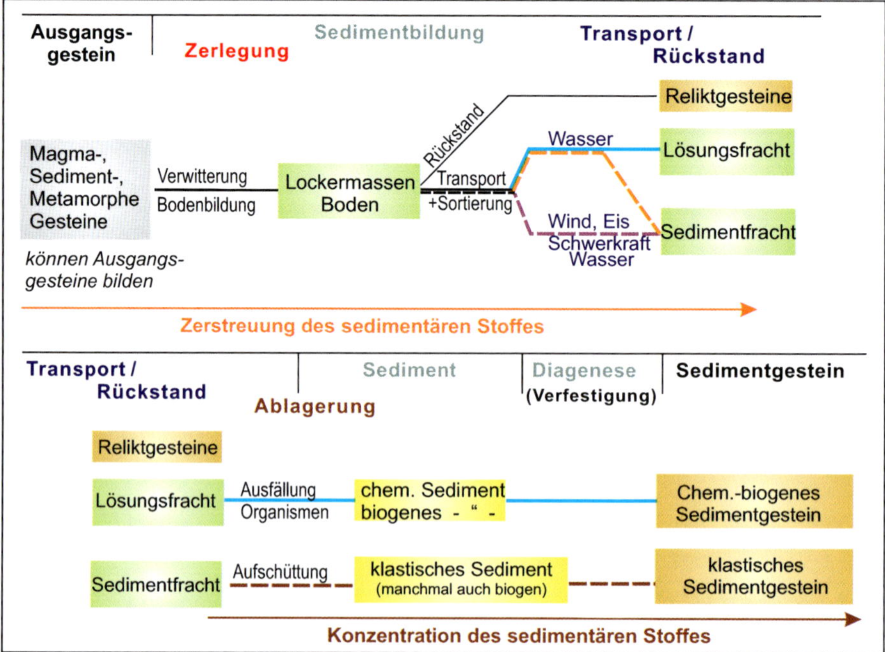

Abb. 2.2.12: Entstehung von Sedimentgesteinen.

a) bei Versenkung von Gesteinen in tiefere Krustenbereiche (Regionalmetamorphose) oder
b) durch Intrusion eines Magmas in die Erdkruste (Kontaktmetamorphose) oder
c) durch Verschiebungen von Gesteinen an tektonischen Störungen (Dislokationsmetamorphose).

Metamorphose (= Formänderung) setzt bei ca. 200 bis 300°C (in H_2O-reichen Gesteinen) ein. Die obere Grenze der Metamorphose liegt bei ca. 600 bis 1000°C je nach Druckverhältnissen und Gesteinszusammensetzung. Bei Temperaturen von >800°C beginnen Sedimentgesteine und SiO_2-reiche Magmatite teilweise aufzuschmelzen (**Anatexis**). Es entstehen sekundäre Teilmagmen.

Metamorphose ist also eine temperatur- und/oder druckbedingte Umwandlung von Gesteinen unterhalb der Erdoberfläche, wobei neue metamorphe Minerale gebildet werden und dem Gestein häufig ein neues Aussehen, ein metamorphes Gefüge gegeben wird.

Einige häufige **metamorphe Minerale** sind Chlorit, Serizit (feinschuppiger Glimmer), Talk, Serpentin, Staurolith, Disthen, Granat, Epidot, aber auch Amphibol (Glaukophan) und Pyroxen (Jadeit, Omphacit).

Typische **metamorphe Gesteinsgefüge** sind **Schiefer-**, **Phyllit-**, **Glimmerschiefer-**, **Fels- und Gneisgefüge**, aber auch durch einzelne größere Minerale erzeugte Augentexturen (Augengneise, Knotenschiefer). **Schiefer** ist ein Sammelname für fein- bis mittelkörnige metamorphe Gesteine, die leicht trennbare Schieferungsflächen besitzen und deren Feld-

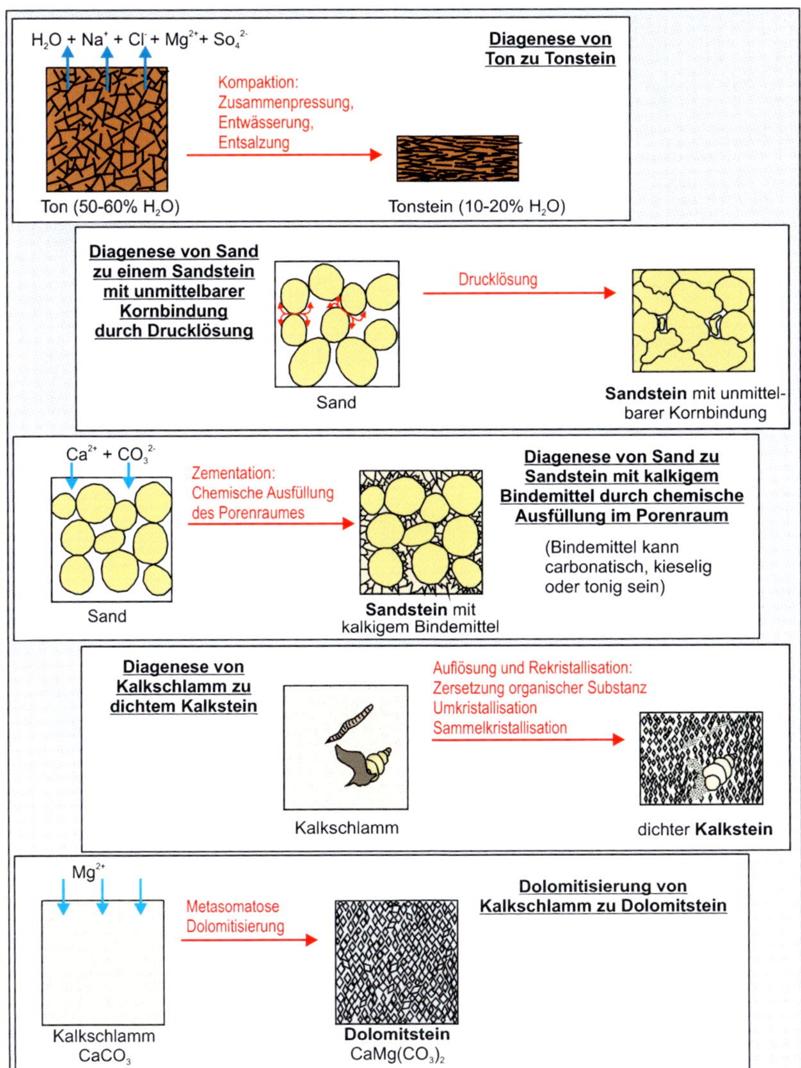

Abb. 2.2.13: Sedimentäre Gesteinsbildung mit Hilfe von Diagenese (Quelle v.a. Pape 1975).

spatgehalte unter 20% liegen. **Phyllite** sind dünnschiefrig-blättrig (mm- bis cm-starke Absonderung) mit seidig glänzenden Schieferungsflächen (Seidenglanz vom Serizit). **Glimmerschiefer** besitzen zahlreiche mit dem Auge erkennbare Glimmer (Muskowit und/oder Biotit) sowie Quarz und Feldspat (Fsp. <20%). **Fels** ist ein metamorphes Gestein mit ungerichtetem Gefüge. **Gneise** sind quarz- und feldspatreiche (Fsp. >20%) Gesteine mit einem mehr oder minder deutlichen Parallelgefüge aus hellen und dunklen Mineralbändern.

Bei der metamorphen Umwandlung von Sandstein in Quarzit oder von Kalkstein in Marmor findet sogar nur eine Vergrößerung und dichtere Verzahnung der Kristalle statt, was aber dennoch mit deutlichen Änderungen der physikalischen Eigenschaften und des Aussehens verbunden ist (z.B. glitzern Marmore und Quarzite auf ihren Bruchflächen).

Ausgangs-gestein / **Metamorphe Fazien**	**Sedimentgesteine** (= Paragesteine)				**Magmagesteine** (= Orthogesteine)				
	Sandstein	toniger Sandstein	Tonstein Siltstein	Mergelstein	Kalkstein Dolomit	Peridotit (ultra-basisch)	Fsp.-Gestein z.B.: Basalt, Gabbro (<52% SiO_2)	Quarz-Fsp.-Gestein z.B.: Granit, Rhyolith (>65% SiO_2)	
Zeolithfazies 100 – 300°C	Quarzit		Tonschiefer *„slate"*	Mergelschiefer	Marmor	Serpentinit	Grünstein (Diabas)	Chloritgneise	*Zeolithe, Chlorit, Illit*
Grün-schiefer-Fazies 300 – 500°C	Quarzit z.B. *Serizit-Quarzit*	Quarz-phyllit	Phyllit z.B. *Serizit-Chlorit-Phyllit*	Grünschiefer (=Epidot-Chloritschiefer) Talkschiefer Serpentinit Kalkphyllit	Marmor *„marbles"* *fein-körnig*	Serpentinit	Grünschiefer *„greenschists"* Talkschiefer	Chloritgneise	*Chlorit Epidot Quarz Albit, Talk Serizit Serpentin**
Amphibolit-Fazies 500 – 700°C	Quarzit z.B. *Glimmer-quarzit*	Quarz-glimmer-schiefer	Glimmer-schiefer *„mica schists"*	Amphibolit Amphibol-schiefer Karbonat-glimmer-schiefer	Marmor *mittel-körnig*	Peridotit	Amphibolit	Orthogneise	*Biotit Staurolith Amphibol Sillimanit Plagioklas Quarz Muskowit Disthen Granat*
Granulit-Fazies 700 – 1000°C		Granulit*	Granulit Granatfels Granat-Biotit-Gneis	Eklogit*	Marmor *grob-körnig*	Peridotit	Granulit	Granulit	*Granat Pyroxen Sillimanit Quarz Fsp.*
Blauschiefer-Fazies *hoher Druck + niedrige Temp.*	Quarzit	Gneis *„gneiss"*	Glimmer-schiefer	Kalksilikat-gneis bzw. -fels	Marmor	Serpentinit	Blauschiefer *„blueschists"*	Schiefer	*Glauko-phan**
Eklogit-Fazies *hoher Druck + variable Temp.*		Gneise	eklogitische Gneise	Eklogit	Marmor	Peridotit	Eklogit	Eklogitische Gneise	*Granat Omphacit**

* Omphacit: grüner Na-reicher Pyroxen Glaukophan: blauer Na-Amphibol Granulit: Granat + Fsp. + Quarz
Eklogit: Granat (rot) + Omphacit (grün) Serpentin: grünes Zweischichtsilikat

Abb. 2.2.14: Metamorphe Gesteine und Fazieszonen.

Metamorphe Gesteine können aus Sedimenten und Metamorphiten (Paragesteine) oder auch aus Magmatiten (Orthogesteine) hervorgegangen sein. Dabei bestimmen das Ausgangsgestein und der Metamorphosegrad wesentlich das Aussehen und die Zusammensetzung des metamorphen Gesteins.

Welche Minerale bei der Metamorphose neu entstehen, hängt von den herrschenden Druck- und Temperaturbedingungen ab und von der Zusammensetzung des Ausgangsgesteins (Edukt). Dabei prägen ganz bestimmte Mineralassoziationen verschiedene charakteristische **metamorphe Faziestypen** (Abb. 2.2.14). Mit steigendem Metamorphosegrad unterscheidet man u.a. Zeolith (Sub-Grünschiefer)-, Grünschiefer-, Amphibolit- und Granulitfazies, außerdem die bei hohem Druck entstehende Blauschiefer- und Eklogitfazies.

Grünschiefer ist eine Sammelbezeichnung für grün aussehende, feinkörnige metamorphe Gesteine. Die grüne Farbe rührt von den grünen Mineralen Epidot, Chlorit oder Aktinolith her. Amphibolite sind mittel- bis grobkörnige Felsgesteine aus Amphibolen (Hornblenden) und Plagioklasen. Granulite sind fein- bis mittelkörnige Metamorphite überwiegend aus Feldspat, Quarz, Pyroxen und Granat. Blauschiefer besitzen eine schwarzblaue Farbe, die vom hohen Anteil an dem Amphibolmineral Glaukophan herrührt, daher auch der Name Glaukophanschiefer. Eklogite sind massige Felsgesteine mit hohen Anteilen von Granat und grünem Pyroxen (Omphacit).

Ein typisches Ergebnis der **Kontaktmetamorphose** ist die Hornfelsfazies unmittelbar in der Kontaktaureole (Kontakthof) zum intrudierten Magmenkörper. Hornfelse sind massige, dichte bis kleinkörnige Kontaktgesteine.

Bei der Dislokationsmetamorphose entstehen unter hohem Druck **Mylonite** (Mahlgesteine). Das sind stark zermahlene feinkörnige Gesteinsfragmente, manchmal mit Neubildungen von feinschuppigen Glimmern (Serizit).

Abb. 2.2.14 zeigt den Zusammenhang zwischen metamorphen Faziestypen, Gesteinsvertretern und deren Ausgangsgesteinen (Edukte).

Ausgewählte Literatur

PRESS, F. & SIEVER, R. (2017): Allgemeine Geologie: Kap. 4 bis Kap. 7; Heidelberg (Spektrum).

BAYERISCHES STAATSMINISTERIUM FÜR UMWELT UND GESUNDHEIT (Hrsg.) (2009): Lernort Geologie: Modul B. – München.

Weiterführende Literatur

ROTHE, P. (1994): Gesteine: Entstehung - Zerstörung - Umbildung. – Darmstadt (Wiss. Buchgesellschaft).

MARKL, G. (2015): Minerale und Gesteine, Mineralogie - Petrologie - Geochemie. – Berlin, Heidelberg (Springer Verl.).

OKRUSCH, M. & MATTHES, S. (2014): Mineralogie. Eine Einführung in die spezielle Mineralogie, Petrologie und Lagerstättenkunde. – Berlin, Heidelberg (Springer Verl.).

Beantworten Sie mit Hilfe des Textes, der Abbildungen und der aufgeführten Literatur folgende Fragen:

1. *Was ist der Unterschied zwischen Plutoniten und Vulkaniten?*
2. *Nennen Sie die vier Gruppen, in die magmatische Gesteine nach dem SiO_2-Gehalt unterteilt werden.*
3. *Aus welchen Hauptmineralen bestehen granitische Gesteine?*
4. *Welches vulkanische Gestein entspricht dem Granit?*
5. *Wie werden klastische Sedimentgesteine unterteilt?*
6. *Wodurch können Lockersedimente verfestigt werden?*
7. *Was versteht man unter „Kompaktion"?*
8. *Welche Organismen bauen mächtige Kalkriffe auf?*

Weitere Fragen für BA-Studierende und Lehramt Gymnasium

9. *Welche besonderen Gesteinsgefüge besitzen Vulkanite und welches Gesteinsgefüge besitzen Plutonite?*
10. *Nennen sie jeweils zwei saure und zwei basische Vulkanite und Plutonite.*

11. *Nennen Sie ein ultrabasisches Tiefengestein und wo es verbreitet ist?*
12. *Nennen Sie das häufigste Mineral in Sandsteinen.*
13. *Welche vier Bindemittel können lockeren Sand zu harten Sandsteinen verfestigen?*
14. *Wie bezeichnet man eine verfestigte Moränenablagerung?*
15. *Was ist Löss, wie entsteht Löss und wo in Deutschland ist Löss weit verbreitet?*
16. *Wo findet man bei uns Vorkommen der Schreibkreide und wie sind sie entstanden?*
17. *Was versteht man unter Dolomitisierung?*
18. *Was sind Evaporite und wo auf der Erde entstehen sie?*
19. *Nennen Sie zwei metamorphe Mineralien.*
20. *Was sind typische metamorphe Gesteinsgefüge?*
21. *Was versteht man unter „Kontaktmetamorphose“ ?*
22. *Wo auf der Erde findet Regionalmetamorphose statt?*
23. *Warum besitzen große Schwemmlandebenen häufig eine absinkende Geländeoberfläche?*
24. *Erläutern Sie die Begriffe Diagenese, Metamorphose und Anatexis.*

Für Fortgeschrittene (höhere Semester)

1) *Was ist ein Oolith?*
2) *Nennen Sie kieselige Sedimentgesteine.*
3) *Was ist Feuerstein und wo findet man ihn in Deutschland?*
4) *Wo findet man in Deutschland Bernstein und wie ist er entstanden?*
5) *Aus welchen Bestandteilen bestehen Tiefseetone?*
6) *Was versteht man unter einer „gravitativen Kristallisations-Differentiation“ ?*
7) *In welchen geotektonischen Positionen entstehen Magmen?*
8) *Was sind Mylonite?*
9) *Welche metamorphe Fazies ist typisch für Subduktionszonen?*
10) *Welche einfachen Kriterien ermöglichen es, verschiedene klastische Sedimentgesteine zu unterscheiden?*
11) *Welche Gesteine kennzeichnen eine extreme Hochdruck-Metamorphose?*
12) *Welches Gestein entsteht bei der metamorphen Überprägung ultrabasischer Erdmantelgesteine wie dem Peridotit?*
13) *Welche besonderen Eigenschaften besitzen Phyllite?*

Exkurs: ***Löss und Paläoböden in Deutschland - ein Umweltarchiv***

----

1. Paläoböden - eine kurze Einführung

Bei **Paläoböden** (gr. *palaiós* = alt) handelt es sich um Böden der Vergangenheit, die teilweise unter anderen ökologischen Bedingungen entstanden sind (**reliktische Böden**) und/oder unter Sedimenten begraben wurden (**fossile Böden**; lat. *fossilis* = begraben).

Beide Fälle ermöglichen es, Informationen über ökologische Verhältnisse während ihrer Bildung zu erhalten. Zudem sind Böden und Paläoböden immer auch ein Indikator für eine gewisse **morphodynamische Stabilität** während ihrer Bildungszeit. Zeiten ausgeprägter **morphodynamischer Aktivitäten** sind mit Bodenerosion verbunden. Dabei werden Böden gekappt und verlieren einen Teil ihrer Horizonte, oder werden auch vollständig erodiert oder unter Sedimenten begraben (Bild E1). Die verlagerten Bodensedimente werden als **Kolluvium** (M-Horizont) bezeichnet.

In Deutschland sind die meistens Paläoböden quartären oder tertiären, seltener mesozoischen Alters.Von einzelnen Autoren wird der Begriff „Paläoboden" als Bodenbildungsphase auf die Zeit vor dem Holozän eingeengt. **Schwarzerden** (Tschernoseme) und **Auenschwarzerden** (Feuchtschwarzerden, Pseudotschernoseme, Tschernitzen) sind aber schöne

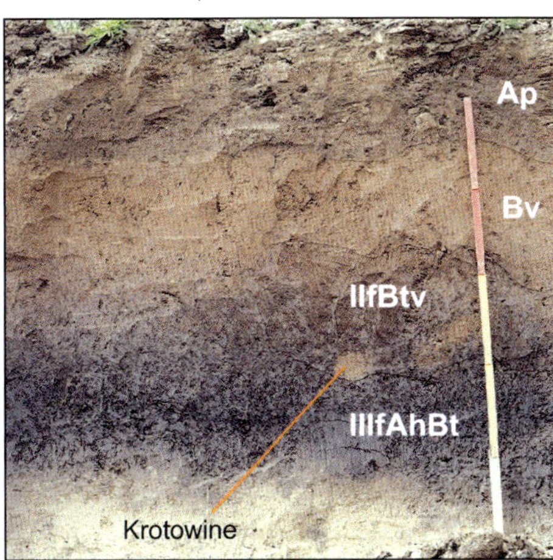

Bild E1:
Fossile Bodenhorizonte in einer Dellenfüllung bei Regensburg Harting (Details in Schellmann 1988). Der heutige Boden ist eine kolluviale Braunerde (Ap/Bv). Er wird unterlagert von dem Unterboden eines fossilen kolluvialen Parabraunerde-Braunerde-Horizontes (IIfBtv), in dem neben Holzkohlen urnenfelderzeitliche Scherben gefunden wurden. Darunter folgt der bis zu 40 cm mächtige entkalkte Oberboden einer Schwarzerde (IIIfAh) auf stark kalkhaltigem Würmlöss (ca. 21-26% $CaCO_3$). Die Schwarzerde entstand seit dem Würm-Spätglazial bis in das Atlantikum hinein (Details in Schellmann 1988: 151ff.; Schellmann 1990: 67f.). Wahrscheinlich seit dem mittleren Atlantikum degradierte sie zunehmend in Form einsetzender Lessivierungsdynamiken. Die Füllungen bandkeramischer Siedlungsgruben in diesem Raum führen oft Schwarzerdeschollen. Anschließend kam es wahrscheinlich in der Urnenfelderzeit zur Reaktivierung der Delle mit teilweiser oder auch völliger Erosion der Schwarzerde. Auf den in die Delle eingetragen Kolluvien bildete sich anschließend eine schwach lessivierte Braunerde (IIfBtv). Der kolluviale Sedimentcharakter zeigt sich in hohen Kohlenstoffgehalten (ca. 0,7%). Das wahrscheinlich urnenfelderzeitliche Alter stützt sich auf einige, im Kolluvium eingelagerte urnenfelderzeitliche Scherben. Nach einer erneuten kräftigen Bodenerosion in der Delle mit starker Kappung der lessivierten Braunerde entwickelte sich auf dem neu eingetragenen jüngsten Kolluvium der heutige Oberflächenboden: eine kolluviale Braunerde (Ap-Bv).

Bild E2: Fossiler Podsol am Darßer Kliff (Deutsche Ostseeküste).

Beispiele für Paläoböden, die vor allem vom Spätglazial bis ins frühe Mittelholozän hinein (Schwarzerden) bzw. maximal bis zum ausgehenden Mittelholozän (Auenschwarzerden) entstanden. Durch veränderte ökologische Bedingungen (feuchteres Klima, Landnutzung, in den Auen gestiegene Schwebstoffeinträge durch Hochwässer) konnten sie sich anschließend nicht mehr bilden. Häufiger blieben sie bis heute mehr oder minder stark degradiert erhalten.

Im weiteren Sinne sind alle begrabenen, fossilen Bodenhorizonte Paläoböden, so auch begrabene Podsole (Bild E2) in den Dünengebieten und Flugsanddecken an der deutschen Ostseeküste oder im Binnenland.

Bei den mesozoisch/tertiären Paläoböden handelt es sich um hämatit- und kaolinitreiche, ferrallitische und fersiallitische Bodenrelikte (**Roterden und Rotlehme bzw. Latosole und Plastosole**). Sie entstanden unter humiden tropischen Klimabedingungen über lange geologische (Mio. Jahre) Bildungszeiträume hinweg. Vollständige Bodenprofile sind in Deutschland bisher nicht bekannt. Die Oberböden sind erodiert und im günstigsten Fall sind unter jüngeren quartären Deckschichten bis zu einige Meter mächtige, sehr tonige Unterböden in Form eines ferrallitischen Bu-Horizontes (u = rubefiziert) oder eines fersiallitischen Bj-Horizonte (j = fersiallitisch) erhalten.

Die ferrallitischen Bu-Horizonte sind erdig und kräftig rot oder gelb gefärbt. Die fersiallitischen Bj-Horizonte sind dagegen kaolinisiert, plastisch, häufig grau bis weißgrau, teilweise aber auch gelbbraun bis rot gefärbt.

Unter diesen Unterböden folgt oft eine Verwitterungsdecke von einigen 10er Metern, zum Teil auch über 100 m Mächtigkeit, der sog. „**Saprolith**“ (gr. *sapros* = faulig, *lithos* = Stein). Trotz starker chemischer Verwitterung der Minerale mit ersten pedogenen Mineralneubildungen (Fe-Oxide und Fe-Hydroxide, Smectite/Kaolinite) ist im Saprolith die Gesteinsstruktur (z.B. Bankung, Schichteinfallen) noch gut erhalten. Manche verwechseln den Saprolith mit dem Begriff **„Regolith"** (gr. *rhegos* = Decke, *lithos* = Stein). Als Regolith bezeichnet man aber eine Decke aus Lockermaterialien (meist periglaziale Schuttdecken) auf dem festen Ausgangsgestein.

Bei den **quartären Paläoböden** handelt es sich vor allem um Bodenbildungen, die in den quartären Warmzeiten (Interglazialen) und während der Wärmeschwankungen (Interstadiale) der Kaltzeiten (Glaziale) entstanden sind. Typische Vertreter sind die in kaltzeitlichen Lössablagerungen begrabenen und häufig gekappten Bodenhorizonte von **interglazialen Parabraunerden und Parabraunerde-Pseudogleyen** sowie **interstadialen Humuszonen, Braunerden („arktische Braunerden") und Nassböden („Tundragleye").**

Solche Löss-Paläoboden-Sequenzen sind wichtige Archive für paläopedologische Umweltrekonstruktionen. Abb. E3 zeigt wichtige in unseren Lössgebieten verbreiteten Paläoböden, einige ökologische Informationen sowie deren zeitliche Einstufungen.

Beantworten Sie mit Hilfe des Textes und den nachfolgenden Abbildungen folgende Fragen:

1. *Was sind reliktische Böden?*
2. *Was sind Paläoböden?*
3. *Erläutern sie die Genese von Schwarzerden.*
4. *Unter welcher Vegetation entstanden diese Schwarzerden bei uns?*
5. *Wann waren in der letzten Kaltzeit (= Weichsel, Würm) humose Böden in den Lössgebieten Deutschlands weit verbreitet?*
6. *Wann waren seit Ausgang der letzten Warmzeit (= Eem) in den Lössgebieten Deutschlands Nassböden weit verbreitet?*
7. *Welche Bodenhorizonte sind ein Indikator für warmzeitliche Klimabedingungen mit Laubwäldern?*
8. *Was versteht man unter Bodendegradation?*
9. *Welche Eigenschaften haben ferrallitische Böden, welches Horizontsymbol hat ihr Unterboden und welchen Namen haben diese Böden?*
10. *Welche Eigenschaften haben fersiallitische Böden, welches Horizontsymbol hat ihr Unterboden und welchen Namen haben diese Böden?*
11. *Was ist ein „Saprolith"?*
12. *Was ist ein „Regolith"?*
13. *Was versteht man unter dem Begriff „Interstadial"?*
14. *Welches Klima herrschte in Deutschland in den quartären Interglazialen?*

----

2. Löss (Lößl)

Karl Caesar von LEONARD (1823) hat den **Namen** „Löss“ (Lösch, Lischen = lose) aus der Gegend um Harlass oberhalb von Heidelberg in die geologisch-mineralogische Wissenschaft eingetragen (ZÖLLER & SEMMEL 2001). Bis heute gültige Aspekte zur Definition von Löss als äolisches Sediment wurden bereits von Ferdinand von RICHTHOFEN (1882) aufgelistet. Rudolph GRAHMANN (1932) publizierte eine erste Karte der Lössverbreitung in Europa.

Typischer Löss (*typical loess*) ist ein homogenes, ungeschichtetes, poröses, nur leicht diagenetisch verfestigtes, karbonatisches (~1-35% Kalk) und hellgelbliches Sedimentgestein in der Silt/Schluff-Korngröße (60-90%). Er besitzt geringe Ton- und Feinsandgehalte (5-20%) und besteht mineralisch vor allem aus Quarz (40-80%), Feldspat, Calzit und Dolomit. Junger Löss besitzt oft Nadelstichporen, Indikatoren einer ehemaligen Steppenvegetation. Löss führt zudem häufig kaltzeitliche Schneckenschalen sowie manchmal Überreste einer kaltzeitlichen Fauna (Knochen, Zähne) und Flora (Pollen, Torf).

Löss ist **Windstaub**, also ein äolisches Sediment, angeweht von vegetationsarmen Flächen (z.B. breite Flussbetten verwilderter Flüsse) in der Region (Nahkomponenten), aber auch aus Gebieten in hunderten von Kilometern Entfernung (Fernkomponenten). Mehrere Meter mächtige Lössdeckschichten findet man in Deutschland in den Börden Norddeutschlands (u.a. Jülicher und Zülpicher Börde, Soester und Marburger Börde, Magdeburger Börde) und in einigen Gäulandschaften Süddeutschlands (u.a. Straubinger Gäu oder Dungau, Kraichgau). Börde stammt vom niederdeutschen „börden“ = tragen, ertragreich sein. Das Gäu bzw. Gau bezeichnet im Bayerisch-Schwäbischen eine in sich geschlossene Landschaft (Ebene).

Löss findet man vor allem am Nordrand der Mittelgebirge, in den großen Talweitungen von Rhein, Main und Donau, in Beckenlandschaften innerhalb der Mittelgebirge sowie im Alpenvorland auf den ausgedehnten Schotterebenen außerhalb des letztglazialen Vereisungsgebietes. In den meisten Mittelgebirgen fehlen mächtigere Lössdecken oberhalb von etwa 400 bis 500 m Meereshöhe, wahrscheinlich primär ein Ergebnis des dort reliefbedingten Überwiegens kaltzeitlicher periglazialer Abtragungsvorgänge (SEMMEL 1968: 7).

Korngrößenbedingte Variationen von Lössablagerungen sind sandstreifiger Löss (Sandstreifenlöss). Dabei handelt es sich um eine Wechsellagerung von mm-starken Lagen aus siltigen Feinsand und feinsandigen Silt. Weitere korngrößenbedingte Variationen sind Sandlöss bzw. Flottsand (>20-50% Sand) und Lösssand (>50-75% Sand; AG BODEN 2005). Eine Ablagerung solcher sandreichen Lösssedimente ist die Folge einer Erhöhung lokaler oder auch regionaler Windgeschwindigkeiten oder das Ergebnis einer nahen Lage zu den lokalen Auswehungsgebieten.

Weiterhin treten in Lössablagerungen oft Lagen periglazialer **Fließerden** auf. Sie bestehen entweder aus a) abluativ umgelagerten äolischen Anwehungen (Löss-Fließerden), oder b) aus gelisolifluidal oder abluativ verlagerten Sedimente aus der Umgebung (periglaziale Schuttfahnen) mit breitem Korngrößenintervall (von Schluff bis Kies), oder c) aus aufgefrorenen Steinsohlen. Zusammen werden sie manchmal auch als **Lössderivate** bezeichnet.

„Löss im engeren Sinne" sind also die reinen, äolisch angewehten Lösslagen, während „Löss im weiteren Sinne" (= Lösssedimente) immer auch Lagen von Lössderivaten umfasst. Oft wird aber sprachlich nicht zwischen beiden Bedeutungen unterschieden.

Beantworten Sie mit Hilfe des Textes folgende Fragen:

1. *Wie sind Nadelstichporen im frischen Löss entstanden?*
2. *Welche Kalkgehalte treten im Löss häufig auf und woher stammt der Kalk?*

2.1 Löss und Paläoböden

In Mitteleuropa wurden mächtige Lössdecken in den quartären Kaltzeiten angeweht und sedimentiert. Dabei dominierten vor allem in den Kältephasen der Stadiale Lössanwehungen, während in den kaltzeitlichen Wärmeschwankungen der Interstadiale die Staubanwehungen zurücktraten und Böden entstehen konnten. Sie sind heute teilweise noch als fossile Bodenhorizonte (Paläoböden) mehr oder minder unvollständig erhalten, überdeckt von jüngeren Lössablagerungen. Diese „Lössböden" ermöglichen nicht nur eine pedostratigraphische Untergliederung der Lössdeckschichten, sie helfen auch bei der Rekonstruktion der Reliefentwicklung und liefern teilweise wichtige paläoökologische Informationen über die interstadialen Wärmeschwankungen in den Kaltzeiten.

Unter warmzeitlichen humiden Klimabedingungen unterliegen Lösse den bekannten pedogenen Prozessabfolgen (Abb. E1):

1. Humusbildung und Bioturbation sowie
2. Entkalkung, Verbraunung und
3. chemische Tonmineralbildung, also Verlehmung,
4. Tonverlagerung (Lessivierung) und eventuell sekundäre Pseudovergleyung (Staukörper: tonangereichter Unterboden, Bt-Horizont).

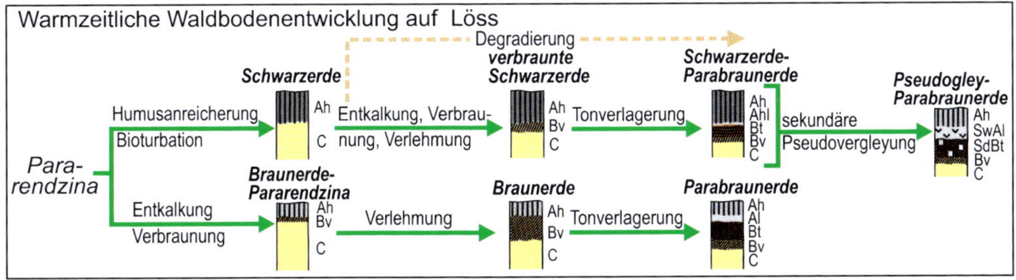

Abb. E1: Bodenentwicklungen auf Löss in Deutschland unter warmzeitlichen Klimabedingungen des Quartärs.

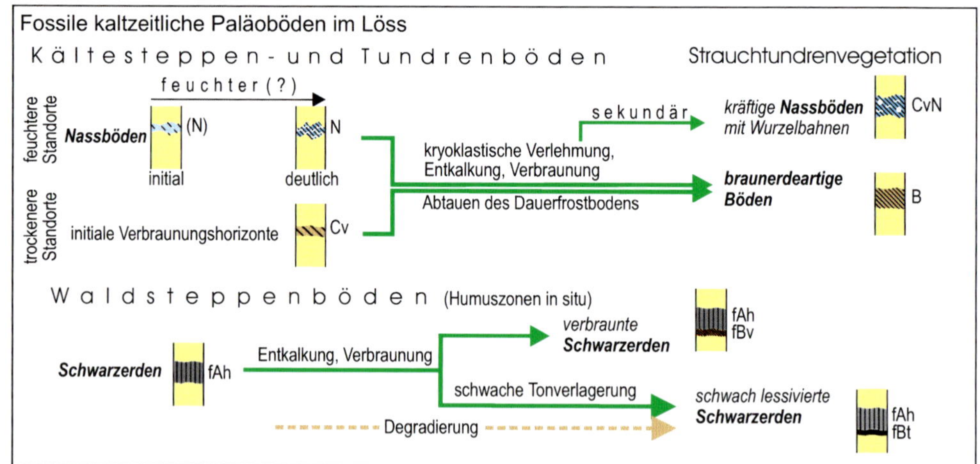

Abb. E2: Kaltzeitliche Paläoböden im Löss in Deutschland und deren paläo-ökologische Bedeutung.

Daraus resultieren Bodentypen von Pararendzinen über Braunerde-Pararendzinen über Schwarzerden (Tschernoseme) bis hin zu Pseudogley-Parabraunerden.

Für die verschiedenen **kaltzeitlichen Löss-Paläoböden** (Abb. E2, Abb. E3) nimmt man teilweise andere pedogene Dynamiken an wie:

1. Signifikante Humusbildungen mit Bioturbation (Schwarzerden) oft begleitet von weiteren Lössanwehungen (Humuszonen) überwiegend nur in wärmeren bewaldeten Interstadialen zu Beginn der Kaltzeiten.
2. Verlehmungen, vor allem als ein Ergebnis frostbedingter Grobtonvermehrung. Dieser Vorgang wird auch als Kryoklastik bezeichnet.
3. Entkalkungen, häufig mit Konkretionsbildungen in Form von Lösskindl oder Pseudomycellien, teilweise finden sich auch sekundäre Aufkalkungen durch kalkhaltige Sickerwässer aus auflagernden Lössdeckschichten.
4. Unterschiedlich intensive Verbraunungen (ähnlich heutigen arktischen Braunerden) vor allem durch Fe-Freisetzungen im Zuge von Biotit-Verwitterungen.
5. Vernässungen durch sommerlichen Wasserstau auf Permafrost im Untergrund mit Ausbildung von Nassböden (Naßböden), Anmoorgleyen und Niedermooren.
6. Intensive Frostwechseldynamiken mit Ausbildung von Steinsohlen, Eiskeilen und Kryoturbationen.

Die Anwehung von Lössdeckschichten begann in der letzten Kaltzeit schon im Frühwürm vor etwa 110.000 Jahren (Abb. E3). Eiskeilpseudomorphosen belegen schon für das älteste Frühwürm-Stadial kaltzeitliche Bedingungen mit Dauerfostboden. Die mächtigsten und häufig grobschluff- und feinsandreichen Lösse datieren meistens in das späte Mittelwürm und in das Jungwürm. Dabei war das Jungwürm der kälteste, trockenste und windreichste Abschnitt der Würmkaltzeit in Deutschland. In Ruhephasen der Lössanwehungen entstanden maximal initiale Nassböden oder initiale Verbraunungshorizonte.

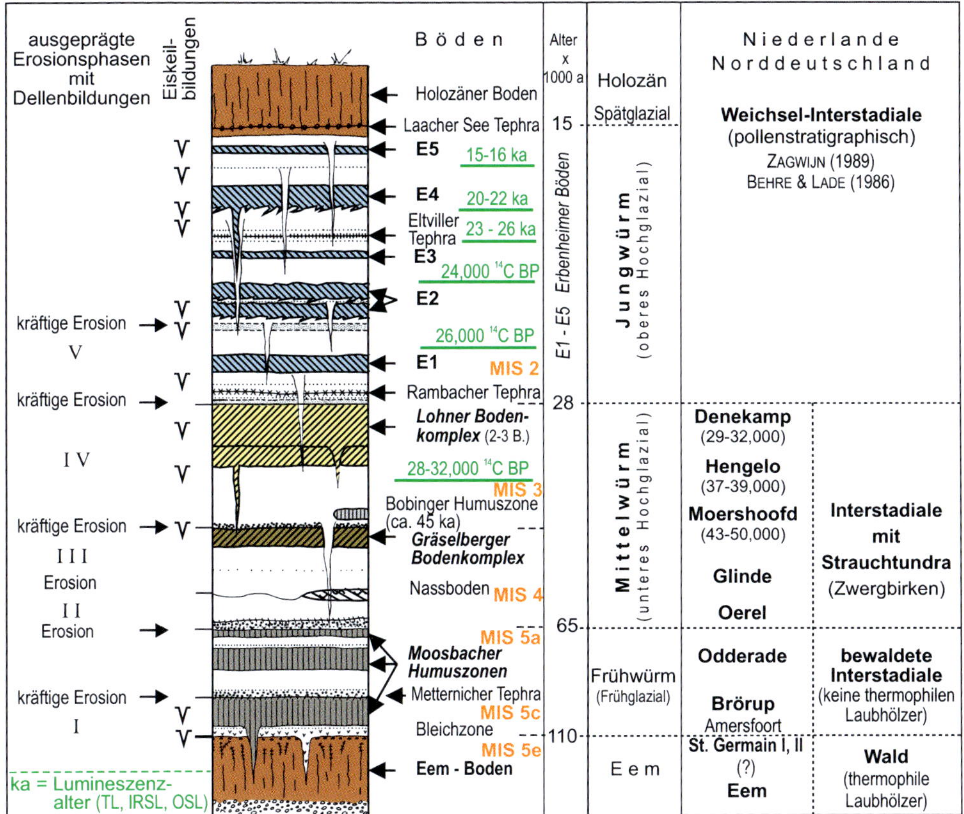

Abb. E3: Paläoböden im Wümlöss Mitteleuropas, sehr stark vereinfacht.
Eem-Boden = unterschiedlich stark pseudovergleyte Parabraunerden; Humuszonen = humose AC-Böden bzw. humose Sedimente; Gräselberger Bodenkomplex = braunerdeartige Böden oder kräftige kryoklastisch verlehmte Nassböden, selten humose Zonen; Lohner Bodenkomplex = braunerdeartige Böden; E = Erbenheimer Böden = initiale Nassböden.

Die Ablagerung von Lössen dauerte länger als die Ablagerung der Eltviller Tephra zwischen den Nassböden E3 und E4 vor 23 bis 26 ka (Zens et al. 2017), nach Lumineszenzdaten bis etwa 15 bis 16 ka (Abb. E3; Zöller 1995: Abb. 42). Sie endete spätestens mit dem Beginn des Bölling-Interstadials vor etwa 14,7 ka. Spätestens ab etwa 14 ka (ca. 12.350 bis 12.100 ^{14}C BP) breiteten sich im Schwäbisch-Bayerischen Donauried und angrenzendem Brenztal (Schellmann 2017a; ders. 2017b), im Donautal bei Straubing (Schellmann 2010: 29ff.), im Schmuttertal westlich von Augsburg (Schellmann 2016a; ders. 2016b) sowie im Ampertal bei Moosburg (Schellmann 2018a) Niedermoore aus ohne erkennbare spätglaziale Lösseinträge.

Beantworten Sie mit Hilfe des Textes die nachfolgenden Fragen.

1. *Wann erfolgte in Deutschland die Anwehung mächtigerer Lössdecken und wann endete die Anwehung kaltzeitlicher Lösse?*

2. *Welche Bodentypen entstanden bei uns in Lössgebieten unter interglazialen Laub- und Mischwäldern?*

3. *Was sind die wichtigsten Voraussetzungen für den bodenbildenden Prozess der Lessivierung?*
4. *In welchen Lössgebieten Deutschlands findet man heute noch häufiger Schwarzerden?*
5. *Welche Paläoböden im Löss weisen auf wärmere Interstadiale?*
6. *Welche Paläoböden im Löss belegen das Vorhandensein von Permafrost im Untergrund und warum?*
7. *Wie entstehen Steinsohlen und Eiskeile?*
8. *Wie entstehen Lösskindl?*
9. *Wie entstehen Pseudomycellien im Löss und wie sehen diese aus?*
10. *Was ist Kryoklastik?*
11. *Was waren bei uns in der letzten Kaltzeit Auswehungsgebiete von Löss?*
12. *Wo in Deutschland findet man mächtigere Lössdecken?*
13. *Warum sind die Höhenlagen deutscher Mittelgebirge weitgehend lössfrei?*
14. *Nennen Sie die drei korngrößenbedingten Variationen von Löss?*
15. *Was sind Lössderivate?*
16. *Woher stammt der Name „Löss"?*

2.2 Würm/Weichsel-Lösse und wichtige Paläoböden

In Deutschland ist an der Basis von Lössdeckschichten aus der letzten Kaltzeit (Würm/Weichsel) häufig ein fossiler interglazialer fBt-Horizont einer Parabraunerde erhalten (Abb. E3). Darüber können in Wechsellagerung mit Lösslagen bis zu drei humose Horizonte („**Moosbacher Humuszonen**") erhalten sein, manchmal tschernosemartig, manchmal als Anmoorgleye manchmal als Niedermoortorf und oft als humose Sedimente. Sie entstanden in wärmeren bewaldeten Interstadialen des frühen Würms (MIS 5a, MIS 5c).

Vielfältiger sind die im Mittelwürmlöss (MIS 4 und MIS 3) begrabenen Böden. Neben kryoklastisch verlehmten, teilweise entkalkten Nassböden (Tundren-gleye) findet man interstadiale braunerdeartige Böden (**Gräselberger Bodenkomplex**) und nur sehr selten einen humosen Horizont (Bobinger Humuszone).

Am Top des Mittelwürmlösses ist häufig ein kräftiger braunerdeartiger Bodenhorizont von bis zu 70 bis 100 cm Mächtigkeit oder mehrere braunerdeartige Horizonte als Bodenkomplex erhalten, für den in Deutschland überwiegend der Name „**Lohner Boden**" verwendet wird. Dieser braune Bodenkomplex ist kalkfrei (sofern nicht sekundär aufgekalkt), besitzt einen höheren Tongehalt als der umgebende Löss, eine charakteristische plattige Struktur und zeigt oft einen heterogenen Aufbau aus unterschiedlichen Verbraunungshorizonten. Diese Heterogenität im Aufbau weist darauf hin, dass der Boden in mehreren Phasen mit alternierender Materialzufuhr und Bodenbildung entstanden ist (SCHÖNHALS et al. 1964).

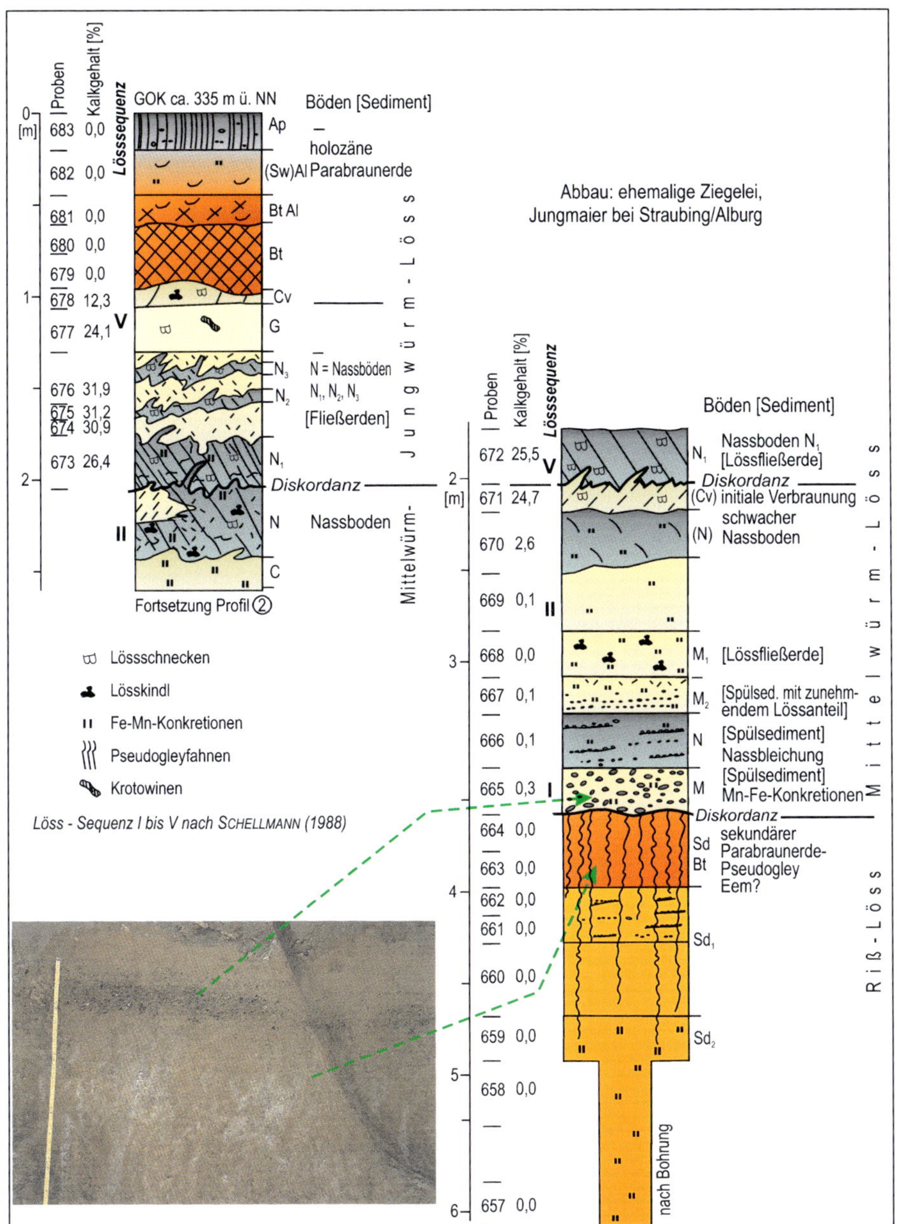

Abb. E4: Deckschichtenprofil auf der ÄHT östlich von Straubing-Alburg aufgenommen im Juli 1990. Die Residuallage aus Fe-Mn-Konkretionen bezeugt die Erosion des mindestens eemzeitlichen Parabraunerde-Pseudogleys (vor allem des an Fe-Mn-Konkretionen reichen AlSw-Horizonts) zu Beginn des Frühwürms.

Im jüngsten Würmlöss (MIS 2) fehlen solche relativ kräftigen fossilen Bodenhorizonte. Er besitzt mehrere sehr schwach entwickelte initiale Nassböden, auch als „**Erbenheimer Böden**“ bezeichnet (SEMMEL 1969), oder mehrere initiale Verbraunungshorizonte (SCHÖNHALS et al. 1964; SCHELLMANN 1988), die sich farblich nur wenig vom umgebenden Löss abheben.

Zwischen dem E3- und E4-Nassboden ist manchmal ein wenige mm-starkes Tephraband erhalten, die **Eltviller Tephra** (früher auch als Kärlicher Tuff bezeichnet, u.a. bei Schönhals et al. 1964). Diese Tephra entstand vor etwa 23 bis 26 ka und bietet eine solide tephrachronologische Zeitmarke.

Bild E3:
Sedimentlage aus Fe-Mn-Konkretionen (Residuallage), die zu Beginn des Frühwürms bei der Erosion des mindestens letztinterglazialen fAlSw- und fBtSd-Horizontes eines Parabraunerde-Pseudogleys bei der Schneeschmelze (Abluation) im Frühjahr zusammengeschwemmt wurde. Standort: Ältere Hochterrasse (ÄHT) östlich von Straubing-Alburg.

2.2.1 Interglaziale Paläoböden

Interglaziale **Parabraunerden** (fBt-Bv-Cv-C) und **Pseudogley-Parabraunerden** (fSdBt-Bv-Cv-C)

Parabraunerden sind warmzeitliche Bodenentwicklungen, die unter Laub-/Mischwald entstanden sind. Fossil ist von ihnen meist nur der mehr oder minder stark pseudovergleyte Bt-Horizont (fBt bis fSdBt) erhalten (Abb. E4 und Bild E3). Er wird oft noch von folgenden Horizonten unterlagert: Bv-Cv-Cc-C.

Gegenüber dem unverwitterten Löss besitzen die karbonatfreien fBt-Horizonte deutlich erhöhte Tongehalte von stellenweise 35 bis 40% gegenüber meist deutlich unter 20% Ton im unverwitterten Löss. Infolge dieser intensiven Tonanreicherung im Unterboden sind die meisten interglazialen Parabraunerden im Löss sekundär pseudovergleyt bis hin zu Pseudogley-Parabraunerden (fSdBt-Bv-Cv-C), im Altquartär auch zu Pseudogleyen (fSd-Cv-C). Der zugehörige Oberboden (Ah-SwAl-Horizont) ist in der Regel abgetragen.

Manchmal findet man auf dem gekappten fossilen Unterboden, der durchaus Mächtigkeiten von 1,8 m und mehr erreichen kann, eine dunkle Lage aus mm- bis cm-großen Fe-Mn-Konkretionen (Bild E3). Sie ist eine Residuallage, zurückgeblieben und residual angereichert bei der kaltzeitlichen Abtragung des Bodens.

Fossiler interglazialer Pseudotschernosem (fAh-Bt-C)

Nach Schirmer (2017a) findet man vereinzelt in ehemals feuchten Geländedepression als warmzeitliche Bodenentwicklung einen schwarzen, stark tonigen fAh-Bt-Horizont, der als fossiler Pseudotschernosem (*sensu* Kubiena 1956) oder als Parabraunerde-Tschernitza anzusprechen ist. Die Tongehalte können bis zu 36% und die C_{org}-Gehalte bis zu 0,49% betragen.

Beantworten Sie mit Hilfe des Textes die nachfolgenden Fragen.

1. *Wie entstanden die cm-mächtigen Lagen aus mm- bis cm-großen Fe-Mn-Konkretionen, die manchmal an der Basis des Würmlöss auftreten?*

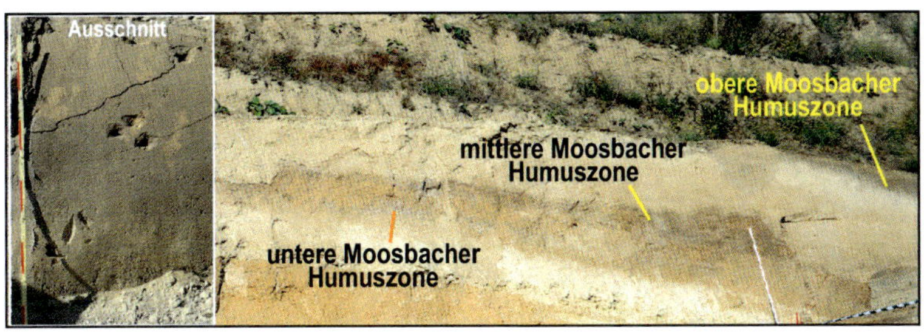

Bild E4:
Untere, mittlere und obere Moosbacher Humuszone an der Typlokalität von Mainz-Weisenau.

2. *Welche Paläoböden findet man in Deutschland im Frühwürm-Löss?*
3. *In welcher marinen Isotopenstufe (MIS) entstanden die Moosbacher Humuszonen?*
4. *Welchen pollenanalytisch definierten Interstadiale in Norddeutschland werden den frühwürmzeitlichen Humuszonen zugeordnet?*
5. *Wie bezeichnet man in Deutschland den braunerdeartigen Bodenkomplex, der am Ausgang des Mittelwürms entstand?*
6. *In welchem Würmabschnitt entstanden die Erbenheimer Böden?*
7. *Wie alt ist die Eltviller Tephra?*
8. *Wo treten im Profil Straubing-Alburg (Abb. 4.3.4) die höchsten Kalkgehalte im Löss auf?*
9. *Wie mächtig ist im Profil Straubing-Alburg (Abb. 4.3.4) die holozäne Parabraunerde und wie mächtig ist der fossile eemzeitliche Parabraunerde-Pseudogley mindestens?*
10. *Woran erkennt man in Abb. 4.3.5 die Pseudovergleyung des eem-zeitlichen Parabraunerde-Pseudogleys?*

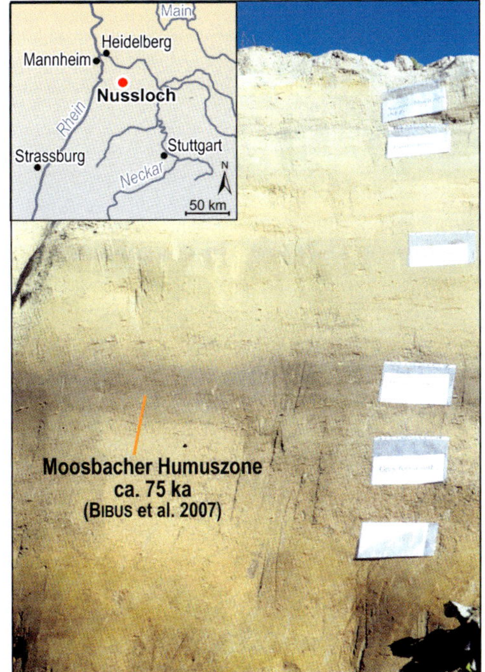

Bild E5:
Moosbacher Humuszone an der Basis des Würmlöss im Profil Nussloch südlich von Heidelberg.

2.2.2 Interstadiale Paläoböden

Fossile interstadiale **Humuszone**, Tschernosem (fAh-C), Anmoorgley (fGoAa-Gr), Niedermoortorf (fHn)

Der Begriff „**Humuszone**“ stammt von Schönhals (1950: 253). Er beschrieb als erster an der Basis des hessischen Würmlöss eine Humuszone, die er als degradierten Tschernosem interpretierte. Dabei umfasst der Begriff „Humuszone“ sowohl Löss und umgelagerte humose Sedimente (Abb. E6, Bild E4 bis Bild E6) bis hin zu weitgehend *in situ* erhaltenen humosen Bodenhorizonten (Abb. E5 bis Abb. E10). Einen *in situ* erhaltenen humosen Bodenhorizont beschrieb aus Bayern erstmalig Schellmann (1988) und zwar an der Basis des bayerischen Würmlöss im Donautal unterhalb von Regensburg

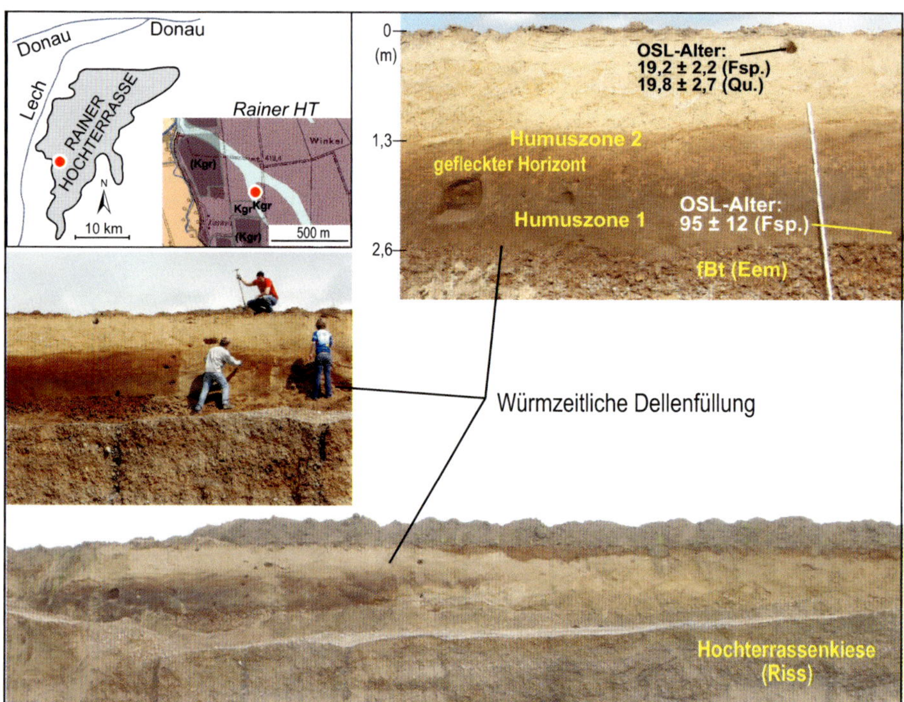

Bild E6: Würmzeitliche Sandlösssedimente als Füllung eines Dellentälchens auf der Rainer Hochterrasse mit zwei würmzeitlichen Humuszonen, einem gefleckten Horizont und einem jungwürmzeitlichen Nassboden (Details in Schellmann et al. 2020; Schielein & Schellmann 2016b).

in Form eines fossilen Anmoorgleys und eines fossilen Niedermoortorfs bzw. humosen Sandlöss (Abb. E6 und Abb. E7). Vereinzelt können Humuszonen auch schwache Lessivierungen (fAhBt) besitzen (Rohdenburg & Meyer 1966: 11). Innerhalb von Humuszonen treten öfters lebhafte, gelbe bis gelbbraune bis braune Flecken auf (Bild E6 und Abb. E5), die insgesamt ehemaligen Wurzelbahnen ähneln. Rohdenburg (1964) deutet solche „gefleckten Horizonte" als postsedimentären Humusabbau entlang von Wurzelbahnen (Rhizosphäre). Ähnlich treten sie auch in humosen Unterbodenhorizonten holozäner Podsole auf und wurden dort von Reuter (1955) als „Pantherung" bezeichnet. Bibus et al. (2002: 3) sehen darin Degradationserscheinungen im Zuge eines Verbraunungsprozesses.

Vor allem in den frühen Abschnitten des letztglazialen Löss, selten auch an der Basis des vorletzt- und drittletztglazialen Löss, findet man manchmal solche braungrauen bis schwarzgrauen Humuszonen von einigen Dezimetern und bis zu 1 m Mächtigkeit. Sie besitzen deutlich erhöhte C_{org}-Gehalten (ca. 0,1 bis 1,5%; u.a. Bibus et al. 2002: Abb. 2; Schirmer 2017; Schielein & Schellmann 2016b). Meistens sind sie nur in Muldenpositionen erhalten (Bild E6, Abb. E5).

Die meisten Humuszonen entstehen unter synpedogener Sedimentation (Semmel 1999), also unter Beimischung von frischem Löss durch Umlagerung von angrenzenden, weiter

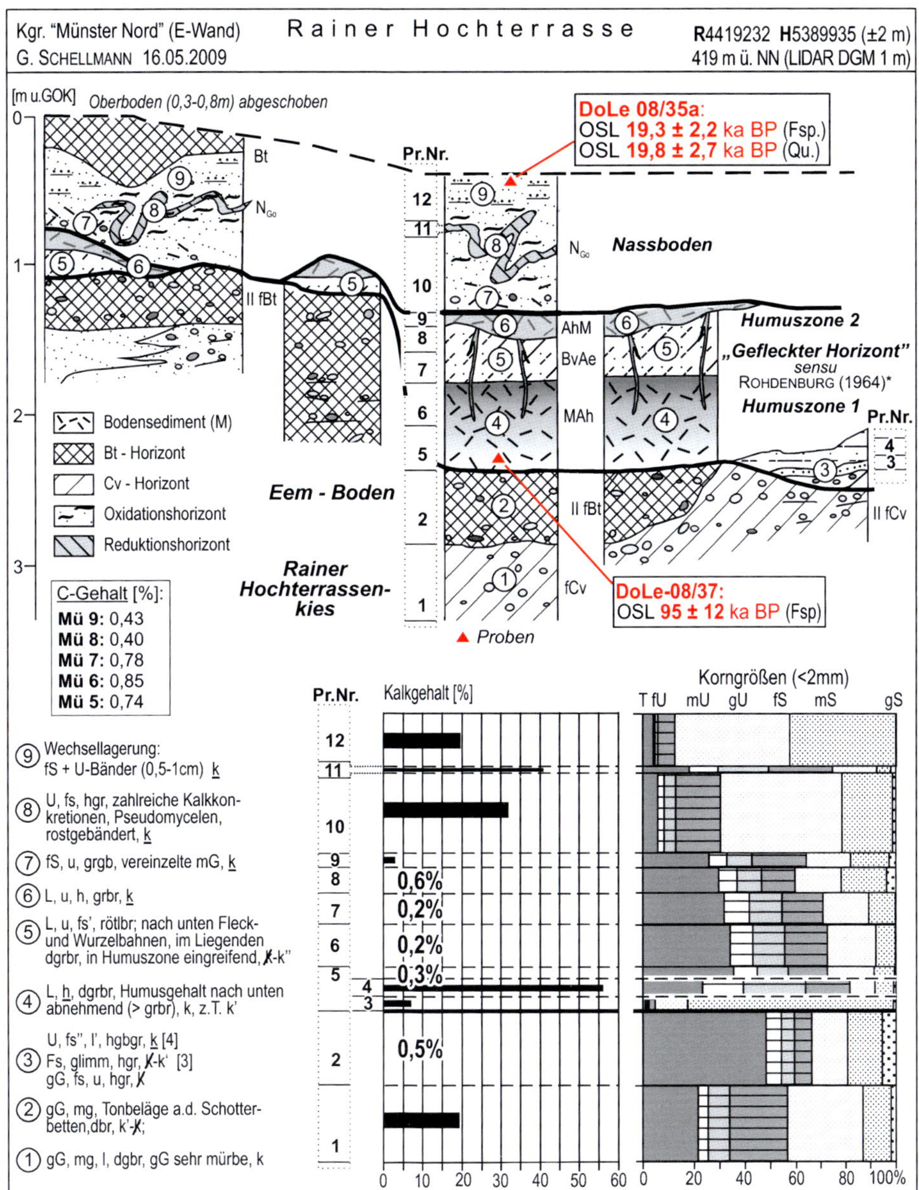

Abb. E5: Würmzeitliche Sandlösssedimente als Füllung eines Dellentälchens auf der Rainer Hochterrasse mit zwei Humuszonen und einem gefleckten Horizont aus dem Frühwürm sowie einem jungwürmzeitlichen Nassboden (verändert nach Schielein & Schellmann 2016b).

in Bildung befindlichen echten grauschwarzen Tschernosemen (Semmel 1968; Kühn et al. 2013) oder von angrenzenden stark humosen grauschwarzen Anmoorgleyen (C_{org}-Gehalte 2 bis 3,7%; Schellmann 1988; Schellmann et al. 2019).

Oft treten humose Böden bzw. Bodensedimente über dem gekappten warmzeitlichen Unterboden (fSdBt) einer Pseudogley-Parabraunerde auf, wobei schwarze Anmoorgleye durch einen hellgrauen bis weißen Reduktions-Horizont (fGr) deutlich vom marmorierten, rötlichbraunen fSdBt-Horizont abgesetzt sind (Abb. E6).

Am bekanntesten sind die drei von Schönhals et al. (1964) sowie Semmel (1968) und Bibus et al. (u.a. 2002) beschriebenen **unteren, mittleren und oberen Moosbacher Humuszonen** (Bild E4). Nach Bibus et al. (2002) sollen die untere und mittlere Mosbacher Humuszonen in warmen Frühwürm-Interstadialen (MIS 5c und MIS 5a) bzw. in den bewaldeten Interstadialen Amersfoort/**Brörup** und **Odderade** und ihren borealen Nadelwäldern entstanden sein (Abb. E3).

Pollen- und Holzkohle-Untersuchungen belegen Nadelwälder mit *Pinus silvestris, Picea, Abies* sowie wechselnden Steppenkräuter-Anteilen. Molluskenschalen repräsentieren Steppen-Faunen mit xerophilen Schneckenarten wie *Chondrula tridens, Granaria frutnentum, Fielicopsis striata* und anspruchsvolle Waldsteppen-Faunen mit *Fruticicola fruticum, Orcula dolium, Vitrea crystallina* und *Arianta arbustorum* (Semmel 1996; Bibus et al. 1996; Bibus et al. 2002).

Die obere Moosbacher Humuszone, die nach Molluskenfunden ein thermisch deutlich weniger günstiges Interstadial repräsentiert, könnte nach Bibus et al. (2002) im frühen Mittelwürm (MIS 4) während des Oerel-Interstadials entstanden sein. Dagegen spricht nach Semmel (1999), dass während ihrer Bildung eine Nadelwaldvegetation existierte, das Oerel-Interstadial in Norddeutschland aber nicht bewaldet war. Insofern könnte die obere Mosbacher Humuszone auch aus dem bewaldeten Odderade-Interstadial (MIS 5a) stammen. Lumineszenzalter (IRSL = Infrarot stimulierte Lumineszenz) von 72 bis 78 ka (Frechen & Preusser 1996, zitiert nach Bibus et al. 2002) für den Löss zwischen mittlerer und oberer Humuszone im Lössprofil Mainz-Weisenau ständen damit im Einklang. Auch die im Lössprofil Nussloch erhaltene Mosbacher Humuszone datiert nach einem IRSL-Alter um ca. 75 ka ins MIS 5a (Bild E5; Bibus et al. 2007).

Im bayerischen Alpenvorland sind fossile humose Böden im Würmlöss nur selten erhalten. Dabei stammt die doppelte Humuszone an der Basis des Würmlöss auf der Rainer Hochterrasse (Bild E6, Abb. E5) nach einer Lumineszensdatierung von ca. 95 ka aus dem Frühwürm (MIS 5b/c, Schielein & Schellmann 2016b: 150ff.). Sie könnte der von Bibus et al. (2002) beschriebenen zweigeteilten unteren Moosbacher Humuszone im Aufschluss Mainz-Weisenau entsprechen.

Im Donautal unterhalb von Regensburg ist manchmal an der Basis des Würmlöss auf der Mittleren Hochterrasse eine humosen Zone in Form eines fossilen Anmoorgleys (fAh-N) (Abb. E6) oder auf der Älteren Hochterrasse als stark humoser Sandlöss erhalten (Abb. E7), die aufgrund ihrer stratigraphischen Position unmittelbar auf dem gekappten Eem-Boden (fSdBt) wahrscheinlich ebenfalls schon im frühen Würm entstanden sind (Schellmann 1988; Schellmann et al. 2010).

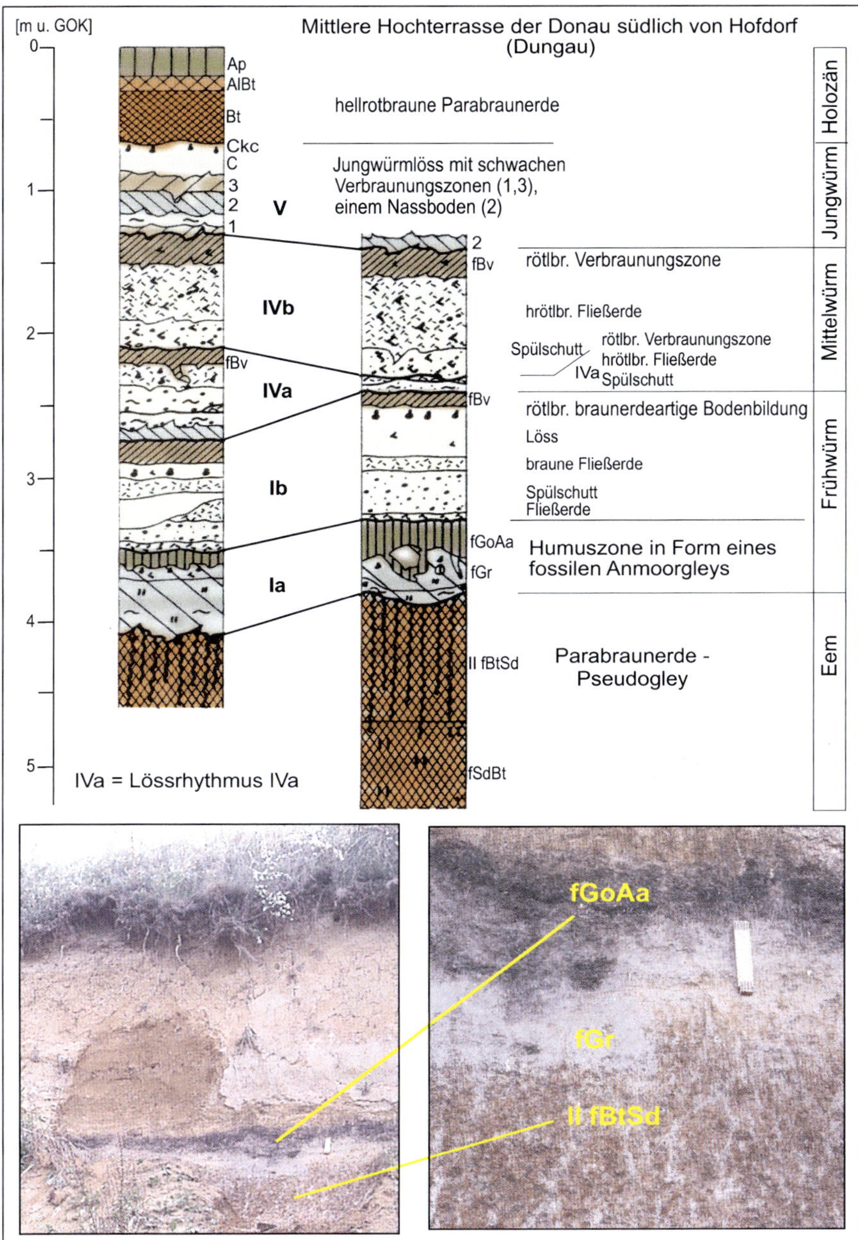

Abb. E6: Frühwürmzeitliche Humuszone in Form eines fossilen Anmoorgleys über letztinterglazialer Pseudogley-Parabraunerde. Lokalität: Mittlere Hochterrasse (MHT) der Donau südlich von Hofdorf (Quelle: Schellmann 1988).

Dagegen stammen die im tieferen Würmlöss auf der Augsburger Hochterrasse begraben humosen Horizonte („Bobinger Boden“) in Form eines fossilen Anmoorgleys über Dauerfrostboden (fAh-N; Abb. E8 bis Abb. E10) nach OSL-Datierungen aus dem älteren Mittelwürm (MIS 4 um ca. 45 ka; Schellmann et al. 2019). Dieser Boden wäre also deutlich

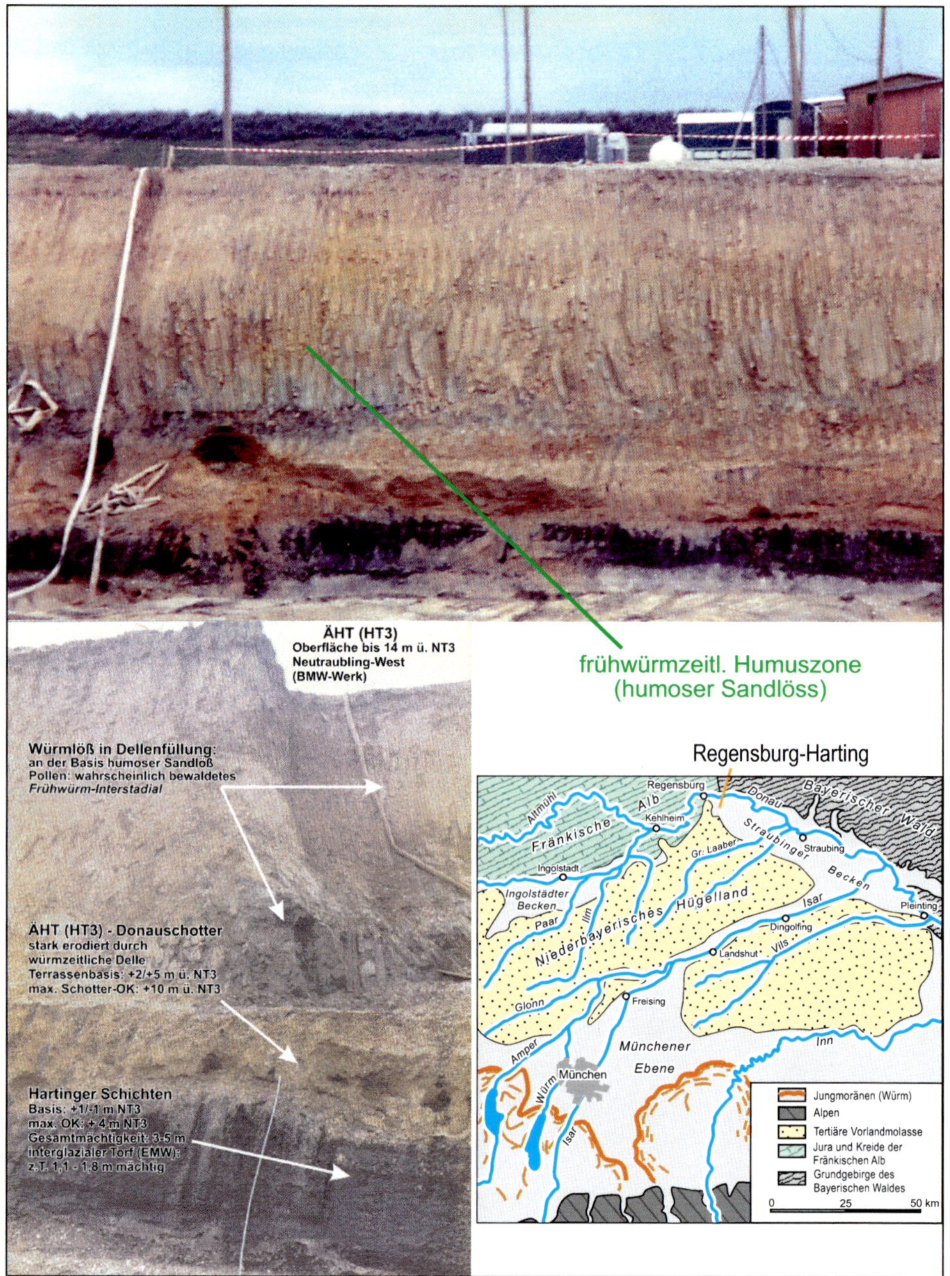

Abb. E7: Frühwürmzeitliche Humuszone (humoser Sandlöss) über Terrassenkiesen der Älteren Hochterrasse (ÄHT) der Donau, die von mittel- bis altquartären Hartinger Schíchten unterlagert werden. Das Profil war Mitte der 1980'er Jahre beim Bau des BMW-Werks südlich von Regensburg-Harting aufgeschlossen.

jünger als die obere Moosbacher Humuszone in der klassischen Lokalität von Mainz-Weisenau.

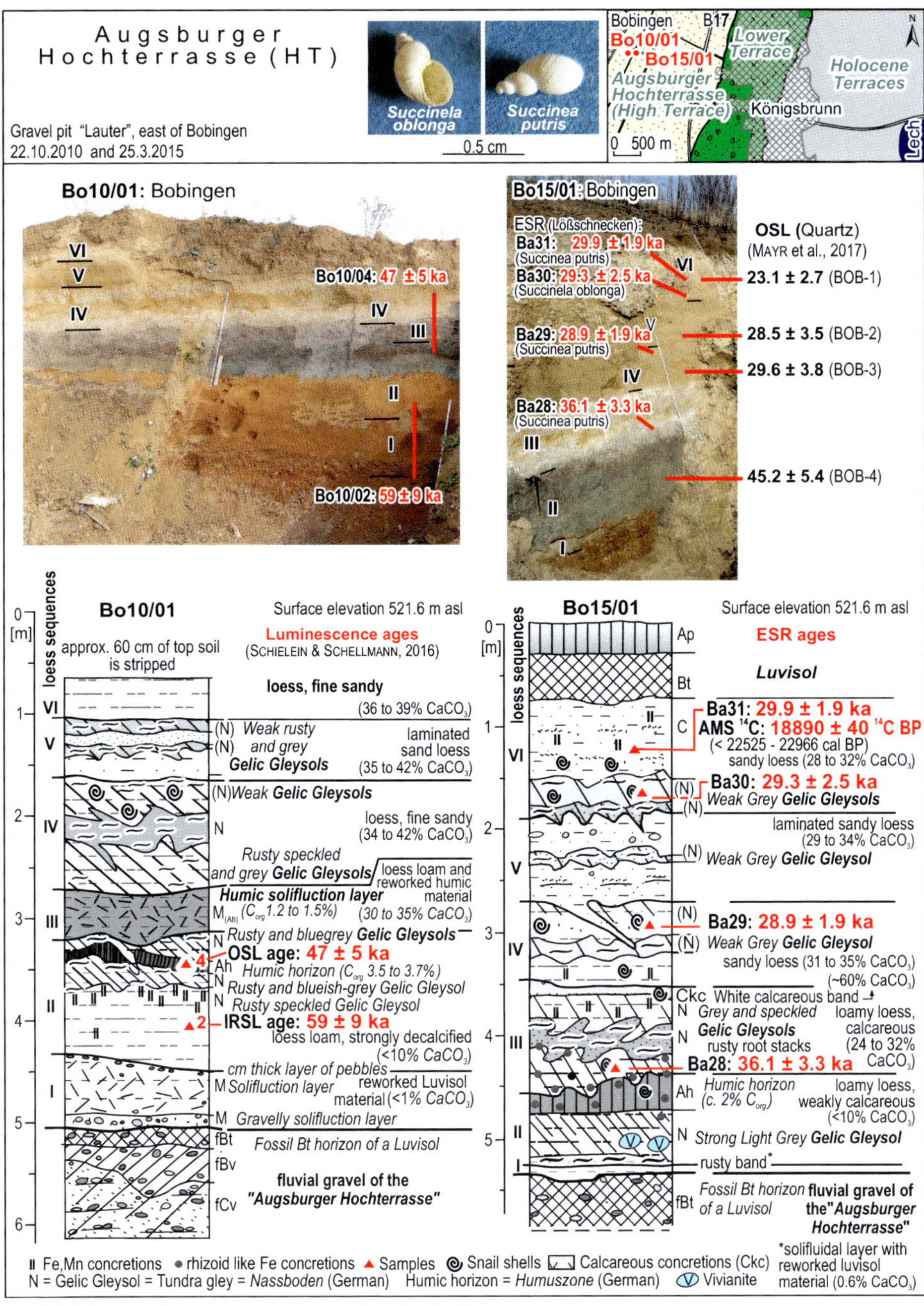

Abb. E8: Würmzeitliche Lössbedeckung auf der Augsburger Hochterrasse mit Ergebnissen von Lumineszenz (IRSL, OSL)- und Elektronen-Spin-Resonanz (ESR)-Datierungen (Details in SCHELLMANN et al. 2019).

KÜHN et al. (2013) berichten von IRSL-Datierungen an humosen Zonen in drei verschiedenen Lössprofilen in Alsheim (Mainzer Becken) mit Altern von >41.6 ka bis <46,9 ka (Profile Als IIa und Als IIb) und von 50,4 ka bis 58,6 ka (Profil Als I) und von >83 ka

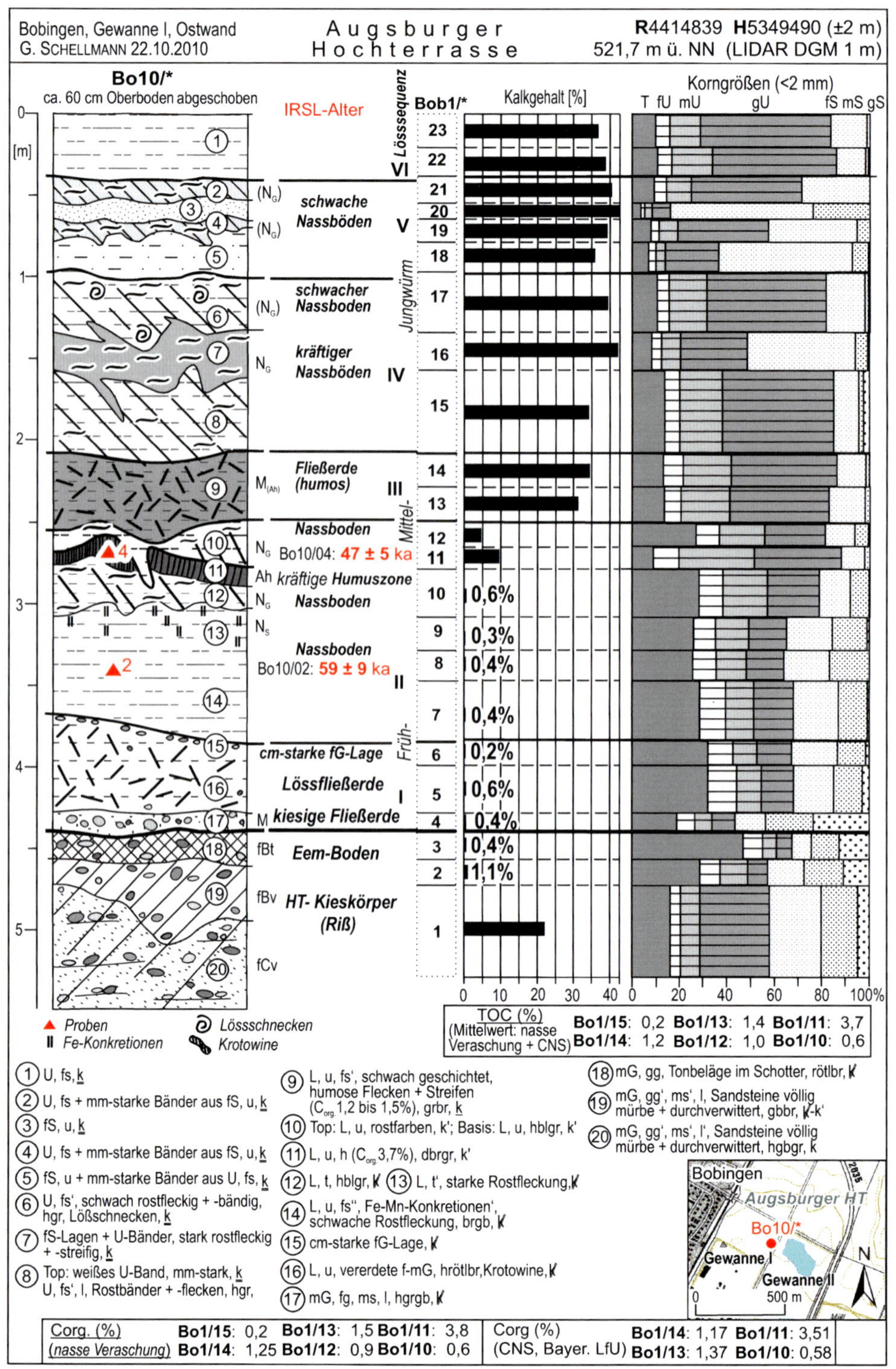

Abb. E9: Würmzeitliche Lössbedeckung auf der Augsburger Hochterrasse bei Bobingen (Betonwerk Lauter) im Profil Bo10.

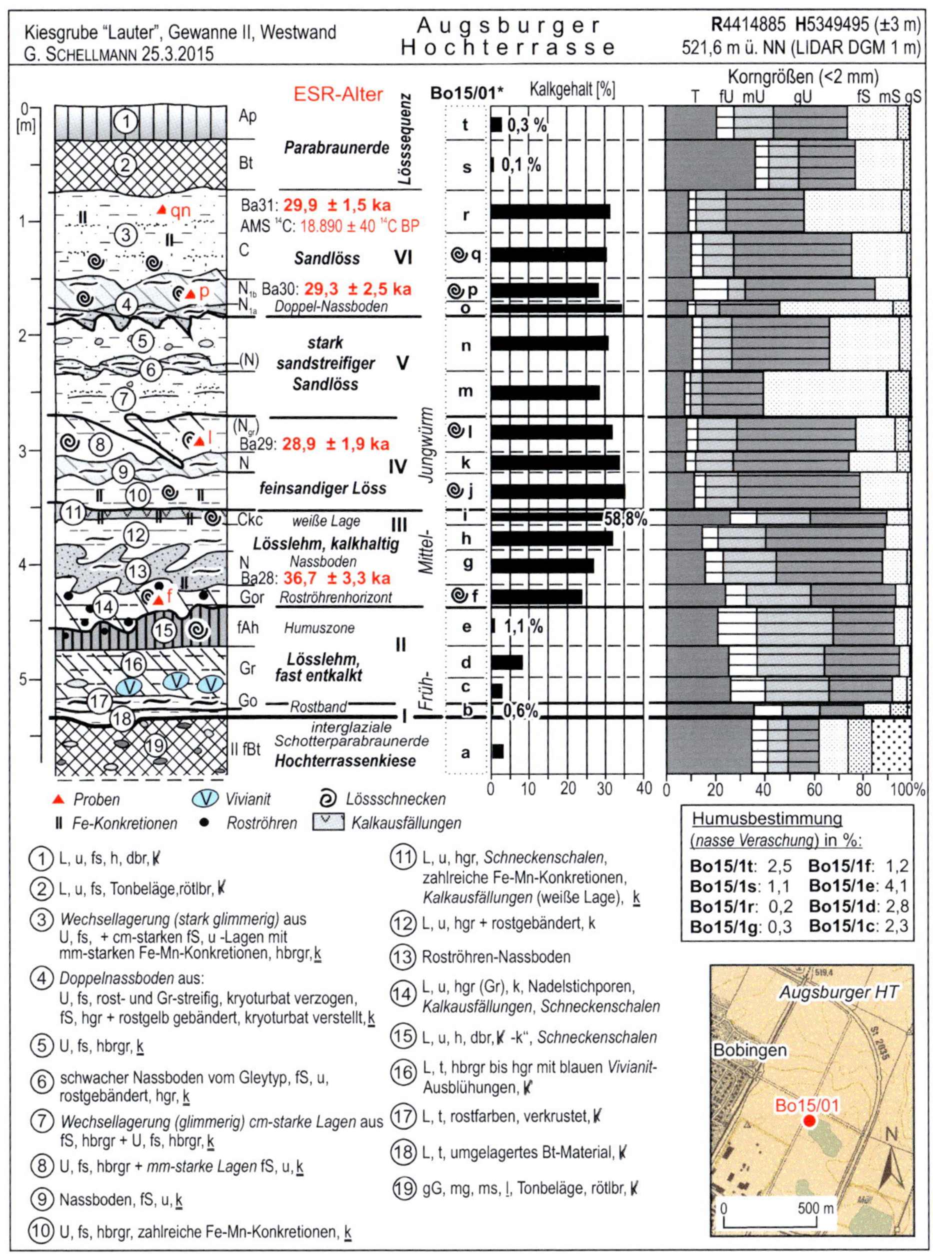

Abb. E10: Würmzeitliche Lössbedeckung auf der Augsburger Hochterrasse bei Bobingen (Betonwerk Lauter) im Profil Bo15.

(Profil Als III). Danach kam es auch dort noch im frühen Mittelwürm (MIS 4) zur Bildung humoser Böden.

Fossile interstadiale Pararendzina (fAh/lC)

Nach Schirmer (2017) sind im letztglazialen Löss vereinzelt schwach humose Pararendzinen (C_{org}-Gehalte um 0,17-0,5%) enthalten. Sie datieren entweder ins MIS 4

(Spenrath-Boden) oder ins frühe MIS 2 (Elfgen-Boden) oder ins Spätglazial (Mendig-Boden).

Beantworten Sie mit Hilfe des Textes die nachfolgenden Fragen.

1. *Was versteht man unter dem Begriff „Humuszone“?*
2. *Wann entstanden in der letzten Warmzeit humose Böden und welche Interstadiale kann man Ihnen zuordnen?*
3. *Welche Vegetation herrschte zur Zeit der Bildung der Moosbacher Humuszonen und wodurch wurde das belegt?*
4. *Wo im Alpenvorland sind bisher fossile humose Böden im Würmlöss nachgewiesen?*

Fossile interstadiale Braunerden (fBv-C) **bzw. braune Verwitterungshorizonte**

SCHÖNHALS (1950) hat in Südhessen als erster zwei kalkhaltige Braunerden als Interstadialböden im Würmlöss beschrieben. In der Folgezeit entdeckte man weitere braunerdeartige Interstadialböden wie am Ende des mittleren Würms der „Lohner Boden“ im hessischen Würmlöss (SCHÖNHALS et al. 1964) oder der „brauner Verwitterungshorizont“ im bayerischen Würmlöss (BRUNNACKER 1954: 85). Der manchmal zweigeteilte „Lohner Boden“ in „Lohner“ und darunter „Böckinger“ Boden (BIBUS 1989: 8) entstand am Ende des Mittelwürms (MIS 3) vor etwa 33-34 ka (KADEREIT et al. 2013: Fig. 5). Aus dieser Zeit dürfte auch der braunerdeartige Bodenkomplex am Top des Mittelwürmlöss bei Regensburg-Harting entstanden sein (Bild E7; SCHELLMANN 1988). Auch SCHIRMER (2017) beschreibt braunerdeartige Horizonte vom Sinzig-Boden im späten MIS 3.

Aber auch in älteren Interstadialen konnten sich Braunerden bilden und zwar in frühen Abschnitten des MIS 3. Ein Beispiel wären die unteren Remagen-Böden am Schwalbenberg

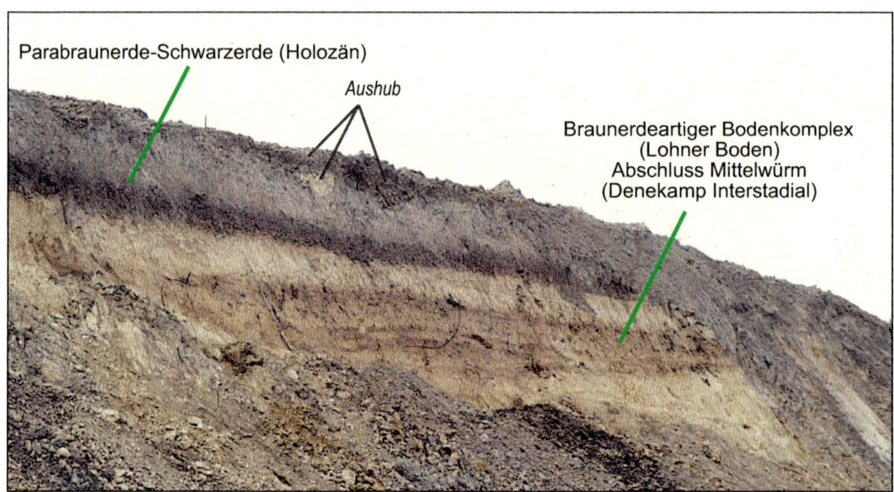

Bild E7: Entkalkter und verlehmter braunerdeartiger Bodenkomplex (= Lohner Bodenkomplex) als Abschluss des Mittelwürmlöss bzw. als Abschluss des Lössrhythmus IV nach SCHELLMANN (1988; ders. 1990).

im Mittelrheintal, die wahrscheinlich im frühen MIS 3 entstanden sind (Schirmer 2017), als in der Eifel Fichten-Hainbuchen-Wälder existierten (Sirocko et al. 2016).

Braunerdeartige, entkalkte und kryoklastisch verlehmte, manchmal einige Dezimeter mächtige Unterböden (fBv-C) sind sicherlich in wärmeren und länger andauernden Interstadialen entstanden. Sie belegen eine tiefe Lage des Dauerfrostbodens, so dass eine deszendente Bodenwasserbewegung möglich war. Ein Vergleich mit heutigen arktischen Braunerden unter borealen Nadelwäldern bietet sich an. Bei Überlagerung mit frischen, stark kalkhaltigen Lössablagerungen ist der verbraunte und verlehmte Unterboden oft durch karbonathaltige Sickerwässer aufgekalkt (Kalkbraunerden).

Nassböden (Tundragleye)

Der Name „Nassboden" für gleyartige oder rostfleckige Horizonte im Löss stammt von Freising (1949). Er wird seitdem in mitteleuropäischen Lössstudien für hellgraue bleiche und ockergelbe Verfärbungen im Löss verwendet. Daneben werden auch Bezeichnungen wie „Tundra-Nassboden" (Brunnacker 1954) und „Tundragley" benutzt.

Nassböden (***N-Horizont***) sind grau, blaugrau bis grüngrau gefärbt (Nr = Nassboden reduktiv) und besitzen meistens an der Unterseite, manchmal auch an der Oberseite kräftige Rostbänder und schwarze Beläge von Mn-Oxiden (No = Nassboden oxidativ). Insofern ähneln sie dem Gley (Bild E8). Manchmal sind sie auch unregelmäßig rost- und graugefleckt oft mit Rostsäumen („Gefleckter Nassboden" *sensu* Schirmer 2003).

Nassböden entstehen über Dauerfrost, der im Mollisol das Sickerwasser zurückstaut. Die Intensität von Nassböden kann sehr unterschiedlich sein. Typisch ist aber, dass Nassböden im jüngsten Würmlöss (MIS 2), die in Rheinhessen als **Erbenheimer Böden** bezeichnet werden, meist nur schwache Verfärbungen des Lösses sind ohne messbare Entkalkung oder kryoklastische Verlehmung. Dagegen sind ältere Nassböden oft kryoklastisch verlehmt (Bild E8) und zeigen nicht selten deutlich Entkalkungen.

Bild E8:
Entkalkter, kryoklastisch verlehmter und stark frostblättriger Nassboden (N) des Mittelwürms mit gelisolifluidalen Kriechfahnen (Abschluss des Lössrhythmus II nach Schellmann 1988; ders. 1990).

Alle Nassböden sind syngenetisch kryoturbat und solifluidal beansprucht. Daher besitzen sie zahlreiche Verwürgungen und Kriechfahnen. **Roströhren** als rostige und hellgraue Verfärbungen von 2 bis 3 cm großen Wurzelfüllungen (Bild E9) können Hinweise auf eine

Strauchvegetation liefern. Lieberoth (1963) hat diese Art von Nassboden als „Roströhrengley“ bezeichnet.

Bild E9:
Roströhrenhorizont des frühen Mittelwürms auf der Augsburger Hochterrasse bei Bobingen (Profil Bo15/1 in Abb. E14) .

Anders als Gleye entstehen Nassböden durch Wasserstau auf Permafrost (u.a. Freising 1949). **Initiale Nassböden** (Bild E10) oder auch **sehr schwache Verbraunungen** (Bild E10; Schönhals et al. 1964; Schellmann 1988), die sich beide farblich nur wenig vom umgebenden Löss abheben, sind mit hoher Wahrscheinlichkeit während Phasen abgeschwächter Lössanwehung in kaltzeitlichen Kältesteppen und Tundren auf sommerlich geringmächtig aufgetautem Dauerfrostboden entstanden. Unbekannt ist, inwieweit etwas dichtere Vegetation als Folge leicht erhöhter Temperaturen oder Niederschläge zur ihrer Bildung notwendig war.Wahrscheinlich reichte bereits ein Nachlassen der Lössanwehung aus.

Entkalkte und kryoklastisch verlehmte Nassböden (Bild E8) sind dagegen bereits das Ergebnis einer länger andauernden Bodenentwicklung im Zuge einer schwachen Klimaverbesserung. In diesen Böden treten häufiger cm-große Wurzelröhren auf, so dass wahrscheinlich während ihrer Bildung eine Strauchtundren-Vegetation existierte. Die zugehörigen, häufig 15 bis 40 cm mächtigen Oxidations- und Reduktionshorizonte sind intensiv kryoturbat und gelisolfliudal verzogen, ein Hinweis auf die ungefähre Mächtigkeit der ehemaligen sommerlichen Auftauschicht (Mollisol, *active layer*).

N = initialer Nassboden vom Gleytyp (Jungwürm, MIS 2)

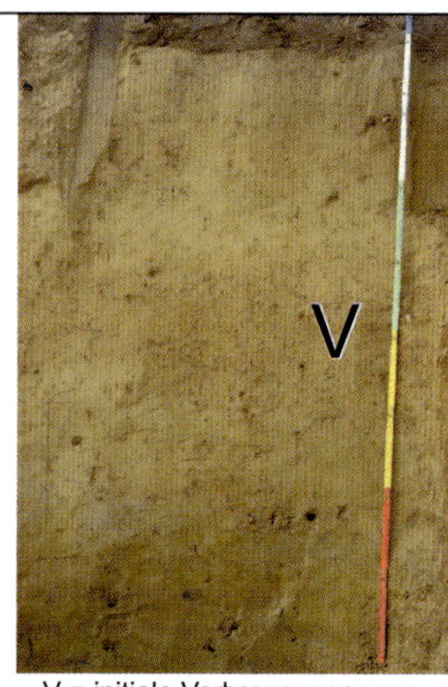

V = initiale Verbraunungszone (Jungwürm, MIS 2)

Bild E10:
Jungwürmzeitliche Verbraunungszone (Cv) und jungwürmzeitlicher Nassboden vom Gleytyp (N) bei Regensburg-Harting (Lössrhythmus V nach Schellmann 1988; ders. 1990).

Eltviller Tephra – ein tephrachronologischer Marker im westeuropäischen Jungwürmlöß

Der Eltviller Tuff (heute Eltviller Tephra) wurde von Semmel (1967) entdeckt und benannt. Sie ist ein wichtiger chronostratigraphischer Marker im belgischen, niederländischen, rheinischen und hessischen Jungwürmlöss. Sie bildet ein auffallendes, mm- bis cm-starkes, dunkelgraues Band aus Pyroxenen, Olivinen, Amphibolen und Pyroklastika im gelblichen Jungwürmlöss (Bild E11) und zwar zwischen E3- und E4-Nassboden. Die Tephra stammt von der hochexplosiven Eruption eines Vulkans in der Osteifel. Ihre Ablagerung erfolgte vor etwa 23 bis 26 ka (Zens et al. 2017).

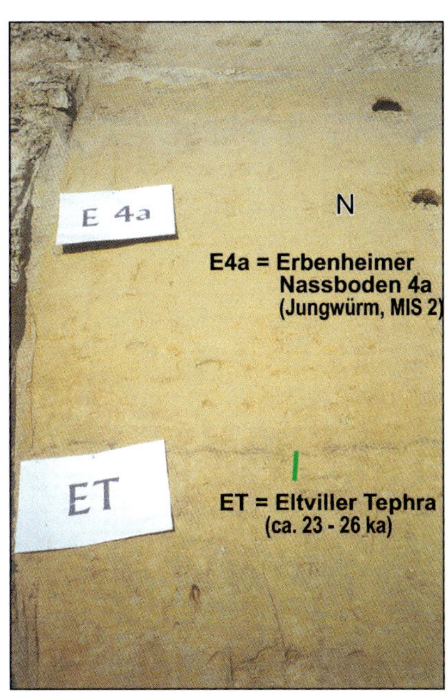

Bild E11: Eltviller Tephra und jungwürmzeitlicher Nassboden E4a.

Diskutieren Sie mit Hilfe des Textes und den Abbildungen folgende Fragen:

1) *Wie alt ist der Lohner Boden?*
2) *Unter welchen ökologischen Bedingungen entstanden in der letzten Kaltzeit braune Verwitterungshorizonte?*
3) *Wie alt sind die Erbenheimer Böden?*
4) *Unter welchen ökologischen Bedingungen entstanden in der letzten Kaltzeit intensive, kryoklastisch verlehmte Nassböden mit 2 cm großen Roströhren?*
5) *Wie kann man an Nassböden die Mächtigkeit der sommerlichen Auftauschicht rekonstruieren?*

2.2.3 Bildung und Typen von Lagerstätten

Unter Lagerstätten bzw. Bodenschätzen versteht man abbauwürdige Anreicherungen von nutzbaren Mineralen und Gesteinen. So gibt es: Erzlagerstätten, Kohlelagerstätten, Erdöllagerstätten, Salzlagerstätten sowie Lagerstätten der Steine und Erden (Kalkstein, Dolomit, Sand, Gips, Ton, Kies, seltene Erden etc.).

1. Erzlagerstätten

Erze sind natürliche, räumlich begrenzte Konzentrationen von Mineralen oder Gesteinen, in denen Metalle oder Kernbrennstoffe (Uran, Thorium) konzentriert sind. Man unterscheidet verschiedene Erztypen:

1. Erze der Eisenmetalle (Fe, Mn, Ni, Co, Cr, V, Ti, Mo, Re, W, Nb, Ta, Zr, Hf, Te);
2. Erze der Nichteisenmetalle, sog. „Buntmetalle“ (Cu. Pb, Zn, Cd, Sn, Hg, As, Sb, Bi, Ga, In, Tl, Si, Ge);
3. Erze der Edelmetalle: (Au, Ag, Platin Pt und Plalinmetalle, Ru, Rh, Pd, Os, Ir);
4. Erze der seltenen Erden (Lanthaniden);
5. Erze der Kernbrennstoffe (Actiniden) wie U, Th, Ra.

Der Metallgehalt und das Erzvolumen bestimmen die Abbauwürdigkeit einer Lagerstätte. Nach Art der Entstehung unterscheidet man:

1) **magmatische** (liquidmagmatische, pegmatitische, hydrothermale) **Lagerstätten**, die in Flözen, Stöcken, Gängen oder Linsen auftreten oder diffus im Gestein als Minerale verbreitet sein können. Dazu zählen Gangvererzungen der zahlreichen Blei-Zink-Lagerstätten im variskischen Grundgebirge ebenso wie die hydrothermal-sedimentären Eisenerze des Lahn-Dill-Gebietes (s.u.).

2a) **mechanisch-sedimentäre Lagerstätten**. Dazu zählen durch Schweretrennung in Seifen (fluviatile, litorale, äolische Seifen) angereicherte Eisen-, Gold-, Platin- oder Zinn-Vorkommen. Fluviatile Seifen ermöglichten im Mittelalter eine erste große Ausbeute an Zinnstein im Erzgebirge (Füchtbauer 1988: 586). Bekannte fluviatile Seifen sind die Goldlagerstätten im nördlichen Nordamerika und im östlichen Sibirien. Auch im marinen Bereich, in der Brandung oder in submarinen Gräben und Becken, können Erzkonglomerate und Trümmererze angereichert werden. Beispiele aus Deutschland sind die marin-sedimentären Trümmererze der Oberkreide im südlichen Niedersachsen (Peine WSW Braunschweig; Damme NNE von Osnabrück) und als mechanisch- und chemisch-sedimentärer Lagerstättentyp die oolithisch-detritischen Eisenerze in der Unterkreide bei Salzgitter (s.u.). Von weltweiter Bedeutung sind die Diamant-Strandseifen vor der Küste Namibias.

2b) **chemisch-sedimentäre Lagerstätten** wie z.B. oolitihische Eisenerze, die in Jura- und Kreidegesteinen weit verbreitet sind. Dazu zählen auch die marinen, durch Ausfällung im sauerstoffarmen Zechsteinmeer angereicherten Mansfelder Kupferschiefer am Ostrand des Rheinischen Schiefergebirges.

3) **metasomatische Erzlagerstätten**, die durch Verdrängung vorhandener Minerale entstanden sind. Ein Beispiel hierfür sind die Sideritlagerstätten in Zechsteinkalken bei Osnabrück, wo hydrothermale erzhaltige Lösungen des Bramscher Plutons in der Oberkreide sedimentäre Zechsteinkalke verdrängt und durch Siderit ($FeCO_3$) ersetzt haben (Füchtbauer 1988: 603).
4) **Verwitterungslagerstätten**, die bei extremer chemischer Verwitterung Kaolinlagerstätten entstehen lassen und zu Anreicherungen von Eisen (Sumpferze, Raseneisenerze, lateritische Lagerstätten), Aluminium (Bauxit, s.o.) und Mangan führen können.
   Bekannt sind auch die verwitterungsbedingte Anreicherung eines „Erzhuts" über Metall-Lagerstätten wie z.B. Cu-führende Oxidkrusten über stark kupferhaltigen Vulkaniten, Ni-Anreicherungen über ultra-mafischen Gesteinen oder ein sog. „Eiserner Hut" über Eisenerz-Lagerstätten.

Einige wichtige Eisenerz-Lagerstätten sind:

1. **Bändereisenerze**, gebänderte Eisenformationen (*banded iron formation*). Dabei handelt es sich um eisenreiche, oxidische Sedimente intrakratonischer, mariner Becken des Präkambriums (vor ca. 1,8 bis 3,3 Mrd. Jahren) in Westaustralien, Südamerika, Kanada und Rußland. Sie bestehen aus Wechsellagerungen von Hornstein (*cherts*) mit vor allem Hämatit. Sie entstanden durch Ausfällung von Fe_2O_3 als Folge der Oxidation von im Meer gelösten Fe^{2+} (vulkanogenen Ursprunges), wahrscheinlich unter Mitwirkung von Bakterien (Eisbacher & Kley 2001: 367). Bändereisenerze sind die ältesten Belege für freien Sauerstoff im Meer. Nach etwa. 1,9 Mrd. Jahren vor heute belegen dann terrestrische Rotschichten, dass inzwischen in der Atmosphäre freier Sauerstoff existierte.
2. **Eisenoolithe** (Typ Minette). Dabei handelt es sich um marine, oolithische Erze des Juras in Deutschland, Frankreich und Luxemburg (Lothringen, Minette-Erze).
3. **Trümmereisenerze** (Typ Salzgitter). Das sind marine Bildungen der Unter-Kreide im nördlichen Harzvorland. Küstennahe, hochenergetische Ablagerungen von Limonit-Geröllen in Taschen und Randsenken. Vom Sedimenttyp eine Brekzie mit Limonitkomponenten und limonitischem Bindemittel.
4. **Roteisenerze** des Lahn-Dill-Typs (magmatisch-sedimentär), die submarin aus sedimentär-exhalativen (vulkanisch) hämatitreichen Erzlösungen auskristallisierten. Solche submarinen hydrothermalen Erzlösungen traten im Rheinischen Schiefergebirge an vulkanischen Schwellen des Mittel-Devons aus.
5. Eisen-**Manganknollen**, die als langsam wachsende konkretionäre Bildungen vor allem am Ozeanboden, aber auch im flachmarinen Bereich (Ostsee) entstehen. Die Erzlösungen werden durch Porenwässer oder als magmatische Lösungen zugeführt. Sie sind wegen der Spurenelemente (Co, Ni, Cu, Cr, V) wirtschaftlich interessant.
6. See- und Sumpferze, **Raseneisenerze** (s. Kap. 2.2.1). Das sind terrestrische oxidische Bildungen aus Siderit oder Goethit. Sie entstehen beim Zusammentreffen von saurem,

eisenhaltigen Grundwasser und sauerstoffreichem Sickerwasser unter Beteiligung organischer Säuren.

2. Kohlelagerstätten

Kohlelagerstätten entstehen aus ausgedehnten und mächtigen Mooren, die als Torflieferanten das notwendige pflanzliche Ausgangsmaterial stellen. **Voraussetzung** für Moorbildung und Torfwachstum ist ein langsames Ansteigen des Grundwasserspiegels (absinkender Untergrund), geringe fluviale Sedimenteinträge vom Hinterland sowie klimatische Verhältnisse, die ein entsprechend großes Pflanzenwachstum (Torfaufwuchs) fördern. Ein hoher Grundwasserstand ist notwendig, damit durch rasche Wasserüberdeckung die vollständige Verwesung der Pflanzen verhindert wird und deren Humifizierung einsetzen kann. Gebiete mit ausreichend mächtiger Torfbildung, d.h. günstiger tektonischer Absenkung, sind vor allem Vortiefen aufsteigender Gebirge, absinkende Schelfgebiete und intrakontinentale Becken, Gräben sowie salztektonische Senkungsstrukturen.

Verschiedene physikalisch-chemische Prozesse, die man unter dem Begriff „**Inkohlung**" zusammenfaßt, führen aber erst dazu, dass aus Pflanzenmaterial Torf und Kohle - also brennbare Gesteine - werden. Inkohlung bezeichnet alle (diagenetischen) Prozesse, die zur Umwandlung von Pflanzenresten in **Torf**, **Braunkohle** (brauner Strich, brauner KOH-Auszug = freie Huminsäuren), **Steinkohle** (glänzend, schwarzer Strich, farbloser KOH-Auszug = keine freien Huminsäuren) und Anthrazit führen.

Anthrazit: Sedimentgestein Kohle, amorpher Kohlenstoff >90%.

Graphit: metamorphoses Mineral, kristalliner Kohlenstoff.

Im Laufe der Inkohlung kommt es zur Abnahme der Gehalte an Wasser und flüchtigen Bestandteilen und dadurch bedingt zur Anreicherung von Kohlenstoff, was den Brennwert erhöht. Innerhalb des Inkohlungsprozesses unterscheidet man **zwei Phasen**: eine biochemische und eine geochemische Phase.

1. Die **biochemische Phase** der Inkohlung wird auch „**Vertorfung**" genannt. In ihr spielt sich der rückläufige Prozeß dessen ab, was in der lebenden Pflanze geschah. Vor allem durch Assimilation von CO_2 aus der Luft bildeten diese Zucker, Stärke und Cellulose. Während der **Vertorfung** findet nun unter Mithilfe der Enzyme von Mikroorganismen ein Abbau dieser polymeren Verbindungen in einfache Verbindungen wie Zucker, Peptide und Aminosäuren (Vergärung) statt. Parallel entstehen neue hochmolekulare Verbindungen in Form von Huminsäuren (organische Säuren) und Humine. Bei diesen Ab- und Umbauprozessen der pflanzlichen Substanz werden flüchtige Gase wie Kohlendioxid (CO_2) und Methan (CH_4) sowie über Druckentwässerung Wasser (H_2O) freigesetzt. Dies führt zur relativen Anreicherung des Kohlenstoffes. Dadurch kann in tieferen Torfhorizonten der C-Gehalt von 45 bis 50% in der lebenden Pflanze auf mehr als 60% ansteigen (Abb. 2.2.15).

   Mit zunehmender Überlagerung durch Sedimente gehen die Mikroorganismen zugrunde. An Stelle des biochemischen Abbaus der organischen Substanz tritt nun die **geochemische Phase** oder „**Kohlenbildung**".

2. Voraussetzung der **geochemischen Inkohlung** sind in erster Linie hohe Temperaturen. Welchen **Inkohlungsgrad** die pflanzliche Substanz letztendlich erreicht, wird durch die maximale Temperatur und die Verweildauer bestimmt (Füchtbauer 1988: 717). Eine fortschreitende Umwandlung der pflanzlichen Substanz (stufenweiser Abbau der Cellulose und des Lignins) führen zur weiteren Abgabe von CO_2, CH_4, N_2 und H_2O und damit zur weiteren relativen Anreicherung des Kohlenstoffs.

   Zudem findet neben der chemisch bedingten Anreicherung von Kohlenstoff eine zunehmende **Druckentwässerung** statt. So besitzt Torf noch einen Wassergehalt von >75% (Abb. 2.2.15). Dieses Wasser ist zum Teil mit der Hand auspreßbar. Zudem ist Torf schneidbar. *„Torf wird gestochen, Braunkohle wird abgebaut"* (Füchtbauer 1988: 683).

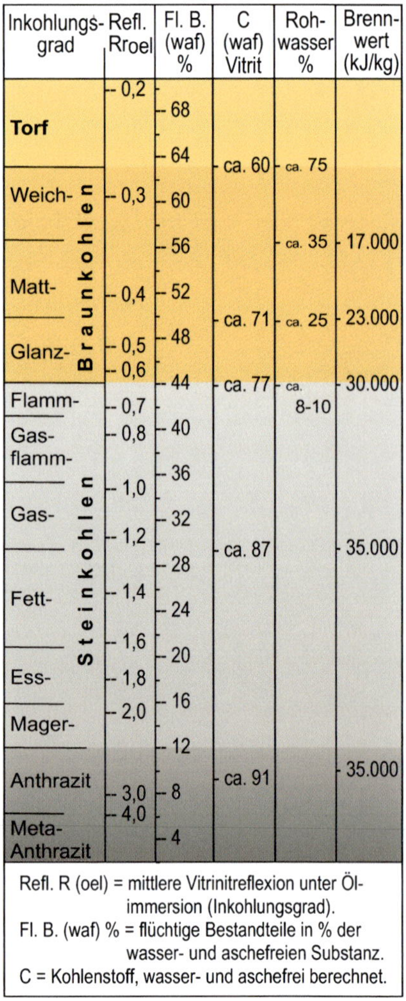

Inkohlungs-grad		Refl. Rroel	Fl. B. (waf) %	C (waf) Vitrit	Roh-wasser %	Brenn-wert (kJ/kg)
Torf		0,2	68, 64	ca. 60	ca. 75	
Weich-	Braunkohlen	0,3	60, 56		ca. 35	17.000
Matt-	Braunkohlen	0,4	52, 48	ca. 71	ca. 25	23.000
Glanz-	Braunkohlen	0,5, 0,6	44	ca. 77	ca. 8-10	30.000
Flamm-	Steinkohlen	0,7				
Gas-flamm-	Steinkohlen	0,8	40, 36			
Gas-	Steinkohlen	1,0, 1,2	32			
Fett-	Steinkohlen	1,4	28, 24	ca. 87		35.000
Ess-	Steinkohlen	1,6, 1,8	20			
Mager-	Steinkohlen	2,0	16, 12			
Anthrazit		3,0	8	ca. 91		35.000
Meta-Anthrazit		4,0	4			

Refl. R (oel) = mittlere Vitrinitreflexion unter Öl-immersion (Inkohlungsgrad).
Fl. B. (waf) % = flüchtige Bestandteile in % der wasser- und aschefreien Substanz.
C = Kohlenstoff, wasser- und aschefrei berechnet.

Abb. 2.2.15: Inkohlungsparameter (Quelle: Füchtbauer 1988).

Der Übergang von **Torf in Weichbraunkohle** vollzieht sich allmählich. Man spricht von Braunkohle, sobald der Wassergehalt unter 75% gesunken ist. An der Grenze Hartbraunkohle/Steinkohle beträgt dieser gerade noch 8 bis 10%. Bei den Braunkohlen ist neben dem Kohlenstoffgehalt der Wassergehalt geeignet, um den fortschreitenden Inkohlungsgrad anzuzeigen.

Wird Braunkohle über geologisch längere Zeiträume einer **Temperatur von über 50°C** ausgesetzt, so entsteht durch weiteren geochemischen Abbau der organischen Substanz Steinkohle bis hin zum Anthrazit. **Steinkohlen** werden je nach **Inkohlungsgrad** unterteilt in Gasflammkohlen, Gaskohlen, Fettkohlen, Esskohlen, Magerkohlen und Anthrazitkohlen (Abb. 2.2.15). Diese Unterscheidung spielt für die spätere Nutzung eine Rolle. Dabei ist in stärker inkohlten Steinkohlen weniger Restgas vorhanden als in geringer inkohlten Steinkohlen. Am Ende der Inkohlungsreihe mit Erreichen des Anthrazits besteht die organische Substanz fast ausschließlich aus Kohlenstoff.

Die Umwandlung von Torf in Kohle ist durch Gasabspaltung, Wasserabgabe und zunehmende Kompaktion mit großen Substanzverlusten verbunden. Dadurch verringern sich allmählich die Flözmächtigkeiten. Bei der Umwandlung von Torf in Braunkohle rechnet man mit einer **Setzung** von 3:1, bei der Umwandlung von Torf zur Steinkohle mittleren Inkohlungsgrades mit einer **Setzung** von 7:1.

Welchen **Inkohlungsgrad** pflanzliche Substanz erreicht, hängt also wesentlich von der **Höhe der Temperatur** und der **Zeitdauer** der Wärmeeinwirkung ab. Neben der normalen Erdwärme (ca. 0,3°C/100 m), die bei Absenkung der flözführenden Schichten in große Tiefen zu weiträumiger regionaler Inkohlung führt, bewirken Magmen räumlich begrenzte Inkohlungssteigerungen (Thermometamorphose). So erklärt man den hohen bis zu Anthraziten reichenden Inkohlungsgrad der Wealden-Steinkohle (Unterkreide) bei Osnabrück durch geothermische Einflüsse eines im Untergrund verbreiteten Plutons (Bramscher Pluton).

Die Bedeutung der Temperatur vor dem Alter der organischen Substanz zeigt das Beispiel der „Moskauer Braunkohlen". Obwohl diese Braunkohlen bereits im Unterkarbon entstanden, besitzen sie trotz ihres hohen Alters nur einen geringen Inkohlungsgrad. Die Ursache liegt in ihrer tektonischen Lage und zwar in einem Becken auf einer stabilen, nie stark abgesenkten Plattform. Daher waren sie nie größerer Erdwärme ausgesetzt.

Auf der Erde treten hohe Temperaturen über längere Zeiträume insbesondere in den Vortiefen der in Heraushebung begriffenen Faltengebirge auf. Sie werden durch große Versenkungstiefen der Sedimente erreicht, wie auch durch den in diesen Räumen größeren geothermischen Gradienten (warme Zonen ca. 0,6°C/100 m). So findet man in typischen orogenen Vortiefen-Lagerstätten, wie dem Ruhrgebiet (schwach gefaltete Vortiefe der variskischen Gebirgsbildung), hohe Inkohlungsgrade mit Flamm- und Gasflammkohlen bis hin zu Anthraziten.

3. Salzlagerstätten

In der Menschheitsgeschichte war Salz im Sinne von Kochsalz (Steinsalz, Halit = NaCl) ein Grund für Kriege. Es diente als Zahlungsmittel (*„wir erhalten am Monatsende unser Salär"*) und ist für den Menschen ein lebensnotwendiges Mineral. Seit Jahrtausenden wurde es bergmännisch oder durch Eindampfen von Meerwasser gewonnen. Die durchschnittliche **Salinität des Meerwassers** liegt bei ca. 3,5 ± 0,2%, wobei Natrium (Na) und Chlor (Cl) die wichtigsten Ionen sind. Insofern ist es nicht erstaunlich, dass die größten Vorkommen von Salzgesteinen mariner Herkunft sind. Daneben gibt es aber auch **kontinentale Evaporite** in abflusslosen Senken und bei hohen Verdunstungsraten wie im Bereich der Salzseen (Salare, *salitral, salinas, salt lakes*) Süd- und Nordamerikas oder Australiens, dem Aral See, dem Toten Meer im Nahen Osten, den supra-tidalen Sabkha's (Sebkha's) am Arabischen Golf oder den Schotts (*shatt, chott*) Nordafrikas (ausführlich in Warren 2010; ders. 2016).

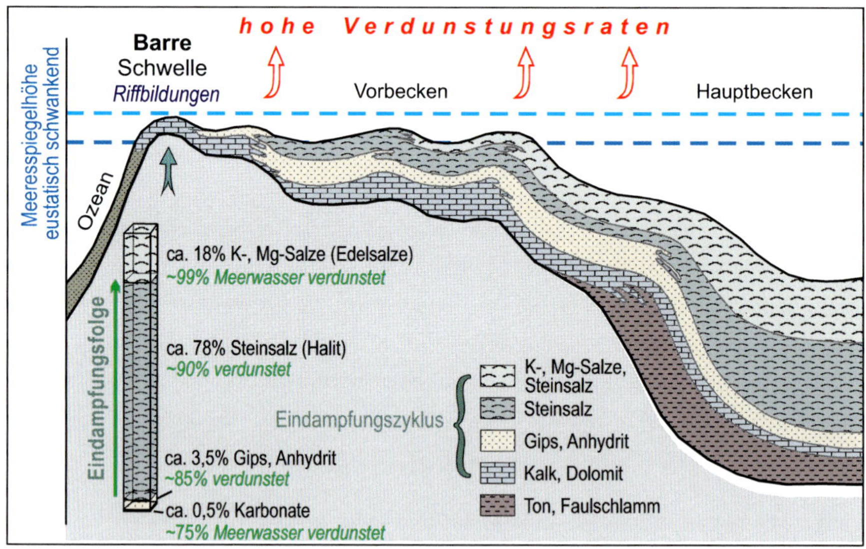

Abb. 2.2.16: Eindampfungszyklus von Salzen in einem marinen Randbecken (Nebenmeer, Lagune) nach der Barrentheorie (Quelle v.a. Borchert 1978, sehr stark vereinfacht und stark ergänzt).

Für die **Bildung** ausgedehnter und mächtiger **mariner Salzablagerungen** (**Salinare**) müssen über geologische Zeiträume hinweg folgende Bedingungen erfüllt sein („**Barrentheorie**" von Ochsenius 1877; ausführlich u.a. in Füchtbauer 1988: 449ff.):

1. In einem ariden Klimagebiet (ca. <300 mm Jahresniederschlag) muß ein Meeresteil durch eine **Barre** (*barrier*) bzw. Schwelle vom Hauptmeer abgeschnürt sein (Abb. 2.2.16). Es können auch hintereinander mehrere, durch Barren getrennte Nebenmeere existieren. Infolge Verdunstung (Evaporation) wird das Meerwasser von Becken zu Becken immer salzhaltiger („Theorie der räumlich fraktionierten chemischen Sedimentation"). Dabei ist eine vollständige Abscheidungsfolge nur in den küstennahen Becken möglich.
2. Meerwasser vom Hauptmeer fließt wiederholt über die Barre hinweg ins Nebenbecken. Die so durch Verdunstung **mehrfach aufkonzentrierte** salzhaltige und damit dichtere Sole sinkt auf den Meeresgrund, während oberflächennah frisches Meerwasser nachströmt. Wenn die jeweilige Löslichkeit des Salzes überschritten ist, kristallisiert es und fällt als evaporitisches Gestein aus. Auch Einträge durch salzhaltige, vom Ozean durch die Barre fließende Grundwässer sind möglich. Solche salzhaltigen Meerwassereinträge können sich mehrfach wiederholen. Die Barriere kann tektonisch bedingt sein, kann aber auch von eustatischen Meeresspiegelschwankungen abhängen.

Entsprechend ihrer Löslichkeit (s.u.) werden die im Meerwasser gelösten Salze ausgeschieden. Eine 1000 m mächtige Säule von Meerwasser kann etwa 16,5 m Evaporite liefern: ca. 0,1 m mächtige Karbonate, 0,6 m Sulfate, 12,9 m Steinsalz und nur untergeordnet 2,9 m Edelsalze (K- und Mg-Salze).

Die **Ausscheidungsfolge** (Abb. 2.2.16) beginnt nachdem ca. 75% des Meerwasser verdunstet sind (LUGLI 2009: Table E2) mit schwerer löslichen **Karbonaten** in Form von Aragonit und Calcit ($CaCO_3$) sowie primärem oder diagenetisch umgewandelten Dolomit ($CaMg(CO_3)_2$). Mit zunehmender Eindampfung und bei einer Verdunstung von etwa 85% des Meerwassers folgen **Sulfate** in Form von **Gips** ($CaSO_4$ x $2H_2O$) und **Anhydrite** ($CaSO_4$). Letztere können diagenetisch (De-Hydratisierung) auch aus Gips entstanden sein. Erst wenn etwa 90% des Meerwassers verdunstet sind, beginnt die Kristallisation von **Steinsalz** (Halit, NaCl). Zuletzt, wenn mehr als 98% des ursprünglichen Meerwassers verdunstet sind, fallen Edelsalze, also leicht lösliche **Chloride** in Form von **Kalium- und Magnesiumsalzen** (u.a. Sylvin KCl; Carnallit KCl x $MgCl_2$ x $6H_2O$; Bischofit $MgCl_2$ x $6H_2O$) sowie von **Kalium-Magnesiumsulfaten** (z.B. Kieserit $MgSO_4$ x H_2O; Polyhalit K_2SO_4 x $MgSO_4$ x $2CaSO_4$ x $2H_2O$; Kainit 4KCl x $4MgSO_4$ x $11H_2O$) aus. Fällt das Becken trocken kommt es durch Staubeinwehungen zur Ablagerung von Salztonen. Durch Wasserzufuhr und damit Verdünnung der Salzlauge kann die Eindampfung auf einer niedrigeren Eindampfungsstufe erneut fortgesetzt werden. Die Bänderung vieler Salzgesteine wird manchmal als jährliche Trocken- und Feuchtperioden, also als Jahrringe interpretiert.

Wirtschaftlich wichtige Kalisalzgesteine (Potassite) enthalten verschiedene Salzminerale. Hartsalze bestehen vor allem aus Sylvin (KCl), Kieserit ($MgSO_4$ x H_2O) und Halit (NaCl). Sylvinite bestehen aus Sylvin (KCl) und Halit (NaCl) und Carnallitite vor allem aus Carnallit (KCl x $MgCl_2$ x $6H_2O$) und Halit (NaCl). Die Kaliumgehalte liegen in den Kalisalzflözen des Zechsteins im Werra-Fulda-Gebiet (Werra-Serie) in einer Größenordnung von 8 bis 15% (BARKOWSKI et al. 2015: 7f.).

Jeder **Eindunstungsfolge** sind klastische Ablagerungen vorgeschaltet, die überwiegend aus Tonen oder Mergeln bestehen. Eine solche Schichtenfolge vom klastischen Sediment (Ton) bis zu den zuletzt auskristallisierenden Stein- und Kalisalzen nennt man einen „**Eindunstungszyklus** oder eine **Eindunstungsserie**". Innerhalb eines Zyklus kann sich durch eine Verdünnung des eindunstenden Meerwassers die Abfolge der Minerale umkehren. So kann zum Beispiel auf eine Steinsalzschicht an Stelle der nun folgenden Kali- oder Magnesiumsalze Anhydrit ausgefällt werden. Eine vollständige Abfolge zwischen zwei klastischen Ablagerungsschichten (Tone, selten Konglomerate) nennt man „Serie" oder „Zyklus" oder „Folge" oder „Salinar".

Tab. 2.2.4:
Serien des Norddeutschen Zechsteinsalinars. Mächtigkeiten in den Typusgebieten der Serien vor allem nach SCHMIDT (2005: Tab. 2) und HEUNISCH et al. (2017: Tab. 6).

Fulda (Mölln)-Serie	(z7, zFu)	bis 60 m
Friesland-Serie	(z6, zFr)	3 - 20 m
Ohre-Serie	(z5, zO)	7,5 - 30 m
Aller-Serie	(z4, zA)	34 - 130 m
Leine-Serie	(z3, zL)	150 - 345 m
Staßfurt-Serie	(z2, zS)	210 - 750 m
Werra-Serie	(z1, zW)	200 - 420 m
	(z = Zechstein)	

Innerhalb des 800 bis 1000 m mächtigen norddeutschen **Zechsteinsalinars** unterscheidet man bis zu sieben solcher **Serien (Zyklen). Sie sind** nach Räumen benannt (Tab. 2.2.4), in denen sie am vollständigsten ausgebildet sind. Dabei überwiegen Steinsalze mit Mächtigkeiten von bis zu 800 m. Kalisalze erreichen oft nur Mächtigkeiten von wenigen Metern, manchmal bis zu 40 m und in Salzstöcken auch bis zu 90 m. Sie kommen nur in den ersten drei Zyklen z1 bis z3 vor (Elsner 2016).

Weitere geringmächtige und flächenmäßig weniger verbreitete **Salzvorkommen** findet man in Deutschland in Gesteinsablagerungen des Oberen Buntsandsteins (bis 150 m), des Mittleren Muschelkalks (bis 140 m), des Unteren Gipskeupers (bis 250 m) und des Eozäns und Oligozäns (bis 550 m) (Ellenberg 2003: 56). Sie werden an mehreren Stellen bergmänisch oder im Soleverfahren gewonnen.

Morphologisch sind Salzgesteine auf zweierlei Weise wirksam.

1. Salze sind sehr gut wasserlöslich. Edel- und Steinsalze sind am stärksten wasserlöslich (360g/l bei 25°C), etwa zweimal so stark wie Gips und etwa dreimal so stark wie Kalkstein (Frumkin 2013: 408). Im Gegensatz zu Karbonaten ist keine Säure zur Lösung von Salzen notwendig. Trotz Löslichkeit sind Salze fast vollständig wasserundurchlässig.
   Ein ausgeprägter **Gipskarst** mit Dolinen, Erdfällen und Karren prägen oberflächennah anstehenden Gips. Kommen Salze im Untergrund in Kontakt mit Wasser kommt es zur Auslaugung (**Subrosion**, *subrosion*), was an der Erdoberfläche zur Bildung von Subrosionssenken und Erdfällen führen kann.
2. Salzgesteine haben eine Dichte von etwa 2,2 g/cm^3 (Sandsteine etwa 2,5 g/cm^3, Kalksteine ca. 2,75 g/cm^3), die sich im Gegensatz zu anderen Sedimentgesteinen bis in ca. 6 bis 8 km Tiefe nicht verändert. Mit zunehmender Versenkung wird die Dichte der auflagernden Sedimente ab etwa 800 bis 1000 m Tiefe höher als die Dichte der Salzgesteine. Unterstützt durch strukturviskose Bewegungen ihrer Kristallgitters bewegen sich die leichteren Salze gravitativ unter dem Auflastungsdruck (plastisches Kriechen; **Halokinese**, ***halokinesis***) mit Größenordnungen von wenigen Zehntel bis Hundertstel von mm pro Jahr (Köthe et al. 2007: 178ff.) meist entlang tektonischer Störungen in Richtung Erdoberfläche. Dadurch können im Untergrund mächtige pilzförmige Salzstöcke (**Salzdiapire**, Salzdome), breite Salzkissen und steile Salzwälle und Salzmauern mit zum Teil komplizierten Faltungsstrukturen entstehen. Dabei wird das hangende Deckgebirge verstellt und das angrenzende Nebengestein teilweise aufwärts geschleppt (**Salztektonik**, Halotektonik).

Nach Gast et al. (2015) existieren im Untergrund des Norddeutschen Beckens (Norddeutsches Tiefland, deutsche Nordsee und Ostsee) etwa 697 Salzstrukturen (Salzkissen, Salzstöcke, Salzmauern) überwiegend von Zechsteinsalzen (Abb. 2.2.17). Erdölfallen sind oft an diese Strukturen gebunden.

Salzstöcke dienen auch zur Anlage von Kavernen, die zur Speicherung von Erdgas, Erdöl oder anderer toxischer Stoffe wie Ethylen und Propylen oder radioaktiver Abfallstoffe

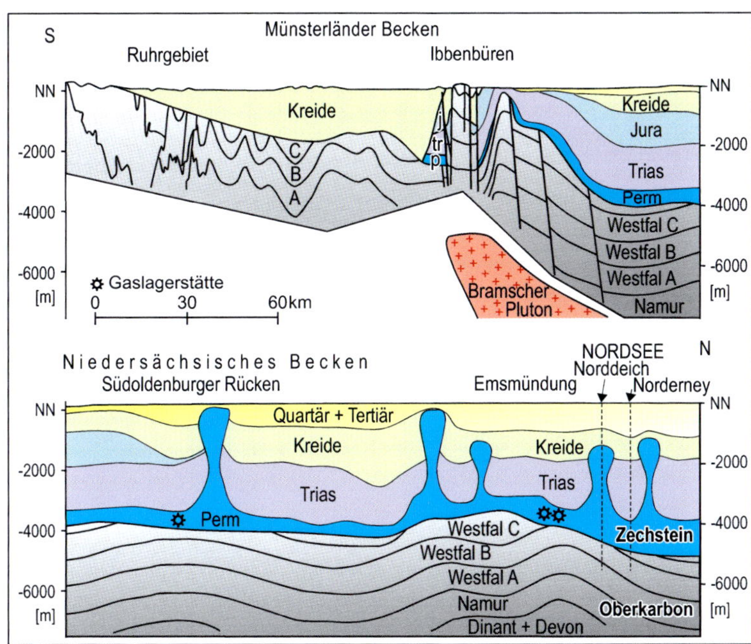

Abb. 2.2.17: Geologisches Profil zwischen Ruhrgebiet und Nordsee mit Tiefenlage und Inkohlungsgrad des flözführenden Oberkarbons sowie diapirartigen Aufragungen des Zechsteinsalinars (Quelle: TEICHMÜLLER et al. 1984, stark verändert).

benutzt werden. Zukünftig sollen sie eventuell auch als Speicher für überschüssigen Strom dienen, der in Wasserstoff umgewandelt wurde.

4. Erdöl- und Erdgaslagerstätten

Erdöl ist ein natürlich vorkommendes Gemisch aus Kohlenwasserstoffen (Paraffine, Naphthene, Olefine, Azetylen-Kohlenwasserstoffe etc.) mit einem spezifischen Gewicht von 0,8 bis 0,9 g/cm^3 (bei 15°C).

Erdöl (Bitumina) entsteht submarin aus organischen Substanzen (hauptsächlich Plankton), die unter anaeroben (d.h. unter Sauerstoffabschluss) Bedingungen (Faulschlammbedingungen, **Sapropel**) bakteriell zu Bitumina umgewandelt werden. Rezent bilden sich solche Faulschlämme im Schwarzen Meer. Solche bitumenhaltigen Sedimente sind die Erdölmuttergesteine. Der Posidonienschiefer (**Ölschiefer**) aus dem Lias ist ein in Franken und Schwaben weit verbreitetes bitumenhaltiges Muttergestein.

Bei weiterer Absenkung unterliegt das Kohlenwasserstoff-Muttergestein einer Art Inkohlung, d.h. temperaturbedingt kommt es zu einer Veränderung der H/C und O/C-Verhältnisse und zur Abgabe von Erdöl bzw. Erdgas (Abb. 2.2.18). Es entstehen durch Polykondensation große Polymere (Geopolymere) mit 10.000 bis 100.000 atomaren Masseneinheiten, die in zwei Gruppen unterteilt werden: a) in organische Lösungsmittel und lösliche Bitumenstoffe sowie b) unlösliche Kerogene.

Mit ansteigender Temperatur und zunehmenden Überlagerungsdruck (>1500 m Sedimentbedeckung) spalten sich aus den Kerogenen Erdöl (ca. 85% C, 12% H_2) und Erdgas

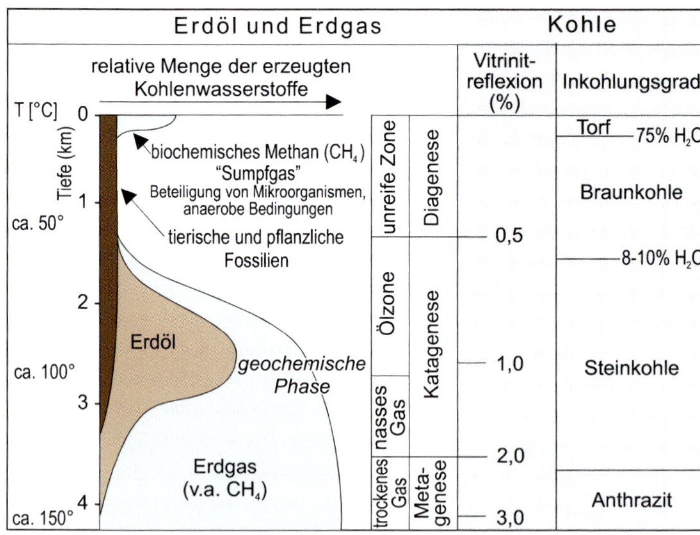

Abb. 2.2.18: Bildung von Kohlenwasserstoffen und Kohlen in Abhängigkeit von der Versenkungstiefe und damit einhergehender Temperaturerhöhung. Die genaue Tiefenlage wird vor allem vom geothermischen Gradienten bestimmt und der Versenkungsgeschichte (Quelle v.a. Bahlburg & Breitkreuz 1998).

(v.a. CH_4) ab unter Freisetzung von Wasser, Kohlendioxiden, Asphaltenen und Harzen. Die optimale Erdölbildung findet bei Temperaturen zwischen 80° bis 150°C statt, also bei einer Sedimentbedeckung von etwa 1500 bis 4000 m. Oberhalb von 150°C, also bei einer Sedimentbedeckung von mehr als 4000 m, wird nur noch Erdgas freigesetzt.

Erdöl und Erdgas sind wegen ihrer geringen spezifischen Gewichte äußerst mobil und wandern vom **Muttergestein** auf- und seitwärts in die Poren eines **Erdölspeichergesteins** (Sandsteine, Kalksteine), welches von undurchlässigen Schichten nach oben und zu den Seiten hin abgedeckt ist. Insbesondere antiklinale Lagerungsbedingungen der Schichten, Flexuren, Verwerfungen oder Salzstöcke können das Einfangen wandernder Erdöl- und Erdgaswolken begünstigen (Erdölfallen). Fehlen abdichtende Deckschichten, dann können die Kohlenwasserstoffe die Erdoberfläche erreichen, dort austreten und Naturgasfackeln oder Asphaltseen bilden.

Bedeutende Erdöl- und Erdgas-Lagerstätten findet man in Muttergesteinen des späten Mesozoikums und frühen Känozoikums im Bereich ehemaliger Schelfgebiete (Naher Osten, Nordsee-Becken).

Ausgewählte Literatur

Bayerisches Staatsministerium für Umwelt und Gesundheit (Hrsg.) (2009): Lernort Geologie: Modul F. – München.

Weiterführende Literatur

Tarbuck, E.J. & Lutgens, F.K. (2009): Allgemeine Geologie. – München (Pearson Studium).

Pohl, W.L. (2005): Mineralische und Energie-Rohstoffe. Eine Einführung zur Entstehung und nachhaltigen Nutzung von Lagerstätten. – W. und W.E. Petrascheck's Lagerstättenlehre, Stuttgart (Schweizerbart'sche Verlagsbuchhandlung).

Neukirchen, Fl. & Ries, G. (2014): Die Welt der Rohstoffe. Lagerstätten, Förderung und wirtschaftliche Aspekte. – Berlin, Heidelberg (Springer Verl.).

Okrusch, M., & Matthes, S. (2014): Mineralogie. Eine Einführung in die spezielle Mineralogie, Petrologie und Lagerstättenkunde. – Berlin, Heidelberg (Springer Verl.).

Warren, J.K. (2016): Evaporites. A Geological Compendium. – 2nd. ed., Cham (Springer).

Beantworten Sie mit Hilfe des Textes und der Abbildungen sowie unter Hinzuziehung von Literatur die nachfolgenden Fragen.

1. *Welche genetischen Typen von Erzlagerstätten kann man unterscheiden? Nennen Sie jeweils ein regionales Beispiel.*
2. *Nennen Sie drei wichtige Voraussetzungen für die Entstehung von Kohlelagerstätten.*
3. *Wie lassen sich Torf, Braunkohle und Steinkohle makroskopisch mit einfachen Hilfsmitteln unterscheiden?*
4. *Wann und wo bildeten sich die in Deutschland bedeutenden Stein- und Braunkohlelagerstätten?*
5. *Was versteht man unter der biochemischen Phase der Inkohlung und welches Produkt entsteht dadurch?*
6. *Was versteht man unter der geochemischen Phase der Inkohlung und welche Gesteine entstehen dadurch?*
7. *Welche Torfmächtigkeit wird benötigt, um ein Steinkohleflöz von 1 m Mächtigkeit zu erzeugen?*
8. *Welche beiden Faktoren bestimmen den Inkohlungsgrad?*
9. *Beschreiben Sie die Entstehung von Salzlagerstätten mit Hilfe der Barrentheorie.*
10. *In welcher Reihenfolge werden welche Gesteine bei der Eindunstung von Meerwasser ausgefällt?*
11. *Zu welchen Zechstein-Salzserien gehören die in Thüringen abgebauten Stein- und Kalisalze?*
12. *Welche morphologischen Formen entstehen, wenn Salz- und Gipsgesteine nahe der Erdoberfläche anstehen?*

Weitere Fragen für BA-Studierende und Lehramt Gymnasium

13. *Was sind hydrothermale Lagerstätten?*
14. *Wie entstehen submarine exhalative Lagerstätten?*
15. *Wie entstehen Eisenoolithe?*
16. *Was versteht man unter Inkohlung und aus welchen beiden Phasen besteht sie?*
17. *Wie stark ist die Setzung bei der Umwandlung von Torf zu Steinkohle?*
18. *Was steuert den Inkohlungsgrad?*
19. *Warum entwickelten sich aus den deutschen miozänen Braunkohlevorkommen keine Steinkohle?*
20. *Worauf ist der hohe Inkohlungsgrad der Steinkohlevorkommen bei Osnabrück zurückzuführen?*
21. *Wie hoch ist der Salzgehalt im Meerwasser im Durchschnittt?*
22. *Nennen Sie drei Beispiele für aktuelle kontinentale Evaporitbildungen.*
23. *Welche Gesteine kennzeichnen in welcher Reihenfolge einen marinen evaporitischen Zyklus oder Serie?*
24. *Skizzieren Sie die Verbreitung des Zechsteinmeeres in Deutschland.*
25. *Nennen Sie mindestens drei Eindampfungsserien im norddeutschen Zechsteinsalinar.*

26. *Wodurch können im Untergrund Salzdiapire entstehen und welche morphologisch-geologischen Auswirkungen können daraus resultieren?*
27. *Welche Mächtigkeiten besitzen Kalisalze im norddeutschen Zechsteinsalinar?*
28. *Wozu werden Salzstöcke in Norddeutschland genutzt?*
29. *Welche morphologische Wirkungen können Salzgesteine im Untergrund haben?*
30. *Was spricht gegen eine Nutzung von Salzstöcken als Endlager für radioaktive Abfälle?*
31. *Was ist Sapropel und wie entsteht er?*
32. *Was ist die wirtschaftlich nutzbare Eigenschaft des fränkischen und schwäbischen Posidonienschiefers?*
33. *Was sind wichtige Erdölspeichergesteine?*

Für Fortgeschrittene (höhere Semester)

1) *Was sind „Trümmererze“?*
2) *Wie alt sind einige gebänderte Eisenerze und welche Bedeutung haben sie für die Rekonstruktion der chemischen Zusammensetzung der Erdatmosphäre in der Erdgeschichte?*
3) *Wo findet man in Deutschland Blei-Zink-Lagerstätten?*
4) *Was versteht man unter Eisenerzen vom Lahn-Dill-Typ?*
5) *Was versteht man unter dem Begriff „Minette-Erze“?*
6) *Wo findet man in Deutschland Schwerspat-Lagerstätten?*
7) *Welche Erzlagerstätten kennen Sie in Franken und wie sind diese entstanden?*
8) *Welche geomorphologischen Folgen kann eine Bohrung haben, die unter einer Anhydritschicht auf Grundwasser trifft und dadurch aufsteigendes Grundwasser in die Anhydritschicht gelangt?*

2.2.4 Der Kreislauf der Gesteine

Magmatische, sedimentäre und metamorphe Gesteine sind durch einen ständigen Kreislauf miteinander verbunden, der aus alten Gesteinen neue schafft (Abb. 2.2.19).

Verwitterung, Erosion und Transport erzeugen Ablagerungsorte mit mächtigen Lockersedimenten, die durch Diagenese verfestigt werden. Werden diese Sedimentgesteine in größere Tiefen verfrachtet oder intrudiert in ihrer Nähe ein Pluton, dann entstehen metamorphe Gesteine.

Bei hohen Temperaturen kann die Metamorphose von partieller Aufschmelzung begleitet sein. Die Teilschmelzen (sekundäre Magmen) steigen vom Ort ihrer Entstehung in flachere Niveaus der Erdkruste, teilweise bis zur Erdoberfläche auf. Es entstehen magmatische Gesteine (Plutonite, Subvulkanite und Vulkanite).

Durch langsame Hebungsvorgänge gelangen Plutonite, Metamorphite und Sedimentgesteine an die Erdoberfläche und der Kreislauf der Gesteine beginnt erneut.

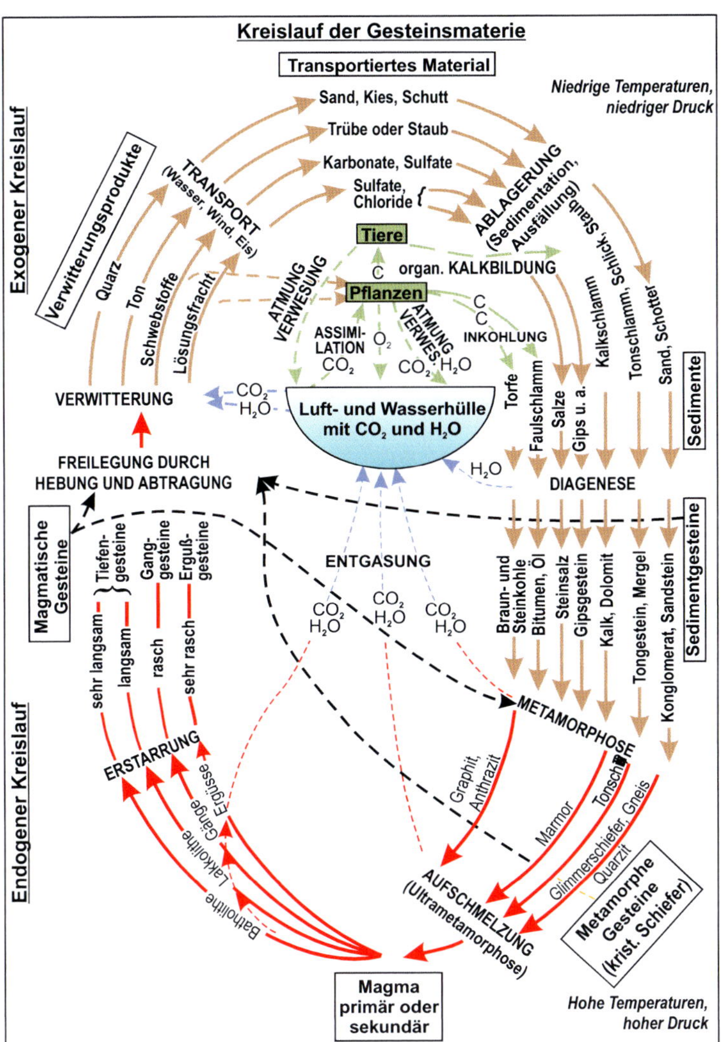

Abb. 2.2.19: Der Kreislauf der Gesteine (Quelle v.a. SCHWEGLER et al. 1969).

Für Fortgeschrittene (höhere Semester)

Beschreiben Sie mit Hilfe der Abbildung zum Gesteinskreislauf (Abb. 2.2.19) für verschiedene Ausgangsgesteine den Weg von der Entstehung des Gesteins bis zum Vergehen in Schmelzprozessen des Erdinneren. Schildern Sie dabei:

a) die erlebten Umweltprozesse;
b) die sich ergebenden Abbau- und Aufbauprodukte sowie
c) die Antriebskräfte des Kreislaufes.

2.3 Die Tektonik der Erdkruste

2.3.1 Die Theorie der Plattentektonik

„Die Kontinente bewegen sich".

Mit dieser Behauptung postulierte der Meteorologe und Geophysiker Alfred Wegener am 6. Januar 1912 in seinem Vortrag bei der Jahreshauptversammlung der Geologischen Vereinigung in Frankfurt am Main eine Erdkruste, bei der die Kontinente bzw. ihre relativ leichte Oberkruste Sial (vorherrschende Elemente Si und Al) auf der schweren Unterkruste Sima (vorherrschende Elemente Si und Mg) sich bewegen und getrieben von der Erdrotation vor allem polwärts und westwärts verdrifted werden.

Folgende Befunde waren wesentlich für **Alfred Wegener´s** (1915: „Die Entstehung der Kontinente und Ozeane") Theorie der **Kontinentaldrift** in Form des Zerfalls des paläozoischen Großkontinents **Pangäa** seit dem Jura (Abb. 2.3.1):

- **morphologisch**, eine Übereinstimmung der Küstenkonfiguration beiderseits des Atlantiks;
- **geologisch**, eine Fortsetzung geologischer Gebirgszüge beiderseits des Atlantiks, sofern sie älter als die Kreidezeit sind (der Zerfall Pangäas begann im frühen Jura);
- **paläontologisch**, eine übereinstimmende fossile Fauna (u.a. die Saurier der Gattungen *Mesosaurus* und *Cynosaurus* oder die Süsswasser-Reptilen der Gattung *Lystrosaurus*) und Flora (u.a. farn-ähnliche *Glosopteris*-Flora) beiderseits des Atlantiks, ebenso Kohleschichten aus dem Karbon;
- **paläoklimatisch**, die Verbreitung vergleichbarer permo-karboner Verei-

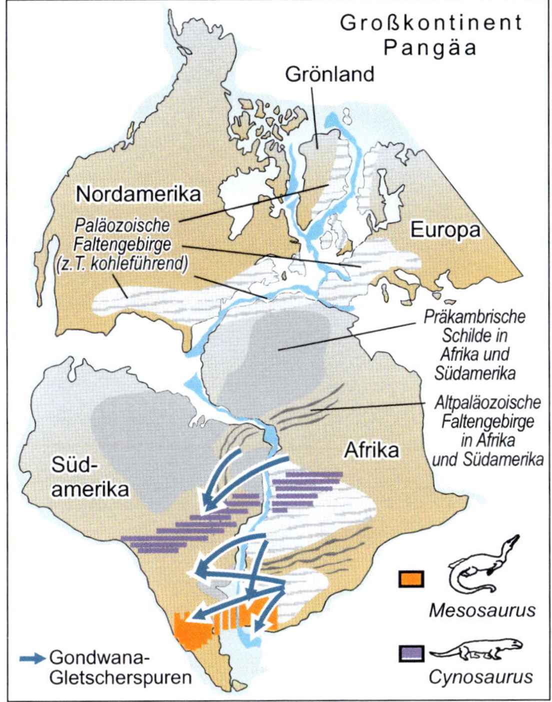

Abb. 2.3.1:
Geologische und paläozoologische Zusammenhänge zwischen Europa und Nordamerika sowie Afrika und Südamerika zur Zeit von Pangäa (Quellen: Dolgoff 1998; Lenz & Wiedersich 1993).

sungsspuren (Tillite) beiderseits des Atlantiks;

- **paläomagnetisch**, die unterschiedlichen Bahnen der scheinbaren Verlagerung des magnetischen Pols (Polwanderung) für verschiedene Kontinente.

Wegener`s Großkontinent **Pangäa** (Abb 2.3.1, Abb. 2.3.2) entstand um den Äquator herum am Ende des Oberkarbons vor etwa 300 Mio. Jahren zusammengeschweisst durch die kaledonische und vor allem variskische Gebirgsbildung. Pangäa bestand aus den Landmassen Laurasia (Eurasien und Nordamerika) im Norden und Gondwana (Südamerika, Afrika, Antarktis, Indien und Australien) im Süden. Das Auseinanderbrechen Pangäs erfolgte in mehreren Stufen (Abb. 2.3.2). In der Trias und dem frühen Jura entsteht der Mittelatlantik. Pangäa zerfällt in einen Nordkontinent **Laurasia** und einen Südkontinent **Gondwana**. Im Jura lösen sich die Antarktis, Indien und Australien von Gondwana. Die beginnende Öffnung des südlichen Südalantiks sowie dies südlichen Nordatlantik wird bis zum Ende der Oberkreide zu einem Auseinanderbrechen von Laurasia in Nordamerika und Eurasia sowie den Resten von Gondwana in Südamerika und Afrika führen. Seit der späten Oberkreide entstanden im Laufe des Alttertiärs die heutige Kontinent-Meer-Verteilung mit Schließung des Ozean Tethys unter Kollision der iberischen, apeninnischen, afrikanischen, arabischen und indischen Teilplatten mit

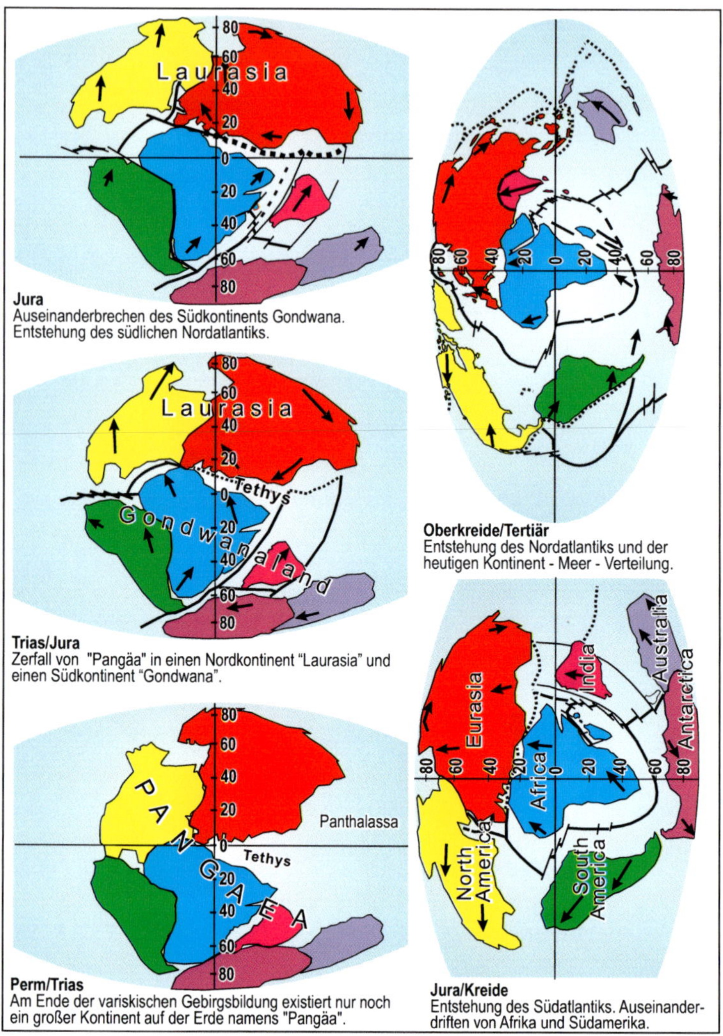

Abb. 2.3.2: Plattentektonische Bewegungen seit Ausgang des Paläozoikums im Überblick.

Eurasien. Es kommt zur alpidischen Gebirgsbildung (Orogenese) mit Entstehung großer Faltengebirge wie u.a. die Pyrenäen, der Alpen-Karpathen Bogen und der Himalaya. Mit der Schließung des Isthmus von Panama im frühen Pliozän entstanden die heutigen Meeresströmungen, eine Voraussetzung für die Entstehung des quartären Eiszeitenklimas.

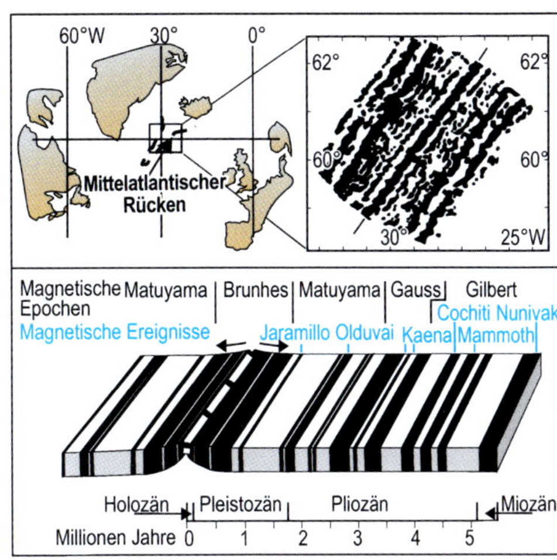

Abb. 2.3.3:
Paläomagnetische Zonierung beiderseits des Mittelatlantischen Rückens (Quellen: Cox 1969 sowie Hertzler et al. 1966 in Frisch & Loeschke 1980).

Während die älteren geotektonischen Theorien vorwiegend von Beobachtungen auf den Kontinenten ausgingen und dort vor allem im Bereich der jungen Faltengebirge Antwort auf die Frage von großräumigen Krustenveränderungen zu finden suchten, wurden die Ozeane und Ozeanböden erst in den 1950er Jahren dank neuerer geophysikalischer Methoden intensiv untersucht.

Die Entdeckung der mittelozeanischen Rückens Anfang des 20. Jahrhunderts, die Postulierung von Konvektionsströmungen mit aufsteigenden Ästen unter kontinentalen Gräben und mittelozeanischen Rücken sowie absteigenden Ästen im Bereich von Gebirgsbildungen Anfang der 1930er Jahre (Frisch & Meschede 2013: 11), die Kartierung der **Magnetisierung des Ozeanbodens** (paläo-magnetisches Streifenmuster; Abb. 2.3.3, Exkurs 1) und deren Altersverteilung (Abb. 2.3.4) seit den 1950er Jahren revolutionierte unser geotektonisches Bild der Erde. Es entstand in den 1960er Jahren eine moderne Theorie der **Plattentektonik** die *Theorie des „sea floor spreading"*. Dieses aktualistische Model schuf das Bild eines Vergehens und Entstehens von Erdkruste, genauer gesagt, des Entstehens und Vergehens von Ozeanen und daraus resultierender Bewegungen der Kontinente. Das Großre-

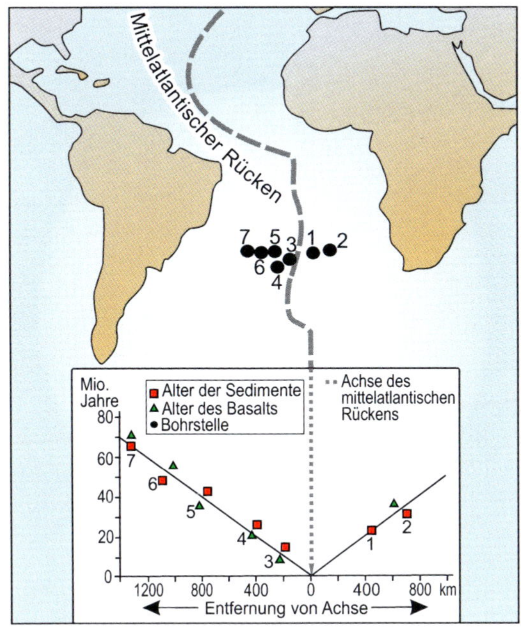

Abb. 2.3.4:
Das Alter der ozeanischen Kruste und ihrer Sedimentbedeckung im nördlichen Südatlantik nach Tiefseebohrungen des Forschungsschiffs Glomar Challenger (Quelle: Bauer et al. 2002).

lief der Erde, Gebirgsbildungen, Grabenbildungen, mittelozeanische Rücken, Tiefseerinnen, Vulkanismus und Erdbeben konnten nun in einer Theorie erklärt werden.

Die Großplatten der Erde wachsen durch die Neubildung von Erdkruste in den Spreitzungszonen („*spreading zones*") der Ozeane (Kap. 2.3.1.1). Andererseits sinken Platten an den Subduktionszonen in die Tiefe. Sichtbare Zeichen einer derartig mobilen Erdkruste sind vor allem Gebirgs- und Grabenbildungen sowie Vulkanismus und Erdbeben. Solche Plattenbewegungen konnten seit den 1970er Jahren und vor allem seit Einführung des GPS (*Global Positioning System*) in den 1990er Jahren auch gemessen werden.

Die Geschichte der Plattentektonik ist u.a. von Frisch & Meschede (2013: Kap. 1), von Hey (2014: 1055ff.) und Wilson et al. (2019) ausführlicher beschrieben.

Ausgewählte Literatur

Press, F. & Siever, R. (2017): Allgemeine Geologie: Kap. 2; Heidelberg (Spektrum).

Frisch, W. & Meschede, M. (2013): Plattentektonik. Kontinentverschiebung und Gebirgsbildung: Kap. 1; Darmstadt (Primus Verl.).

Beantworten Sie mit Hilfe des Textes, des Exkurses „Paläomagnetische Zeitskala", der Abbildungen und der Literatur die nachfolgenden Fragen.

1. *Welche Ozeane und Meeresstraßen entstanden seit dem Paläozoikum?*
2. *Welche Regionen gehörten zu Laurasia und welche zu Gondwana?*
3. *Wie nannte man den Urkontinent, der am Ende der variskischen Gebirgsbildung existierte?*
4. *Wann war die letzte bedeutende Umkehr des Erdmagnetfeldes?*
5. *In welcher paleomagnetischen Epoche leben wir?*

Weitere Fragen für BA-Studierende und Lehramt Gymnasium

6. *Welche Argumente hatte Wegener für seine Forderung nach einer beweglichen Erdkruste?*
7. *Wann entstand der atlantische Ozean?*
8. *Wann entstanden die heutigen Meeresströmungen?*
9. *Was versteht man unter der Matuyama/Brunhes-Grenze (M/B-Grenze)? Wie alt ist diese?*
10. *Wie alt ist der Jaramillo-Event?*
11. *Mit welchem numerischen Datierungsverfahren hat man die basaltische Ozeankruste datiert?*
12. *Was ist der Blake-Event und wann ereignete er sich?*
13. *Was ist der Laschamp-Event und wann ereignete er sich?*

Exkurs: *Paläomagnetische Zeitskala*

Im Laufe der Erdgeschichte kam es mehrfach zu Umpolungen des Erdmagnetfeldes (Abb. E1; Kap. 1.2.1). Die gegenwärtig andauernde **Brunhes-Epoche** („*Brunhes chrone*"; BRUNHES 1906) besitzt normale Polarität. Davor, in der **Matuyama-Epoche** (MATUYAMA 1929), herrschte umgekehrte (reverse) Polarität. Der magnetische Nordpol lag damals überwiegend in der Nähe des heutigen Südpols.

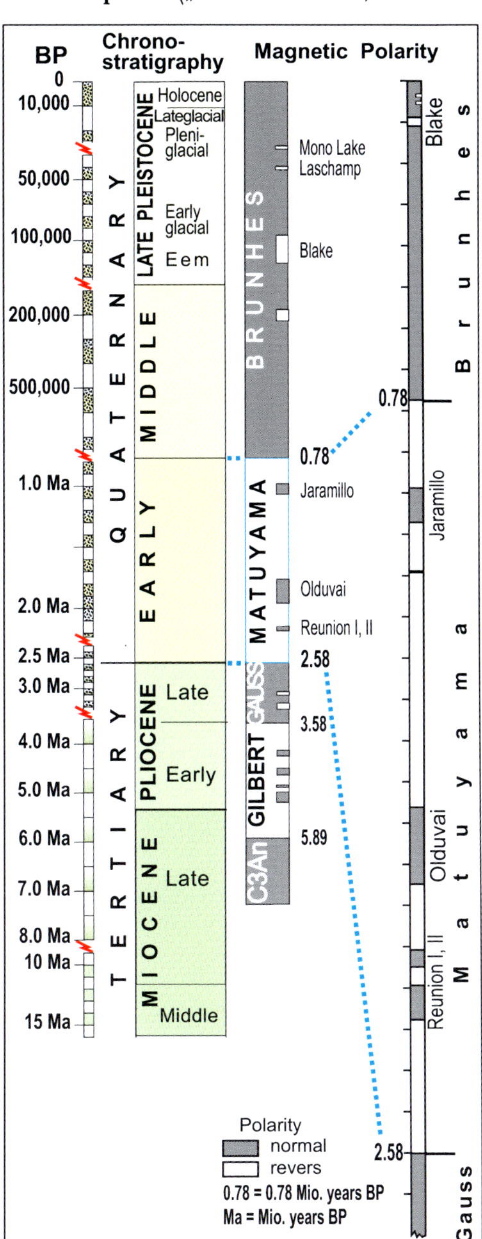

Abb. E1: Paläomagnetische Polaritäts- und Zeitskala der letzten 7 Mio. Jahre.

In unregelmäßigen Zeitabständen kommt es immer wieder zu Polaritätswechseln, zu Umpolungen des geomagnetischen Feldes. In der Brunhes-Epoche herrschte mindestens einmal kurzzeitig und weltweit reverse Polarität während des „*Blake event*" oder der „*Blake subchrone*" vor etwa 90 bis 120.000 Jahren. Bei einigen weiteren kurzzeitigen geomagnetischen Exkursionen (u.a. „*Mono Lake*" und „*Laschamp excursion*") ist das globale Auftreten noch nicht allgemein anerkannt.

Übrigens: Umpolungen des Erdmagnetfeldes haben wahrscheinlich keinen größeren Einfluss auf die magnetische Abschirmung der Erde von der lebensfeindlichen kosmischen und solaren Partikelstrahlung. Es fehlt dafür ein korrelates gehäuftes oder gar massenhaftes Auftreten gestorbener Organismen auf den Kontinenten jeweils zur Zeit der Umpolungen.

Das numerische Alter der paläomagnetischen Polaritätsskala wurde über K/Ar-Datierungen an Basalten ermittelt. Basalte besitzen hohe Anteile ferromagnetischer Mineralien und frieren das bei ihrer Abkühlung herrschende Erdmagnetfeld sozusagen ein.

Ausgewählte Literatur

Press, F. & Siever, R. (2017): Allgemeine Geologie: Kap. 14; Heidelberg (Spektrum).

Weiterführende Literatur

Wagner, G. A. (1995): Altersbestimmung von jungen Gesteinen und Artefakten: physikalische und chemische Uhren in Quartärgeologie und Archäologie. – Stuttgart (Enke Verl.).

2.3.1.1 Die moderne Theorie der Plattentektonik oder die *Theorie des „sea floor spreading“*

Wichtige **Kernaussagen** dieser Theorie sind (Abb. 2.3.5, Abb. 2.3.6):

1. Die **Lithosphäre** ist fragmentiert und besteht aus mehreren festen Einheiten, die Platten *(plates)* genannt werden.
2. Die Ränder der Platten werden Plattengrenzen *(plate boundaries)* genannt. Punkte, an denen sich drei Platten treffen, heißen **Tripelpunkte** *(triple points)*.
3. Die verschiedenen großtektonischen Platten auf der Erde **umfassen** sowohl kontinentale als auch ozeanische Bereiche. So besteht die Südamerikanische Platte aus der kontinentalen Erdkruste Südamerikas und der ozeanischen Kruste des westlichen Südatlantiks bis zum Mittelatlantischen Rücken. Nur die pazifische Platte besteht allein aus ozeanischer Kruste.
4. Diese Platten werden **begrenzt** durch: Mittelozeanische Rücken, mehr oder minder aktive Subduktionszonen und/oder Transform-Verwerfungzonen. **Eine geotektonische Platte** ist **definiert** als eine kohärente Lithosphäreneinheit, die von mittelozeanischen Rücken sowie Subduktionszonen oder Transformstörungen begrenzt ist.

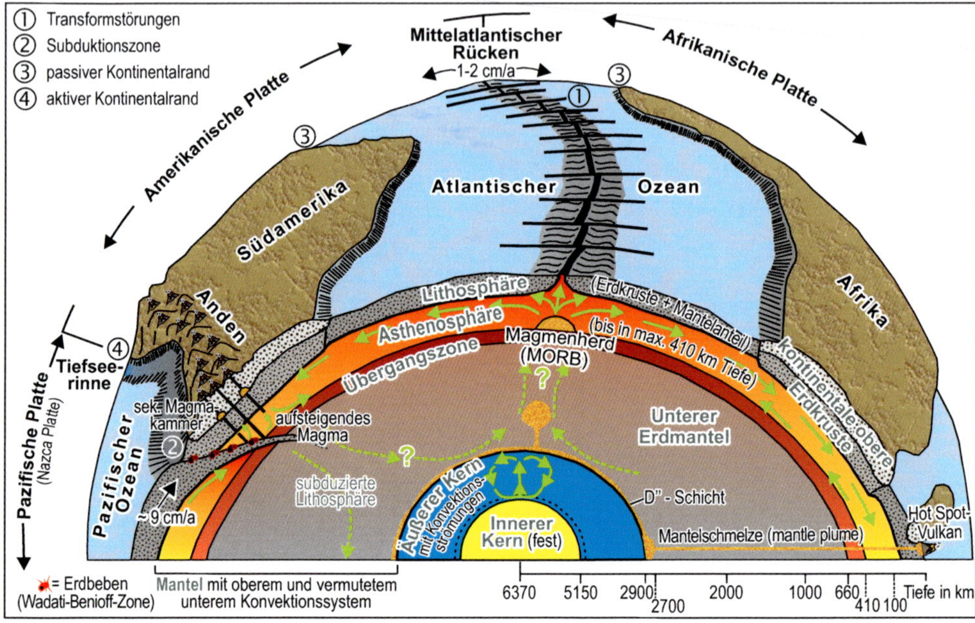

Abb. 2.3.5: Plattentektonische Zusammenhänge, Schalenbau und Konvektionsströmungen.

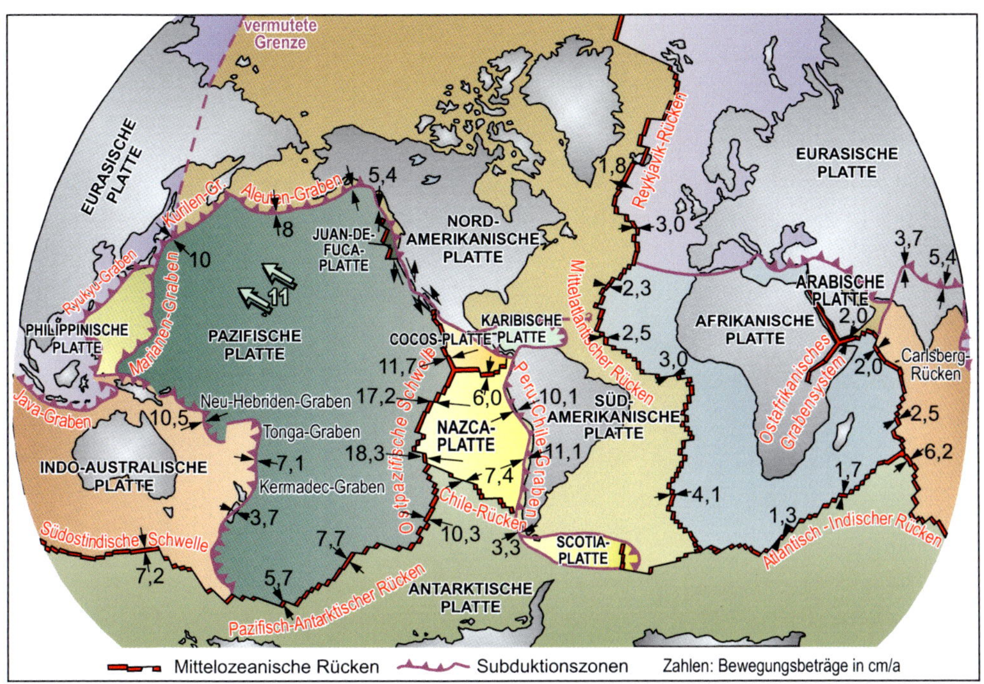

Abb. 2.3.6 : Tektonische Platten mit divergenten und konvergenten Plattengrenzen (Quellen: Bahlburg & Breitkreuz 2004; Bolt 1995; Nicolas 1995).

[Kohärent bedeutet: fest und zusammenhängend, die Platte besitzt keine internen Relativbewegungen].

5. In der **Vertikalen** umfassen diese Platten: kontinentale und ozeanische Erdkruste, darunterliegende Teile des festen oberen Erdmantels in den Ozeanen bis in 20 bis 100 km Tiefe und unter den Kontinenten bis in 150 bis 250 km Tiefe. Dieser Bereich wird als Lithosphäre bezeichnet. Unter ihr erstreckt sich die teilweise aufgeschmolzene Asthenosphäre. Die Lithosphäre ist starr und durch Deformation geprägt. Sie wird durch Konvektionszellen in der Asthenosphäre angetrieben.
6. Die Platten **bewegen** sich relativ zueinander als feste mechanische Einheiten. Die Horizontalgeschwindigkeiten variieren von **1 bis etwa 20 cm/a** (a = Jahr). Die höchsten Spreizungsraten findet man im Pazifik. Sie erreichen dort bis zu 18 cm/a. Aufgrund der unterschiedlichen Subduktionsraten an den aktiven Ozeanrändern des Pazifiks ist der Ostpazifische Rücken in Richtung auf Südamerika verschoben.
7. Die Großplatten der Erde **wachsen** durch die Neubildung von Erdkruste in den Spreizungszonen („*spreading zones*") der Ozeane. An den Subduktionszonen *(subduction zones) hingegen* sinken die Platten in die Tiefe.
8. **Erdbeben** und **vulkanische Eruptionen** treten gehäuft an schmalen Gürteln nahe der Plattengrenzen auf und belegen dort ein hohes Maß tektonischer Aktivitäten.
9. Das **Innere der Platten** ist geologisch relativ ruhig oder stabil *(stable)*, mit viel weniger

Erdbeben als an den Plattengrenzen und viel geringeren vulkanischen Aktivitäten. Im Fall von kontinentalen Gebieten werden sie Kratone *(cratons)* genannt.

2.3.1.2 Verbreitung der Großplatten auf der Erde

Es gibt **konvergente** (oder destruktive) und **divergente** (oder konstruktive) **Plattenränder**, aber auch **flächenneutrale** (oder konservative) **Plattenränder mit Parallelverschiebungen** (Abb. 2.3.6).

Divergente Plattenränder

(divergent plate boundaries)

Sie besitzen Ausbreitungsgeschwindigkeiten von etwa 1 bis 10 cm/a, im Extremfall bis zu 20 cm/a.

a) ***Mittelozeanische Rücken* (ozeanisches Rifting)**: z.B. Mittelatlantischer Rücken, Ostpazifischer Rücken, Pazifisch-Antarktischer Rücken, Atlantisch-Indischer Rücken, Indisch-Antarktischer Rücken.

Die mittelozeanischen Rücken sind mit >60.000 km Länge das längste Gebirge der Erde und sind bis auf Island (Bild 2.3.1) von im Mittel 2.500 bis 3.000 m Meerwasser bedeckt. Je nach Ausbreitungsgeschwindigkeit und Magmenförderung besitzen sie einen **Zentralgraben** (*rift valley*) bei langsamer Magmenförderung wie beim Mittelatlantischen Rücken. Ein Zentralgraben kann aber auch fehlen, wie beim Ostpazifischen Rücken. Das ist dort eine Folge relativ schneller Magmenförderungen, so dass trotz relativ schneller Ausbreitungsge-

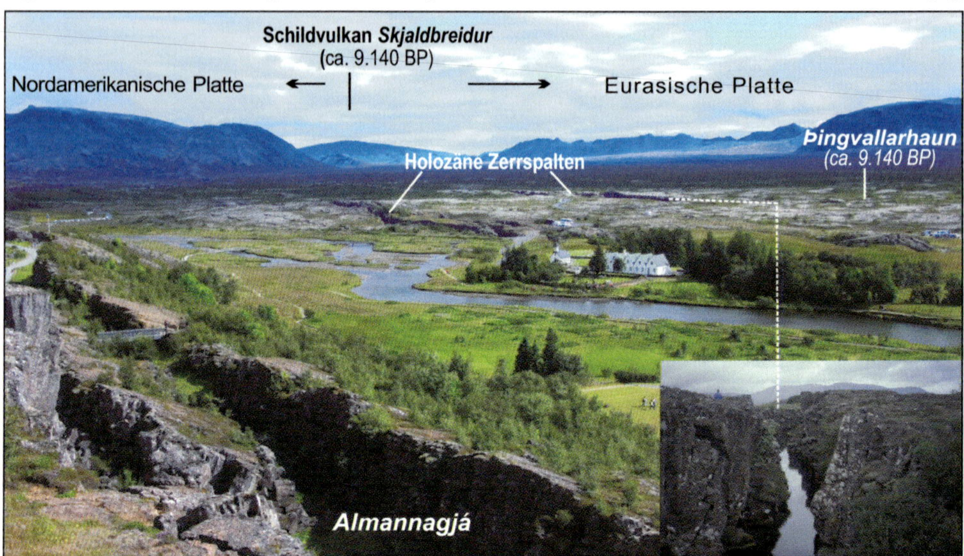

Bild 2.3.1: Fortsetzung des mittelatlantischen Rückens im Südwesten Islands (Thingvellir-Gebiet) geprägt durch holozäne Zerrspalten, Thingvellirgraben und holozäne Basaltdecken (u.a. *Thingvallarhaun*). Die etwa 7,7 km lange *Almanagjá* liegt auf der nordamerikanischen Platte und bildet die westliche Begrenzung des Thingvellirgrabens. Nordamerikanische und eurasische Platte divergieren in den vergangenen 9.100 Jahren mit etwa 3,3 bis 8,2 mm/Jahr.

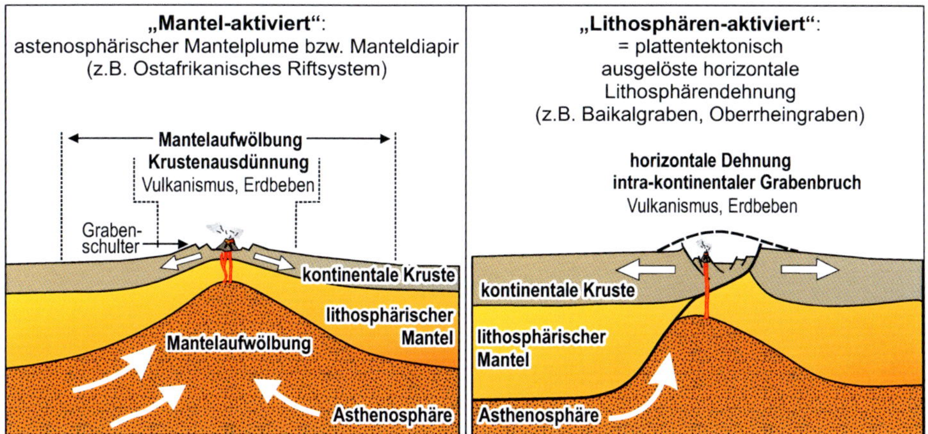

Abb. 2.3.7: Zwei Arten der kontinentalen Riftgenese bzw. der Genese geologischer Gräben.

schwindigkeiten (9 cm und mehr) das durch Divergenzen neu entstehende Raumvolumen ausheilen kann.

b) *Große* ***Grabenbrüche auf den Kontinenten*** (**intrakontinentales Rifting**): z.B. der Ostafrikanische Graben mit Dehnungsraten von etwa 0,5 cm/Jahr, der die Somali-Platte im Osten und die Nubische Platte im Westen trennt.

Ein weiteres Beispiel mit beginnender Ozeanbildung ist das Rote Meer und der Golf von Aden mit Spreitzungsraten von 0,8 bis 1,6 cm/Jahr. Sie trennen die Nubische Platte im Südwesten und die Arabische Platte im Nordosten. Kontinentales Rifting erzeugt langgestreckte lineare Depressionen mit steilen **Bruchstufen** (bis zu 3 bis 4 km hohe Abschiebungen) und parallel verlaufenden vulkanischen Förderschloten (**bimodale Assoziation** saurer und basischer **Vulkanite**).

Kontinentale Riftzonen können (Abb. 2.3.7) entweder:

a) **mantel-aktiviert** entstehen durch Aufwölbung eines Mantelplums bzw. Manteldiapirs (z.B. ostafrikanisches Riftsystem) oder

b) **lithosphären-aktiviert** als Ergebnis plattentektonisch ausgelöster horizontaler Dehnungen der Lithosphäre (z.B. der Oberrheingraben).

Generell gilt, dass im Bereich divergenter Plattenränder die Lithosphäre ausgedünnt ist. Dadurch kommt es zur **Aufwölbung** (**Aufströmung**, *upwelling*) des Erdmantels (*mantle plumes*). Die Druckentlastung führt im Erdmantel zu partieller Aufschmelzung und zur Bildung von basaltischen Magmen (Abb. 2.3.8). Diese steigen auf und erkalten großteils bereits in Form mächtiger gabbroider Intrusivkörper. Ein Teil des Magmas dringt in die entstehenden Zerrspalten ein, erkaltet dort (Abb. 2.3.8: „basaltische Gang-Komplexe") oder extrudiert in Form ausgedehnter Spalteneruptionen mit Aufbau mächtiger, Mg-reicher („tholeiitischer") Kissenbasalte.

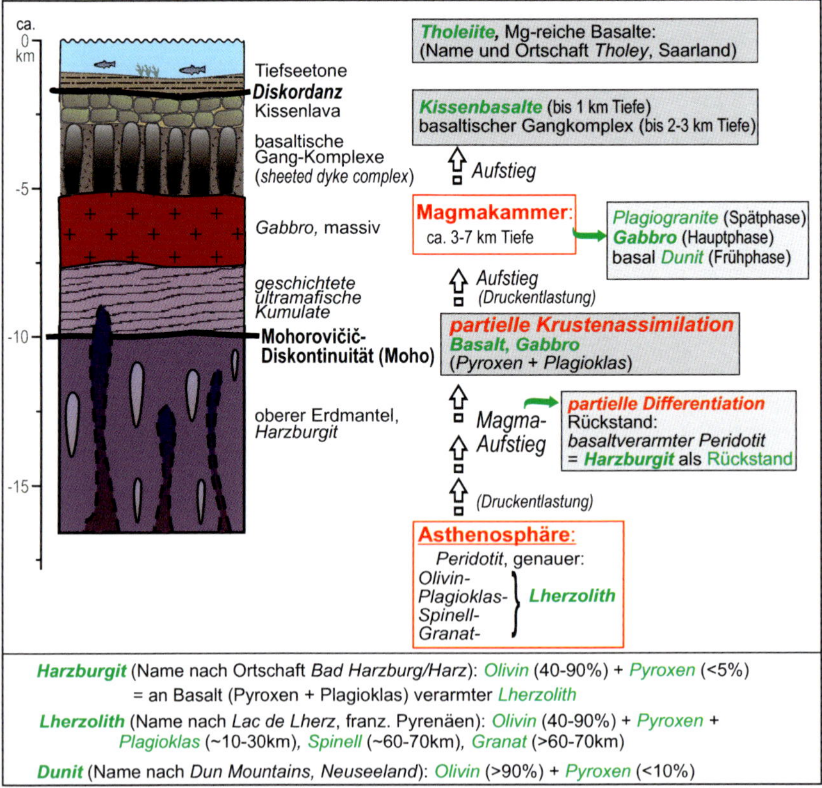

Abb. 2.3.8: Entstehung tholeiitischer mittelozeanischer Rückenbasalte (MOR-Basalte).

Konvergente Plattenränder
(convergent plate boundaries)

Zu konvergenten Plattenrändern gehören Subduktionszonen (Abb. 2.3.6, Tab. 2.3.1):

1. an Kontinentalrändern (Westküste Nord- und Südamerikas);
2. innerhalb ozeanischer Platten (am Westrand der Pazifischen Platte, am Ostrand der Karibischen Platte);
3. im finalen, ausklingenden Stadium zwischen zwei Kontinentalplatten (Bsp.: Nordrand der Indischen Platte im Bereich des Himalaya, Nordostrand der Arabischen Platte).

Subduktionszonen wurden zuerst als eine in die Tiefe geneigte Zone von Erdbebentätigkeiten erkannt: die sog. **„Wadati-Benioff-Zone“** (Abb. 2.3.15). Die abtauchende Platte (der *„slab“*) wird aufgeheizt und vom Erdinneren absorbiert, während die überfahrende Platte verdickt wird. Da Subduktion die Aufnahme einer Platte in das Erdinnere beinhaltet, werden Subduktionszonen auch **destruktive Plattengrenzen** *(destructive plate boundaries)* genannt.

Die Subduktion ozeanischer Lithosphäre hat zur Folge, dass es durch deren Aufschmelzen zu zahlreichen Magmabildungen kommt und damit zur Entstehung bogenförmig orientierter Vulkanketten, dem **„magmatischen Bogen** (*volcanic arc*)“. Zudem

Tab. 2.3.1: Einige bedeutende Subduktionszonen auf der Erde (Quelle: LENZ & WIEDERSICH 1993).

Subduktionszone	Betroffene Platten	Länge (km)	Subduktion (cm/jahr)	Erdbeben, max. Tiefe (km)
Kurilen-Kamtschatka-Honshu	Pazifische unter Eurasische Pl.	2800	**7,5**	610
Tonga-Kermadec-Neuseeland	Pazifische unter Indische Platte	3000	**8,2**	660
Mexiko	Pazifische unter Nordamerik. Pl.	2200	**6,2**	300
Aleuten	Pazifische unter Nordamerik. Pl.	3800	**3,5**	260
Sunda-Java-Sumatra-	Indische unter Eurasische Pl.	5700	**6,7**	730
Salomonen-Neue Hebriden	Indische unter Pazifische Pl.	2750	**8,7**	640
Izu-Bonin-Marianen	Pazifische unter Philippinen-Pl.	4450	**1,2**	680
Iran	Arabische unter Eurasische Pl.	2250	**4,7**	250
Himalaya	Indische unter Eurasische Pl.	2400	**5,5**	300
Ryukyu-Philippinen	Philippinen-Pl. unter Eurasische Pl.	4750	**6,7**	280
Peru-Chile	Nazca-Pl. unter Südamerik. Pl.	6700	**9,3**	700

können die Sedimente auf der subduzierten Platte abgeschappt werden. Es entsteht ein **Akkretionskeil** (*accretionary prism*), der bei der Karibikinsel Barbados bis zum Meeresspiegel reicht.

Konvergente Plattengrenzen sind Bereiche komplexer geologischer Prozesse, einschließlich magmatischer Aktivitäten, krustaler Deformationen und Gebirgsbildungen. Die speziellen Prozesse, die entlang konvergenter Plattengrenzen aktiv sind, hängen vom Typ der Kruste ab, die in die Kollision der Platten mit einbezogen ist.

Bei der **Plattenkonvergenz unterscheidet man** im Einzelnen zwischen:

a) ***Plattenkonvergenz im intra-ozeanischen Bereich.*** Sie führt in der Regel zu vier geologisch-morphologischen Reliefformen (u.a. Abb. 2.3.14):

- **dem vulkanischen Inselbogen** *(volcanic island arc)* auf der überlagernden Platte und in etwa in einer Entfernung von 50 bis 300 km von der Plattengrenze;
- **der ozeanischen Tiefseerinne** (*trench*), dort, wo die subduzierte Platte abtaucht;
- **dem Forearc-Becken,** häufig mit Akkretionskeil *(accretionary prism);*
- **dem Randbecken** (*marginal basin)* oder dem **Backarc-Bereich** zwischen Inselbogen und dem Kontinent der nicht subduzierten Platte.

b) ***Ozeanischen Subduktionszonen entlang von Kontinentalrändern*** (Tab. 2.3.1).
In diesem Fall spricht man auch von einem sogenannten **aktiven Kontinentalrand** *(active continental margin)*. Der magmatische Bogen wird in die kontinentale Kruste in Form einer Vielzahl von Batholithen (große plutonische Körper) eingeschweißt. Fraktionierte Kristallisation von andesitischem Magma und teilweises Aufschmelzen andesitischer und kontinentaler Kruste erzeugen einen kieselsäurereichen (SiO_2) und kalireichen (K_2O) Magmatismus (Granit/Rhyolith-Folge bzw. Andesit/Dazit-Folge).

c) ***Kontinentale Kollisionsgürteln bzw. Plattenkonvergenz entlang von Kontinentalrändern.***
Bei einer Kontinent-Kontinent-Kollision (z.B. durch Schließung eines Ozeans) haben alle kontinentalen Platten zu viel Auftrieb, um über längere Distanzen in den dichteren, unter ihnen liegenden Mantel subduziert zu werden. Statt dessen werden beide zusammengepresst und zu einem einzigen Kontinentblock verschweißt. Dabei ist die Krustenverkürzung eng verbunden mit Krustenverdickung, da die Verformung der kontinentalen Kruste volumenkonstant ist.

Die **Krustenwurzel** eines Faltengebirges liegt ungefähr 5 bis 10 mal tiefer als das Gebirge an Höhe besitzt. Folglich besitzen Kontinent-Kontinent-Kollisionssysteme intensive Metamorphose und Überschiebungstektonik. Die Verdickung der schwimmenden Erdkruste und die nachfolgende isostatische Hebung *(isostatic uplift)* schaffen letztlich einen **Faltengebirgsgürtel** *(folded mountain belt)* und auch morphologisch ein Gebirge.

Ursache der Hebung sind **isostatische** Ausgleichsbewegungen. Dabei setzt die Heraushebung zum morphologischen Gebirge erst ein, wenn das Gebirge geologisch schon weitgehend geboren war (Orogenese). Inwiefern ein Hoch- oder ein Mittelgebirge entsteht, ist abhängig von der Stärke der Hebungsrate (abhängig von der Tiefenlage der Krustenwurzel) und der begleitenden Abtragungsdynamik.

Flächenneutrale Plattenränder

(Transformstörungen, *transform faults*)

Bei Transformstörungen handelt es sich um Verschiebungszonen mit teilweise gleichsinnigen, teilweise gegenläufigen Horizontalbewegungen. Sie entstehen aufgrund der Kugeloberfläche der Erde als Ausgleich der unterschiedlichen Öffnungsgeschwindigkeiten im Bereich der Divergenzzonen. Sie sind mehrere Zehner und Hunderte von Kilometern lang und reichen bis an die Untergrenze der Lithosphäre.

Während ozeanische Transformstörungen zahlreich sind und senkrecht zum Mittelozeanischen Rücken verlaufen, sind Transformstörungen auf den Kontinenten selten. Dazu zählen die San-Andreas-Störungszone (Kalifornien), die Nord- und Ostanatolische Störung (Türkei), die Jordan-Störung (Naher Osten) und die Alpine-Störung auf der Südinsel Neuseelands.

Ausgewählte Literatur

ZEPP, H. (2017): Grundriß Allgemeine Geographie: Geomorphologie: Kap. 2.2 – Paderborn (Schöningh UTB Verl.).

PRESS, F. & SIEVER, R. (2017): Allgemeine Geologie: Kap. 2. – Heidelberg (Spektrum).

FRISCH, W. & MESCHEDE, M. (2013): Plattentektonik. Kontinentverschiebung und Gebirgsbildung. – Darmstadt (Primus Verl.).

BAUMHAUER, R., KNEISEL, CH., MÖLLER, S., SCHÜTT, B., TRESSEL, E. (2017): Einführung in die Physische Geographie: Kap. 1.2.3. – Darmstadt (Wissenschaftliche Buchgesellschaft).

BAYERISCHES STAATSMINISTERIUM FÜR UMWELT UND GESUNDHEIT (Hrsg.) (2009): Lernort Geologie: Modul C. – München.

Beantworten Sie mit Hilfe des Textes und der Literatur die nachfolgenden Fragen.

1. *Wie funktioniert die moderne Theorie der Plattentektonik oder das sog. „sea floor spreading“?*
2. *Wodurch wird eine geotektonische Platte in der Horizontalen und wodurch in der Vertikalen begrenzt?*
3. *Welche Großplatten mit welchen Plattengrenzen und ungefähren Bewegungsgeschwindigkeiten kennt man heute?*
4. *Wodurch sind konvergente Plattenränder gekennzeichnet?*
5. *Wodurch sind divergente Plattenränder gekennzeichnet?*
6. *Wodurch sind flächenneutrale Plattenränder gekennzeichnet?*
7. *Wo findet man divergente Plattenränder und welche morphologischen Formen treten dort auf?*
8. *Welche morphologischen Formen entstehen bei Plattenkonvergenz entlang von Kontinentalrändern?*
9. *Welche morphologischen Formen entstehen bei Plattenkonvergenz im Ozean?*
10. *Wie entstehen Tiefseerinnen?*
11. *Wie entstehen vulkanische Inselbögen? Nennen Sie ein regionales Beispiel.*

Weitere Fragen für BA-Studierende und Lehramt Gymnasium

12. *Was versteht man unter mantel-aktivierten Riftzonen? Nennen Sie ein regionales Beispiel.*
13. *Warum gibt es nur 2 kontinentale Subduktionszonen? Nennen sie beide.*
14. *In welchem Verhältnis steht die Tiefenlage der Wurzelzone eines Gebirges zu dessen morphologischer Erhebung?*
15. *Was ist die Ursache für die Hebung eines Gebirges?*
16. *Wo auf der Erde kann man heute ein Auseinanderdriften eines Kontinentes beobachten?*
17. *Was ist ein aktiver und was ist ein passiver Kontinentalrand? Nennen Sie jeweils 1 Beispiel.*

2.3.1.3 Ursache und Antriebskräfte für Plattenbewegungen

Die Ursache von Plattenbewegungen sind vor allem **Konvektionszellen** in der Asthenosphäre (Abb. 2.3.5) mit einem Durchmesser von 5.000 bis 10.000 km und einer Geschwindigkeit von etwa 1 bis 10 cm/a. Ein kompletter Umlauf dauert etwa 200 bis 400

Mio. Jahre. Diese Konvektionszellen werden angetrieben vom Zerfall radioaktiver Elemente (U, Th, K) und von fluiden Phasen (u.a. H_2O), die als diffuse Gaswolken durch die Astenosphäre wandern und die Schmelztemperatur der Erdmantelgesteine erniedrigen. Die Konvektionszellen bestehen aus aufsteigenden Gesteinsschmelzen, die abkühlen und wieder absinken.

Diese Erdmantelströmungen werden auf die aufliegenden lithosphärischen Platten übertragen (Abb. 2.3.9):

- durch **Rückendruck oder Rückenschub** im Bereich der divergierenden mittelozeanischen Rücken (*ridge push*) und
- vor allem (zu ca. 90%) durch **gravitativen Plattenzug** (*slab pull*) der in den Subduktionszonen abtauchenden Lithosphäre.

Eine passive Schleppung der Platten wird aktuell eher als hemmend angesehen.

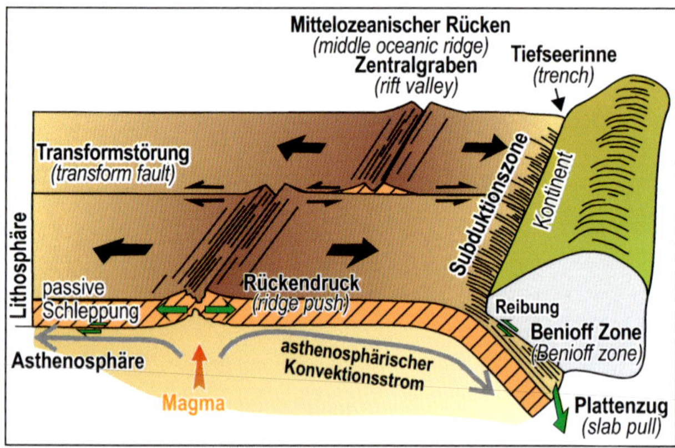

Abb. 2.3.9: Konvergente, divergente und flächenneutrale Plattengrenzen. Rückendruck (*push*), passive Schleppung und Plattenzug (*pull*) als Hauptantriebskräfte lithosphärischer Plattenbewegungen (Quelle u.a. Abbott 1996).

Für die Subduktion ozeanischer Lithosphäre gibt es zwei Möglichkeiten (Abb. 2.3.10):

a) die **spontane Subduktion** erkalteter und damit sehr dichter und mächtiger alter (mehr als 140 Mio. Jahre) ozeanischer Kruste im intra-ozeanischen Bereich, die auch als Subduktion vom Marianen-Typ (Marianen-Tiefseerinne) bezeichnet wird;

b) die **erzungene Subduktion** vom Chile-Typ (Peru-Chile-Tiefseerinne), dort wo plattengesteuert ozeanische Lithosphäre gegen Kontinente geführt wird und die schwerere ozeanische Platte gezwungen wird abzutauchen. So entsteht ein tektonisch (u.a. Erdbeben) und vulkanisch sehr aktiver Kontinentalrand.

Das plattentektonische Modell beschreibt insgesamt das Entstehen und Vergehen von Ozeanen, das Zerbrechen und Kollidieren von Kontinenten. Diese Abfolge aus 6 Entwicklungsstadien (Abb. 2.3.11) wird seit Mitte der 1970er Jahre auch als plattentektonischer Zyklus oder **„Wilson-Zyklus“** bezeichnet. Damit ist das Entstehen großer ozeanischer (v.a. Mittelozeanische Rücken, Tiefseebecken, Tiefseerinnen, vulkanische Inselbögen und Vulkaninseln) und kontinentaler (v.a. Hochgebirge, vulkanische Bögen, intrakontinentale Gräben)

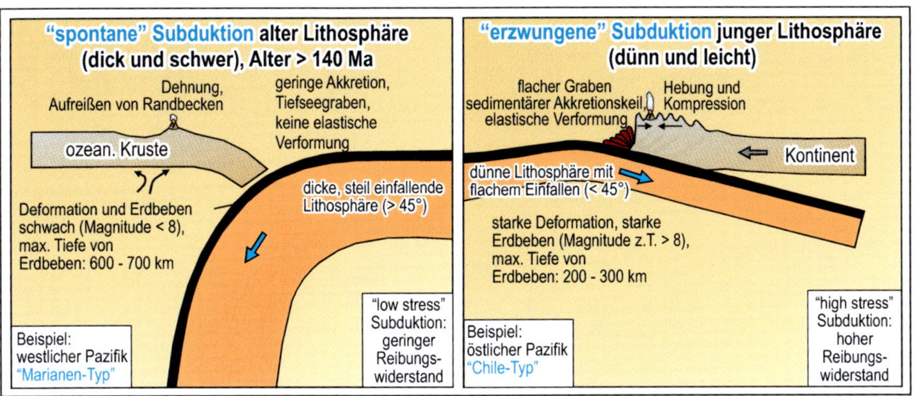

Abb. 2.3.10: Spontane und erzwungene Subduktion (Quelle u.a. Bauer et al. 2002).

Reliefformen verbunden, aber auch die Verbreitung vieler Erdbeben und vulkanischer Aktivitäten auf der Erde (Kap. 2.4, Kap. 2.5). Das plattentektonische Modell gilt wahrscheinlich für die vergangenen 2,5 Mrd. Jahre Erdgeschichte, seitdem sich durch Abkühlung des Erdmantels und durch Subduktion oezanischer Krusten große Kontinentalplatten gebildet hatten und sich die heutige Mantelkonvektion und Plattentektonik entwickeln konnte.

Die **6 Entwicklungsstadien des Wilson-Zyklus** vom Entstehen bis zum Vergehen eines Ozeans beinhalten folgende Phasen (Abb. 2.3.11).

1. Einen intrakontinentalen Grabenbruch (*rifting, rift valleys*), der durch eine großräumige Mantelaufwölbung (*mantle plume*) ein Zerreißen, ein Auseinanderbrechen eines Kontinents aus mehreren, relativ stabilen Kratonen bewirken wird. Ein bimodaler, später basaltischer Vulkanismus tritt innerhalb und an den Grabenrändern auf. Aktuell ist dies zu beobachten im Ostafrikanischen Graben und seiner nordöstlichen Fortsetzung in der Afar-Senke.
2. Entstehung eines jungen Ozeans mit mittelozeanischen Rücken (*seafloor spreading*) und Förderung mittelozeanischer Rückenbasalte (MORB). Aktuell ist das Rote Meer und der Golf von Aden in dieser Entwicklungsphase.
3. Entstehung eines großen Ozeans mit mittelozeanischen Rücken und Tiefseebecken (*ocean basins*), noch weitgehend ohne Subduktionszonen. Der Atlantik befindet sich in diesem Stadium.
4. Entstehung von Subduktionszonen am Rande der ozeanischen Platte, die deren Vergehen einleiten. Der pazifische Ozean oder der östliche Indische Ozean sind aktuelle Beispiele.
5. Durch die Subduktion kommt es zur weitgehenden Aufzehrung der ozeanischen Kruste und damit des Ozeans bis auf ein kleines Randmeer. Mittelmeer, Schwarzes Meer und Kaspische See werden öfters in dieses Stadium eingeordnet (Wilson et al. 2019; Table 1, Fig. 2).
6. Die endgültige Schließung des Ozeans führt häufiger zu einer Kontinent-Kontinent-

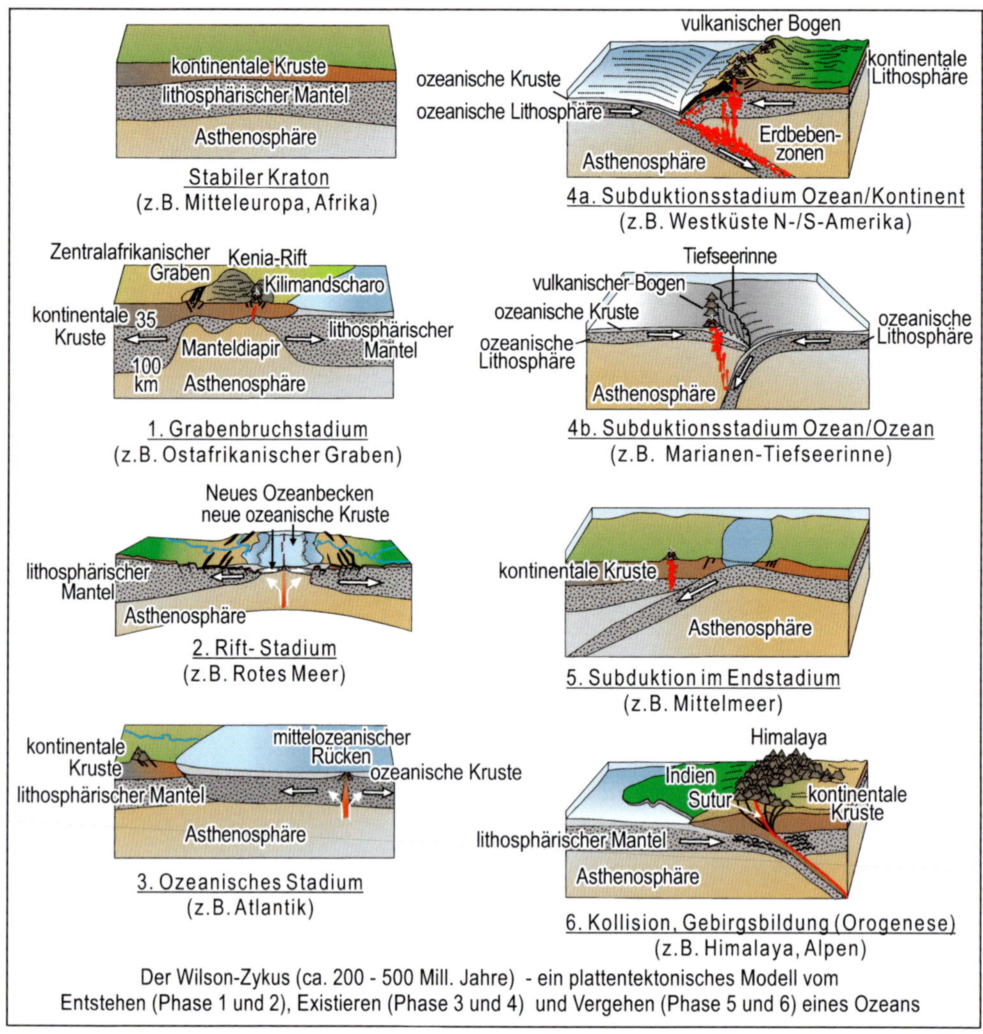

Abb. 2.3.11: Der Wilson-Zyklus - ein plattentektonisches Modell.

Kollision mit Bildung eines Falten- und Deckengebirges und starken isostatischen Heraushebungen und starken Absenkungen vor allem im Vorland (Molassebecken). Die Sutur kennzeichnet die Schweißnaht der beiden kollidierten Kontinente. Ophiolite (Erdmantelgesteine) sind Indikator für Subduktion und teilweise Abscherung ozeanischer Lithosphäre. Das alpidische Gebirge von den Pyrenäen, über den Alpen-Karpathen-Bogen bis zum Himalaya wäre das erdgeschichtlich jüngste Beispiel solcher Kollisionen mit Schließung des Paläo-Ozeans Tethys.

Man geht davon aus, dass der **Zerfall eines Großkontinents** (*superkontinent*) wie Pangäa ausgelöst wird durch die Bildung großer Manteldiapire in der D"Schicht (Heron 2019). Die Bildung außergewöhnlich großer Mengen von Magmen soll:

a) durch Zufuhr subduzierter Lithosphäre von ausgedehnten Subduktionszonen am Randes des Großkontinents, die bis in an die Basis des unteren Erdmantels reichen und
b) durch eine thermische Isolierung des Erdmantels verursacht werden, die auf die große Ausdehnung und die Dicke der Lithosphäre des Superkontinent zurückzuführen ist.

Die so ausgelöste Aufheizung des Erdmantels führt in der Folge zu einer Heraushebung des Großkontinents und zum Einbrechen großer intrakontinentaler Grabensysteme.

Thermisch initiierte Hebung mit hebungsbedingter Reaktivierung großer Spaltensysteme, kombiniert mit ausgeprägten Mantelschmelzen in der D''-Schicht und daraus resultierendem intensiven Hot Spot-Vulkanismus führen letztlich zu einem Zerbrechen des Großkontinents und der Wilson-Zyklus beginnt erneut.

Diskutieren Sie mit Hilfe der Abbildungen und der Literatur (siehe oben) folgende Fragen:

1. *Wie lange dauert in etwa der Umlauf einer Konvektionszelle in der Asthenosphäre?*
2. *Welche Energiequelle löst Konvektionsströmungen im oberen Erdmantel aus und hält damit die Erdkruste in Bewegung?*
3. *Wie funktioniert der Antrieb der Lithosphärenplatten?*
4. *Was versteht man unter „Rückendruck" und was ist die Ursache für dieses Phänomen?*
5. *Was versteht man unter der „Wadati-Benioff-Zone" und wie kann sie helfen, die Subduktion und den Einfallswinkel von Platten nachzuweisen?*

Weitere Fragen für BA-Studierende und Lehramt Gymnasium

6. *Was ist ein Akkretionskeil, wo und wodurch entsteht er?*
7. *Welche Kraft erleichtert an Subduktionszonen das Hinabtauchen einer Platte?*
8. *Was versteht man unter einer spontanen Subduktion und wodurch wird sie ausgelöst?*
9. *Welche Naturphänomene findet man im Bereich einer „erzwungenen" Subduktion?*
10. *An welchem Typ von Subduktionszonen treten die stärksten Erdbeben auf der Erde auf und warum?*
11. *Was ist der Unterschied zwischen einem aktiven und einem passiven Kontinentalrand?*
12. *Was versteht man unter dem „Wilson-Zyklus"?*
13. *In welchem Stadium des Wilson-Zyklus befindet sich der atlantische Ozean?*

14 *Warum ist die Marianen-Tiefseerinne deutlich tiefer als die Peru-Chile-Tiefseerinne?.*

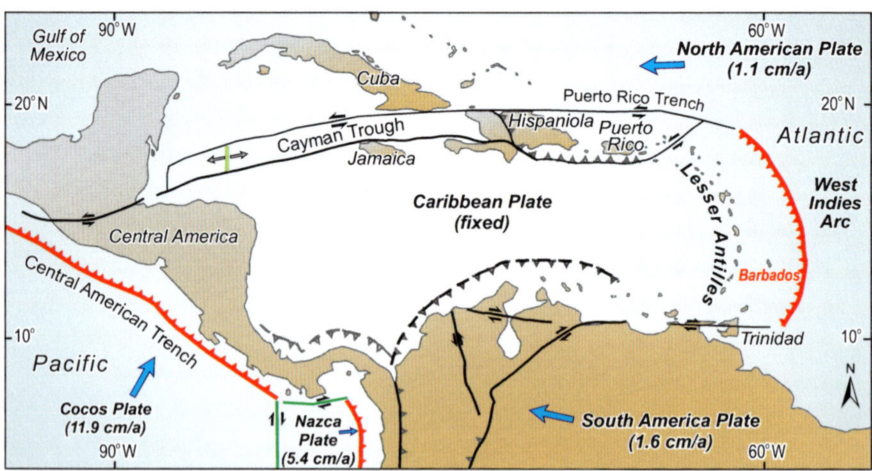

Abb. 2.3.12: Plattenbewegungen, Subduktionszonen (Dreiecke) und Transformverschiebungen im Karibischen Raum (Quellen: MANN 1995; MAUFFRET & LEROY 1997).

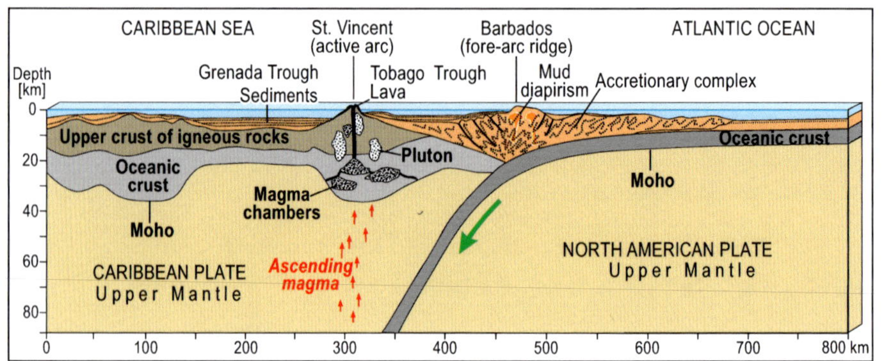

Abb. 2.3.13: Querschnitt durch die Subduktionszone in der Umgebung von Barbados (Quelle u.a. BOTT 1982).

Übung: „Plattentektonische Gliederung der Karibik“

Diskutieren Sie mit Hilfe der folgenden Abbildungen die plattentektonische Lage der Kleinen Antillen (Lesser Antilles) und der Insel Barbados.

1) *Welche tektonischen Platten kollidieren dort und welche Arten von Plattengrenzen findet man dort?*
2) *Um welche Art von Subduktion handelt es sich?*
3) *Welche Reliefformen findet man im Bereich der Subduktion der Atlantischen unter die Karibische Platte?*
4) *Welches Naturphänomen, das durch die Subduktion bedingt ist, prägt die Kleinen Antillen?*
5) *Woran orientieren sich die Hypozentren von Erdbeben in diesem Raum und wie nennt man die Zone ihrer Verbreitung?*

Weiterführende Literatur

SCHELLMANN & RADTKE (2004): The marine Quaternary of Barbados. – Kölner Geographische Schriften, 81.

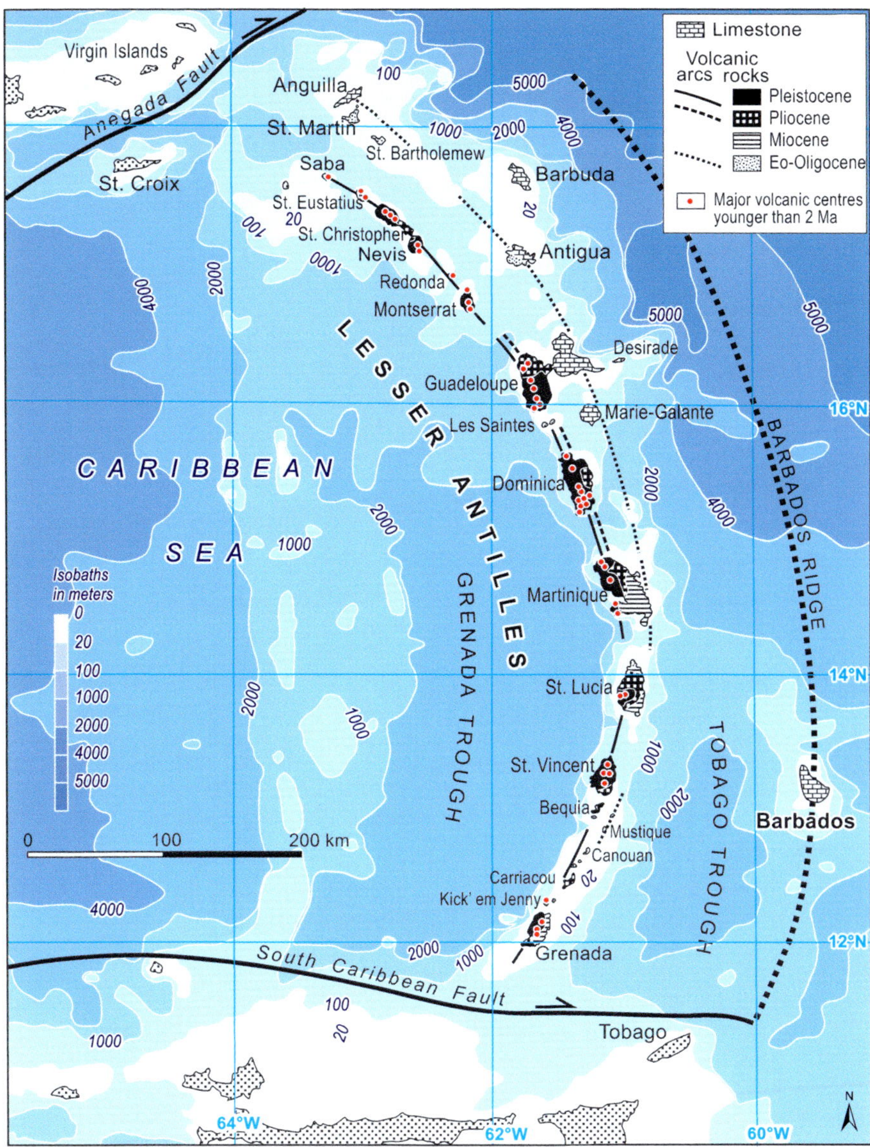

Abb. 2.3.14: Plattengrenzen und Vulkanismus in der östlichen Karibik (Quellen: MACDONALD et al. 2000; SMITH & ROBOOL 1990; MARTIN-KAYE 1969).

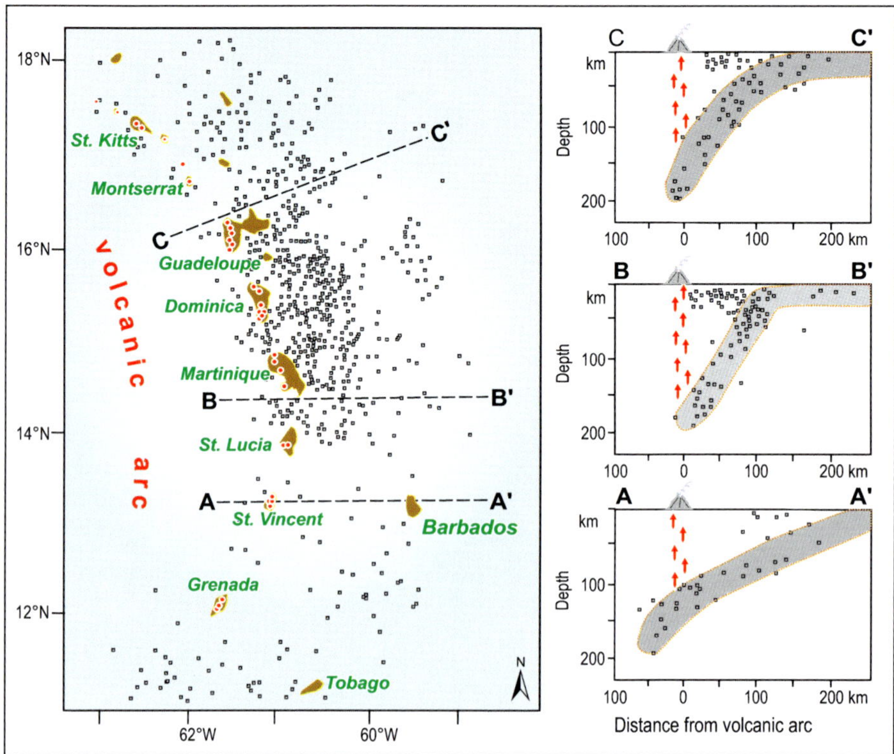

Abb. 2.3.15: Verbreitung und Tiefenlage der Hypozentren von Erdbeben („Wadati-Benioff-Zone") im Bereich der Kleinen Antillen. Deutlich erkennbar ist der unterschiedliche Einfallswinkel der Subduktion zwischen Guadeloupe im Norden und St. Vincent im Süden (Quelle v.a. Smith & Roobol 1990).

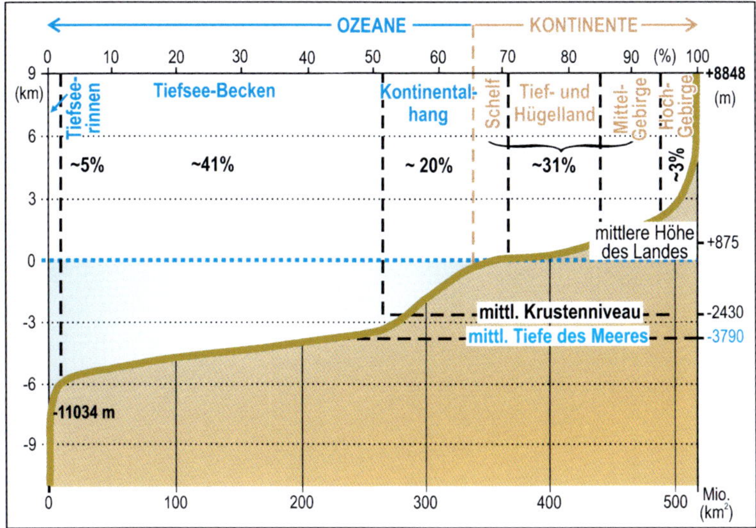

Abb. 2.3.16: Hypsometrische Kurve der Erdoberfläche.

2.3.2 Die allgemeine Oberflächengliederung der Erde

Global gesehen bilden die mittelozeanischen Rücken, die Subduktionsbereiche und die sich seitlich aneinander vorbei bewegenden Plattengrenzen die geodynamisch aktivsten Zonen auf der Erde. Dort treten nicht nur Vulkanismus und Erdbeben gehäuft auf, auch das Oberflächenrelief unserer Erde, das Auftreten von Hochgebirgen und Tiefseerinnen (früher Tiefseegräben), von Tiefseebecken und submarinen Gebirgszügen, von imposanten innerkontinentalen Grabensystemen sind ein sichtbarer Ausdruck der im Erdinneren ablaufenden Prozesse.

Betrachtet man die allgemeine Oberflächengliederung unserer Erde im Überblick, wie sie in der folgenden **hypsometrischen Kurve** (kumulatives Höhendiagramm; *hypso* = (gr.) Höhe, *metrein* = messen) der Erdoberfläche erfasst ist (Abb. 2.3.16), so kann das Relief der Erde sehr stark generalisiert höhenmäßig in **fünf Zonen** aufgeteilt werden: 1. die Hochgebirge; 2. die Mittelgebirge, Tief- und Hügelländer sowie Schelfgebiete; 3. die Kontinentalhänge; 4. die Tiefseebecken mit mittelozeanischen Rücken und zahlreichen isolierten Vulkanbergen (*seamounts, guyots*); 5. die Tiefseerinnen. Dabei liegt die ozeanische Kruste insgesamt etwa 3,3 km tiefer als die kontinentale Kruste. Die Ursache ist die deutlich geringere Dichte der kontinentalen Erdkruste von etwa 2,7 bis 2,8 g/cm³ im Gegensatz zur schweren ozeanischen Erdkruste mit einer mittleren Dichte von ca. 3,0 g/cm³. Dadurch sinkt die ozeanische Lithosphäre isostatisch bedingt etwas tiefer in die Asthenosphäre ein.

Die **Kontinente** sind vor allem geprägt durch Hochgebirge, Mittelgebirge und Tiefländer. In den **Ozeanen** finden wir als weitere bedeutende Reliefeinheiten:

- Kontinentalränder (= Schelf + Kontinentalhang);
- Mittelozeanische Rücken, an einer Stelle bei Island bis oberhalb des Meeresspiegels reichend;
- Tiefseebecken (mittlere Tiefe bei 4.000 bis 5.000 m);
- Tiefseerinnnen (Marianenrinne bis 11.034 m tief);
- submarine Tiefseeberge, sog. Seamounts (Vulkanplateaus) oder Guyots (Vulkankuppen).

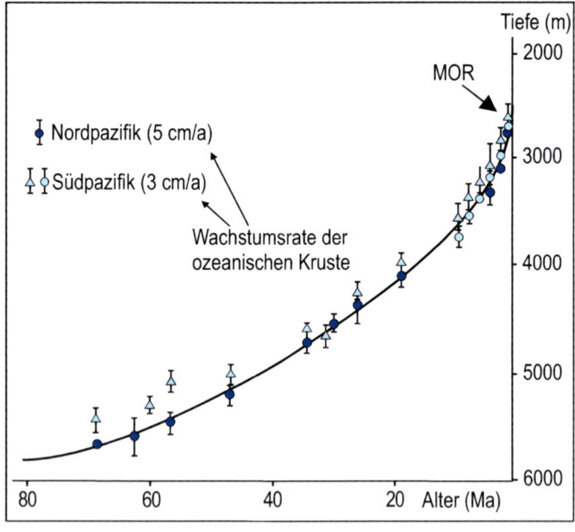

Abb. 2.3.17:
Beziehung zwischen Alter der Kruste und Tiefenlage des Meeresbodens (Details in Sclater et al. 1980).

Dieses Großrelief und einige seiner weiteren Untergliederungen basieren in ihren Grundanlagen wesentlich auf den bereits behandelten großräumig wirksamen endogenen Dynamiken wie Plattentektonik, Rift- und Hot Spot-Vulkanismus.

Ausgewählte Literatur

Bahlburg, H. & Breitkreuz, Ch. (2017): Grundlagen der Geologie: Kap. 1;Stuttgart (Enke Verl.).

Zepp, H. (2017): Grundriß Allgemeine Geographie: Geomorphologie: Kap. 2; Paderborn (Schöningh UTB Verl.).

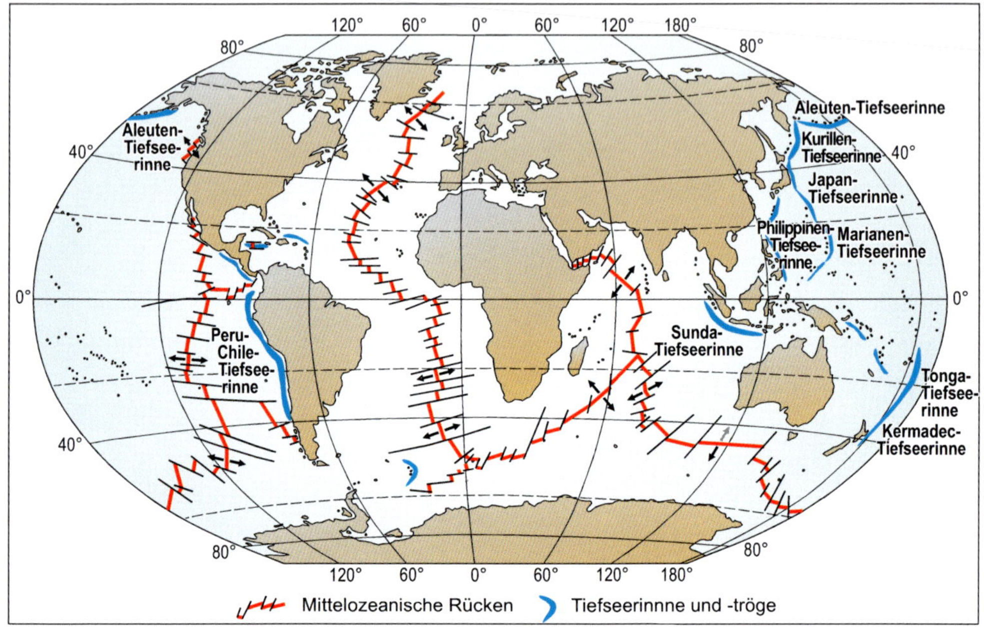

Abb. 2.3.18: Verbreitung bedeutender Tiefseerinnen und Tiefseetröge (Quelle v.a. Kelletat 1999).

Ahnert, F. (2015): Einführung in die Allgemeine Geomorphologie: Kap. 3; Stuttgart (Ulmer Verl.).

Erarbeiten Sie mit ihren bisherigen Kenntnissen, den Abbildungen und der Literatur die nachfolgenden Fragen.

1. *Warum sind Hochgebirge und Tiefseerinnen auf der Erde flächenmäßig relativ gering vertreten?*
2. *Was ist die Ursache für die insgesamt höhere Lage der Kontinente und die insgesamt tiefere Lage der Ozeanböden?*
3. *Aus welchen großen Reliefeinheiten bestehen die Ozeanböden und wie sind diese entstanden?*
4. *Wovon ist die Meerestiefe der Ozeane primär abhängig?*
5. *Wie sind die zahlreichen im Ozean verbreiteten Guyots und Seamounts entstanden?*
6. *Wo findet man Tiefseerinnen und warum findet man sie dort?*
7. *Was ist die tiefste Tiefseerinne und wieso ist sie so tief?*
8. *Wo liegen ausgedehnte Schelfgebiete auf der Erde und wie änderte sich deren Ausdehnung in den pleistozänen Kaltzeiten?*

Für Fortgeschrittene (höhere Semester)

9) *Warum sind Tiefseesedimente häufig frei von karbonatischen Komponenten?*

10) *Worauf weist ein mittelozeanischer Rücken mit deutlich ausgeprägten Zentralgraben hin?*

2.3.2.2 Plattentektonik und Gebirgsbildung

Im geologischen Sinne entstehen neue Gebirge entweder submarin in Form der mittelozeanischen Rücken oder an den aktiven Rändern von Kontinenten und ihren Subduktionszonen. Dabei unterscheidet man drei **Typen** geologischer **Gebirgsbildungen (Orogenesen)**, die sich auch morphologisch signifikant unterscheiden:

1. den Inselbogen-Typ;
2. den andinen Typ;
3. den alpinen Typ oder Kollisionstyp.

Nur beim alpinen und andinen Kollisionstyp entstehen auch morphologisch bedeutende Gebirge, und zwar häufig als mächtige Gebirgsketten, denen breite, allmählich absinkende Molassebecken vorgelagert sind. Diese **Außenmolassen** resultieren aus Massedefiziten im Untergrund durch die isostatische Heraushebung der zentralen Gebirgsteile.

Im Zuge der Heraushebung entstehen zudem noch innerhalb des Gebirges große Senkungszonen, sog. „**Innenmolassen**". Außen- und Innenmolassen werden vom Gebirgsschutt (zunächst Flysch, später Molassesedimente) allmählich verfüllt.

Ausgewählte Literatur

Bahlburg, H. & Breitkreuz, Ch. (2017): Grundlagen der Geologie: Kap. 11; Stuttgart (Enke Verl.).

Erarbeiten Sie mit Hilfe des Textes und der Literatur die nachfolgenden Fragen.

Fragen für BA-Studierende und Lehramt Gymnasium

1. *Welche drei Typen geologischer Gebirgsbildungen unterscheidet man plattentektonisch und wie unterscheidet sich deren Gebirgsbau?*
2. *Woduch entstehen Molassebecken und Molassesenken?*
3. *Was versteht man unter Orogenese?*
4. *Was ist eigentlich „Molasse“?*
5. *Was ist eigentlich „Flysch“?*
6. *Was ist eine „Sutur“?*
7. *Was sind Ophiolite?*
8. *Wann setzt im Laufe einer Orogenese die Heraushebung eines Gebirges ein und was ist der Motor dieser Heraushebung?*
9. *In welcher Tiefe liegt die Moho-Diskontinuität unter den Alpen?*

2.3.3 Bruchtektonische Strukturen und Deckenbau im Überblick

Tektonische Kräfte können Gesteine verformen, räumlich verschieben und zerbrechen. Man unterscheidet folgende tektonische Bewegungen: Die **Translation** (Veränderung der Position), die **Rotation** (Drehung, Veränderung der Orientierung) und die **Deformation** (die **Verzerrung** und das Zerbrechen).

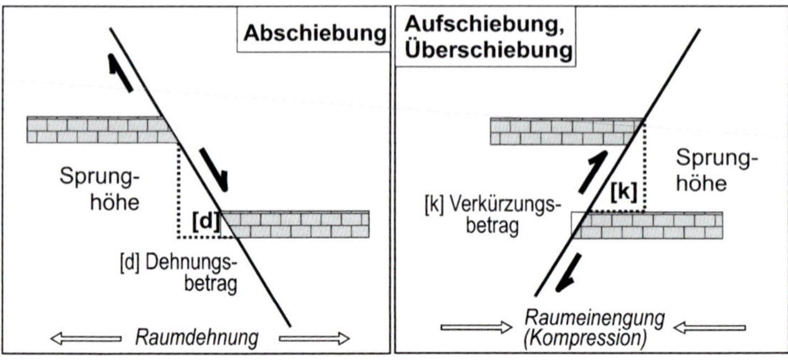

Abb. 2.3.19: Auf- und Abschiebungen.

In der Geologie umfasst eine **langsame tektonische Verformung** von Gesteinen mehrere hunderttausend Jahre oder sogar Millionen Jahre. Tatsächlich scheinen Gesteine wie eine extrem zähe Flüssigkeit über große geologische Zeiträume hinweg zu kriechen. Langsame Verformung ist für die mensch-

Bild 2.3.2:
Kleine Abschiebungen in Sanderablagerungen der Drenthe-Vereisung verursacht durch abschmelzendes Toteis im Untergrund (unteres Oberwesertal nordwestlich von Rinteln, „Hausberger Schweiz“).

Bild 2.3.3: Junge Tektonik im Parnon-Gebirge (Peleponnes, Griechenland).

liche Wahrnehmung kaum feststellbar. Manchmal kann sie durch mehrjährige geodätische Messungen nachgewiesen werden. Viele Gesteinsformationen enthalten ebenfalls Beweise für sehr langsame Deformationen über einen sehr langen Zeitraum hinweg. Zum Beispiel besitzt fast jede Gebirgskette heute steil stehende sedimentäre Gesteinsschichten, die ursprünglich horizontal am Meeresboden abgelagert wurden.

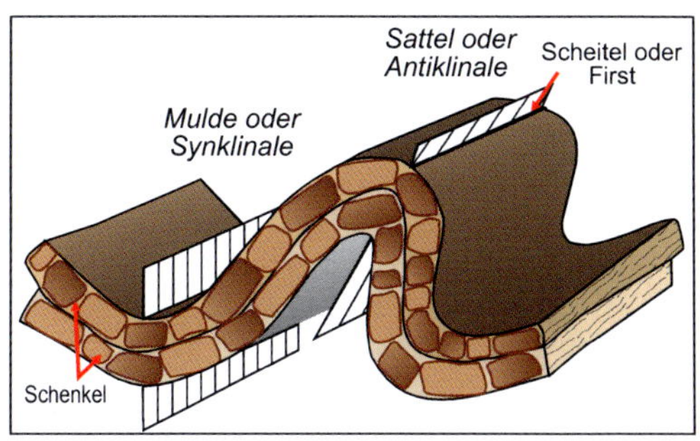

Abb. 2.3.21: Synklinale und Antiklinale.

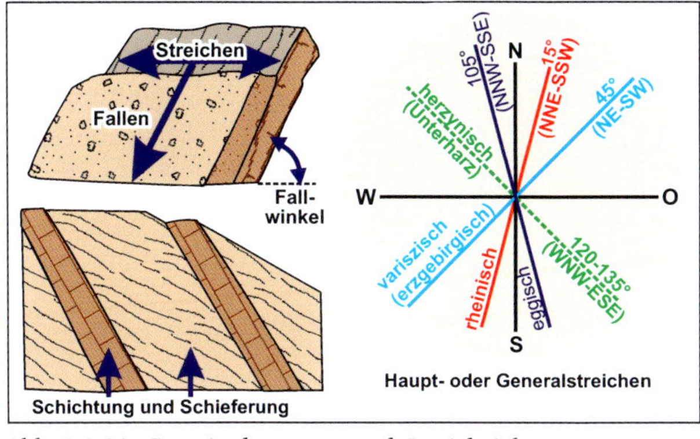

Abb. 2.3.20: Gesteinslagerung und Streichrichtungen.

Schnelle Verformung findet innerhalb weniger Zehner-Sekunden an Verwerfungsflächen statt (Abb. 2.3.19, Bild 2.3.2, Bild 2.3.3), wie dies manchmal durch Rißbildung bei Erdbeben deutlich erkennbar wird. Sie kann sehr dramatisch sein und durch **Erdbeben** zum Ausdruck kommen. Ein Erdbeben ereignet sich dann, wenn die elastische Verformungsenergie eines Teils der Erdkruste plötzlich durch Verschiebungen an einer Bruchfläche in Bewegungsenergie umgewandelt wird.

Drei verschiedene **Kräfte** können tektonische Verformungen von Gesteinen und mächtigen Gesteinsserien bewirken:

1. **Kompressive Kräfte** *(compressive forces)*: Zusammendrücken und Verkürzen eines Gesteinskörpers.
2. **Dehnungskräfte** *(extensional forces)*: Streckung und eventuell Auseinanderreißen eines Gesteinskörpers oder abtragungsbedingt Druckentlastungsklüfte.
3. Seitliche **Scherkräfte** *(shearing forces)*: Seitliches Vorbeigleiten zweier Gesteinskörper.

Ausgewählte Literatur

BAUMHAUER, R., KNEISEL, CH., MÖLLER, S., SCHÜTT, B., TRESSEL, E. (2017): Einführung in die Physische Geographie: Kap. 1.2.4; Darmstadt (Wissenschaftliche Buchgesellschaft).

ZEPP, H. (2017): Grundriß Allgemeine Geographie: Geomorphologie: Kap. 3; Paderborn (Schöningh UTB Verl.).

BAYERISCHES STAATSMINISTERIUM FÜR UMWELT UND GESUNDHEIT (Hrsg.) (2009): Lernort Geologie: Modul E. – München.

Weiterführende Literatur

PRESS, F. & SIEVER, R. (2017): Allgemeine Geologie: Kap. 7; Heidelberg (Spektrum).

MESCHEDE, M. (2018): Geologie Deutschlands. – Berlin, Heidelberg (Springer Spektrum).

Erarbeiten Sie mit Hilfe des Textes, der Abbildungen und der Literatur die nachfolgenden Fragen.

1. *Wie entstehen Klüfte?*
2. *Welche Kräfte führen zu Verformungen von Gesteinen?*
3. *Welche Formenbilder resultieren aus tektonischen Verformungen von Gesteinen?*
4. *Was versteht man unter einer Flexur?*
5. *Beschreiben Sie die beiden bedeutensten Verwerfungsarten.*
6. *Wo erstreckt sich das größte geologische Grabensystem in Deutschland?*
7. *Was versteht man unter dem Begriff „Vorlandmolasse"?*

Fragen für BA-Studierende und Lehramt Gymnasium

8. *Was ist eine Antiklinale und was ist eine Synklinale?*
9. *Was bedeutet „saiger"?*
10. *Welches Gebirge besitzt einen Verlauf in eggischer und welches in herzynischer Streichrichtung?*
11. *Was versteht man unter einem Staffelbruch?*
12. *Was versteht man geologisch unter einem Horst und was unter einem Graben?*
13. *Welches Gebirge in Mitteleuropa ist bekannt für seinen ausgeprägten Deckenbau und was ist die Ursache dafür?*
14. *Wo erstrecken sich in Deutschland bedeutende Grabenstrukturen?*
15. *Welche Bruchstruktur begrenzt tektonisch den Frankenwald vom Oberfränkischen Bruchschollenland?*
16. *Welche bedeutende Abschiebung bildet die tektonische Grenze zwischen Donautal und Vorderem Bayerischen Wald?*

2.4 Vulkanismus

2.4.1 Vulkanische Ereignisse in der Vergangenheit und Gegenwart

Pro Jahr eruptieren weltweit etwa 5 bis 40 Vulkane (nach Daten des *Global Volcanism Programm*, Smithonian Institution 2017) und fast jeder sechste Vulkanausbruch fordert Menschenleben. Allein in den letzten 300 Jahren kamen mehr als 260.000 Menschen bei Vulkaneruptionen ums Leben. 1985 forderte der Ausbruch des *Nevado del Ruiz* (Kolumbien) etwa 25.000 Todesopfer und 1902 die Eruption des *Montagne Pelée* auf Martinique etwa 29.000 Todesopfer.

Im Jahrhundert davor war Indonesien besonders stark betroffen. 1883 forderte der Ausbruch des *Krakatau* etwa 36.000 Menschenleben und 1815 der Ausbruch des Vulkan *Tambora* etwa 60.000 bis 100.000 Tote durch Hungersnöte und Tsunamiwellen. 1783/84 verhungerten auf Island als Folge des Ausbruchs der *Lakispalte* etwa 9.400 Menschen.

Man geht heute davon aus, dass derzeit etwa 500 Mio. Menschen direkt oder indirekt von Vulkaneruptionen bedroht sind und diese Bedrohung weiter zunimmt durch die weiter wachsenden Megastädte an den vulkanisch aktiven Kontinentalrändern vor allem im Bereich des zirkum-pazifischen Feuerrings.

Vulkanismus - Bedrohungen und positive Folgen

Die Urgewalt von Vulkanen ist in der Überlieferung vieler Kulturen Indonesiens, Ostafrikas, Hawaii's vorhanden.

Schlugen Funken und Flammen aus einem Vulkan, so war Hephaistos bei den Griechen bzw. Vulcanus bei den Römern gerade bei der Arbeit. Die Göttin Pelé ließ auf Hawaii bei schlechter Laune die Erde erzittern und Vulkane ausbrechen. Die hawaiianische Inselkette entstand durch langen Kampf zwischen Pelé und ihrer älteren Schwester Namakaokahai.

Das **Gefahrenpotenzial** von Vulkanen liegt vor allem in der komplexen Natur von Vulkaneruptionen zwischen friedlich exhalativen und bedrohlich explosiven Ausbrüchen sowie in dem unvorhergesehenen Wiedererwachen vermeintlich erloschener Vulkane noch nach Jahrtausenden. So erwachte:

- der *Ontake* Vulkan in Japan im Jahr 1979 nach 23.000 Jahren der Ruhe;
- der *Unzen* in Südjapan und der *Pinatubo* auf den Philippinen im Jahr 1991, beide nach 900 Jahren;
- der *Mount St. Helens* (Washington, USA) nach einer Ruhephase von 120 Jahren im Jahr 1980 mit einer extremen phreatomagmatischen Eruption;

- der *Vesuv* bzw. genauer der *Monte Somma* (Neapel) nach 1.000 Jahren Ruhezeit im Jahr 79 n.Chr. mit einer extremen plinianischen Eruption, die zum Untergang Pompeij's führte.

In der vulkanisch geprägten West- und Osteifel sowie dem Mittelrheintal fand die jüngste bisher bekannte Eruption im Präboreal vor etwa 11.000 Jahren statt (*Ulmener Maar,* Westeifel). Zuvor ereignete sich im Alleröd vor etwa 12.900 Jahren der Ausbruch des *Laacher See Vulkans* und vor etwa 15.000 Jahren der *Eltviller* Vulkanismus. Weitere vulkanische Aktivitätsphasen datieren auf ca: 130.000 Jahre, 220.000 Jahre, 400.000 Jahre, 500.000 Jahre und 600.000 Jahre. Noch heute weisen zahlreiche Kohlensäure-Exhalationen an verschiedenen Stellen im Mittelrheintal und in der Osteifel auf ein Restmagma in der tieferen Erdkruste hin. Nach Auslösungsorten von Mikro-Erdbeben (ML<2) soll sich in der Osteifel ein Magmareservoir in etwa 8 bis 14 km Tiefe befinden, dass aus dem oberen Erdmantel aus ca. 31 bis 43 km Tiefe gespeist wird (HENSCH et al. 2019).

Wann erfolgt wohl der nächste Ausbruch?

Direkte vulkanische Bedrohungen (Tab. 2.4.1) können sich unter anderem durch die Förderung mächtiger vulkanischer Aschen oder giftiger Gasemissionen ergeben, durch mehrere hundert Kilometer pro Stunde schnelle und sehr heiße pyroklastische Ströme oder durch Auslösung vulkanischer Schuttlawinen, vulkanischer Schlammströme (Lahare), Rutschungen und Bergstürze, durch den Einbruch von Magmakammern im Untergrund und der Entstehung ausgedehnter Einbruchsbecken (Calderen).

Indirekte Vulkangefahren (Tab. 2.4.2) resultieren unter anderem durch den Kollaps eines küstennahen oder submarinen Vulkans, wodurch mächtige Flutwellen, sogenannte Tsunamis, ausgelöst werden können. Der Eintrag langlebiger vulkanischer Aerosolwolken aus feinen Aschen und Schwefeldioxide in die Stratosphäre kann weltweit in der Troposphäre vorübergehende Klimaabkühlungen hervorrufen mit ein bis zwei Jahre andauernden globalen Temperaturabsenkungen um 1 bis 2°C (Abb. 2.4.1). Die klimatischen Auswirkungen können regional sehr unterschiedlich sein. So führte der Ausbruch des Tambora im Jahr 1815 vor allem in Europa und an der Ostküste Nordamerikas zu einem *„Jahr ohne Sommer"* mit extremen Ernteausfällen und Hungersnöten. Insgesamt werden die direkten und indirekten Bedrohungen durch Vulkanismus aufgrund der wachsenden Siedlungsdichte in Vulkangebieten in Zukunft zunehmen.

Vulkanismus hat aber auch viele **positive Folgen**. Dazu zählen beispielsweise:

- die Förderung von juvenilem, also nährstoffreichen Gesteinsmaterial (fruchtbare vulkanische Böden);
- eine erhöhte Erdwärme (geothermische Energie);
- die Bildung von Lagerstätten (Schwefelabbau an Sulfarolen, aber auch hydrothermale Erzlagerstätten oder vulkanische Baustoffe);

Tab. 2.4.1: Direkte Bedrohungen durch Vulkanismus.

Vulkanische Erscheinung		Gefahrenpotential abhängig von	Beispiele
Lavaströme	Fließgeschwindigkeiten: 100 km/h und mehr	Förderrate und Zähflüssigkeit der Lava, Oberflächenbeschaffenheit des betroffenen Gebietes	Ausbruch des Nyiragongo (Zaire) 1977: 300 Tote
Kollaps zähfließender Lavadome			
Ascheniederschläge	Sichtbehinderungen (vor allem im Flugverkehr Aschewolken sind auf dem Radar nicht sichtbar), Auflast auf Dächern, Strassenverstopfungen, Verstopfung von Maschinen und Motoren	Menge, Dauer und Zusammensetzung der Niederschläge, Wetterlage (Reichweite)	**Redoubt** (Alaska) 1989, **Pinatubo** (Phillipinen) 1991: Beinahe-Abstürze von Flugzeugen aufgrund von Aschewolken, **Vesuv** (Italien) 1906, **Heimaey** (Island) 1973: Einsturz von Dächern, **Mt. St. Helens** (USA) 1980: Starke Beeinträchtigung des öffentl. Transports u. Verkehrs, **Eyafjallajökull** (Island) 2010: Starke Beeinträchtigung des Luftverkehrs in Europa
Gasemissionen und kontaminierte Aschefälle	z.B. giftige fluorreiche Gase u. Aschen, CO_2-Exhalationen	Menge, Dauer und Zusammensetzung der Emissionen, Wetterlage (Reichweite)	**Lakispalte** (Island) 1783: ¾ des Viehbestands kamen um (aufgrund der Klimaverschlechterung u. der Vergiftung durch fluorreiche Aschen)
Pyroklastische Ströme aus vulkan. Gasen und Aschen (surges, Glutlawinen)	Temperaturen: bis > 800 °C, Geschwindigkeiten: mehrere 100 m/s (kaum Vorwarnzeiten!)	Relief (Neigung, Verlauf von Talsystemen)	**Montagne Pelèe** (Martinique) 1902: 29000 Tote, **El Chichòn** (Mexiko) 1982: ca.2000 Tote
Vulkanische Schuttlawinen (debris avalanches), Rutschungen, Bergstürze	Geschwindigkeiten bis 85 km/h; extrem hohe Zerstörungskraft; können Tsunamis auslösen	Erdbeben, vulk. Tätigkeit (Eindringen von Magma in einen Vulkankegel, Schwächung des inneren Zustandes des Vulkans durch hydrothermale Alteration), Hangneigung, Mächtigkeit der Aschelagen	**Mt. St. Helens** (USA) 1980
Schlammströme (Lahare)	Reichweiten von bis zu 60 km (manch-mal bis 300 km), hohe Fließgeschwindigkeiten; große Zerstörungskraft, vor allem bei Schnee- oder Eis-bedeckten Vulkanen	Vorhandensein von Wasser (Flüsse, Kraterseen, Gletscher; starke Regenfälle während oder nach Vulkanausbrüchen)	**Kelut** (Java, Indonesien) 1919: Kratersee wurde ausgeschleudert; 5100 Tote, **Nevado del Ruiz** (Kolumbien) 1985: Teilweises Abschmelzen der Schnee- u. Eiskappe des Vulkans, 25000 Tote **Pinatubo** (Phillipinen) 1991: Starke Regenfälle führen bis heute zu Schlammströmen
Vulkanische Erdbeben			
Bildung von Einbruchsbecken (Calderen)	Durchmesser: bis zu mehreren Zehner Kilometern, dadurch enorme direkte Zerstörungswirkung; indirekt: durch Auslösung von Erdbeben oder Tsunamis		In historischer Zeit unbekannt bzw. nur in relativ geringem Ausmaß (Krakatau [Indonesien] 1883)

- und nicht zuletzt der Tourismus wegen der Schönheit von Vulkanlandschaften mit Fumarolen, Mofetten, Geysiren, Lavaströmen und Lavafontänen, Stratovulkanen usw. Auch aus diesen Gründen sind viele Vulkangebiete dicht besiedelt.

Energie, Größe und Dauer einer explosiven Vulkaneruption

Zur Klassifikation der Stärke eines Vulkanausbruchs mit Hilfe des VEI-Indexes siehe Newhall & Self (1982) oder Bardintzeff (1999, S. 213).

VEI-Index = **vulkanischer Explosivitätsindex** *(VEI 0 bis VEI 8).*
VEI 0: lediglich ruhiger Lavaausfluß. VEI 7: Calderen oder weitflächige Ablagerung mächtiger Ignimbrite.

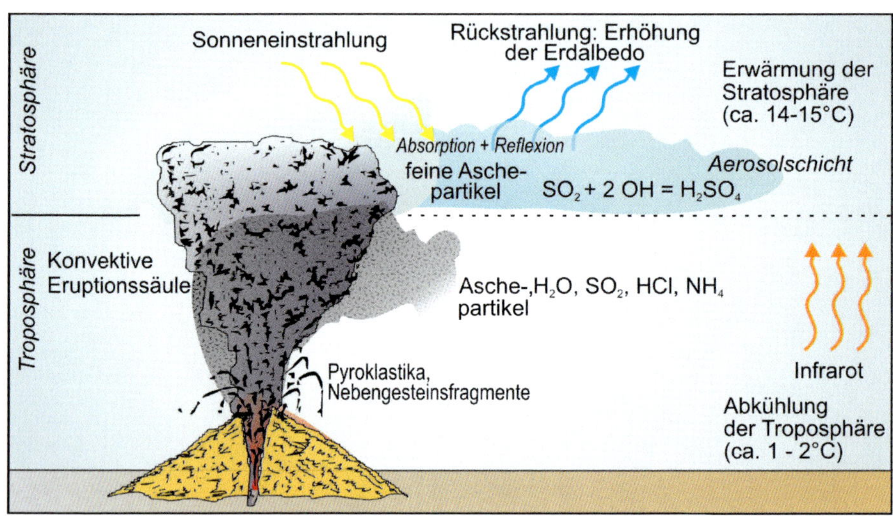

Abb. 2.4.1: Schema des Eintrags vulkanischer Aerosole in die Atmosphäre und deren Klimawirksamkeit.

Tab. 2.4.2: Indirekte großräumige Gefahren durch Vulkanismus.

Erscheinung	**Ursachen**	**Auswirkungen**	**Beispiele**
Flutwellen (Tsunamis)	Kollaps eines submarinen Vulkans, gigantische submarine Rutschungen	Verwüstung benachbarter Küstenregionen	**Unzen** (Japan) 1792: 15190 Tote **Krakatau** (Indonesien) 1883: 36000 Tote; Tsunami vermutlich ausgelöst durch den Eintritt voluminöser Glutlawinen ins Meer
Klimaabkühlung	langlebige Aerosolwolken, Eintrag von Schwefeldioxid und schwefeligen Säuren (evtl. auch von Chlor) in die Stratosphäre	vorübergehende weltweite Temperaturab-senkungen um bis zu 1 – 2 °C	**El Chichón** (Mexiko) 1982: beeinflusste vermutlich die Meeresströmungen vor der Westküste Südamerikas (El Niño) **Tambora** (Indonesien) 1815: Hungersnot im Umland, ca. 80000 Tote; 1816: „Jahr ohne Sommer“ in Europa und an der Ostküste Nordamerikas

Zur Bestimmung des VEI werden verschiedene qualitative und quantitative Kriterien benutzt. Dazu zählen vor allem:

1. das Volumen des eruptierten Gesteins = Magnitude einer Eruption.
2. die Intensität (I) einer Eruption: Rate (Masse pro Sekunde) mit der Material aus dem Förderschlot herausgeschleudert wird.
3. die Dispersionskraft (D) einer Eruption: Fläche, die vom eruptierten Material bedeckt wird. Sie ist abhängig von der Höhe der Eruptionssäule und der Größe eruptierter Gesteinsfragmente.
4. die Gewalt einer Eruption. Sie wird indirekt bestimmt über die Reichweite eines vulkanischen Auswurfproduktes im Vakuum. Letzteres ist abhängig vom Durchmesser und der Dichte der eruptierten Gesteinsfragmente.
5. das destruktive Potential einer Eruption: definiert durch die Fläche, die noch von einer

10 cm mächtigen Tephra bedeckt ist. Bei über 10 cm Mächtigkeit sterben Anbaupflanzen ab.

6. weitere qualitative Merkmale eines Ausbruchs.

Ausgewählte Literatur

SCHMINCKE, H.-U. (2013): Vulkanismus. – Darmstadt (Wiss. Buchgesellschaft).

Weiterführende Literatur

LOUGHLIN, S.C., SPARKS, S., BROWN, S.K., JENKINS, S.F. & VYE-BROWN, CH. (eds.) (2015): Global Volcanic Hazards and Risk. – Cambridge (University Press).

Beantworten Sie mit Hilfe der Literatur und des Textes die nachfolgenden Fragen.

1. *Was ist ein Vulkan?*
2. *Welche direkte Bedrohungen können von Vulkanen ausgehen?*
3. *Wie kann Vulkanismus das Klima der Erde beeinflussen?*
4. *Welche extremen Vulkaneruptionen haben nachweislich das Klima auf der Erde beeinflusst?*
5. *Welche positiven Auswirkungen können Vulkanausbrüche haben?*
6. *Was sind Lahare?*
7. *Was sind Glutlawinen?*
8. *Welche Bedrohungen können von vulkanischen Gasemissionen ausgehen?*
9. *Was versteht man unter einem Tsunami und inwiefern kann er durch Vulkanismus ausgelöst werden?*
10. *Nennen Sie mindestens vier positive Folgen von Vulkanismus.*

Weitere Fragen für BA-Studierende und Lehramt Gymnasium

11. *Was versteht man unter einem vulkanischen Explosivitätsindex (VEI-Index)? Welcher Wert steht für eine extrem heftige vulkanische Eruption?*
12. *Wie wird der VEI-Index eines Vulkanausbruchs bestimmt?*

Einige Beispiele katastrophaler Vulkaneruptionen

Berühmte Beispiele extrem energiereicher Vulkaneruptionen häufig verbunden mit katastrophalen Wirkungen sind:

- der Ausbruch des Vulkans *Thera* auf Santorin im Jahr 1650 v. Chr., der wahrscheinlich zum Untergang der minoischen Kultur im östlichen Mittelmeerraum beigetragen hat;
- der Ausbruch des *Vesuvs* im Jahr 79 n. Chr., der zum Untergang von Pompeij führte und dessen Ausbruch von Plinius dem Jüngeren beobachtet und beschrieben wurde, erstmalig in der Geschichte vulkanischer Eruptionen;
- der Spaltenausbruch des ***Lakagigar*** (Laki-Spalte) auf Island im Jahr 1783 mit extremen Lavaeffusionen sowie Freisetzungen giftiger fluorhaltiger Gase, die auf Island zum Sterben vieler Schafe führte und so eine extreme Hungersnot mit etwa 9400 Toten verursachte;

- der Ausbruch des Vulkans *Tambora* im Jahr 1815, in historischer Zeit eine der extremsten Vulkanexplosionen, deren feine SO_2-haltigen Aerosole bis in die Stratosphäre gelangten und in den folgenden Monaten eine Klimaabkühlung in der Troposphäre um etwa 1°C bewirkten (1816, das *„Jahr ohne Sommer“* in Mitteleuropa und dem östlichen Nordamerika);
- der Ausbruch des *Krakatau* im Jahr 1883, dessen Tsunami-Wellen weltweite Beachtung fanden, zum ersten Mal in der Wissenschaftsgeschichte;
- der Ausbruch des *Mount Pelée* im Jahr 1902, der dazu führte, dass Glutlawinen und pyroklastische Ströme zum ersten Mal großes wissenschaftliches Interesse erfuhren;
- der Ausbruch des Vulkans *Surtsey* auf Island im Jahr 1963, der detailliert im Film dokumentiert wurde;
- der Ausbruch des Vulkans *Mount St. Helens* im Jahr 1980, der zum ersten Mal mit modernen Techniken beobachtet wurde;
- der Ausbruch des Vulkans *El Chichón* im Jahr 1982, dessen stratosphärische Aerosolwolke zum ersten Mal wissenschaftlich beobachtet wurde;
- der Ausbruch des *Nevado del Ruiz* im Jahr 1985, der weltweit ein Bewusstsein erzeugte für die Gefahren durch Lahare im Umkreis bestimmter eis- oder schneebedeckter Vulkane auf der Erde;
- der Ausbruch des *Pinatubo* im Jahr 1991, die extremste plinianische Eruption des 20. Jh.

Ausgewählte Literatur und **seriöse Quellen im Internet**

Schmincke, H.-U. (2013): Vulkanismus. – Darmstadt (Wiss. Buchgesellschaft).

Pichler, H. & Pichler, Th. (2007): Vulkangebiete der Erde – München (Elsevier).

http://www.volcano.si.edu/index.cfm

http://map.ngdc.noaa.gov/website/reg/hazards/viewer.htm

Beantworten Sie mit Hilfe des Textes und der Abbildungen, der Literatur und seriöser Internetquellen die nachfolgenden Fragen.

1. *Wer beschrieb im Jahr 79 n.Chr. den Ausbruch des Vesuvs und welche vulkanische Tätigkeit wurde nach ihm benannt?*
2. *Warum gibt es auf Island viele Spalteneruptionen?*
3. *Auf welcher Art von plattentektonischer Grenze liegt der Krakatau?*
4. *Auf welcher Art von plattentektonischer Grenze liegt der Mount Pelée?*
5. *Auf welcher Art von plattentektonischer Grenze liegt der Mount St. Helens?*
6. *Auf welcher Art von plattentektonischer Grenze liegt der Nevado del Ruiz und warum besteht bei ihm immer die Gefahr, dass bei einer Vulkaneruption Lahare auftreten?*
7. *Warum kann eine Vulkaneruption, die bis in die Stratosphäre reicht, eine globale Klimaabkühlung hervorrufen und in welcher Größenordnung (°C) liegt sie normalerweise?*

Weitere Aufgaben/Fragen für BA-Studierende und Lehramt Gymnasium

8. *Welche Hafenstadt zerstörte der Ausbruch des Mt. Pelée?*
9. *Warum kann eine Vulkaneruption einen Tsunami auslösen? Was sind die Voraussetzungen?*

***Erstellen Sie** mit Hilfe der Literatur für jede der oben (Kap. 2.4.1.3) genannten extremen Vulkaneruptionen eine tabellarische Kurzbeschreibung mit:*

- einer Lagekarte des Vulkans;
- seiner morphologischen Form;
- einer Beschreibung der Eruption;
- evtl. Folgeschäden und aktueller Situation.

2.4.2 Globale Verbreitung von vulkanischen Ereignissen

Vulkane sind nicht gleichmäßig über die Erde verteilt, sondern folgen tektonischen Schwächezonen. Fast 85 Prozent der bekannten historischen Vulkaneruptionen und fast alle großen explosiven Ausbrüche stammen von **Vulkanen über Subduktionszonen** (SCHMINCKE 2000) wie zum Beispiel die hochexplosiven Vulkane *Tambora* (Sumbawa, 1815), *Krakatau* (Sundastraße, 1883), *Mt. St. Helens* (Washington, 1980), *El Chichón* (Mexiko, 1982), *Nevado del Ruiz* (Kolumbien, 1985), *Pinatubo* (Philippinen, 1991) oder *Cerro Hudson* (Chile, 1991).

Bekannte historisch aktive Vulkangebiete über Subduktionszonen sind:

- der sog. „Pazifische Feuerring" („*ring of fire*"), der rings um die Pazifische Platte verbreitet ist und wo etwa 2/3 aller Subduktionsvulkane auftreten;
- die indonesischen Vulkangebiete u.a. mit dem *Tambora* (1815) und dem *Krakatau* (1883);
- der Kleine Antillenbogen in der Karibik u.a. mit dem *Montagne Pelée* auf Martinique (1902) und dem *Montserrat* (1995-1999);
- die italienischen Vulkane und Vulkaninseln mit dem *Vesuv*, dem *Ätna* und dem *Stromboli*;
- der Griechische Inselbogen mit der Vulkaninsel *Santorini* (vor ca. 3500 Jahren);
- junge kontinentale Vulkangebiete am Ostrand der Arabischen Halbinsel (Türkei, Armenien, Iran).

Vulkane treten aber auch an **divergierenden ozeanischen** und **kontinentalen Plattengrenzen** auf. Dazu zählen die mittelozeanischen Rücken mit zahlreichen submarinen Vulkanen und der Vulkaninsel Island sowie einige Vulkane entlang kontinentaler Grabensysteme wie dem Ostafrikanischen Graben (z.B. der *Kilimandscharo*).

Weiterhin findet man regellos verteilt **Intraplattenvulkane** oder **Hot-spot-Vulkane**. Intraplattenvulkane umfassen alle ozeanischen (*seamount* und *guyots*) und kontinentalen Vulkane, die nicht an konvergierenden oder divergierenden Plattengrenzen liegen. Beispiele in den Ozeanen sind die Hawaii-Emperor-Inselkette und zahlreiche weitere Inselketten im

Pazifik. Dort kommt es zur Förderung gering differenzierter basaltischer Primärmagmen als Folge hoher Magmenproduktion und schneller Plattengeschwindigkeit. Dazu zählen auch die Kanarischen Inseln, wo überwiegend helle saure Laven (Rhyolithe, Trachyte, Phonolithe), Tephren und Ignimbrite als Folge einer höheren Magmendifferentiation in sekundären Magmakammern gefördert werden.

Ein Beispiel für kontinentalen Intraplattenvulkanismus sind die etwa 240 quartären Westeifel-Vulkane und die etwa 100 quartären Osteifel-Vulkane (Schmincke 2000). Es sind überwiegend basaltische, aber auch intermediäre und saure Vulkane. Die Ursache dafür ist eine Mantelaufwölbung infolge einer Krustendehnung im Bereich des linksrheinischen Schildes und in der Verlängerung des Oberrheingrabens über das Mittelrheinische Becken (Neuwieder Becken) bis zur Niederrheinischen Bucht.

Auch kontinentale Intraplattenvulkane können hochexplosiv, ultraplinianisch ausbrechen. Das war zum Beispiel beim allerødzeitlichen Laacher See-Ausbruch vor etwa 11.200 ^{14}C-Jahren (12.880 limnische Warven-Jahre) der Fall. Die bimsreiche Eruptionswolke wurde durch süd- und nordwestliche Winde in zwei breiten Sektoren bis zur Ostsee bzw. bis südlich des Bodensees verteilt. In den Verbreitungsgebieten ist die Laacher See-Tephra heute eine wichtige Zeitmarke in spätglazialen See- und Auenablagerungen (Kap. 3.3: Bild 3.3.10).

Der größte kontinentale Manteldiapir ist das *Yellowstone-Vulkangebiet.* Es besitzt einen Durchmesser von ca. 1.000 km, über das sich die Nordamerikanische Platte nach SW bewegt. Vor ca. 2 Mio. Jahren wurden dort die ausgedehnten Basaltmagmen der *Columbia River* und *Snake River* Basalte gefördert und anschließend großvolumige Ignimbrite (u.a. *Lava Creek Tuff*) abgelagert. Heute sind die hydrothermalen Aktivitäten in der *Yellowstone Caldera* weltberühmt, nicht zuletzt wegen ihrer Geysire und Thermen.

Intraplattenvulkane entstehen durch Aufsteigen heißer Mantelströme aus dem oberen oder unteren Erdmantel im Bereich sog. *„mantle plumes“* (= Manteldiapire = *„hot spots“*). Ursachen des Aufsteigens sind:

- das Aufheizen von Mantelmaterial in der D“-Schicht an der Grenze Erdmantel zum heißen äußeren Erdkern (thermische Ursache),
- oder das Aufschmelzen von Krustenmaterial, das bis in den unteren Erdmantel (>660 km Tiefe) subduziert wurde (stoffliche gravitative Ursache).

Ausgewählte Literatur

Schmincke, H.-U. (2013): Vulkanismus. – Darmstadt (Wiss. Buchgesellschaft).

Press, F. & Siever, R. (2008): Allgemeine Geologie: Kap. 4; Heidelberg (Spektrum).

Beantworten Sie mit Hilfe des Textes, der Abbildungen, der Literatur und seriöser Internetquellen die nachfolgenden Fragen.

1. *An welcher plattentektonischen Grenze finden auf der Erde die meisten hochexplosiven Vulkaneruptionen statt? Nennen Sie mehrere Beispiele.*
2. *Warum gibt es den „pazifischen Feuerring“?*
3. *Was ist die Ursache für den Vulkanismus im Kleinen Antillenbogen?*
4. *Was ist die Ursache für die Entstehung des Vesuvs?*
5. *Wo liegen die jüngsten Vulkangebiete in Deutschland und wann ereigneten sich dort letztmalig Vulkanausbrüche?*
6. *Wann erfolgte der Laacher See-Ausbruch?*

Weitere Fragen für BA-Studierende und Lehramt Gymnasium

7. *Wann brach der Vulkan Thera auf der Mittelmeerinsel Santorin letztmalig hochexplosiv aus?*
8. *Was ist die Ursache für den Vulkanismus im Yellowstone-Gebiet?*
9. *Wodurch und wo können Manteldiapire entstehen?*
10. *Was ist die Ursache für den Vulkanismus in der Osteifel?*
11. *Wie weit reichte der Laacher See -Ausbruch und welche Hinweise gibt es, dass dort auch heute noch im Untergrund eine Magmakammer existiert?*

2.4.3 Was ist ein Magma, wo entstehen Magmen, wie kann man sie einteilen?

Begriffe: **Magma** = silikatische Gesteinsschmelze im Erdinneren.
Lava = Magma, das an der Erdoberfläche austritt und dort erstarrt.

Generell gilt, das Schmelzen von Gestein ist auf **3 Arten** möglich (Abb. 2.4.2):

1. **durch eine Erhöhung der Temperatur.**
   Im Bereich von Subduktionszonen entstehen so mit der Erwärmung und dem beginnenden Aufschmelzen der subduzierten Lithosphäre saure (kieselsäurereiche, rhyolithische bzw. granitische), gas- und wasserreiche Magmen.
   Weiterhin kann es über einen konvektiven Wärmetransport zum Aufsteigen heißer (Temp. ca. 1200°C), kieselsäurearmer (basaltischer, granodioritischer) Primärmagmen in die untere Erdkruste (Umgebungstemperatur dort etwa 500 bis 600°C) kommen. Das kann ein partielles Aufschmelzen und eine Assimilation von Krustengesteinen auslösen. Die Folge sind vor allem saure, gas- und wasserreiche Magmen (Sekundärmagmen).
   Zudem kommt es im unteren Erdmantel (D“-Schicht) an der Grenze zum heißen flüssigen Erdkern zum Aufschmelzen durch Wärmetransport. Diese ultrabasischen Primärmagmen ernähren vor allem Hot Spot-Vulkane (Abb. 2.4.3; *mantle plumes*).
2. **durch eine Erniedrigung des Drucks**, also durch Druckentlastung (Mittelozean. Rücken, *hot spots*).
   Durch konvektives Aufsteigen von Erdmantelmaterial kommt es zur Druckabnahme und damit zum Übergang von plastischem Erdmantelmaterial zu flüssigem Magma (Abb. 2.4.3: mittelozeanische Rückenbasalte).

Es gilt: *Je größer der Druck, also je größer die Tiefe, desto höher die Schmelztemperatur bei der ein Phasenübergang im Gestein von fest zu flüssig erfolgt* (Abb. 2.4.2).

Dieser Mechanismus ist wahrscheinlich der wichtigste bei der Erzeugung von Mantelschmelzen, also heißen (>1000°C) basaltischen Primärmagmen, die dünnflüssig sind und schnell fließen.

3. **durch eine Änderung der chemischen Zusammensetzung bzw. des Anteils fluider Phasen** (Zufuhr von u.a. H_2O, CO_2, SO_2).

   Ein höherer Anteil fluider Phasen führt zu einer Erniedrigung der Schmelztemperatur von Gesteinen (Abb. 2.4.2). Fluide Gaswolken sollen im Erdmantel wandern und bei der Bildung von Hot spots (*mantle plumes*) beteiligt sein.

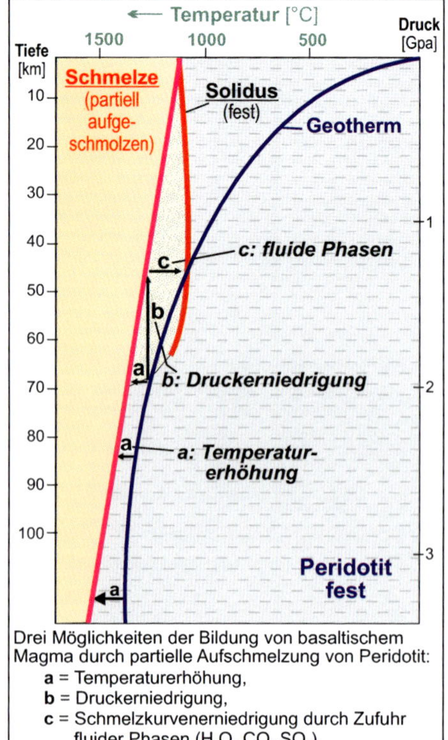

Abb. 2.4.2:
Genese von Basaltmagma durch partielle Aufschmelzung von Peridotit (Quelle v.a. Schmincke 2000).

Magmen mit unterschiedlichem Chemismus und Eigenschaften können auch durch den Mechanismus der „**gravitativen Kristallisations-Differentiation**“ entstehen, der auch als **Bowen-Schema** bezeichnet wird (Abb. 2.4.4 und Abb. 2.4.5). Dieser Mechanismus beschreibt die chemischen bzw. mineralogischen Veränderungen, die ein basaltisches Primärmagma bei seiner langsamen Abkühlung erfährt, zum Beispiel in einer sekundären Magmakammer in der Erdkruste. Es kommt zur sukzessiven Auskristallisation und zum gravitativen Absinken bestimmer Minerale. Dies fängt an mit Olivin bei etwa 1200°C und endet beim Muskovit und Quarz bei etwa 650°C (Abb. 2.4.5). Dadurch ändert sich der Chemismus der Schmelze von basisch (kieselsäurearm) über intermediär bis hin zu sauer (kieselsäurereich). Dabei ändert sich auch die mineralogische Zusammensetzung der aus dem jeweiligen Restmagma entstehenden plutonischen und vulkanischen Gesteine vom Gabbro bzw. Basalt bis hin zum Granit bzw. Rhyolith (Abb. 2.4.4 und Abb. 2.4.5). Zusammenfassend kann man stark vereinfacht von der Genese her zwei unterschiedliche **Magmatypen** unterscheiden (Abb. 2.4.6):

a) kieselsäurearme (basische, mafische) basaltische Primärmagmen, die überwiegend effusiv gefördert werden;
b) kieselsäurereiche (saure, felsische) granitische Primär-/Sekundärmagmen, die überwiegend explosiv gefördert werden.

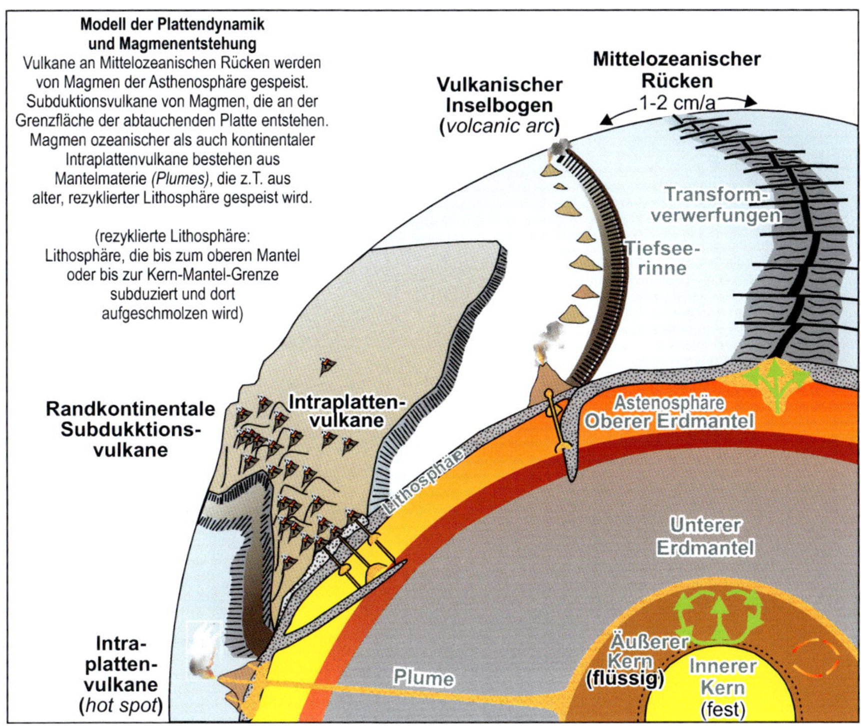

Abb. 2.4.3: Plattentektonik und Magmenentstehung.

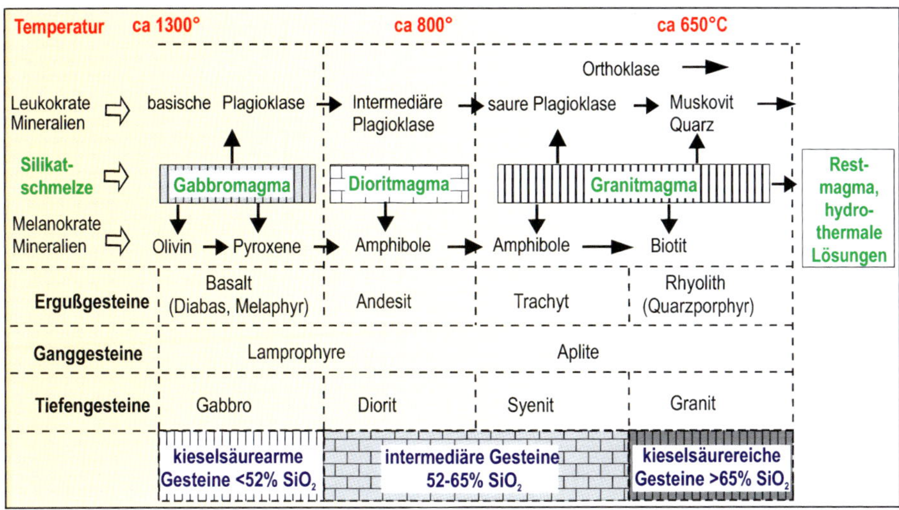

Abb. 2.4.4: Entstehung magmatischer Gesteine durch gravitative Kristallisations-Differentiation (Bowen-Schema) (Quelle: Brinkmann 1990).

Ausgewählte Literatur

Schmincke, H.-U. (2013): Vulkanismus. – Darmstadt (Wiss. Buchgesellschaft).

Press, F. & Siever, R. (2008): Allgemeine Geologie: Kap. 4; Heidelberg (Spektrum).

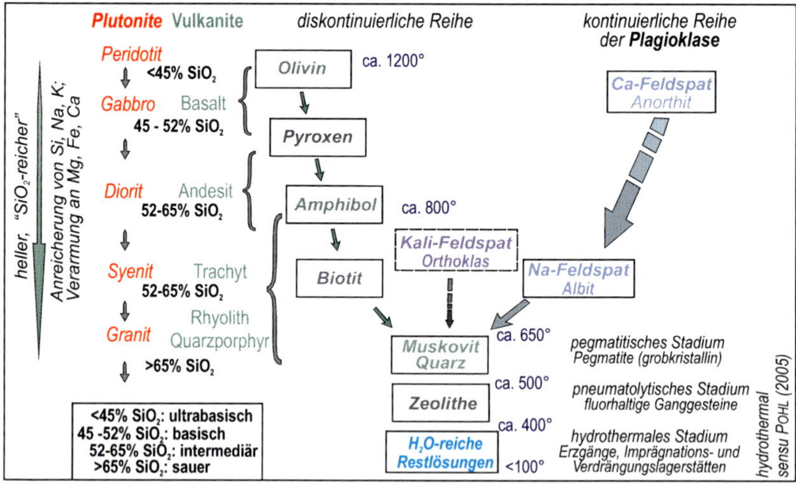

Abb. 2.4.5: Fraktionierte und gravitative Kristallisations-Differentiation eines abkühlenden Magmas (Bowen-Schema).

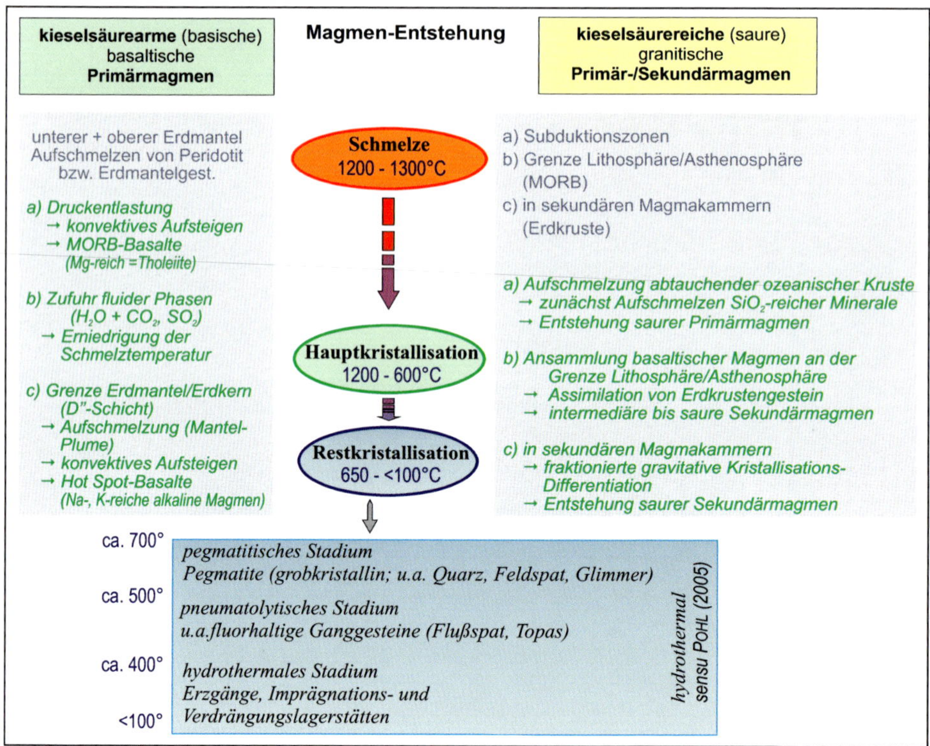

Abb. 2.4.6: Schema zur Genese magmatischer Gesteine nach dem Entstehungsort des Ausgangsmagmas.

Beantworten Sie mit Hilfe des Textes, der Abbildungen, der Literatur und seriöser Internetquellen die nachfolgenden Fragen.

1. *Was ist ein Magma, was ist eine Lava?*

2. *Wo entstehen Magmen und wie kann man sie von ihrem Chemismus her einteilen?*

3. *Was ist eine sekundäre Magmenkammer?*

4. *Erläutern Sie den Zusammenhang zwischen Silikatgehalt eines Magmas und dem vulkanischen Eruptionsverhalten.*

5. *Wo liegt der Ursprungsort von Primärmagmen, die von Hot Spot-Vulkanen gefördert werden?*

6. *Nennen Sie jeweils ein kieselsäurereiches, ein intermediäres und ein basisches Vulkangestein.*

7. *Nennen Sie ein ultrabasisches Mantelgestein, das einen sehr hohen Anteil an Olivin führt?*

8. *Welche beiden physikalischen Eigenschaften eines Magmas bestimmen, ob es überwiegend effusiv oder explosiv gefördert wird?*

9. *Wie hoch ist der Kieselsäuregehalt von Basalten, Trachyten und von Rhyolithen?*

10. *Was versteht man unter einer „fraktionierten gravitativen Kristallisations-Differentiation“?*

11. *Zwischen welchen Temperaturen kristallisiert ein Magma überwiegend aus?*

12. *Welches Mineral kristallisiert schon bei 1200 bis 1300°C aus und welches Mineral bei 650°C?*

Weitere Fragen für BA-Studierende und Lehramt Gymnasium

13. *Welche drei Faktoren können im oberen Erdmantel bei der Entstehung von Magmen (Schmelzen) beteiligt sein?*

14. *Was ist ein Manteldiapir?*

15. *Nennen Sie zwei Möglichkeiten, die zur Bildung saurer granitischer Magmen führen können?*

16. *Wieso können beim Aufschmelzen von Krustengesteinen durch ein ultrabasisches Primärmagma saure, kieselsäurereiche Sekundärmagmen entstehen?*

17. *Welchen Chemismus hat mit hoher Wahrscheinlichkeit ein Magma, das als Erstes aus einer sekundären Magmenkammer nach kräftiger gravitativer Kristallisations-Differentiation an der Erdoberfläche austritt? Welche Art von Vulkanismus ist zu erwarten?*

18. *Welche Temperaturen besitzt das hydrothermale Stadium und welche wirtschaftlich nutzbaren Minerale können dabei auskristallisieren?*

2.4.4 Vulkanische Förderprodukte

Hierzu einige Begriffsbestimmungen:

Plutonite (Tiefengesteine, Intrusionsgesteine): Magma erkaltet in über 3 bis 5 km Tiefe, dadurch langsame Abkühlung. Sie sind in der Regel heteromineralisch und grobkristallin. Damit ist jedes Mineral mit dem Auge erkennbar.

Vulkanite (Ergußgesteine, Extrusivgesteine): Magma erkaltet an der Oberfläche bzw. oberflächennah (<1 km Tiefe; Subvulkanite 1 bis 3 km). Als Folge einer relativ schnellen Abkühlung konnten die Minerale kaum wachsen. Sie bilden eine dichte Grundmasse, in der einzelne größere Minerale als Einsprenglinge schwimmen.

Vulkanische Gläser = amorphe Kieselsäure (SiO_2): Bimsstein (s.u.), Obsidian.

Pyroklastika, Pyroklasten: alle ejektiven und explosiven vulkanischen Förderprodukte. Sie bestehen aus Fragmenten von Bims, Schlacken, vulkanischen Mineralen sowie Bruchstücken von Nebengesteinen. Dabei besitzen **vulkanische Bomben** (Auswürflinge), die als heiße Magmafetzen in die Atmosphäre hinausgeworfen wurden, einen Durchmesser von >64 mm. Sie sind rund bis ellipsoid, manchmal tropfenförmig, manchmal auch gedreht. Als **Lapilli** (Steinchen) bezeichnet man kugelige Formen mit Partikelgrößen von 2 bis 64 mm Durchmesser. **Vulkanische Aschen** bestehen aus staubartigen Partikeln mit einem Durchmesser <2 mm.

Bimsstein: sehr poröser Pyroklastit aus amorpher Kieselsäure (SiO_2) von Asche- bis Kopfgröße (Bild 2.4.1). Bimsstein ist leichter als Wasser. Er schwimmt auf und kann so über Wasserströmungen weit vom Eruptionsort entfernt werden.

Pyroklastit: vulkanisches Gestein bestehend aus Pyroklasten.

Tephra: Sammelbegriff für alle lockeren Pyroklastite fragmentierter Lava (Aschen, Lapilli, vulk. Bomben).

Tuff: Sammelbegriff für alle verfestigten Pyroklastite.

Bild 2.4.1:
Bimssteinwüste (extrem wasserdurchlässiges Gestein) in Zentralisland östlich der Askja-Caldera, die bei einem phreatomagmatischen Ausbruch des Viti-Kraters am 29.3.1875 AD entstanden ist.

Es gibt drei Arten vulkanischer Förderungen: ejectiv bzw. explosiv, effusiv und exhalativ. **Effusive Förderprodukte** sind verschiedene Lavastrröme und Lavaformen sowie vulkanische Schlacken (Kap. 2.4.6). Lavaströme bewegen sich häufig langsam vorwärts, können temperatur- und viskositätsabhängig aber auch schneller fließen und manchmal Fließgeschwindigkeiten von 100 km/h und mehr besitzen.

Ejektive und explosive Förderprodukte sind Pyroklastika und Nebengesteinsbruchstücke. Sie umfassen einzelne Pyroklastika wie vulkanische Bomben bis hin zu mächtigen Ablagerungen vulkanischer Aschen, pyroklastischer Ströme und Glutlawinen (Bild 2.4.2). **Vulkanische Aschen** werden als Suspension in der Atmosphäre transportiert und als Fallablagerungen (*fall out*) letztlich an der Erdoberfläche deponiert. Größere und schwere Partikel werden früher und näher zum Eruptionsort, leichtere Partikel später und zum Teil auch viele hunderte Kilometer entfernt abgelagert. Daher sind Ascheablagerungen gut sortiert und besitzen normalerweise eine normal gradierte („unten grob, oben fein") Schichtung.

Pyroklastika können mit hohen Geschwindigkeiten von bis zu 360 km/h bodennah als **pyroklastische Ströme** (***surges***) oder beim Kollabieren einer mächtigen Eruptions-

Bild 2.4.2:
Mehr als 40 m mächtige pyroklastische Strom- und Glutlawinenablagerungen der allerødzeitlichen Laacher See Tephra in der unmittelbaren Umrahmung des Laacher Sees aufgeschlossen an der *Wingertsbergwand* (Osteifel).

wolke als bis zu 800°C heiße **Glutlawinen** ins Vorland der Ausbruchstelle gelangen. Erstere hinterlassen horizontal- und troggeschichtete, teilweise kreuzgeschichte Stromablagerungen (***base surges***), letztere **Ignimbrite** (verfestigte Tuffe), deren Einzelpartikel miteinander verschweißt sind (Bild 2.4.2). Pyroklastika können auch Stunden, Tage, Monate und Jahre nach einer vulkanischen Eruption durch Niederschläge und Schneeschmelzen als vulkanische Schlammströme, sog. **Lahare**, ins Vorland transportiert werden. Ihre Ablagerungen sind wenig sortiert und besitzen meistens ein großes Partikelintervall von feinen Aschen bis hin zu kopfgroßen Steinen.

Exhalative Förderprodukte (Bild 2.4.3) sind häufig klimarelevante vulkanische Gase und Dämpfe (u.a. CO_2, SO_2, CH_4, H_2S) in Form von warmen und heißen Fumarolen, Solfataren, Mofetten, Geysiren und Thermen.

Fumarolen [lat. *fuma* = Rauch, Dampf] ist ein übergeordneter Begriff für alle vulkanischen Gas- und Dampf-Exhalationen (u.a. CO_2, HCl, HF, SO_2, H_2S, CO, N_2, $FeCl_3$). **Heiße Fumarolen** besitzen Temperaturen von etwa 250 bis 1000°C. Häufig sind Sublimationen von Schwefel, Chloriden (NaCl, KCl) und Eisen ($FeCl_3$). Letzteres oxidiert bei Kontakt mit Wasserdampf oft zu schwarz glänzenden, tafeligen Hämatitkrusten. Die wohl bekanntesten heißen Fumarolen sind die ***„black smoker“*** (Temp. >350°C, 1 bis 5 m/s Strömungsgeschwindigkeit), die 1977 erstmalig in 2.600 m Tiefe auf dem Ostpazifischen Rücken entdeckt wurden. Der schwarze Rauch entsteht durch Ausfällungen von schwarzen Zinksulfid-, Kupfersulfid- und Eisensulfid-Partikeln sowie Anhydrit beim Kontakt von austretenden heißen, gesättigten, sulfidführenden Hydrothermallösungen mit dem kalten Ozeanwasser.

Bild 2.4.3: Beispiele exhalativer Förderprodukte auf Island.

Ebenfalls untermeerische Fumarolen bzw. hydrothermale Schlote sind die sog. ***„white smokers“***. Sie sind meistens kühle, selten heiße Fumarolen mit Temp. von 100 bis 350°C. Der weiße Rauch entsteht durch Ausfällung von weiß erscheinenden Sulfat- ($BaSO_4$) und Kieselsäure (SiO_2)-Partikeln.

Zu den kühlen Fumarolen (100 bis 250°C) zählen die **Solfataren** (*Solfatara,* Phlegräische Felder bei Neapel) mit Temperaturen von etwa 100 bis 250°C. Ihr Kennzeichen sind H_2S-haltige Exhalationen von Schwefelverbindungen und Wasserdampf. Dabei entsteht schwefelige Säure (H_2SO_3), was zu einer intensiven chemischen Verwitterung (hydrothermale Verwitterung) der Umgebungsgesteine führt. Oft wird elementarer Schwefel (S) mit leuchtend gelben Schwefelkristallen ausgefällt.

Mofetten (franz. *„Moufette“* = Grubengas) sind kühle (Temp. <100°C) und vor allem CO_2-reiche Fumarolen. Das CO_2 ist meistens im aufsteigenden Quellwasser gelöst, bildet Säuerlinge (Heilquellen, Mineralquellen), teilweise Schlammtöpfe.

Geysire (isländisch *Geysir* = wild strömend) entstehen, wenn im Untergrund heißes vulkanisches Gestein Grundwasser soweit erhitzt, dass der Siedepunkt übeschritten und die auflastende Wassersäule herausgeschleudert wird. Der Zeitraum zwischen den Eruptionsintervallen ist abhängig vom Wasserzustrom und der Dauer der Erhitzungsphase.

Thermen sind mehr oder weniger heiße Quellen. Grünliche oder orangene Farben weisen auf Bakterien oder Algen hin.

Ausgewählte Literatur

SCHMINCKE, H.-U. (2013): Vulkanismus. – Darmstadt (Wiss. Buchgesellschaft).

SCHMINCKE, H.-U. (2014): Vulkane der Eifel. Aufbau, Entstehung und heutige Bedeutung. – Berlin, Heidelberg (Springer).

Beantworten Sie mit Hilfe des Textes, der Literatur und seriöser Internetquellen die nachfolgenden Fragen.

1. *Was ist eine Aa-Lava und was ist eine Pahoehoe-Lava?*
2. *Was ist Blocklava und bei welcher Art von Lava (kieselsäurearm oder kieselsäurereich) entsteht sie?*
3. *Was sind Pyroklastika?*
4. *Was versteht man unter einer Tephra?*
5. *Was sind Lapilli?*
6. *Wie entstehen vulkanische Bomben?*
7. *Wie entstehen Ignimbrite?*
8. *Welche Arten vulkanischer Exhalationen kennt man?*
9. *Was sind Solfataren?*
10. *Was sind „black smokers“ und wo findet man sie auf der Erde?*
11. *Was sind Geysire und wie entstehen sie?*
12. *Was sind Mofetten?*
13. *Was sind Fumarolen?*

Weitere Fragen für BA-Studierende und Lehramt Gymnasium

14. *Was ist „Tephrachronologie“ (Kap. 1.2)?*
15. *Was sind vulkanische Schlacken?*
16. *Woran erkennt man Bimsstein?*
17. *Was ist Obsidian und welche Eigenschaften hat er?*

2.4.5 Arten vulkanischer Eruptionen

Durch Vulkanismus können feste und gasförmige Bestandteile gefördert werden. Die Gasabgabe nennt man **Exhalation**, die Abgabe fester und flüssiger Bestandteile **Effusion** und das Auswerfen glutflüssiger und/oder fester Partikel **Ejektion** oder **Explosion**.

Diese Förderarten sind ebenso wie die resultierenden vulkanischen Reliefformen und Ablagerungen sehr stark vom Gasgehalt und der Viskosität des Magmas abhängig. Die Viskosität, die unter anderem vom SiO_2-Gehalt abhängt, steuert das Fließverhalten einer Lava vom schnellen Strömen bis zum langsamen, zähen Gleiten. Der Gasgehalt beeinflusst dagegen vor allem die Förderart der Lava. Je zähflüssiger eine Lava, desto schwieriger ist die Entgasung der Lava. Das kann dazu führen, dass bei ihrem Aufstieg zur Oberfläche und der damit einhergehenden Abnahme des Umgebungsdrucks ein enormer Gasüberdruck in der Lava aufgebaut wird, der sich letztendlich explosionsartig entlädt.

Die Stärke einer Vulkanexplosion kann bedeutend gesteigert werden durch Kontakt der Lava mit Grund- oder Oberflächenwasser bzw. Eis. Explosives Verdampfen des Wassers kann dann eine heftige **phreatomagmatische Reaktion** auslösen.

Generell gilt, dass basische, SiO_2-arme, basaltische Magmen, die heiß (1000 bis 1200°C), dünnflüssig und gasarm sind, überwiegend effusiv gefördert werden. Dagegen werden SiO_2-reiche, saure rhyolithische Magmen, die kühler (etwa 650 bis 900°C), zähflüssig und gasreich sind, häufig explosiv gefördert.

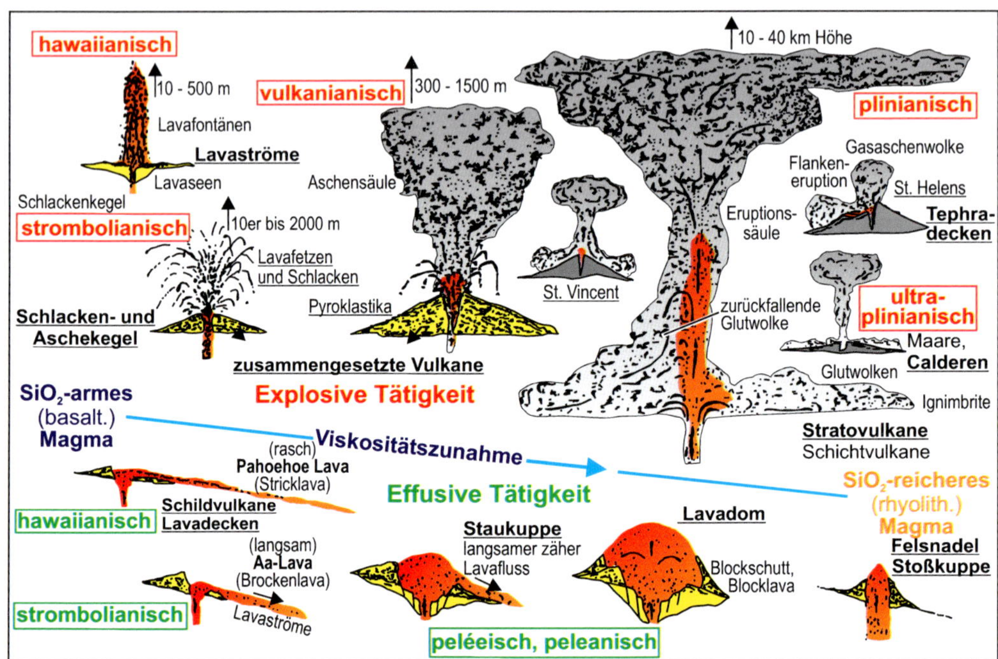

Abb. 2.4.7: Vulkanische Eruptionsarten, Vulkanformen und vulkanische Förderprodukte (Quellen: u.a. Hervé & Bellin 1985; Bardinzeff 1999; Schmincke et al. 1993).

Vulkanismus kann rein effusiv hawaiianisch, gemischt effusiv und explosiv strombolianisch, schwach explosiv vulkanianisch, hochexplosiv plinianisch und extrem explosiv ultraplinianisch sein (Abb. 2.4.7).

Einen **hawaiianischen Vulkanausbruch** kennzeichnet:

- die effusive Förderung sehr dünnflüssiger, gasarmer und sehr heißer (1000 bis 1250°C) Lava;
- das Auftreten häufig spektakulärer Lavafontänen (10 bis 600 m hoch), die vom hydrostatischen Druck des aufsteigenden Magmas gesteuert werden.

Weiter Kennzeichen sind Lavaseen und Lavaströme (bis 25 m dick, 100 km lang, 40.000 qkm Ausdehnung) sowie als Lavatypen bei dünnflüssigen Lavaströmen die ***Pahoehoe-Lava*** (Fladen-, Strick- oder Seillava) und bei abgekühlter, zähflüssiger Lava die *Aa-Lava* mit rauher, zerklüfteter Oberfläche (Brockenlava; Kap. 2.4.6). Typische vulkanische Reliefformen sind Schildvulkane, Spalteneruptionen und ausgedehnte Lavadecken (Deckenbasalte)

Strombolianische Vulkansausbrüche (*Stromboli*; Vulkaninsel, Liparische Inseln, N' Sizilien, bricht seit mehr als 20.000 Jahren fast ununterbrochen aus) kennzeichnen:

- rhythmische Auswürfe flüssiger Lavafetzen, Lapilli und vulk. Bomben in kurzandauernden Ausbrüchen, eine Folge sprudelnder Entgasungen;
- selten Eruptionen vulkanischer Aschen und Lavaströme (basaltisch oder andesitisch);
- ein Abstand der Ausbrüche von Sekunden bis mehreren Stunden;
- eine Eruptionssäule mit Höhen von wenigen 10er bis 2.000 Metern.

Die typische Vulkanform strombolianischer Eruptionen sind Asche- und Schlackenkegel (Schichtvulkan).

Eine **vulkanianische Eruptionsart** (*Stratovulkan der Insel „Vulcano", gehört zu den Liparischen Inseln nördl. von Sizilien, westl. von Süditalien; namensgebend für alle Vulkane auf der Erde; seit* 200 n.Chr. ca. 200 Ausbrüche) kennzeichnet eine explosive Eruption kieselsäurereicher, gasreicher Magma und Nebengestein aus einem zentralen Vulkanschlot. In der Anfangsphase kommt es zu einem explosiven Auswurf vulkanischer Aschen und Nebengesteinsfragmente. In der Hauptphase folgen Aschenströme und evtl. Glutlawinen (*base surges*). Der Ausbruch endet häufig mit dem Ausfluß dicker, zähflüssiger Lava. Die Höhe der Eruptionswolke liegt bei 300 bis 1500 m. Typische vulkanische Formen sind zusammengesetzte Vulkane mit Aschen- und Schlackenlagen, sowie häufig mit Gipfeldom.

Die **plinianische Eruption** (*benannt nach „Plinius" dem Älteren; gestorben bei der Eruption des Vesuvs 79 n.Chr.) kennzeichnet:*

- eine explosive Eruption vulkanischer Aschen bis in die Stratosphäre (10 bis 40 km Höhe);
- eine gasreiche, häufig phreatomagmatische Eruption;
- eine Förderung rhyolithischer Lava.

Typische Vulkanformen sind Schichtvulkane (Stratovulkane), umfangreiche Niederschläge vulkanischer Aschen, pyroklastische Ströme und Glutlawinen.

Die energiereichste Vulkaneruption ist die **ultra-plinianische**. Sie ist extrem explosiv und volumenreich ohne Lavaförderung. Sie ist immer phreato-magmatischer Natur.

Das **Ergebnis effusiver Förderungen** von Lava sind Lavaströme (Strick- bzw. Pahoehoe-, Brocken- bzw. Aa-Lava sowie Kissen- bzw. Pillow-Laven) und Lavadecken, aber auch relativ kleine Stau- und Stoßkuppen, größere Lavadome und mächtige Schildvulkane (Kap. 2.4.6).

Explosive Vulkaneruptionen können flächenhaft ausgebreitete pyroklastische Ablagerungen (Tephradecken, Ignimbrite), aber auch stärker dem Relief angepasste Ablagerungen vulkanischer Schutt- und Schlammströme (Lahare) hinterlassen. Je nach Stärke und Dauer der Eruptionen können relativ kleine, wenige Zehner bis wenige Hunderte von Metern hohe Tuffvulkane und Schlackenkegel oder auch hohe und komplex aufgebaute Stratovulkane (Schichtvulkane) entstehen. Explosionskrater, Maare und Calderen (Kap. 2.4.6) sind weitere signifikante Formen eines explosiven Vulkanismus.

Befindet sich ein Vulkan in einer längeren Ruhephase oder ist er am Erlöschen, zeugen häufig nur noch ausströmende **Gas- und Dampfexhalationen** (bis zu 1.000°C heiße Fumarolen, schwefelhaltige Solfataren, CO_2-reiche Mofetten, Geysire, Thermen) von der ruhenden magmatischen Aktivität im Untergrund, die aber jederzeit wieder aktiv werden kann.

Ausgewählte Literatur

Schmincke, H.-U. (2013): Vulkanismus. – Darmstadt (Wiss. Buchgesellschaft).

Beantworten Sie mit Hilfe des Textes, der Literatur und seriöser Internetquellen die nachfolgenden Fragen.

1. *Welche Arten vulkanischer Eruptionen kann man unterscheiden?*
2. *Was versteht man unter einer phreatomagmatischen Eruption und welche Ablagerungen entstehen dabei?*
3. *Was versteht man unter einem hawaiianischen und einem plinianischen Vulkanismus und wie kann man sie unterscheiden?*
4. *Welche Art von Vulkanismus erzeugt Glutwolken und hinterläßt Ignimbrite?*
5. *Welche vulkanische Reaktion passiert beim Kontakt des Magmas im Vulkan mit Grundwasser?*

Charakterisieren Sie tabellarisch mit Hilfe des Textes und der Literatur, bebilderte Beispiele vergangener Vulkanausbrüche die a) überwiegend effusiv hawaiianisch, b) gemischt effusiv und explosiv strombolianisch, c) schwach explosiv vulkanianisch und d) hochexplosiv plinianisch tätig waren.

2.4.6 Bauformen von Vulkanen und Plutonen

Magmen können in der Erdkruste als plutonische, nahe der Erdoberfläche als subvulkanische Intrusionskörper oder an der Erdoberfläche als Vulkanite erstarren. Dabei kann auch ein in der Erdkruste erkaltetes Magma durch Erosion freigelegt werden und besondere Reliefformen wie Härtlingsrücken, Härtlingsbuckel, Härtlingsmauern, Härtlingspfeiler, Felsdome, Felsnadeln, Granitkuppeln bilden.

Plutonische Intrusionskörper, die in Tiefen von mehr als 3 bis 5 km erkaltet sind, können als **Batholith** häufig mehrere 10er von Kilometern Durchmesser erreichen. Nach ihrer Freilegung durch Erosion des Deckgebirges bilden sie oft breite, kuppelförmig gewölbte Tiefengesteinskörper wie der Brocken im Harz oder mächtige Gebirgszüge wie der Andenbatholith in den südpatagonischen Anden.

Lakkolithe, also kleinere nach oben gewölbte pilzförmige Intrusionskörper, können durch Erosion freigelegt an der Erdoberfläche als rundliche Härtlingsbuckel in Erscheinung treten.

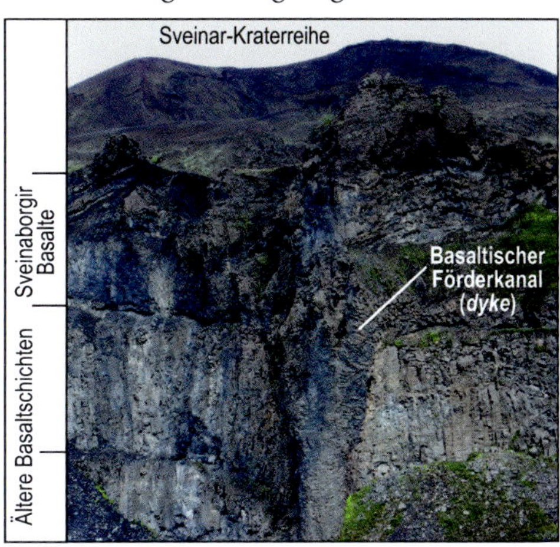

Bild 2.4.4:
Holozäner basaltischer Förderkanal eines kleinen Schweißschlackenvulkans der *Sveinar*-Verwerfung am *Hafragilsfoss*, N-Island.

Magmatische Gänge bzw. Förderkanäle (**Dykes**) (Bild 2.4.4), die als langgestreckte, vertikal verlaufende Spaltenfüllungen in der Erdkruste auftreten und durch Erosion freigelegt wurden, können bizarre mauerartige Härtlinge bilden. Mit Lava gefüllte vulkanische **Förderschlote** können, sofern sie erosionswiderständiger sind als das Umgebungsgestein, als steile Härtlinge mit stielartigen Formen aufragen. Sind sie gegenüber der Erosion weniger resistent, bilden sie häufig kreisförmige bis ellipsoide Depressionen.

Ist das Magma sehr zähflüssig (rhyolithisch bis andesitisch) und erkaltet nahe der Oberfläche, dann kann es zur Aufwölbung des Deckgebirges (Magmendom) kommen. Es entstehen steilböschige **Quellkuppen** (Abb. 2.4.8), die als **Subvulkanite** den Übergang von den Plutoniten zu den eigentlichen Vulkanen bilden.

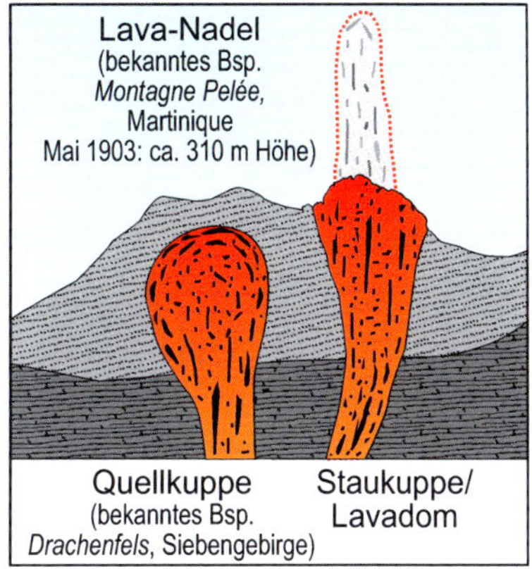

Abb. 2.4.8:
Zähflüssiges Magma erzeugt besondere Vulkanbauten (Quellen v.a. SCHOLTZ in RICHTER 1975; MÜCKENHAUSEN 1993).

Vulkane können als **Linearvulkane** langgestreckten Eruptionsspalten folgen oder als **Zentralvulkane**

Tab. 2.4.3: Klassifizierung von Vulkanen nach horizontaler Erstreckung, Genese und Oberflächenform.

1. Linearvulkane: tiefreichende Förderspalten, Aufstieg von basaltischem Magma (dünnflüssig) → *ausgedehnte Basaltdecken + Deckenbasalte (Trappbasalte, Flutbasalte, Thulebasalte)*
Beispiele:
- intra-ozeanische + intra-kontinentale Riftzonen;
- Lakispalte auf Island (1783 AD, Förderung von 12,5 km³ Lava, Fläche von 565 km²);
- Tertiäre Trappdecken des Dekkan in Westindien (ca. 3000 m mächtig, 500.000 km²);
- Thulebasalte des Nordatlantiks.

2. **Zentralvulkane:** Förderweg ist ein Schlot, in der Erdkruste (2-7 km Tiefe) häufig eine sekundäre Magmenkammer.
a) Zentralvulkane und vulkanische Effusivformen:
Lavadecken, Lavatunnel, Lavahügel (Tumulus), Schildvulkane;
Lavadome, Staukuppen und Felsnadeln;
b) Zentralvulkane und vulkanische Explosivformen:
Schlackenkegel, Pseudokrater;
Tephra (Asche)-Vulkane und Stratovulkane;
Explosionskrater, Maare, Calderen.

3. Subglaziale Vulkanbauten (vulkan. Tafelberge + hyaloklastische Rücken)
4. Polygenetische Vulkanbauten
5. Hot Spot-Vulkane und Plattentektonik

einem lokalen System aus Förderkanälen aufsitzen (Tab. 2.4.3). Linearvulkane besitzen tiefreichende Förderspalten, die von dünnflüssigen basaltischen Magmen als Aufstiegswege genutzt werden.

Die hohe Magmenproduktion steht häufig in Verbindung mit einer heißen Mantelaufwölbung (Hot-Spot). Dabei entstehen ausgedehnte **Deckenbasalte**, manchmal mit kontinentalen Ausmaßen (Flutbasalte, Trappbasalte). **Flutbasalte** bestehen aus mehreren, in wenigen Millionen Jahren gebildeten Basaltserien. Bekannte Beispiele kontinentaler Flutbasaltprovinzen mit mehreren hundert bis mehreren tausend Metern Mächtigkeit sind u.a. die Dekkanbasalte Indiens (ca. 66 Ma alt; alle Alter nach Bryan & Ernst 2008), die Columbia-River-Basalte der USA (ca. 17 Ma alt), die Karroobasalte Südafrikas (ca. 183 Ma alt), die Paranáflutbasalte Brasiliens (ca. 201 Ma alt) oder die tertiären Thule-Basaltpakete (Nordatlantischen Flutbasalte) zwischen Schottland und Grönland.

Regionen mit **aktiven Linearvulkanen** sind die ozeanischen und intrakontinentalen Riftzonen auf der Erde. So besitzt auch das auf dem Mittelatlantischen Rücken gelegene Island einen ausgeprägten Spaltenvulkanismus, dessen Intensität durch eine Hot-Spot-Mantelaufwölbung gesteigert wird. Die dort an der Obergrenze des Erdmantels in etwa 18 bis 25 km Tiefe gebildeten basaltischen Primärmagmen ernähren sekundäre Magmakammern in etwa 2 bis 7 km Tiefe. Zu den in historischer Zeit dort erfolgten bedeutenden Spalteneruptionen zählen der acht Monate andauernde Ausbruch der 27 km langen Laki-Spalte im Jahr 1783/84 AD sowie der Ausbruch des etwa 4 bis 10 km breiten und 80 bis 100 km langen Krafla-Spaltenschwarms von 1975 bis 1984 („*Kraftla*-Feuer"). Beim Laki-Ausbruch („*Laki*-Feuer") kam es zum Ausfluss von etwa 14,7 km³ basaltischer Lava, die eine Fläche von 599 km² bedeckte. An den zahlreichen Austrittstellen entlang der Laki-Spalte entstand eine Vulkanreihe aus mehr als 140 Kratern umrahmt von kleinen Schlacken- und Schweißschla-

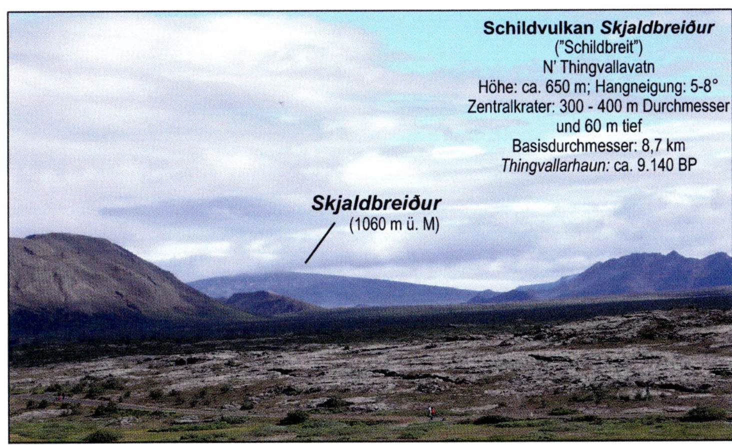

Bild 2.4.5: Altholozäner Schildvulkan *Skjaldbreidur* im Südwesten Islands, der dem mittelatlantischen Rücken aufsitzt.

ckenkegeln. Die vulkanischen Erscheinungsformen des erwähnten acht Jahre anhaltenden Kraftla-Ausbruchs der 1980er Jahre ähnelten dem Laki-Ausbruch.

Zentralvulkane besitzen einen zentralen Förderschlot, der über ein Magmenzufuhrsystem von einer in der Erdkruste liegenden sekundären Magmenkammer genährt wird. Dabei ist die Art der vulkanischen Tätigkeit, ob überwiegend effusiv hawaiianisch oder extrem explosiv plinianisch bis ultraplinianisch entscheidend für die resultierenden vulkanischen Reliefformen. Strukturell betrachtet besteht jeder Vulkan aus einem System magmatischer Förderkanäle sowie aus Lavaströmen und pyroklastischen Ablagerungen. Allerdings variieren die Anteile von Lavaströmen und pyroklastischen Ablagerungen je nach Art und Stärke der vulkanischen Aktivitäten.

Bei intensiver effusiver Tätigkeit entstehen breit ausladende **Schildvulkane** (Bild 2.4.5). Sie sind im wesentlichen aus zahlreichen, wenige Meter mächtigen basaltischen Lavadecken aufgebaut, die überwiegend von Pahoehoe-Lavaströmen (**Pahoehoe Lava = Strick-, Seillava)** abgelagert wurden (Bild. 2.4.6). Mit zunehmender Abkühlung verlangsamt sich die Fließgeschwindigkeit deutlich und die basaltische Lava kricht zähflüssig als **Brockenlava (Aa-Lava)** langsam vorwärts bis sie endgültig erstarrt (Bild 2.4.7).

Bild 2.4.6: Stricklava (Pahoehoe-Lava) aus dem Jahr 1984 (Kraftla-Feuer, N-Island).

Bei Abkühlung basaltischer Lavaströme entstehen senkrecht zur Abkühlungsfront die für Basalte so charakteristischen **Basaltsäulen** mit sechsseitigen (manchmal auch fünf- bis siebenseitigen) Kontraktionsrissen (Schrumpfungsrissen) (Bild 2.4.8, Bild 2.4.9).

Innerhalb der Lavadecken treten wiederholt **Lavaröhren** (Bild 2.4.10) und **Lavatunnel** auf, das sind röhrenförmige Hohlräume

Bild 2.4.7:
Am Zungenende der 9,2 km langen *Vikrahaun* aus dem Jahr 1961 ist der basaltische Lavastrom eine ehemals zähflüssig vorwärts kriechende Brockenlava (Aa-Lava). Im Hintergrund: die *Herðubreit* (Askja-Gebiet, Zentral-Island).

Bild. 2.4.8:
Grundriss von Basaltsäulen, meist fünf- bis sieben-eckig (*Hjóðaklettar*, N-Island).

Bild 2.4.9:
Postglaziale Basaltrosette (*Hjóðaklettar*, N-Island).

von wenigen Dezimetern und bis zu mehreren Metern Durchmesser. In diesem Röhrensystem konnte die Lava ohne wesentlichen Wärmeverlust über weite Strecken bis an die Lavafront fließen.

An den Wandungen der Lavatunnel kann es bei genügend langer Aufwärmung zur Ausbildung einer **Frittungszone** kommen. Besteht das Gestein aus Basalten ist diese von weißer Farbe (Bild 2.4.12) und bei Sedimentgesteinen durch Bildung von Hämatit rot gefärbt (Bild 2.4.11).

Bild 2.4.10:
Kleine Lavaröhre in Basaltdecke der *Kraftla*-Feuer von 1984 (N-Island).

Bild 2.4.11:
Oberpliozäne Basaltlagen und unterlagernde rote Frittungszonen ausgebildet in Sand- und Siltsteinen (*Lagarflot*, Ost-Island).

Durch Entgasungsdruck kann die bereits erkaltete Decke solcher Lavatunnel und -röhren explosionsartig aufgestülpt werden und zur Bildung von mehreren Metern hohen **basaltischen Tumuli** (*tumulus* = Hügel) führen (Bild 2.4.13).

Bild 2.4.12:
Ehemaliger Lavatunnel mit weißer Frittungszone an den Wandungen (*Dimmuborgir*, N-Island).

Da basaltische Lava relativ dünnflüssig und selbst bei geringen Oberflächenneigungen von 1° fließfähig ist, haben **Schildvulkane** einen großen Basisdurchmesser bei vergleichsweise geringer Höhenerstreckung. Zum Beispiel hat der über 4.000 m hohe Schildvulkan des *Mauna Loa* auf Hawaii vom Meeresboden aus gesehen eine Höhe von über 10 km bei einem Basisdurchmesser von etwa 400 km. Er ist damit einer der höchsten Berge auf der Erde (Schmincke 2000).

Bild 2.4.13:
Postglazialer basaltischer Tumulus (*Hveravellir*, Island).

Schildvulkane besitzen nur geringe Hangneigungen von etwa 5 bis 10° (Bild 2.4.14). Im Gipfelbereich existieren häufig Zentralkrater mit Schweißschlackenwällen und/oder kleine Einbruchskrater (**Gipfelcaldera**). An den Vulkanflanken treten zahlreiche weitere Austrittsstellen von Lava auf. Die Förderkanäle von Schildvulkanen reichen zunächst bis zu einer oder zu mehreren sekundären Magmenkammern in etwa 2 bis 7 km Tiefe. Die dorthin aufsteigenden basaltischen Primärmagmen

Bild 2.4.14: Postglazialer Schildvulkan *Kollottádyngja* im isländischen Hochland mit großem Basisdurchmesser, geringer Hangneigung und geringer Erhebung über der Umgebung.

Bild 2.4.15.: Spätmittelalterliche Blocklavaströme *Laugahraun* und *Namshraun* aus Obsidian (amorphe Kieselsäure, SiO_2) in *Landmannalaugar* (Zentral-Island).

werden vielfach von einer heißen Mantelaufwölbung bzw. einem Hot-Spot genährt.

Bei Austritt kieselsäurereicher, sehr zähflüssiger Laven (Aa-Lava = **Brockenlava**), die bereits nahe ihrer Austrittstelle erkalten, kommt es zur Bildung steiler, bisweilen mehrere hundert Meter hoher **Staukuppen**, abgeflachter oder gewölbter **Lavadome** bis hin zu senkrechten **Felsnadeln** (Abb. 2.4.7).

Treten zähflüssige kieselsäurereiche Magmen an der Flanke eines Vulkans aus, bilden sie manchmal **Blocklavaströme** aus Obsidian mit chaotisch verteilten kubikmetergroßen eckigen Blöcken. Diese erstrecken sich von der Austrittsstelle zungenartig und langsam kriechend (wenige m pro Tag) noch maximal wenige Kilometer talabwärts (Bild 2.4.15).

Eindruckvolle **Reliefformen** eines **explosiven Vulkanismus** sind mit zunehmender Explosivität Schlacken- und Schweißschlackenkegelüber Asche (Tuff, Tephra)-vulkane (Abb. 2.4.9) bis hin zu mächtigen Stratovulkanen (Abb. 2.4.10), Calderen, Maaren und Explosionskratern.

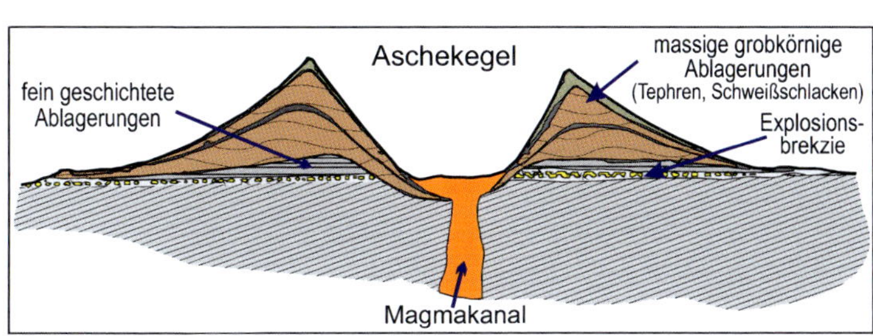

Abb. 2.4.9: Aschekegel bzw. Tephravulkan.

Die relativ kleinen, im Mittel wenige Zehner bis wenige hundert Meter hohen **Tephra (Asche)-** Vulkane (Bild 2.4.16) und **Schlackenvulkane** (Bild 2.4.17) sind dabei die häufigsten Zentralvulkane auf der Erde. Sie besitzen einen zentralen Krater umgeben von einem meist geschlossenen Ringwall aus vulkanischen Lockermaterialien.

Bild 2.4.16:
Basaltischer Tephravulkan *Stutur* umgeben von Basalten der *Norðurnamsrhaun* in *Landmannalaugar* (Zentral-Island).

Je nach Zusammensetzung des Ringwalls unterscheidet man **Schlackenkegel** aus lockeren oder verschweißten Lavafetzen (**Schweiß-Schlackenkegel**), **Lapillikegel** aus vulkanischen Bomben und vor allem eckigen oder rundlichen Pyroklasten überwiegend in Steinchengröße sowie **Tephrakegel** (Bild 2.4.16) aus fein- bis grobkörnigen lockeren Tephren. Sie alle können schon nach wenigen Wochen bis Monaten vulkanischer Tätigkeit mit Auswurf von Lavafetzen und/oder Pyroklastika (vulk. Bomben, Lapilli, Aschen) aus Spalten oder rundlichen Schloten entstehen.

Dabei sind **Schlackenkegel** (Bild 2.4.17) Ausdruck hawaiianischer bis strombolianischer Eruptionstätigkeiten mit Auftreten basaltischer Lavafontänen, wobei im Inneren des Walls grobe, zum Teil verschweißte Schlackenagglomerate und am Aussenrand unverschweißte Schlacken und Pyroklasten dominieren.

Lapillikegel zeugen von eher strombolianischen bis vulkanianischen Eruptionen, während **Tephra (Asche)-kegel** vor allem unter Beteiligung oberflächennaher phreatomagmatischer Ausbrüche entstehen.

Tephra-Vulkane und Schlackenkegel können auch als Nebenbauten auf großen Vulkanen auftreten. Diese um einen Förderschlot gebildeten relativ kleinen Vulkankegel erreichen Hangneigungen von etwa 32°.

Bild 2.4.17:
Basaltischer Schlackenkegel *Leirhnjúkur* (kleiner Hügel), der während der Kraftla-Feuer in den Jahren 1975 bis 1984 von Lavafontänen aufgebaut wurde. Die Lava wurde aus einer Magmakammer in ca. 5 bis 7 km Tiefe genährt.

Stratovulkane oder Schichtvulkane (Abb. 2.4.10) sind mehrere hunderte bis tausende von Metern hoch, besitzen relativ steile Hänge (bis ca. 33° Hangneigung) und einen mehr oder minder symmetrisch gebauten Vulkankegel aus überwiegend vulkanischen Lockerprodukten (explosive Tätigkeit) und einzelnen Lavadecken (effusive Tätigkeit). Im Inneren eines Stratovulkans existiert ein komplexes System subvulkanischer Intrusionen (Lagerstöcke, Lagergänge, Sills). Stratovulkane entstehen durch zähflüssige und gasreiche Magmen, also bei kieselsäurereichem bis intermediären Vulkanismus. Sie wachsen im Wechsel von gasreichen explosiven Förderphasen (u.a. Tephralagen, pyroklastische Stromablagerungen, Ignimbrite) und gasärmeren zähflüssigen Lavenaustritten (effusive Förderphasen) empor. Dabei können beim Druckaufbau in der Magmakammer im Vulkaninneren an den Seitenrändern Spalten aufreißen und Lava austreten (Flankeneruptionen). Manchmal kommt es zu einer extrem starken explosiven Vulkaneruption, bei der die Gipfelpartie weggesprengt wird und eine Explosions-Caldera entsteht. **Stratovulkane sind typische Vulkane der Subduktionszonen** (Abb. 2.4.10).

Von einem vulkanischen Krater unterscheiden sich **Calderen** (spanisch „Kessel") schon durch deren wesentlich größeren Dimensionen mit Durchmessern von bis zu mehreren Kilometern. **Explosionscalderen** entstehen bei gasreichen Magmen häufig in Verbindung mit extremen phreatomagmatischen Eruptionen.

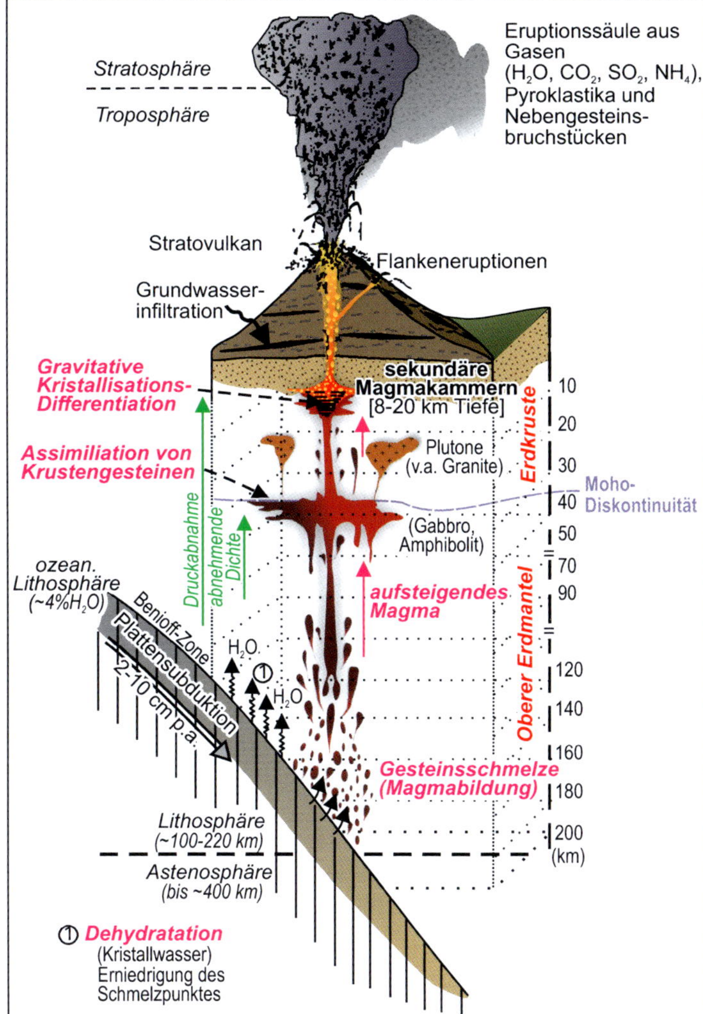

Abb. 2.4.10: Entstehung von Stratovulkanen an Subduktionszonen.

Dagegen entstehen **Einbruchscalderen** unabhängig von den Eigenschaften des Magmas allein durch Entleerung und anschließendem Einsturz einer darunter liegenden Magmenkammer. Nach Bildung einer Caldera kann in deren Mitte ein neuer Vulkan emporwachsen.

Neben Vulkankratern und Calderen sind auch **Maare** rundliche, allerdings häufig wassergefüllte vulkanische Hohlformen mit einem Durchmesser von meist wenigen hundert Metern. Sie sind Explosionstrichter, entstanden durch eine phreatomagmatische Eruption. Die Ränder können allerdings bei entleerter Magmenkammer im Untergrund einbrechen, so dass oft der Übergang zwischen Maar und Caldera fließend ist. Anders als bei vulkanischen Kratern besitzen Maare einen niedrigen Ringwall, der überwiegend aus Pyroklastikern und Nebengesteinsfragmenten besteht. Die Maare der West- und Osteifel sind eine weltweit bekannte Typuslokalität für dieses vulkanische Phänomen.

Bild 2.4.18:
Die *Herðubreið* - ein vulkanischer Tafelberg bzw. Tuya (isl. *stipa*) im zentralisländischen Hochland entstanden am Ausgang der letzten Kaltzeit.

Die kleinste Reliefform extremer explosiver vulkanischer Tätigkeiten sind **Explosionskrater**, also meist wassergefüllte schachtartige Röhren.

Eine vulkanische Besonderheit sind subglaziale Vulkanbauten, die nach Abschmelzen der Vergletscherung bei basaltischem Vulkanismus mächtige, bis zu 1.000 m hohe **vulkanische Tafelberge (Tuya)** bilden (Bild 2.4.18). Eine Typusregion für diese vulkanischen Reliefformen ist Island.

Vulkanische Tafelberge bestehen im Liegenden aus verschieden mächtigen Kissenlaven, darüber folgen umfangreiche Lagen aus Hyaloklastiten und den Abschluss am Top des Vulkans bilden basaltische Lavadecken, manchmal mit aufgesetzten kleinen Schildvulkanen. Diese charakteristische Gesteinsabfolge ist Ausdruck einer Beteiligung von drei sehr unterschiedlichen vulkanischen Eruptionsphasen. Mit Einsetzen der subglazialen Eruption kommt es zum Schmelzen der Gletscherbasis, zur Entstehung eines subglazialen Sees und dadurch zu einer subglazialen und subaquatischen Ablagerung von **Kissenlava** (Pillow-Lava). Mit Abschmelzen des überlagernden Gletschereises geht diese effusive Phase in eine explosive phreato-magmatische Eruption über. Es kommt zur Ablagerung von **Hyaloklastiten**. Das sind im Wasser abgeschreckte Magmafetzen, die einen glasreichen und brekziösen Gesteinsgrus bilden, der zum Teil geschichtet ist und größere Brekzien und Schlacken enthält. Den Abschluss bildet eine subaerische effusive Phase mit Ablagerung basaltischer Lavadecken, deren horizontale Ausbreitung durch das umgebende Gletschereis eingeschränkt wird.

Viele Vulkane sind polygenetischer Natur und besitzen einen **bimodalen Vulkanismus**, bei dem sich extrem explosive Eruptionsphasen mit bedeutenden Lavaaustritten abwechseln. Ein schönes Beispiel für einen regelmäßig auftretenden bimodalen Vulkanismus und für eine Übergangsform zwischen Spaltenvulkan und langgestrecktem Stratovulkan ist die *Hekla* (1.491 m ü.M.), einer der aktivsten Vulkane Islands und der Erde. In Island wird die *Hekla* auch als „Tor zur Hölle“ bezeichnet, da ihre Ausbrüche wiederholt verheerende wirtschaftliche Schäden verursacht haben. Die *Hekla* ist seit dem Mittelalter im Mittel alle 10 bis 50 Jahre aktiv gewesen, zuletzt im Jahr 2000 AD mit dem Aufreißen einer 6 bis 7 km langen Eruptionsspalte und einer initialen Eruptionssäule von bis zu 10 km Höhe.

Die sekundäre Magmakammer der *Hekla* liegt in etwa 8 km Tiefe und besitzt als Folge einer ausgeprägten Magmendifferentiation (fraktionierte Kristallisations-Differentiation) ein basaltisch-andesitisches (ca. 52-58% SiO_2) und ein gasreiches rhyolithisches (ca. 70% SiO_2) Magma. Dabei beginnen ihre Ausbrüche häufig mit einer hochexplosiven (plinianischen) rhyolithischen Eruption teilweise bis in die Stratosphäre. Sie ist verbunden mit extremen Tephraauswürfen (Bimsstein, Aschefälle) und dem Auftreten pyroklastischer Ströme. Anschließend folgt in der Regel eine ausgeprägte effusive Phase mit hawaiianischer bis strombolianischer Aktivität, die oft mit einer umfangreichen Förderung heißer und dünnflüssiger basaltischer bis andesitischer Lava mit Lavaströmen und Lavafontänen verbunden ist.

Thorarinsson (1967) stellte erstmalig fest, dass die Ausbrüche der *Hekla* umso explosiver sind, je länger die vorangegangene Ruhezeit war. Dadurch erst war eine stärkere Magmadifferentiation und eine größere Ansammlung von Gasen in ihrer Magmakammer möglich. Je länger die Ruhezeiten, desto höher ist der Kieselsäuregehalt des Magmas und desto eher kommt es zur explosiven Förderung von Bimssteinen im nachfolgenden Ausbruch. Der Grad der fraktionierten Kristallisations-Differentiation ist also stark zeitabhängig.

Ausgewählte Literatur und Internetquellen

Baumhauer, R., Kneisel, Ch., Möller, S., Schütt, B. & Tressel, E. (2017): Einführung in die Physische Geographie: Kap. 1.2.5; Darmstadt (Wissenschaftliche Buchgesellschaft).

Schellmann, G. (2011d): Formbildung durch endogene Prozesse: Vulkanformen. – In: Gebhardt, H., Glaser, R., Radtke, U. & Reuber, P. (Hrsg.): Geographie. Physische Geographie und Humangeographie: 383-384; 2. Aufl., München (Spektrum Akad. Verl.).

Schmincke, H.-U. (2013): Vulkanismus. – Darmstadt (Wiss. Buchgesellschaft).

Internet
http://www.volcano.si.edu/index.cfm

http://map.ngdc.noaa.gov/website/reg/hazards/viewer.htm

Vertiefende Literatur
Bardintzeff, J.-M. (1999): Vulkanologie. – Stuttgart (Enke Verl.).

Francis, P. (1993): Volcanoes. A planetary perspective. – Oxford (Oxford University Press).

Hofbauer, G. (2016): Vulkane in Deutschland. – Darmstadt (Wiss. Buchgesellschaft).

Siebert, L., Simkin, T. & Kimberly, P. (2011): Volcanoes of the World. – 3. ed.; Berkely, Los Angeles (University of California Press).

Beantworten Sie mit Hilfe des Textes, der Literatur und seriöser Internetquellen die nachfolgenden Fragen.

1. *Welche Art von Vulkanismus führt zur Entstehung ausgedehnter Lavadecken?*
2. *Was sind Linearvulkane und welche morphologischen Formen entstehen durch sie?*
3. *Wie entstehen Lavaröhren und Lavatunnnel?*
4. *Was ist Kissenlava und wie entsteht sie?*
5. *Welche Fließgeschwindigkeit besitzt eine Blocklava?*
6. *Nennen sie jeweils eine andere Bezeichnung für Aa- und Pahoehoe-Lava.*
7. *Welche Umrißform besitzen abgekühlte Basalte und wie entsteht diese?*
8. *Welche Bauformen von Vulkanen gibt es und wie kann man sie unterscheiden?*
9. *Welche Hangneigungen besitzen Schildvulkane und Stratovulkane?*
10. *Wie entstehen Calderen?*
11. *Welche morphologischen Formen können bei Austritt zähflüssiger Lava in einem Vulkankrater entstehen?*
12. *Wie entstehen basaltische Tumuli?*
13. *Wie entstehen Schlackenkegel?*
14. *Wie entstehen Tephravulkane?*
15. *Wie unterscheiden sich Asche-, Lapilli- und Schlackenkegel?*
16. *Was ist ein „Hot Spot“ und in welchem Zusammenhang steht er mit vulkanischer Aktivität?*
17. *Welche Vulkanbauten sind typisch für Subduktionszonen?*
18. *Nennen Sie mindestens 2 Regionen auf der Erde, die einen ausgeprägten Spaltenvulkanismus besitzen?*

Weitere Fragen für BA-Studierende und Lehramt Gymnasium

19. *Wie unterscheiden sich Kraterseen, Maare und Calderen?*
20. *Wie entstehen vulkanische Tafelberge (Tuya), woraus sind sie aufgebaut?*
21. *Was sind Dykes?*

2.5 Erdbeben

2.5.1 Globale Verbreitung und Entstehungsorte
2.5.2 Erdbeben und Erdbebenwellen
2.5.3 Messung und Intensitätsskalen von Erdbeben
2.5.4 Gefahrenpotential und Vorhersage von Erdbeben

Keine Naturgewalt kann so plötzlich enorme Energien freisetzen und so viele Opfer und hohe Sachschäden verursachen wie ein Erdbeben. Andererseits ermöglichen Erdbeben Einblicke in das tektonische Spannungsfeld der Erde, in aktiv ablaufende Verschiebungs- und Deformationsprozesse.

Die Geschichte der Erdbebenforschung stellt sich in Kürze wie folgt dar.

1. Älteste schriftliche Aufzeichnungen von Erdbeben in China stammen aus dem Jahr 1831 v. Chr. Seit 780 v. Chr. gibt es schriftliche Aufzeichnungen aller dort aufgetretenen Erdbeben.
2. Folgende Ursachen von Erdbeben werden in der europäischen Geschichte angeführt.
   Thales (ca. 624 – 546 v. Chr.): Erdbeben entstehen durch Bewegungen des Wassers, auf der die Erde schwimmt.
   Anaximenes (ca. 585 – 525 v. Chr.): Gesteine, die ins Erdinnere fallen und dabei andere berühren, erzeugen Erdbeben.
   Aristoteles (384 – 322 v. Chr.): vulkanische Aktivitäten lösen Erdbeben aus.
   Seneca (4 v. Chr. – 65 n. Chr.): Luft, die sich gewaltsam aus dem Erdinneren ihren Weg nach oben bahnt, löst Erdbeben aus.
3. Mitte des 18. Jhrdts.: Erdbeben sind Wellen, die durch die Gesteine laufen. Gebäude auf weichem Untergrund werden stärker geschädigt als solche auf festem Fels.
4. Die Geburtsstunde der modernen Seismologie war u.a. die Folge des schweren Erdbebens von Lissabon am 1. Nov. 1755 (Zerstörung von Lissabon, etwa 60.000 Tote).
5. Gründung der Seismological Society of America als Folge des San-Francisco-Bebens (18. April 1906) mit fast vollständiger Zerstörung von San Francisco durch Feuer.

Pro Jahr gibt es etwa 170.000 Erdbeben der Magnitude M von >2. Davon waren im letzten Jahrzehnt ca. 140 bis 200 Schadensbeben (M >6). Fast jedes Jahr gibt es ein Erdbeben mit katastrophalen Zerstörungen. In den Jahren 2000 bis 2015 kamen durch Erdbeben mehr als 800.000 Menschen ums Leben (nach Daten des USGS 2017). Die materiellen Schäden sind oft erheblich. Das Erdbeben von Kobe (1995, Japan) erreichte erstmalig eine Schadenssumme (Münchener Rück) von ca. 100 Mrd. US-Dollar (Zschau et al. 2001: 51).

Das Erdbeben von Valdivia (Chile) vom 22. Mai 1960 war mit einer Magnitude von 9,5 auf der Richter-Skala (s.u.) das bisher energiereichste Beben, gefolgt vom Karfreitagsbeben von Alaska am 27. März 1964 mit einer Magnitude von 9,2. Erst an dritter Stelle rangiert mit einer Magnitude von 9,1 das über 230.000 Menschenleben fordernde Sumatra-Beben am 26. Dezember 2004. Seitdem sind Tsunamis als indirekte Folge von Seebeben im Bewußtsein

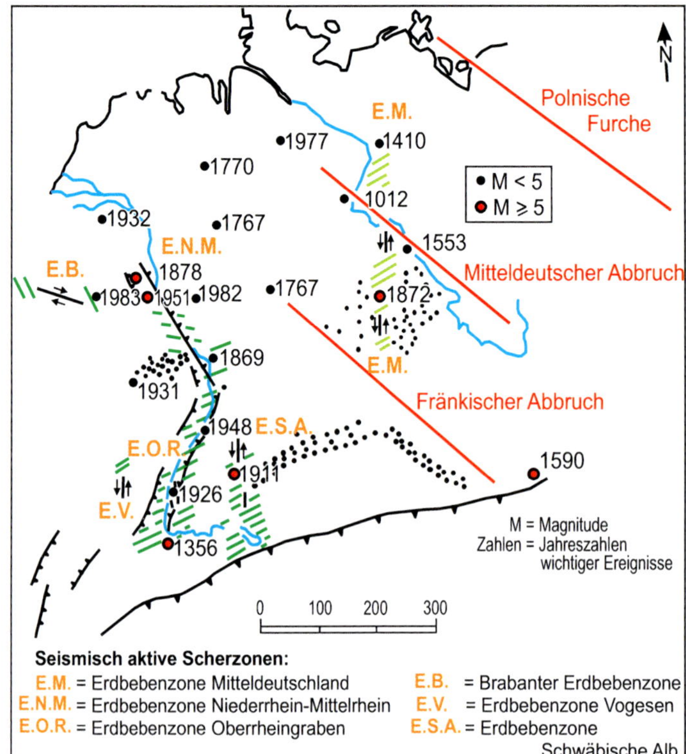

Abb. 2.5.1: Erdbebenzonen in Deutschland (Quellen: Ahorner et al. 1983; Kunze et al. 1986).

vieler Menschen. Ein Tsunami ausgelöst durch ein Seebeben mit der Magnitude von 9,0 bei *Honshū* vor der Pazifikküste Japans war es auch, der am 11. März 2011 die Reaktorblöcke der Kernkraftwerke Fukushima, Fukushima II, Onogawa und Tōkai schwer beschädigte.

Deutschland ist glücklicherweise selten von stärkeren Erdbeben mit Magnituden von über 5 betroffen (Abb. 2.5.1). Das bisher stärkste Erdbeben ereignete sich am 18. Februar 1756 bei Düren (Niederrhein) und besaß eine Magnitude von etwa 6,4. Auch das Roermond-Beben vom 13. April 1992 mit einer Magnitude von 5,9 zählt zu den seltenen starken Erdbeben in Mitteleuropa. 30 Verletzte und Sachschäden von etwa 150 Mio. D-Mark waren damals zu beklagen.

2.5.1 Globale Verbreitung und Entstehungsorte

Erdbebengebiete sind nicht zufällig über die Erde verteilt, sondern zu etwa 95% auf eng umgrenzte Zonen der Erde beschränkt, die als tektonische Plattengrenzen fungieren:

- ca. 75% (70) im zirkumpazifischen Raum;
- ca. 22% (25) im Gebirgsgürtel der Alpen bis zum Himalaya, der sich vom Mittelmeer über Vorderasien bis in den asiatisch-nordindischen Raum erstreckt;
- ca. 2% im Bereich der mittelozeanischen Rücken und
- ca. 0,2% an intrakontinentalen Bruchstrukturen wie dem Oberrheingraben oder dem ostafrikanischen Graben.

Seismische Aktivitäten anderer Gebiete fallen nicht ins Gewicht.

Innerhalb Europas konzentriert sich die Erdbebentätigkeit mit überwiegend mitteltiefen Beben (50 bis <300 km Tiefe) auf den östlichen Mittelmeerraum (Griechenland, Ägäis, Tyrrhenisches Meer) und den östlichen Karpatenbogen.

Die Entstehungsorte von Erdbeben beschreibt man mit den Begriffen Epizentrum und Hypozentrum. Dabei ist das **Hypozentrum** der Auslösungsort eines Erdbebens, also der Ort der Energiefreisetzung definiert durch geogr. Länge und Breite sowie Herdtiefe. Das **Epizentrum** ist der herdnächste Punkt an der Erdoberfläche, also die senkrechte Projektion eines Hypozentrums auf die Erdoberfläche (Abb. 2.5.3: links oben).

Etwa 75% aller Erdbeben sind Flachbeben und weniger als 5% sind Tiefbeben. Allgemein gilt:

- **Flachbeben**, Herdtiefen 0 bis 50 (70) km. Sie kommen an allen Plattengrenzen vor.
- **Mitteltiefe Beben**, Herdtiefen 50 (70) bis 300 km. Sie kommen im Bereich von Wadati-Benioff-Zonen (Subduktionszonen) vor sowie im Bereich von Konvergenzzonen im kontinentalen Bereich (östl. Karpatenbogen, Hindukusch-Pamir-Gebirge).
- **Tiefbeben**, Herdtiefen 300 bis 720 km. Sie kommen nur im Bereich von Subduktionszonen (Wadati-Benioff-Zone) vor. Die größte bisher beobachtete Herdtiefe (Hypozentrum) lag in einer Tiefe von 720 km.

Erdbeben gleicher Intensität werden an der Erdoberfläche umso schwächer empfunden, desto tiefer das Hypozentrum liegt.
Je stärker ein Erdbeben, desto länger dauern die ausgelösten Erdstöße.

Ein besonderes Risiko sind **Nachbeben**. Sie können Wochen bis mehreren Monate nach dem Hauptbeben auftreten in Form von:

a) Hunderten von schwachen Nachbeben, die häufig <10% der Energie des Hauptbebens besitzen,
b) oder in Form eines zweiten Erdbebens von ähnlicher Stärke wie das Hauptbeben.

Der Ursprung von Nachbeben liegt:

- in der Freisetzung von Resten der im Herdvolumen angestauten Deformationsenergien,
- oder in der Freisetzung neuer Spannungen in der Umgebung des Erdbebenherdes, die das Hauptbeben erzeugt hat.

2.5.2 Ursachen von Erdbeben und Erdbebenwellen

Erdbeben entstehen in der Regel (Ausnahmen: Einsturz-, Einschlags- und Explosionsbeben) durch Bewegungen von Gesteinsschichten an einer Bruchfläche (Störung, Verwerfung), die zunächst zu einer elastischen Verfornung der Gesteinsschichten führen. Bei Überschreitung der Festigkeitsgrenze kommt es zum Bruch und die gespeicherte Energie wird schlagartig in Form seismischer Wellen freigesetzt.

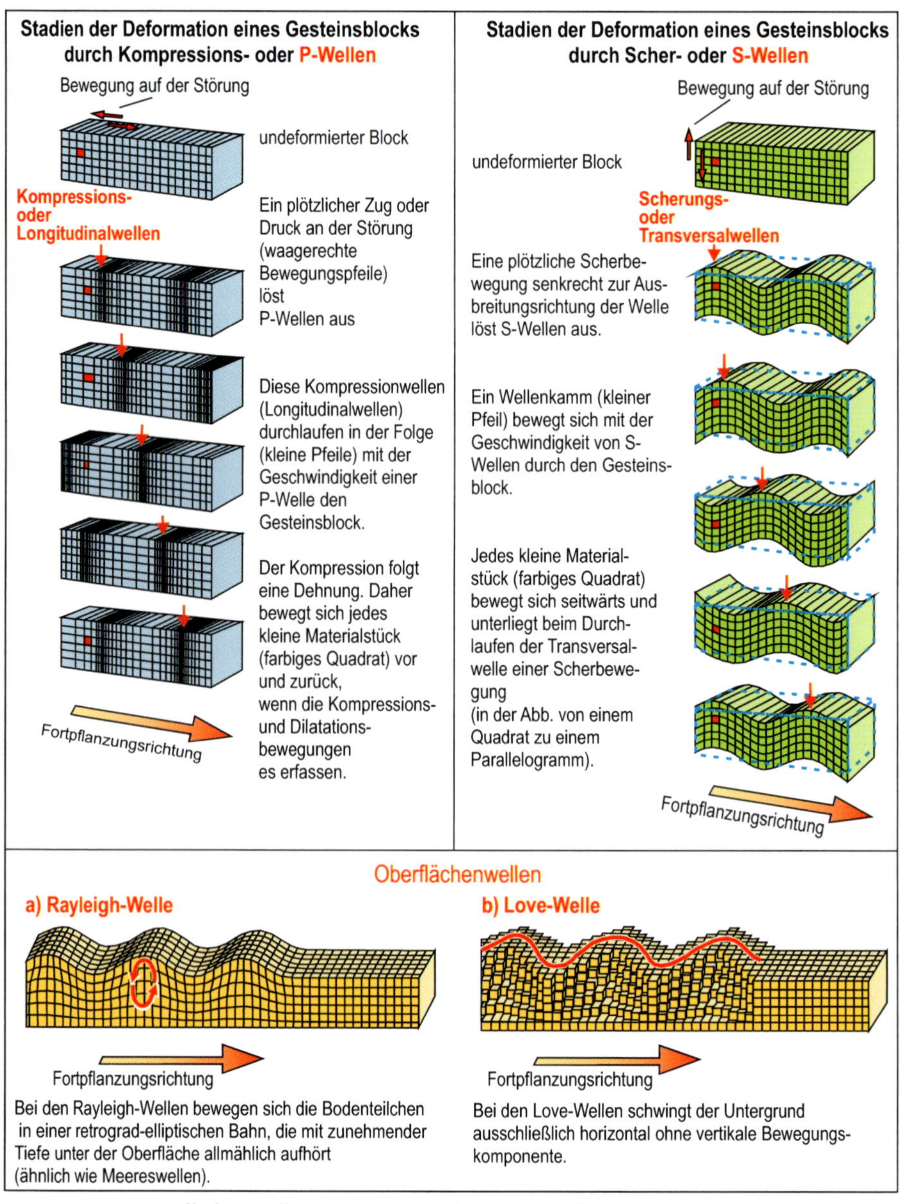

Abb. 2.5.2: Typen von Erdbebenwellen (seismische Wellen) (Quellen: Bolt 1995 sowie Press & Siever 1995).

Seismische Wellen (Bodenbewegungen) laufen durch die Erde (Raumwellen) und an der Erdoberfläche. Es gibt zwei seismische Wellen, die durch die Erde laufen: die P- und die S-Wellen (Kap. 2).

Primär (P)- Wellen (lat. *undae primae*) sind Longitudinalwellen bzw. Kompressionswellen (Abb. 2.5.2). Sie ähneln Schallwellen. Ihre Fortbewegung geschieht durch abwechselnde Kompression (Druck) und Dilatation (Zug) des Gesteins. P-Wellen laufen durch feste, flüssige und gasförmige Medien. P-Wellen benötigen etwa 20 Minuten, um die Erde zu durchlaufen. Ihre mittlere Geschwindigkeit liegt in der oberen Erdkruste bei <4 km/s. An der Erdoberfläche werden P-Wellen als Stoß wahrgenommen.

Sekundär (S)-Wellen (lat. *undae secundae*) sind Transversal- bzw. Scherwellen (Abb. 2.5.2). Das Gestein erfährt sinusförmige Vertikalbewegungen (Auf- und Abwärtsbewegungen) und hin- und zurückschwingende Horizontalbewegungen. Sie breiten sich nur in festen Medien aus. Sie sind langsamer als P-Wellen und daher die zweite Wellenfront. Ihre mittlere Geschwindigkeit beträgt in der oberen Erdkruste etwa 2,4 km/s.

Hinzu treten zwei Oberflächenwellen: die **Rayleigh-Wellen** (Lord RAYLEIGH 1885) und die **Love-Wellen** (A.E.H. LOVE 1912). Rayleigh-Wellen ähneln ozeanischen Wellen. Sie können Wellenhöhen von bis zu 50 cm erreichen und Wellenlängen von bis zu 8 m. Sie besitzen eine große Zerstörungskraft. Love-Wellen kennzeichnen parallele Querschwingungen des Gesteins (horizontale S-Wellen). Sie sind schneller als Rayleigh-Wellen. Ihre Amplitude nimmt mit der Tiefe ab. Da sie häufig große Schwingungsamplituden besitzen, sind sie die Erdbebenwellen mit der oft größten Zerstörungskraft.

Beide Oberflächenwellen besitzen eine Ausbreitungsgeschwindigkeit von etwa 2,5 bis 4,5 km/s. Sie sind damit langsamer als P-Wellen und etwa ähnlich schnell wie S-Wellen. Ihre Eindringtiefe liegt nur bei wenigen Dezimeter bis Metern (etwa 1/3 der Wellenlänge). Sie schwächen sich langsamer ab als P- und S-Wellen, und sind dadurch auch noch in großer Entfernung vom Epizentrum spürbar.

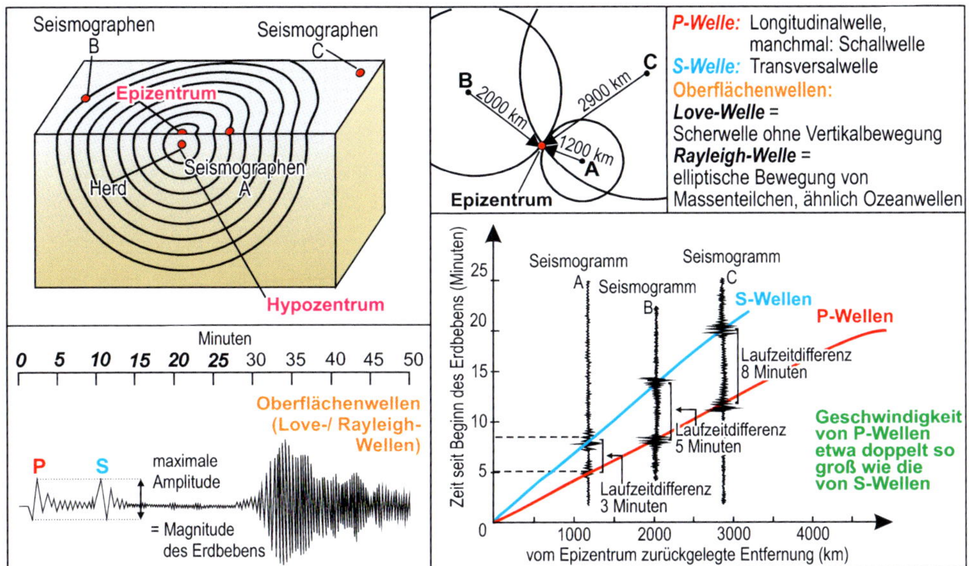

Abb. 2.5.3: Lokalisierung von Epizentren und Laufzeiten von Erdbebenwellen (Quellen v.a. PRESS & SIEVER 1995; dies. 2008).

Stark vereinfacht treffen bei einem Erdbeben zuerst die P-Wellen ein in Form vertikaler Bodenstöße (Abb. 2.5.3). Etwas später folgen die halb so schnellen S-Wellen in Form eines kräftigen Rütteln des Untergrundes durch heftige vertikale und horizontale Scherbewegungen. Kurz danach oder auch gleichzeitig folgen die Love-Wellen mit weit ausladenden Querschwingungen des Bodens. Als nächstes folgen die Rayleigh-Wellen in Form kräftiger rollender Bodenerschütterungen sowohl in Längsrichtung als auch in der Vertikalen.

Erdbebenwellen können durch Überlagerungen, Reflexionen und Refraktionen (Brechung) an Gesteinsgrenzen sehr komplizierte Wellenformen besitzen. Ihre Stärke unterliegt auch folgenden Einflussfaktoren:

1. **Positiven Interferenzen**. Wellen gleicher Phase können sich kreuzen, überlagern und damit verstärken.
2. **Negativen Interferenzen.** Wellen ungleicher Phase können sich kreuzen, überlagern und damit abschwächen.
3. Verstärkungen der Intensität (Amplitude und Energie) bei gleichzeitigem Eintreffen von P- und S-Wellen sowie ihre reflektierten und gebrochenen Wellen.
4. Wiederholten Reflexionen und Refraktionen an Talflanken. Dadurch können seismische Wellen in einem Tal hin- und her wandern und dabei je nach Wellenphase an Energie gewinnen (positive Interferenz) oder sich abschwächen (negative Interferenz).
5. Seismische Wellen verlieren (ähnlich wie Schallwellen und Wasserwellen) mit zunehmender Entfernung vom Entstehungsort an Intensität. Wellenlänge und Amplitude werden geringer, da sich ihre Energie auf eine immer größer werdende Fläche verteilt und sie absorbiert und z.B. in Wärmeenergie umgewandelt werden.

Seismische Wellen verlieren mit zunehmender Entfernung vom Entstehungsort an Intensität, die Amplitude wird geringer.
Negative Wellen-Interferenzen können ein Erdbeben lokal enorm abschwächen, positive leider auch verstärken

Es gibt verschiedene genetische **Typen von Erdbeben**.

1. **Tektonische Beben:**
   Etwa 90% aller Beben liegen an geologischen Störungen (Bruchzonen) und resultieren aus Bruchvorgängen (Scherbrüche) im Gestein ausgelöst durch Spannungen und Verschiebungen von Gesteinsschichten in der Erdkruste.
   Hierzu zählen Erdbeben ausgelöst an:
   - Konvergenzzonen, wie Subduktionszonen und Aufschiebungen;
   - Transformstörungen durch Horizontalverschiebungen (u.a. San Andreas Störungs zone, nord- und ostanatolische Verwerfung);
   - Driftzonen mit Abschiebungen wie z.B. an den mittelozeanischen Rücken und im Bereich der kontinentalen Riftzonen.

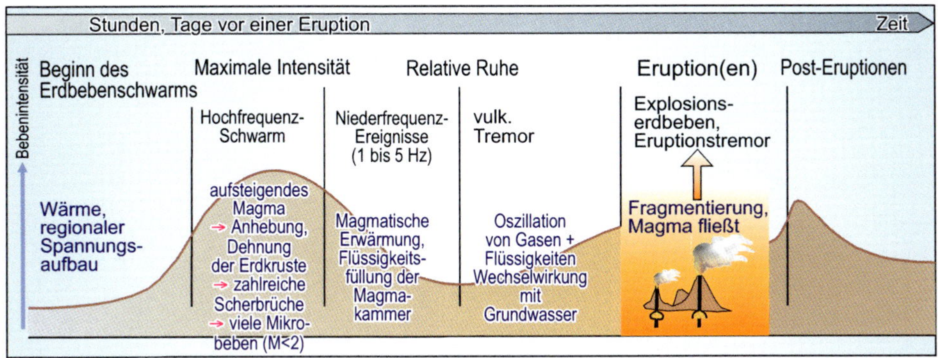

Abb. 2.5.4: Häufige Typen vulkanischer Erdbeben und deren Ursachen vor und nach einer Vulkaneruption (Quelle v.a. SCHMINCKE 2000).

2. **Vulkanische Beben** (Abb. 2.5.4):

a) Hochfrequenzbeben durch aufsteigendes Magma und ein dadurch ausgelöstes Anheben und Dehnen der Erdkruste. Die Folge sind zahlreiche Scherbrüche, an denen viele relativ schwache (M=<2) Mikrobeben stattfinden;

b) niederfrequente Erdbeben (1 bis 5 Hz) ausgelöst durch die langsame Füllung einer Magmakammer mit flüssigem Magma;

c) vulkanischer Tremor (harmonische Beben) ausgelöst durch eine Oszillation von Gasen und Flüssigkeiten in einer Magmakammer oder durch einen relativ schnellen Magmafluss durch permeables Gestein oder durch erhitztes Grundwasser. Vulkanische Beben können Stunden oder Tage vor einer Eruption beginnen.

3. **Einsturzbeben (Gebirgsschläge, Bergschläge)** ausgelöst durch den plötzlichen Einsturz von Gruben, Stollen und anderen Hohlräumen. Die Schadenswirkung resultiert aus lokal sehr begrenzten stärkeren seismischen Erschütterungen. Auftretende Gebäudeschäden sind in der Regel eine Folge des Absinkens der Erdoberfläche und nicht der Erdbebenwellen. Vor allem in den deutschen Kalisalz- und Steinkohle-Abbaugebieten treten häufiger Gebirgsschläge auf. Stärkere Einsturzbeben ereigneten sich in den Kalisalz-Abbaugebieten Mitteldeutschlands bei Sünna (23.6.1975), Völkershausen (13.3.1989) und Teutschenthal (11.9.1996; M = 5).

4. **Seismische** Ereignisse im Zuge von **Auflastveränderungen auf der Erdoberfläche** zum Beispiel ausgelöst durch den Anstau eines Stausees (M=<6,6) oder auch mikroseismische Beben (M=<4) ausgelöst durch Geothermie (Einpressen kühler Flüssigkeiten in den Untergrund).

5. **Einschlagsbeben (Impaktbeben)** ausgelöst durch das Auftreffen von Meteoriten auf die Erdoberfläche oder deren oberflächennahes Verglühen.

6. **Explosionsbeben.** Konventionelle oder nukleare Explosionen können so seismisch überwacht werden.

Aufgabe für BA-Studierende und Lehramt Gymnasium

***Suchen Sie in der Literatur** jeweils ein regionales Beispiel für die oben skizzierten Typen 1 bis 4 von Erdbeben.*

2.5.3 Messung und Intensitätsskalen von Erdbeben

Es existieren vom Ansatz her zwei sehr unterschiedliche Erdbebenskalen:

a) die sog. Richter-Skala benannt nach dem Seismologen Charles Richter (1900-1985) sowie

b) die Mercalli-Skala benannt nach dem Geologen Guiseppe Mercalli (1850-1914). Die älteste Intersitätsskala, die Rossi-Forel-Skala entstand schon um 1890 AD und hatte 10 Intensitätsstufen. Anschließend folgte die Mercalli-Skala (1902) mit 12 Intensitätsstufen. Letztere wurde bis heute beibehalten und nur noch leicht modifiziert und jeweiligen regionalen Verhältnissen angepaßt. Modifizierte Intensitätsskalen sind zum Beispiel die im Jahr 1931 modifizierte Mercalli-Skala (MM) oder die 1992 erstellte europäische makroseismische Skala (EMS).

Alle **Mercalli-Skalen** (Tab. 2.5.1) beschreiben die Intensität der Schadenswirkung eines Erdbebens in einem betroffenen Raum. Sie beruhen auf subjektiven Einschätzungen der Stärke von Erdbebeneffekten und deren Auswirkungen an der Erdoberfläche laut Augenzeugen. Diese sind abhängig von der Stärke des Erdbebens (Bodenbeschleunigung, Bebendauer), von der Entfernung des Ortes vom Hypozentrum und von lokalen Untergrundverhältnissen. Die subjektive Einteilung in Intensitätsgrade I bis XII bietet den Vorteil, dass Erdbebenintensitäten ohne großen Messaufwand beschrieben und auch historische Erdbebenberichte einbezogen werden können.

Die **Richter-Skala (1935)**, die auch als **Lokal-Magnitude** (M_L) bezeichnet wird, ist ebenfalls eine 10teilige Skala (M = 1 bis M = 10). Sie basiert auf der bei einem Beben freigesetzten Energie. Die Energieberechnung nutzt aus Seismogrammen die maximale Amplitude der Erdbebenwellen (A), das Zeitintervall zwischen P- und S-Wellen (Δ) sowie lokale Korrekturfaktoren (x,y):

$$M_L = \log A + x \log \Delta - y \qquad \text{[x,y = lokale Korrekturfaktoren]}$$

Die lokale Magnitude (M_L) ist energetisch gesehen ein logarithmischer Wert (log 10). Der Sprung um eine Magnitude bedeuted eine Verzehnfachung der max. Wellenamplitude und der Geschwindigkeit der Bodenschwingungen und eine etwa 31,6fache Zunahme der freigesetzten Schwingungsenergie E_S ($\log E_S = 1{,}5\ M_L + 4{,}8$ in Joule).

Das bisher stärkste bekannte Erdbeben, das Chile-Beben im Jahr 1960, hatte eine Magnitude von 9,5. Es kam zum Aufreißen der Erdkruste bis in 40 km Tiefe, auf einer Länge von 1000 km mit vertikalen Verschiebungen von bis zu 12 m. Die Richter-Skala ist physikalisch nach oben offen. Allerdings, bei einer Erdbebenstärke von größer als 10 würden Kontinente

Tab. 2.5.1: Erdbebenstärken, modifizierte Mercalli-Skala (Intensität) und Richter-Skala.

Intensität	Beschreibung	Richter - Skala Magnitude (M)	Beschleunigungs-amplitude (cm/s^2)
I Nicht fühlbar	Nur instrumentell zu beobachten.	1,0 - 2,0	
II Kaum fühlbar	Nur vereinzelt von ruhenden Personen in höheren Stock werken von Gebäuden wahrgenommen.	1,4 - 2,6	
III Schwach fühlbar	Unter günstigen Umständen vereinzelt gefühlt wie ein vorbei fahrender Lastwagen.	1,9 - 3,1	
IV Weitgehend gefühlt	Von vielen Personen in geschlossenen Räumen gefühlt, wie ein vorbeifahrender schwerer Lastwagen; Fenster und Gläser klirren.	2,5 -3,7	20
V Aufweckend	In Häusern allgemein gefühlt, im Freien vereinzelt. Viele Schlafende erwachen. Gebäude vibrieren, hängende Gegenstände schwingen. Leichte Schäden bei strukturell schwachen Gebäuden möglich.	3,1- 4,3	30 - 40
VI Erschreckend	In Häusern und im Freien allgemein gefühlt. Personen erschrecken und rennen ins Freie. Leichtere Gebäudeschäden manchmal. Hangrutschungen, Brunnenspiegelschwankungen.	3,6- 4,9	60 - 70
VII Gebäudeschäden	Die meisten Personen erschrecken. Viele haben Schwierigkeiten zu stehen. Die Schwingungen werden in fahrenden Autos verspürt. Gute Gebäude können leichte Schäden wie Risse erleiden, schlechte Gebäude (z.B. Lehmwände) können einstürzen. Wassertrübungen, Änderung von Quellschüttungen und Uferrutschungen treten auf.	4,2- 5,5	100 - 150
VIII Gebäude zerstörungen	Furcht und Panik. Gute Gebäude erleiden mäßige Schäden. Leitungsverbindungen können brechen. Rutschungen und Spalten im Boden, Veränderungen von Grundwasserspiegel u. -strömung.	4,8- 6,1	250- 300
IX Allgemeine Gebäudeschäden	Allgemeine Panik. Viele gute Gebäude erleiden schwere Schäden. Denkmäler und Säulen stürzen um.Viele schlechte Gebäude stürzen ein, unterirdische Leitungen brechen teilweise. Auf flachem Land treten Wasser, Sand und Schlamm aus dem Boden. Erdrutsche, Bodenspalten, Felsstürze und Grundwasseränderungen treten auf.	5,4- 6,7	500– 550
X Allgemeine Gebäude zerstörungen	Einstürzen von guten Gebäuden. Totalschäden an fast allen schlechten Gebäuden. Schwere Schäden an Brücken, Staudämmen. Große Bergrutsche, Wasser tritt aus Seen und Flüssen.	6,0- 7,3	600
XI Katastrophe	Schwere Schäden auch an widerstandsfähigen Gebäuden. Brücken, Staudämmen und Eisenbahnschienen, Straßen sind nicht mehr zu benutzen, unterirdische Leitungen sind zerstört.	6,6- 8,0	> 600
XII Landschafts-veränderungen	Praktisch alle über- und unterirdischen Bauwerke sind zerstört. Die Erdoberfläche ist total verändert, Bodenspalten, horizontale und vertikale Verschiebungen werden beobachtet.	7,3- 8,6	> 600

auseinander reißen, was bisher nicht beobachtet wurde. Insofern endet sie aus terrestrischer Sicht in etwa bei einer Magnitude von M = 9,5 bis 10.

Bei sehr starken Erdbeben (M >8,2) ergibt die Richter-Magnitude (= Lokal-Magnitude M_L) wegen Sättigungseffekten zu niedrige Werte. Daher wurde in den 1970er Jahren die sog. **„Moment-Magnitude (M_W)“** eingeführt. Sie wird über das sog. „seismische Moment (M_0)“ berechnet: $M_W = \log M_0/1{,}5 - 10{,}73$.

> M_0 = seismische Moment (Newton m) = das Produkt aus der Größe der aktiven Verwerfungsfläche A (Herdlänge, Herdbreite; m^2), dem mittleren Verschiebungsbetrag S (m) und dem Scherwiderstand μ (Newton/m^2): $M_0 = \mu$ A S.

Bis ca. 8,2 entspricht die Moment-Magnitude (M_W) weitgehend der Lokal-Magnitude (M_L). Der Vorteil von Moment-Magnituden ist das Fehlen von Sättigungseffekten. Nachteile sind längere Auswertungen von Seismogrammen, Bestimmungen der Verwerfungsflächen, Versetzungsbeträge und Scherwiderstände.

Erarbeiten Sie dieses Unterkapitel mit Hilfe der Literatur (siehe unten) sowie Tab. 2.5.1 und Abb. 2.5.2 .

2.5.4 Gefahrenpotential und Vorhersage von Erdbeben

Was sind die gefährlichsten Auswirkungen von Erdbeben?

1. Verschiedene **direkte Schäden** wie:
- seismische Bodenbewegungen, evtl. verstärkt oder abgeschwächt durch *geologische* oder *topographische* Effekte;
- Bodenverschiebungen (horizontal, vertikal);
- Bodensetzungen;
- Bodenverflüssigungen (Thixotropie) von wenig komprimierten Lockersedimenten und künstlichen Ablagerungen mit hoher Porenwassersättigung sowie sehr homogene feinsandige Schichten oder Na-reiche Tone.

2. Verschieden **indirekte Schäden** wie u.a.:
- Hangrutschungen, Schlammlawinen (Muren), Fels- und Bergstürze;
- Feuer als Folge zerstörter Strom- und Gasleitungen;
- Tsunamis (Erdbeben M=>6), ausgelöst durch submarine Erdbeben mit Bodenverstellungen oder submarine Rutschungen.

Das **Gefahrenpotential** eines Erdbebens ist abhängig:
1. von der Tiefenlage, Intensität und Nähe des Erdbebens. Besonders gefährlich sind nahegelegene Flachbeben mit hoher Magnitude.
2. vom geologischen Untergrund, dem Ausbreitungsprozeß der Erdbebenwellen sowie von potentiellen positiven oder negativen Wellen-Interferenzen (Verstärkungs- + Abschwächungseffekte). Nur über historische Beben kann dies Gefahrenpotential abgeschätzt werden.
3. von der Reaktion von Bauwerken auf seismische Wellen (erdbebensichere Bauweise von Gebäuden und Infrastrukturen) in Wechselwirkung mit dem Baugrund.

Eine Vorhersage von Erdbeben ist bisher nicht möglich. Es gibt Vorläufererscheinungen, die als Warnhinweise dienen können wie Vorbeben, Veränderungen von Hangneigungen, Veränderungen des Grundwasserspiegels, Radon-Austritte, Veränderungen im geoelektrischen Feld oder ein unruhiges Verhalten von Tieren. Hilfreich können auch Erdbebenfrühwarnsysteme durch Messstationen an bekannten Verwerfungsflächen sein. Allerdings können wegen der hohen Geschwindigkeit seismischer Wellen von durchaus 3,5 km/s nur entfernte Gebiete frühzeitig genug gewarnt werden.

Ausgewählte Literatur

Bolt, A.B. (1995): Erdbeben: Schlüssel zur Geodynamik. – 219 S.; Heidelberg (Spektrum Verl.).

Press, F. & Siever, R. (2008): Allgemeine Geologie: Kap. 13; 5. Aufl.; Heidelberg (Spektrum Verl.).

Weiterführende Literatur und seriöse Internetquellen

Leydecker, G. (2011): Erdbebenkatalog für Deutschland mit Randgebieten für die Jahre 800 bis 2008. – Geologisches Jahrbuch E59; Hannover (BGR).

National Geographic Society (ed.) (1997): Bebende Erde. – Augsburg (Steiger Verl.).

Robinson, A. (1993): Erdgewalten. Erdbeben, Unwetter und andere Katastrophen. – London.

Schneider, G. (2004): Erdbeben. Eine Einführung für Geowissenschaftler und Bauingernieure. - München (Spektrum Verl.).

Internet: *http://earthquake.usgs.gov/*

sowie die Internetseiten der Bundesanstalt für Geowissenschaften und Rohstoffe in Hannover und der Erdbebendienste in den Bundesländern wie Bayern.

Beantworten Sie mit Hilfe der Literatur und des Textes die nachfolgenden Fragen.

1. *Wodurch entstehen Erdbeben?*
2. *Was sind Ursachen von Erdbeben?*
3. *Wo liegen die am meisten durch Erdbeben gefährdeten Gebiete auf der Erde?*
4. *Was versteht man unter einem Hypo- und einem Epizentrum?*
5. *Welches Erdbeben hat bei gleicher Energie-freisetzung an der Oberfläche eine größere Intensität: ein Flachbeben oder ein Tiefbeben?*
6. *Wo auf der Erde findet man eine starke Häufung von Tiefbeben und wo dominieren Flachbeben und mitteltiefe Beben?*
7. *Welche Raum- und Oberflächenwellen treten bei Erdbeben auf?*
8. *Welches Messgerät zeichnet seismische Wellen auf?*
9. *Welche Magnitude nach der Richter-Skala besaß das stärkste bisher beobachtete Erdbeben auf der Erde?*
10. *Welche direkten und indirekten Schäden können Erdbeben verursachen?*
12. *Welcher Untergrund ist bei einem Erdbeben am unsichersten?*
13. *Was versteht man unter dem Phänomen der Thixotropie?*
14. *Welche Indikatoren können helfen, um Erdbeben vorauszusagen?*
15. *Wo erstrecken sich in Deutschland potentielle Erdbebengebiete?*
16. *Mit welcher Bebenstärke ist in Deutschland zu rechnen?*
17. *Wann und wo ereignete sich in den 1990er Jahren ein relativ starkes Erdbeben in Deutschland?*
18. *Wie lokalisiert man ein Erdbeben?*
19. *Was ist der Unterschied zwischen Erdbeben-Intensität und Erdbeben-Magnitude?*

Weitere Fragen für BA-Studierende und Lehramt Gymnasium

Erarbeiten Sie mit Hilfe der Literatur, wo auf der Erde potentielle Auslösungsorte von Erdbeben liegen und in welcher Tiefe die Hypozentren von Erdbeben dort verteilt sind.

20. *Warum gibt es in der Umrahmung des Pazifiks zahlreiche Erdbeben (Genese) und in welcher Tiefe liegen dort die Hypozentren?*
21. *Warum gibt es im Bereich der mittelozeanischen Rücken Erdbeben? Welche Stärke besitzen sie in der Regel verglichen mit Erdbeben an Subduktionszonen?*
22. *Warum gibt es in den Alpen wiederholt heftige Erdbeben?*
23. *Was ist eine Wadati-Benioff-Zone und welche Herdtiefen treten dort auf?*
24. *Wovon ist die Laufgeschwindigkeit seismischer Raumwellen abhängig?*
25. *Welche seismischen Wellen durchlaufen keine flüssigen Medien?*
26. *Welche Erdbebenwellen besitzen die höchste Laufgeschwindigkeit und wie verspüren wir sie?*
27. *Welche Erdbebenwellen rufen in der Regel die größten Schäden hervor?*
28. *Wieviel mehr Energie wird freigesetzt, wenn die Erdbebenstärke nach der Richter-Skala um 1 höher ist?*
29. *Welche morphologischen Formen können auf Gefährdungen durch Erdbeben hinweisen?*
30. *Wie wirken sich positive Interferenzen von Erdbebenwellen auf deren Magnitude aus?*
31. *Wie verändert sich die Intensität (Stärke und Magnitude) seismischer Wellen mit zunehmender Entfernung von ihrem Entstehungsort?*
32. *Wo treten in Bayern Schwarmbeben auf und was ist wahrscheinlich deren Ursache?*
33. *Wie bestimmt man die Richter-Magnitude (Lokal-Magnitude)?*
34. *Was sind Ursachen von Nachbeben?*

Literaturverzeichnis

ABBOTT, P. L. (1996): Natural Disasters. – Chicago (WM. C. Brown Publishers).

ABBOTT, P.M., NIEMEIER, U., TIMMRECK, C., RIEDE, F., MCCONNELL, J.R., SEVERI, M., FISCHER, H., SVENSSON, A., TOOHEY, M., REINIG, F. & SIGL, M. (2021): Volcanic climate forcing preceding the inception of the Younger Dryas: Implications for tracing the Laacher See eruption. – Quaternary Science Reviews, 274: 1-9.

AG BODEN (2005): Bodenkundliche Kartieranleitung. – 5. Aufl.; Hannover (Arbeitsgruppe Boden der geologischen Landesämter).

AHN, J. & BROOK, E.J. (2008): Atmospheric CO_2 and climate on millennial time scales during the last glacial period. – Science, 322: 83-85.

AHNERT, F. (2015): Einführung in die Allgemeine Geomorphologie. – 5. Aufl.; Stuttgart (Ulmer Verl.).

AHORNER, L. & BORTFELD, R. (1983): New developments in exploration seismics. – Stuttgart (Schweizerbart).

AHORNER, L., BAIER, B. & BONJER, K.-P. (1983): General pattern of seismotectonic dislocation and the earth-quake-generating stress field in Central Europe between the Alps and the North Sea. – In: FUCHS, K., VON GEHLEN, H., MÄLZER, H., MURAWSKI, H. & SEMMEL, A. (eds.): Plateau uplift: 187-197; Berlin, Heidelberg (Springer Verl.).

ALLEY, R.B. (2000): The Younger Dryas cold interval as viewed from central Greenland. – Quaternary Science Reviews, 19: 213-226.

ALLEY, R.B. (2010): Reliability of ice-core science: historical insights. – Journal of Glaciology, 56: 1095-1103.

ALTABA, M.F. & TANELLI, G. (1993): Wissen auf einen Blick - Mineralogie. – Klagenfurt (Kaiser Verl.).

ANDERSEN, M.B., GALLUP, C.D., SCHOLZ, D., STIRLING, C.H. & THOMPSON, W.G. (2009): U-series dating of fossil coral reefs: Consensus and controversy. – PAGES News, 17: 54-56.

ANDERSEN, M.B., STIRLING, C.H., ZIMMERMANN, B., HALLIDAY, A.N. (2010): Precise determination of the open ocean $^{234}U/^{238}U$ composition. – Geochem. Geophys. Geosyst. 11.

ANDERSEN, K.K., SVENSSON, A., JOHNSEN, S., RASMUSSEN, S.O., BIGLER, M., RÖTHLISBERGER, R., RUTH, U., SIGGAARD-ANDERSEN, M.-L., STEFFENSEN, J.P., DAHL-JENSEN, D., VINTHER, B.M. & CLAUSEN, H.B. (2006): The Greenland ice core chronology 2005, 15–42 kyr Part 1: constructing the time scale. – Quaternary Science Reviews, 25: 3246-3257.

ARAGUAS-ARAGUAS, L., FROEHLICH, K. & ROZANSKI, K. (2000): Deuterium and oxygen-18 isotope composition of precipitation and atmospheric moisture. – Hydrological Processes, 14: 1341-1355.

ARNAUD, L., BARNOLA, J.M. & DUVAL, P. (2000): Physical modeling of the densification of snow/firn and ice in the upper part of polar ice sheets. – Physics of Ice Core Records: 285-305; Hokkaido University Collection of Scholarly and Academic Papers.

ARRHENIUS, S. (1896): On the Influence of Carbonic Acid in the Air upon the Temperature of the Ground. – Philosophical Magazine and Journal of Science, Series 5, 41: 237-276.

BAHLBURG, H. & BREITKREUZ, C. (1998): Grundlagen der Geologie. – Stuttgart (Ferdinand Enke Verlag).

BAHLBURG, H. & BREITKREUZ, C. (2004): Grundlagen der Geologie. – 2. Aufl.; Stuttgart (Ferdinand Enke Verlag).

BAHLBURG, H. & BREITKREUZ, C. (2017): Grundlagen der Geologie. – 5. Aufl.; Stuttgart (Enke Verl.).

BARDINTZEFF, J.-M. (1999): Vulkanologie. – Stuttgart (Enke Verl.).

BARKOWSKI, D., BAUER, J., BLEIER; M., GÜNTHER , P., KATHÖFER, D. & STACHOWSKE, D. (2015):Gutachterliche Untersuchung zu technischen und wirtschaftlichen Alternativen zur Einleitung von Abwässern aus dem Abbau von Salzen im Einzugsgebiet der Weser. – Düsseldorf (Ministerium für Klimaschutz, Umwelt, Landwirtschaft, Natur- und Verbraucherschutz NRW).

Barry, R., & Gan, T.Y. (2011): The global cryosphere: Past, present and future. – Cambridge University Press.

Bassinot, F.C. (2007): Oxygen Isotope Stratigraphy of the Oceans. – In: Ellias, S.A. & Scott (eds.): Encyclopedia of Quaternary Science: 1740-1748.

Bauer, J., Englert, W., Meier, U., Morgeneyer, F. & Waldeck, W. (2002): Physische Geographie kompakt. – Heidelberg, Berlin (Spektrum Akad. Verl.).

Baumgartner, M., Kindler, P., Eicher, O., Floch, G., Schilt, A., Schwander, J., Spahni, R., Capron, E., Chappellaz, J., Leuenberger, M., Fischer, H. & Stocker, T.F. (2014): NGRIP CH_4 concentration from 120 to 10 kyr before present and its relation to a $d^{15}N$ temperature reconstruction from the same ice core. – Clim. Past, 10: 903-920.

Baumhauer, R., Kneisel, C., Möller, S., Schütt, B. & Tressel, E. (2017): Einführung in die Physische Geographie. – 2. Aufl.; Darmstadt (Wissenschaftliche Buchgesellschaft).

Becker, B. (1982): Dendrochronologie und Paläoökologie subfossiler Baumstämme aus Flußablagerungen. - Ein Beitrag zur nacheiszeitlichen Auenentwicklung im südlichen Mitteleuropa. – Mitt. d. Komm. f. Quartärforschung d. Österreichischen Akad. d. Wiss., 5; Wien.

Behre, K.-E. & Lade, U. (1986): Eine Folge von Eem und 4 Weichsel-Interstadialen in Oerel/Niedersachsen und ihr Vegetationsablauf. – Eiszeitalter und Gegenwart, 36: 11-36.

Bibus, E. (1985): „Tropische Paläoböden" in Mitteleuropa - Ausbildungen und Probleme ihrer klimatischen Deutung. – Geomethodica, 10: 153-191; Basel.

Bibus, E. (1989): Exkursionsführer 8. Tagung Arbeitskreis Paläoböden der Deutschen Bodenkundlichen Gesellschaft: 1-27; Tübingen.

Bibus, E., Bludau, W., Bross, C. & Rähle, W. (1996): Der Altwürm- und der Rißabschnitt im Profil Mainz-Weisenau (Heidelberger Zement AG) und die Eigenschaften der Mosbacher Humuszonen. – Frankfurter geowiss. Arb., D 20: 21-52; Frankfurt a. M.

Bibus, E., Rähle, W. & Wedel, J. (2002): Profilaufbau, Molluskenführung und Parallelisierungsmöglichkeiten des Altwürmabschnitts im Lössprofil Mainz-Weisenau. – Eiszeitalter und Gegenwart, 51: 1-14.

Bibus, E., Frechen, M., Kösel, M. & Rähle, W. (2007): Das jungpleistozäne Lössprofil von Nussloch (SW-Wand) im Aufschluss der Heidelberger Zement AG. – Quaternary Science Journal (EuG), 56: 227-255.

Big, G.R. & Rohling, E.J. (2000): An oxygen isotope data set for marine waters. – Journal of Geophyical Research, 105: 8527-8535.

Blackwell, B.A.B. (2006): Electron Spin Resonance (ESR) dating in Karst environments. – Acta Carsologica, 35/2: 123-153; Ljubljana.

Blackwell, B.A., Skinner, A.R., Blickstein, J.I., Montoya, A.C., Florentin, J.A., Baboumian, S.M., Ahmed, I.J. & Deely, A.E. (2016): ESR in the 21st century: From buried valleys and deserts to the deep ocean and tectonic uplift. – Earth-Science Reviews, 158: 125-159.

Blarda, P.-H., Bourles, D., Lavé, J. & Pik, R. (2006): Applications of ancient cosmic-ray exposures: Theory, techniques and limitations. – Quaternary Geochronology, 1: 59-73.

Bleil, U. & von Dobenek, T. (2008): Das Magnetfeld der Erde. – GMIT, 34.

Blunier, Th. & Schwander, J. (2000): Gas enclosure in ice: age difference and fractionation. – In: Hondoh, T. (ed.): Physics of Ice Core Records. – Sapporo (Hokkaido University Press).

Bolt, B.A. (1995): Erdbeben. Schlüssel für Geodynamik. – Heidelberg (Spektrum Akademischer Verl.).

Borchert, H. (1978): Lernblätter zur Geochemie und Lagerstättenkunde der mineralischen Rohstoffe. – Essen (Verlag Glückauf GmbH).

BORYLO, A. & SKWARZEC, B. (2014): Activity disequilibrium between ^{234}U and ^{238}U isotopes in natural environment. – J. Radioanal. Nucl. Chem., 300: 719–727.

BOTT, M.H.P. (1982): The Interior of the Earth. – Amsterdam (Elsevier).

BRADLEY, R.S. (2014): Paleoclimatology. Reconstructing Climates of the Quaternary. – 3rd ed.; Massachusetts.

BRADY, N.C. & WEIL, R.A. (2008): The nature and Properties of soils. – New Jersey (Pearson Prentice Hall).

BRINKMANN, R. (1990): Abriss der Geologie Bd. 1. – Stuttgart (Enke-Verl.).

BROECKER, W.S. (1989): The salinity contrast between the Atlantic and Pacific oceans. – Paleooceanography and Paleoclimatology, 4: 207-212.

BROECKER, W.S, THURBER, D.L., GODDARD, J., KU., T.L., MATTHEWS, K.L. & MESOLELLA, K.J. (1968): Milankovitch Hypothesis supported by Precise Dating of coral reefs and Deep-Sea sediments. – Science, 159: 297-300.

BROVKIN, V., BRÜCHER, T., KLEINEN, TH., ZAEHLE, S., JOOS, F., ROTH, R., SPAHNI, R., SCHMITT, J., FISCHER, H., LEUENBERGER, M., STONE, E.J., RIDGWELL, A., CHAPPELLAZ, J., KEHRWALD, N., BARBANTE, C., BLUNIER, TH. & DAHL-JENSEN, D. (2016): Comparative carbon cycle dynamics of the present and last interglacial. – Quat. Science Rev., 137: 15-32.

BRUNNACKER, K. (1954). Löß und diluviale Bodenbildungen in Südbayern. – Eiszeitalter und Gegenwart, 4-5: 83-86.

BRUNNACKER, K. (1959a): Junge Deckschichten und „schwarzerdeähnliche" Böden bei Schweinfurt. – Geol. Bl. NO-Bayern, 9: 2-14; Erlangen.

BRUNNACKER, K. (1959b): Zur Kenntnis des Spät- und Postglazials in Bayern. – Geologica Bavarica, 43: 74-150; München.

BRUNNACKER, K. (1965): Die Entstehung der Münchner Schotterfläche zwischen München und Moosburg. – Geologica Bavaria, 55: 341-359; München.

BRUNNACKER, K. (1966): Die Deckschichten und Paläoböden über dem Fagotien-Schotter westlich von Moosburg. – N. Jb. Geol. Paläont. Mh. 1966, 1: 214-227; Stuttgart.

BRUNNACKER, K. (1977): Grundtendenzen in der geologischen Entwicklung des Binnenholozäns. – Erdw. Forsch., 13: 238-247; Wiesbaden.

BRUNNACKER, M. & BRUNNACKER, K. (1962): Weitere Funde pleistozäner Molluskenfaunen bei München. – Eiszeitalter und Gegenwart, 13: 129-137; Öhringen/Württ.

BRYAN, S.E. & ERNST, R.E. (2008): Revised definition of Large Igneous Provinces (LIPs). – Earth-Science Rev., 86: 175-202.

BUIZERT, C. (2011): The influence of firn air transport processes and radiocarbon production on gas records from polar firn and ice. – Thesis, Copenhagen (Faculty of Science).

BUNDESANSTALT FÜR GEOWISSENSCHAFTEN UND ROHSTOFFE (Hrsg.) (2001): Erdbeben in Deutschland 1995. Berichte der deutschen seismologischen Observation mit einem Katalog wichtiger Weltbeben. – 373 S.; Hannover (BGR).

CAIN, W.F. (1979): ^{14}C in modern American trees. – In: BERGER, R. & SUESS, H.E. (eds.): Radiocarbon Dating. Proceedings of the 9th International ^{14}C Conference: 495-510; Berkeley, (University of California Press).

CHAPPELLAZ, J., STOWASSER, C., BLUNIER, T., BASLEV-CLAUSEN, D., BROOK, E. J., DALLMAYR, R., FAÏN, X., LEE, J. E., MITCHELL, L. E., PASCUAL, O., ROMANINI, D., ROSEN, J. & SCHÜPBACH, S (2013): High-resolution glacial and deglacial record of atmospheric methane by continuous-flow and laser spectrometer analysis along the NEEM ice core. – Clim. Past, 9: 2579-2593.

CLAGUE, J.J., BARENDREGT, R.W., MENOUNOS, B., ROBERTS, N.J., RABASSA, J., MARTINEZ, O., ERCOLANO, B.,

Corbella, H. & Hemming, S.R. (2020): Pliocene and Early Pleistocene glaciation and landscape evolution on the Patagonian Steppe, Santa Cruz province, Argentina. – Quaternary Science Reviews, 227: 10-19.

Clark, I. D. & Fritz, P. (1997): Environmental isotopes in hydrogeology. – CRC Press LLC.

Clement, A.C. & Peterson, L.C. (2008): Mechanism of abrupt climate change of the Last Glacial Period. – Reviews of Geophysics, 46: 1-39.

Coplen, T. B., Kendall, C. & Hopple, J. (1983): Comparison of stable isotope reference sample. – Nature, 302: 236-238.

Craig, H. (1961): Isotopic variations in meteoric waters. – Science, 133: 1702-1703.

Cutler, K., Edwards, R.,Taylor, F., Cheng, H., Adkins, J., Gallup, C., Cutler, P., Burr, G. & Bloom, A. (2003): Rapid sea-level fall and deep-ocean temperature change since the last interglacial period. – Earth and Planetary Science Letters, 206: 253-271.

Dahe, Q., Petit, J.-R., Jouzel, J. & Stiévenard, M. (1994): Distribution of stable isotopes in surface snow along the route of the 1990 International Trans-Antarctica Expedition. – J. Glaciology, 40: 107–118.

Dahl-Jensen, D., Mosegaard, K., Gundestrup, N., Clow, G.D., Johnsen, S.J., Hansen, A.W. & Balling, N. (1998): Past temperatures directly from the Greenland Ice Sheet. – Science, 282: 268-271.

Dahl-Jensen, D., Bamber, J., Bøggild, C.E., Buch, E., Christensen, J.H., Dethloff, K., Fahnestock, M., Marshall, S., Rosing, M., Steffen, K., Thomas, R., Truffer, M., van den Broeke, M. &. van der Veen, C.J. (2009): The Greenland Ice Sheet in a Changing Climate: Snow, Water, Ice and Permafrost in the Arctic (SWIPA) 2009. – 115 pp.; Oslo.

Dansgaard, W. (1964): Stable isotopes in precipitation. – Tellus, 16: 436-468.

Dansgaard, W. (2005): Frozen Annals. Greenland Ice Cap Research. – Copenhagen (Niels Bohr Institute).

Dansgaard, W., Johnsen, S.J., Clausen, H.B. & Gundestrup, N. (1973): Stable isotope glaciology. – Meddelelser om Groenland, 197: 1-53.

Dansgaard, W., Johnsen, S., Clausen, H., Dahl-Jensen, D., Gundestrup, N., Hammer, C., Hvidberg, C., Steffensen, J., Sveinbjornsdottir, A., Jouzel, J., Bond, G. (1993): Evidence for general instability of past climate from a 250-kyr ice-core record. – Nature, 364: 218-220.

Dansgaard, W., Johnson, S. F., Clausen, H.B., Gundestrup, N., Hammer, C. U. & Tauber, H. (1995): Greenland paleo-temperatures derived from the GRIP ice core. – Palaeoclimate Research, Spec. Iss., 16: 35-50; Stuttgart.

Delanghe, E., Bard, E. & Hamelin, B. (2002): New TIMS constraints on the uranium-238 and uranium-234 in seawaters from the main ocean basins and the Mediterranean Sea. – Marine Chem., 80: 79-93.

Delaygue, G. (2016): Oxygen Isotopes. – Encyclopedia of Marine Geosciences: 666-672.

Dreyer, H. P. (1996): Radioaktivität. Ein Leitprogramm. – Zürich.

Duller, G.A.T. (2008): Luminescence Dating. Guidelines on using luminescence dating in archaeology. – Swindon (Englisch Heritage).

Dunai, T.J. (2010): Cosmogenic Nuclides. Principles, Concepts and Applications in the Earth Surface Sciences. – Cambridge.

Earthquake Usgs. Gov (2020): „USGS Earthquake Hazards Program". Science for a changing world, https://earthquake.usgs.gov/. (aufgerufen am 09.12.2020).

Edwards, R.L., Gallup, C.D. & Cheng, H. (2003): Uranium-series dating of marine and lacustrine carbonates. – Rev. Mineral. Geochem., 52: 363-405.

Elias, E. (ed.) (2008): Encyclopedia of Quaternary Science. – Dordrecht (Springer Verl.).

Ellenberg, J. (2003): Salzlagerstätten und Auslaugung - das Beispiel Südwestthüringen. – Nationalatlas Bundesrepublik Deutschland - Relief, Boden und Wasser: 56-57.

Elsner, H. (2016): Salze in Deutschland. – Hannover (BGR).

Emiliani, C. (1955): Pleistocene temperatures. – Journal of Geology, 63: 538-578.

Epica Community Members (2006): One-to-one coupling of glacial climate variability in Greenland and Antarctica. – Nature, 444: 195-198.

Eppstein, S., Buchsbaum, R., Lowenstam, H.A. & Urey, H.C. (1953): Revised carbonate-water isotopic temperature scale. – Geological Society of America Bulletin, 64: 1315-1326.

Etheridge, D.M., Steele, L.P., Langenfelds, R.L., Francey, R.J., Barnola, J.-M. & Morgan, V.I. (1996): Natural and anthropogenic changes in atmospheric CO_2 over the last 1000 years from air in Antarctic ice and firn. – Journal of Geophysical Research, 101: 4115-4128.

Faria, S.H., Weikusat, I. & Azumat; N. (2013): The Microstructure of Polar Ice. Part I: Highlights from Ice Core Research. – Journal of Structural Geology, 61: 2-20.

Francis, P. (1993): Volcanoes. A planetary perspective. – Oxford (Oxford University Press).

Freising, H. (1949): Löße, Fließerden und Wanderschutt im nördlichen Württemberg. – Diss., TH Stuttgart.

Friedrich, M., Remmele, S., Kromer, B., Hofmann, J., Spruk, M., Kaiser, K.F., Orcel, C. & Küppers, M. (2004): The 12,460-year Hohenheim oak and pine tree-ring chronology from central Europe – a unique annual record for radiocarbon calibration and paleoenvironment reconstruction. – Radiocarbon, 46: 1111-1122.

Frisch, W. & Loeschke, J. (1986): Plattentektonik. – Darmstadt (Wiss. Buchgesellschaft).

Frisch, W. & Meschede, M. (2013): Plattentektonik. Kontinentverschiebung und Gebirgsbildung. – 5. Aufl.; Darmstadt (Primus Verl.).

Füchtbauer, H. (Hrsg.) (1988): Sedimente und Sedimentgesteine. – Stuttgart (Schweizerbart Verl.).

Gallup, C.D., Edwards, R.L. & Johnson, R.D.(1994): The timing of high sea-levels over the past 200,000 years. – Science 263: 786-800.

Geyh, M.A. (2005): Handbuch der physikalischen und chemischen Altersbestimmung. – Darmstadt (WBG).

Goñi, M.F.S., Desprat, S, Fletcher W.J., Morales-Molino C., Naughton, F., Oliveira, D., Urrego, D.H. & Zorzi, C. (2018): Pollen from the Deep-Sea: A Breakthrough in the Mystery of the Ice Ages. – Frontiers in Plant Science, 9: 38 pp.

Goñi, M.F.S. & Harrison, S.P. (2010): Introduction. Millennial-scale climate variability and vegetation changes during the Last Glacial: Concepts and terminology. – Quaternary Science Reviews, 29: 2823–2827.

Gosse, J. & Klein, J. (2015): Terrestrial comogenic nuclide dating. – In: Rink, W.J. & Thompson, J.W. (eds.): Encyclopedia of Scientific Dating Methods: 799-813; Dordrecht (Springer).

Govin, A., Capron, E., Tzedakis, P.C., Verheyden, S., Ghaleb, B., Hillaire-Marcel, C., St-Onge, G., Stoner, J.S., Bassinot, F., Bazin, L., Blunier, T., Combourieu-Nebout, N., El Ouahabi, A., Genty, D., Gersonde, R., Jimenez-Amat, P., Landais, A., Martrat, B., Masson-Delmotte, V., Parrenin, F., Seidenkrantz, M.-S., Veres, D., Waelbroeck, C. & Zahn, R. (2015): Sequence of events from the onset to the demise of the Last Interglacial: Evaluating strengths and limitations of chronologies used in climatic archives. – Quaternary Science Reviews, 129: 1-36.

Gow, A.J., Meese, D.A., Alley, R.B., Fitzpatrick, J.J., Anandakrishnan, S., Woods, G.A. & Elder, B.C. (1997): Physical and structural properties of the Greenland Ice Sheet Project 2 ice core: A review. – Journal of Geophysical Research, 102: 26559-26575.

Grachev, A.M. & Severinghaus, J.P. (2005): A revised +10 ± 4°C magnitude of the abrupt change in

Greenland temperature at the Younger Dryas termination using published GISP2 gas isotope data and air thermal diffusion constants. – Quaternary Science Reviews, 24: 513-519.

Grahmann, R. (1932): Der Loess in Europa. – Mitt. Ges. Erdkunde zu Leipzig 1930–31, Bd. 51: 5-24.

Grim, R.E. (1962): Applied clay mineralogy. – New York.

Grootes, P.M. & Stuiver, M. (1997): Oxygen 18/16 variability in Greenland snow and ice with 10^{-3}- to 10^{5}-year time resolution. – Journal of Geophysical Research, 102: 26455-26470.

Grün, R. (1989): Die ESR-Altersbestimmungsmethode. – Heidelberg, Berlin (Springer Verl.).

Grün, R. (1989): Electron Spin Resonance (ESR) dating. – Quaternary International, 1: 65-109.

Grün, R. (2007): Electron Spin Resonance Dating. – In: Elias, S.A. (ed.): Encyclopedia of Quaternary science, Vol. 2: 1505-1516; Amsterdam (Elsevier).

Guillevic, M. (2014): Characterisation of rapid climate changes through isotope analyses of ice and entrapped air in the NEEM ice core. – PhD thesis, University of Copenhagen, Université des Versailles.

Guillevic, M., Bazin, L., Landais, A., Kindler, P., Orsi, A., Masson- Delmotte, V., Blunier, T., Buchardt, S.L., Capron, E., Leuenberger, M., Martinerie, P., Prié, F. & Vinther, B.M. (2013): Spatial gradients of temperature, accumulation and δ^{18}O-ice in Greenland over a series of Dansgaard–Oeschger events. – Clim. Past, 9: 1029-1051.

Hädrich, F. (1970): Zur Anwendbarkeit einiger bodenkundlicher Untersuchungsmethoden in der paläopedologischen und quartärgeologischen Forschung unter besonderer Berücksichtigung der Untersuchung von Profilen an Lößaufschlüssen. – Ber. d. Naturforsch. Ges. zu Freiburg 60: 103-137; Freiburg.

Hager, H. (1991): Zur Entstehung der rheinischen Braunkohle - eine Frage und ihre Beantwortung. – Niederrheinische Landeskunde, Schriften zur Natur und Geschichte des Niederrheins, Bd. X: 45-59; Krefeld (Niederrhein Verl.).

Hajdas, I. (2008): Radiocarbon dating and ist applications in Quaertnary studies. – E & G (Eiszeitalter und Gegenwart) Quaternary Science Journal, 57: 2.-24.

Heinrich, H. (1988): Origin and consequences of cyclic ice rafting in the northeast Atlantic Ocean during the past 130,000 years. – Quaternary Research, 29: 142-152.

Henningsen, D. & Katzung, G. (2002): Einführung in die Geologie Deutschlands. – Berlin (Spektrum Akademischer Verl.).

Henningsen, D. & Katzung, G. (2006): Einführung in die Geologie Deutschlands. – 2. Aufl.; Berlin (Spektrum Akademischer Verl.).

Hensch, M., Dahm, T., Ritter, J., Heimann, S., Schmidt, B., Stange, S. & Lehmann, K. (2019): Deep low-frequency earthquakes reveal ongoing magmatic recharge beneath Laacher See Volcano (Eifel, Germany). – Geophysical Journal International, 216: 2025-2036.

Heron, Ph.J. (2019): Mantle plume and mantle dynamics in the Wilson cycle. – Geological Society, London, Spec. Publ., 470: 87-103.

Heunisch, C., Caspers, G., Elbracht, J., Langer, A., Röhling, H.-G., Schwarz, C. & Streif, H. (2017): Erdgeschichte von Niedersachsen. Geologie und Landschaftsentwicklung. – GeoBerichte 6; Hannover (Landesamt für Bergbau, Energie und Geologie).

Hey, R.N. (2014): Seafloor sprfeading. – In: Gupta, H.K. (ed.): Encyclopedia of Earth Sciences Series: 1055-1059; Dordrecht (Springer).

Hintermaier-Erhard, G. & Zech, W. (1997): Wörterbuch der Bodenkunde: Systematik, Genese, Eigenschaften, Ökologie und Verbreitung von Böden. – Stuttgart (Enke).

HOFBAUER, G. (2016): Vulkane in Deutschland. – Darmstadt (Wiss. Buchgesellschaft).

HOHL, R. (Hrsg.) (1981): Die Entwicklungsgeschichte der Erde. – 5. Aufl.; Hanau (Verlag Werner Dausien).

HOLDEN, N.E. (1990): Total half-lives for selected nuclides. – Pure & Apllied Chemistry, 62: 941-958.

HOLME, Ch. (2019): Stable water isotope variability as a proxy of past temperatures. – PhD thesis, University of Copenhagen.

HOLME, CH., GKINIS, V., LANZKY, M., MORRIS, V., OLESEN, M., THAYER, A., VAUGHN, B.H. & VINTHER, B.M. (2019): Varying regional $\delta^{18}O$-temperature relationship in high-resolution stable water isotopes from east Greenland. – Clim. Past, 15: 893-912.

HOLTKAMP, J. (2008): Modellierung der Isotopenfraktionierung im Niederschlag. – Dipl.-Arb. Institut für Hydrologie, Universität Freiburg.

HOU, SH., WANG, Y.T. & P, H.X. (2013): Climatology of tsable isotopes in Antarctic snow and ice: Current status and prospects. – Chinese Science Bulletin, 58: 1095-1106.

IVY-OCHS, S. & KOBER, F. (2008): Surface exposure dating with cosmogenic nuclides. – Eiszeitalter u. Gegenwart, 57: 179-209.

IVY-OCHS, S., ALEÇAR, N. & JULL, T.A.J. (2014): Tracking the space of Quaternary landscape change with comogenic nuclides. – Quaternary Geochronology, 19: 1-3.

JACOBSHAGEN, V., ARNDT, J., GOETZE, H.-J., MERTMANN, D. & WALLFASS, C. (2000): Einführung in die geologischen Wissenschaften. – Stuttgart (Ulmer Verl.).

JANOTTA, A. (1991): Thermolumineszenzdatierungen als chronometrischer Beitrag zur stratigraphischen Beschreibung von Lößprofilen. – Düss. Geogr. Schr., 30; Düsseldorf.

JASMUND, K. & LAGALY, G. (Hrsg.) (1993): Tonminerale und Tone. – Darmstadt (Steinkopf Verl.).

JOHNSEN, S.J. & VINTHER, B.M. (2006): Stable isotope records from the Greenland ice cores. – In: VINTHER, B.M.: Greenland and North Atlantic climatic conditions during the Holocene – as seen in high resolution stable isotope data from Greenland ice cores: Appendix A; Diss., University of Copenhagen.

JOHNSEN, S.J., DANSGAARD, W. & WHITE, J.W.C. (1989): The origin of Arctic precipitation under present and glacial conditions. – Tellus, 41B: 452-468.

JOHNSEN, S.J., H.B. CLAUSEN, W., DANSGAARD, N.S., GUNDESTRUP, C.U., HAMMER, U., ANDERSEN, K.K., ANDERSEN, C.S., HVIDBERG, D., DAHL- JENSEN, J.P., STEFFENSEN, H., SHOJI, A.E., SVEINBJÖRNSDÓTTIR, J., WHITE, J., JOUZEL, J. & FISHER, D. (1997): The $\partial^{18}O$ record along the Greenland Ice Core Project deep ice core and the problem of possible Eemian climatic instability. – J. Geophys. Res., C12: 26397-26410.

JOHNSEN, S.J., CLAUSEN, J.B., CUFFEY, K.M., HOFFMANN, G., SCHWANDER, J. & CREYTS, T. (2000): Diffusion of stable isotopes in polar firn and ice: the isotope effect in firn diffusion. – Physics of Ice Core Records, 121-140; Sapporo.

JOHNSEN, S.J., DAHL-JENSEN, D., GUNDESTRUP, N., STEFFENSEN, J.P., CLAUSEN, H.B., MILLER, H., MASSON-DELMOTTE, V., SVEINBJÖRNSDOTTIR, A.E. & WHITE, J. (2001). Oxygen isotope and palaeotemperature records from six Greenland ice core stations: Camp Century, Dye3, GRIP, GISP2, Renland and NorthGRIP. – Journal of Quaternary Science, 16: 299-307.

JONAS, M. (1997): Concepts and methods of ESR dating. – Radiation Measurements, 27: 943-973.

JOUZEL, J. (2013): A brief history of ice core over the last 50yrs. – Clim. Past, 9: 2525-2547.

JOUZEL, J., STIEVENARD, M., JOHNSEN, S.J., LANDAIS, A., MASSON-DELMOTTE, V., SVEINBJORNSDOTTIR, A., VIMEUX, F., VON GRAFENSTEIN, U. & WHITE, J.W.C. (2007): The GRIP deuterium-excess record. – Quaternary Science Rev., 26: 1-17.

Jouzel, J., Vimeux, F., Caillon, N., Delaygue, G., Hoffmann, G., Masson, V., & Parrenin, F. (2003): Magnitude of the isotope/temperature scaling for interpretation of central Antarctic ice cores. – J. Geophys. Res., 108.

Kadereit, A., Kind, Cl.-J. & Wagner, G.A. (2013): The chronological position of the Lohne Soil in the Nussloch loess section - re-evaluation for a European loess-marker horizon. – Quaternary Science Reviews, 59: 67-86.

Kaiser, K. (1975): Die Inlandeis-Theorie, seit 100 Jahren fester Bestand der Deutschen Quartärforschung. – Eiszeitalter u. Gegenwart 26: 1-30; Öhringen.

Kelletat, D. (1999): Physische Geographie der Meere und Küsten. – 2. Aufl.; Leipzig (Teubner Verl.).

Kelletat, D. (2013): Physische Geographie der Meere und Küsten. – 3. Aufl.; Leipzig (Teubner Verl.).

Kindler, P., Guillevic, M., Baumgartner, M., Schwander, J., Landais, A. & Leuenberger, M. (2014): Temperature reconstruction from 10 to 120 kyr b2k from the NGRIP ice core. – Clim. Past, 10: 887-902.

Kleinen, Th., Mikolajrewicz, U. & Brovkin, V. (2020): Terrestrial methan emissions from the Last Glacial Maximum to the preindustrial period. – Clim. Past, 16: 575-595.

Koenigswald, W. v. & Meyer, W. (Hrsg.): Erdgeschichte im Rheinland. Fossilien und Gesteine aus 400 Millionen Jahren. – München.

Köhler, P., Nehrbass-Ahles, C., Schmitt, J., Stocker, T. F. & Fischer, H (2017a): Comment on „Changes in atmospheric CO_2 levels recorded by the isotopic signature of n-alkanes from plants" from K. S. Machado and S. Froehner. – Global Planet. Change, 156: 24-25.

Köhler, P., Nehrbass-Ahles, C., Schmitt, J., Stocker, T.F. & Fischer, H. (2017b): 156 kyr smoothed history of the atmospheric greenhouse gases CO_2, CH_4, and N_2O and their radiative forcing. – Earth Syst. Sci. Data, 9: 363-387.

Köhler, P., Nehrbass-Ahles, Ch., Schmitt, J., Stocker, Th..F. & Fischer, H. (2017c): Comment on Changes in atmospheric CO_2 levels recorded by 2 the isotopic signature of n-alkanes from plants from K.S. Machado and S. Froehner. – Global Planet. Change, 156: 24-25.

Köthe, A., Hoffmann, N., Krull, P., Zirngast, M. & Zwirner, R. (2007): Description of the Gorleben site Part 2: Geology of the overburden and adjoining rock of the Gorleben salt dome. – Hannover (Bundesanstalt für Geowissenschaften und Rohstoffe).

Kotulla, M. (2019): Grönländische Eisbohrkerne und ihre Interpretation: Absolute Datierung durch Zählung von Jahresschichten. – W+W Special Papers G-19-2 (Wort und Wissen e.V.).

Kromer, B. & Friedrich, M. (2007): Jahrringchronologien und Radiokohlenstoff. – Geogr. Rdsch., 59: 50-55.

Ku, T.-L. (1976): The Uranium-Series Methodes of Age Determination. – Annual Reviews of Earth and Planetary Science, 4: 347-379.

Kubiena, W.L. (1953): Bestimmungsbuch und Systematik der Böden Europas. – Stuttgart.

Kubiena, W.L. (1956): Zur Mikromorphologie, Systematik und Entwicklung der rezenten und fossilen Lößböden. – Eiszeitalter und Gegenwart, 7: 102-112; Öhringen.

Kühn, P., Techmer, A. & Weidenfeller, M. (2013): Lower to middle Weichselian pedogenesis and palaeoclimate in Central Europe using combined micromorphology and geochemistry: the loess-paleosol sequence of Alsheim (Mainz Basin, Germany). – Quaternary Science Reviews, 75: 43-58.

Kuntze, H., Roeschmann, G. & Schwerdtfeger, G. (1986): Bodenkunde. – Stuttgart (Ulmer Verl.).

Kuntze, H., Roeschmann, G. & Schwerdtfeger, G. (1994): Bodenkunde. – 5. Aufl; Stuttgart (Ulmer Verlag).

Labeyrie, L.D., Duplessy, J.C. & Blanc, P.L. (1987): Variations in mode of formation and temperature of oceanic deep waters over the past 125,000 years. – Nature, 327: 477-482.

LAJ, C., GUILLON, H. & KISSEL, C. (2014): Dynamics of the earth magnetic field in the10-75 kyr period comprising the Laschamp and Mono Lake excursions. New results from the French Chaîne des Puys in a global perspective. – Earth and Planetary Science Letters, 387: 184-197.

LALLIER-VERGÉS, E., NICOLAS-PIERRE, T. & BERTRAND, P. (1995): Organic Matter Accumulation : The Organic Cyclicities of the Kimmeridge Clay Formation (Yorkshire, GB) and the Recent Maar Sediments (Lac du Bouchet, France). – Berlin (Springer).

LAMBERT, F., DELMONTE, B., PETIT, J.R., BIGLER, M., KAUFMAN, P.R., HUTTERLI, M., STOCKER, T.F., RUTH, U., STEFFENSEN, J.P. & MAGGI, V. (2008): Dust-climate couplings over the past 800,000 years from the EPICA Dome C ice core. – Nature, 452: 616-619.

LANDAIS, A., BARNOLA, J.M., MASSON-DELMOTTE, V., JOUZEL, J., CHAPPELLAZ, J., CAILLON, N., HUBER, C., LEUENBERGER, M. & JOHNSEN, S.J. (2004): A continuous record of temperature evolution over a sequence of Dansgaard-Oeschger events during Marine Isotopic Stage 4 (76 to 62 kyr BP). – Geophysical Research Letters, 31.

LANDESAMT FÜR BERGBAU, ENERGIE UND GEOLOGIE (2018): Erdöl und Erdgas in der Bundesrepublik Deutschland - Anlage 03: Gebiete und Erdölstrukturen, Stand: 31.12.2018. Hannover (www. lbeg. niedersachsen.de).

LANGE, D. (1996): Impakte extraterrestrischer Körper, Vulkanausbrüche und Erdbeben: Energiebilanzen und Häufigkeitsverteilungen im Vergleich. – Göttingen (Cuvillier Verl.).

LANGWAY, C.C. (2008): The history of early polar ice cores. – Engineer Research and Development Center, Cold Regions Research and Engineering Laboratory (ERDC/CRREL), TR-081.

LEE, J. (2015): Ar-Ar and K-Ar Dating. – In: RINK, J.W. & THOMPSON, J.W. (eds.): Encyclopedia of Scientific Dating Methods: 58-73; Berlin, Heidelberg (Springer Verl.).

LEHMKUHL, F., ZENS, J., KRAUSS, L., SCHULTE, PH. & KELS, H. (2016): Loess-paleosol sequences at the northern European loess belt in Germany: Distribution, geomorphology and stratigraphy. – Quaternary Science Reviews, 153: 11-30.

LEMCKE, K. (1988): Geologie von Bayern. I. Das bayerische Alpenvorland vor der Eiszeit. Erdgeschichte - Bau - Bodenschätze. – Stuttgart (Schweizerbart'sche Verlagsbuchhandlung).

LENZ, L. & WIEDERSICH, B. (1993): Grundlagen der Geologie und Landschaftsformen. – Leipzig (Dt. Verlag für Grundstoffindustrie).

LENZ, L. & WIEDERSICH, B. (2001): Grundlagen der Geologie und Landschaftsformen. – 2. Aufl.; Leipzig.

LEXIKON DER GEOWISSENSCHAFTEN (2002). – Heidelberg (Spektrum Akad. Verlag).

LEUENBERGER, M. (2008): Quartäre Klimaschwankungen: Schätzung der Temperaturschwankungen in Grönland mittels hochaufgelöster Isotopenmessung an im Eis archivierter Luft. – Geographica Helvetica, 63: 151-159.

LEVIN, I. & KROMER, B. (2004): The Troposphere $^{14}CO_2$ level in mid-latitudes of the Northern Hemisphere (1959-2003). – Radiocarbon, 46: 1261-1272.

LEYDECKER, G. (2003): Erdbebenkatalog für die Bundesrepublik Deutschland mit Randgebieten für die Jahre 800-2000. Datenfile www.bgr.de7quakecat. – Bundesanstalt für Geowissenschaften und Rostoffe (BGR), Stilleweg 2, 30655 Hannover.

LEYDECKER, G. (2011): Erdbebenkatalog für Deutschland mit Randgebieten für die Jahre 800 bis 2008. – Geologisches Jahrbuch E 59; Hannover (BGR).

LIEBEROTH, I. (1963): Lößsedimentation und Bodenbildung wahrend des Pleistozäns in Sachsen. – Geologie, 12: 149-187.

LISIECKI, L.E. & RAYMO, M.E. (2005): A Pliocene-Pleistocene stack of 57 globally distributed benthic ‰^{18}O records. – Paleoceanography, 20.

LITT, T, SCHMINCKE, H-U, KROMER, B. (2003): Environmental response to climate and volcanic events in central Europe during the Weichselian Lateglacial. – Quaternary Science Reviews, 22: 7-32.

LOUGHLIN, S.C., SPARKS, S., BROWN, S.K., JENKINS, S.F. & VYE-BROWN, CH. (eds.) (2015): Global Volcanic Hazards and Risk. – Cambridge (University Press).

LOULERGUE, L., SCHILT, A., SPAHNI, R., MASSON-DELMOTTE, V., BLUNIER, T., LEMIEUX, B., BARNOLA, J.-M., RAYNAUD, D., STOCKER, T.F. & CHAPPELLAZ, J. (2008): Orbital and millennial-scale features of atmospheric CH_4 over the past 800,000 years. – Nature, 453: 383-386.

LOURANTOU, A., CHAPPELLAZ, J., BARNOLA, J.M., MASSON-DELMOTTE, V. & RAYNAUD, D. (2010): Changes in atmospheric CO_2 and its carbon isotopic ratio during the penultimate deglaciation. – Quaternary Sci. Rev., 29: 1983-1992.

LUGLI, St. (2009): Evaporites. – Encyclopedia of Paleoclimatology and Ancient Environment: 321-325.

MACDONALD, R., HAWKESWORTH, C.J. & HEATH, E. (2000): The Lesser Antilles volcanic chain: a study in arc magmatism. – Earth Science Reviews, 49: 1-76.

MACMILLAN, S. (2011): Geomagnetic Field, IGRF. – In: GUPTA, H.K. (ed.): Encyclopedia of Solid Earth Geophysics: 373-379; Dordrecht (Springer).

MÄUSER, M., SCHIRMER, W. & SCHMIDT-KALER, H. (2002): Wanderungen in die Erdgeschichte (12): Obermain-Alb und Oberfränkisches Bruchschollenland. – München (Pfeil Verl.).

MANN, P. (ed.) (1995): Geologic and Tectonic Development of the Caribbean Plate Boundary in Southern Central America. – Geological Society of America, Special Paper 295.

MAPS NGDC NOAA GOV (2020): „Natural Hazards Viewer". – National Centers for Environmental Information; https://maps.ngdc.noaa.gov/viewers/hazards/ (aufgerufen am 09.12.2020).

MARK, D.F., RENNE, P.R., DYMOCK, R.C., SMITH, V.C., SIMON, J.I., MORGAN, L.E., STAFF, R.A., ELLIS, B.S. & PEARCE, N.J.G. (2017): High-precision $^{40}Ar/^{39}Ar$ dating of pleistocene tuffs and temporal anchoring of the Matuyama-Brunhes boundary. – Quaternary Geochronology, 39: 1-23.

MARKL, G. (2015): Minerale und Gesteine, Mineralogie - Oetrologie - Geochemie. – Berlin, Heidelberg (Springer Verl.).

MARKS, M. & WARNECKE, M. (2017): Gesteinskunde. Skript für die Übungen zur Dynamik der Erde. – 8. Aufl.; Universität Tübingen (Math.-Nat. Fak., FB III: Geowissenschaften).

MASSON-DELMOTTE, V., DREYFUS, G., BRACONNOT, P., JOHNSEN, S., JOUZEL, J., KAGEYAMA, M., LANDAIS, A., LOUTRE, M.-F., NOUET, J., PARRENIN, F., RAYNAUD, D., STENNI, B. & TUENTER, E. (2006): Past temperature reconstructions from deep ice cores: relevance for future climate change. – Clim. Past, 2: 145-165.

MASSON-DELMOTTE, V., HOU, S., EKAYKIN, A., JOUZEL, J., ARISTARAIN, A., BERNARDO, R.T., BROMWHICH, D., CATTANI, O., DELMOTTE, M., FALOURD, S., FREZZOTTI, M., GALLÉ, H., GENONI, L., ISAKSSON, E., LANDAIS, A., HELSEN, M., HOFFMANN, G., LOPEZ, J., MORGAN, V., MOTOYAMA, H., NOONE, D., OERTER, H., PETIT, J.R., ROYER, A., UEMURA, R., SCHMIDT, G.A., SCHLOSSER, E., SIMOES, J.C., STEIG, E., STENNI, B., STIEVENARD, M., BROEKE, M.V.D., WAL, R.V.D., BERG, W.-J.V.D., VIMEUX, F. & WHITE, J.W.C. (2008) : A review of Antarctic surface snow isotopic composition: Observations, atmospheric circulation, and isotopic modeling. – Journal of Climate, 21: 3359–3387.

MASSON-DELMOTTE, V., STENNI, B., POL, K., BRACONNOT, P., CATTANI, O. FALOURD, S., KAGEYAMA, M., JOUZEL, J., LANDAIS, A., MINSTER, B., BARNOLA, J.M., CHAPPELLAZ, J., KRINNER, G., JOHNSEN, S., RÖTHLISBERGER, R., HANSEN, J., MIKOLAJEWICZ , U. & OTTO-BLIESNER, B. (2010): EPICA Dome C record of glacial and interglacial intensities. – Quaternary Science Reviews, 29: 113-128.

MARTIN-KAYE, R.H.A. (1969): A summary of the Geology of the Lesser Antilles. – Overseas Geology and Mineral Resources, 10 (2).

MATHIESON, A.M. (1958): Mg-vermiculite: a refinement and re-examination of the crystal structure of the 14.36 °A phase. – Amer. Mineral., 43: 216-227.

MATHIESON, A.McL. & WALKER, G.F. (1954): Crystal structure of magnesium vermiculite. – American Mineralogist, 39: 231-255.

MATTHES, S. (1996): Mineralogie. Eine Einführung in die spezielle Mineralogie, Petrologie und Lagerstättenkunde. – 5. Aufl.; Berlin (Springer Verl.).

MATUYAMA, M. (1929): On the direction of magnetisation of basalts in Japan and Manchuria. – Proceedings of the Imperial Academy of Japan, 5: 203-205.

MAUFFRETT, A. & LEROY, S. (1997): Seismic stratigraphy and structure of the Carribean igneous province. – Tectonophysics, 283: 61-104.

MAYR, CHR., MATZKE-KARASZ, R., STOJAKOWIT, PH., LOWICK, S.E., ZOLITSCHKA, B., HEIGL, T., MOLLATH, R., THEUERKAUF, M., WECKEND, M.-O., BÄUMLER, R. & GREGOR, H.-J. (2017): Palaeoenvironments during MIS 3 and MIS 2 inferred from lacustrine intercalations in the loess–palaeosol sequence at Bobingen (southern Germany). – E&G Quaternary Science Journal, 66: 73-89.

MEJIA, V., OPDYKE, N.D., VILAS, J.F., SINGER, B.S., STONER, J.S. (2004): Plio-Pleistocene time-averaged field in southern Patagonia recorded in lava flows. – Geochemistry, Geophysics, Geosystems, 5.

MERCER, J.H. (1976): Glacial history of southernmost South America. – Quaterary Res., 6: 125-166.

MESCHEDE, M. (2018): Geologie Deutschlands. – Berlin, Heidelberg (Springer Spektrum).

MEURE, C.M., ETHERIDGE,D., TRUDINGER,C., STEELE, P., LANGENFELDS, R. VAN OMMEN, T., SMITH, A. & ELKINS, J. (2006): Law Dome CO_2, CH_4 and N_2O ice core records extended to 2000 years BP. – Geophysical Research Letters, 33.

MEYER, R.K.F. & SCHMIDT-KALER, H. (1997): Wanderungen in die Erdgeschichte. Auf den Spuren der Eiszeit südlich von München, Bd. 8 - östlicher Teil, Bd. 9 - westlicher Teil. – München (Pfeil Verl.).

MILLER, G.H. & BRIGHAM-GRETTE, J. (1989): Amino acid geochronology:resolution and precision in carbonate fossils. – Quaternary International, 1: 111-128.

MONNIN, E.A., INDERMÜHLE, A., DÄLLENBACH, J., FLUCKIGER, B., STAUFFER, T.F., STOCKER, D., RAYNAUD, D. & BARNOLA, J.-M. (2001): Atmospheric CO_2 concentrations over the last glacial termination. – Science, 291: 112-114.

MORESBY, R. (1835): Extracts from commander Moresby's report on the northern atolls of the Malvides. – Geogr. J. London, 5: 398-403.

MÜCKENHAUSEN, E. (1993): Die Bodenkunde und ihre geologischen, geomorphologischen, mineralischen und petrologischen Grundlagen. – 4. Aufl.; Frankfurt (DLG-Verl.).

MÜLLER, G. (1964): Methoden der Sediment-Untersuchung. Teil 1. – Stuttgart.

MUHS, D.R., PANDOLFI, J.M., SIMMONS, K.R. & SCHUMANN, R.R. (2012):. Sea-level history of past interglacial periods from uranium-series dating of corals, Curaçao, Leeward Antilles islands. – Quaternary Res., 78: 157-169.

NATIONAL GEOGRAPHIC SOCIETY (ed.) (1997): Bebende Erde. – Augsburg (Steiger).

NEUKIRCHEN, F. & RIES, G. (2014): Die Welt der Rohstoffe. Lagrstätten, Förderung und wirtschaftliche Aspekte. – Berlin, Heidelberg (Springer Verl.).

NEWHALL, C.H. & SELF, S. (1982): The volcanic explosivity index (VEI): an estimate of explosive magnitude for historical volcanism. – Geophys. Res., 87: 1231-1238.

NICOLAS, A. (1995): Die ozeanischen Rücken. Gebirge unter dem Meer. – Berlin, Heidelberg (Springer Verl.).

OKRUSCH, M., & MATTHES, S. (2014): Mineralogie. Eine Einführung in die spezielle Mineralogie, Petrologie und Lagerstättenkunde. – Berlin, Heidelberg (Springer Verl.).

ORAZIO, M.D., INNOCENTI, F., MANETTI, P., HALLER, M.J., DI VINCENZO, G. & TONARINI, S. (2005): The

Late Pliocene mafic lavas from the Camusú Aike volcanic field (50°S, Argentina): Evidence for geochemical variability in slab window magmatism. – Journal of South American Earth Sciences, 18: 107-124.

Orombelli, G., Maggi, V. & Delmonte, B. (2009): Quaternary stratigraphy and ice cores. – Quaternary International, 219: 55-65.

Oyabu, I., Kawamura, K., Uchida, T., Fujita, Sh., Kitamura, K., Hirabayashi, M., Aoki, Sh., Morimoto, Sh., Nakazawa, T., Severinghaus6, J.P. & Morgan, J.D. (2021): Fractionation of O_2/N_2 and Ar/ N_2 in the Antarctic ice sheet during bubble formation and bubble–clathrate hydrate transition from precise gas measurements of the Dome Fuji ice core. –The Cryosphere, 15: 5529–5555.

Pape, H. (1975): Leitfaden zur Gesteinsbestimmung: mit Tabelle zur Bestimmung der wichtigsten Gesteine nach einem Schlüssel mit mehrfachen Verzweigungen. – 3. Stark erw. Aufl.; Stuttgart (Enke).

Paul, A., Mulitza, S., Pätzold, J. & Wolff, T. (1999): Simulation of Oxygen Isotopes in a Global Ocean Model. – In: Fischer, G. & Wefer, G. (eds): Use of Proxies in Paleoceanography: Examples from the South Atlantic: 655-686; Berlin, Heidelberg (Springer-Verlag).

Pearson, P.N. (2012): Oxygen Isotopes in Foraminifera: Overview and historical review. – The Paleontological Society Papers, 18: 1-38.

Pfiffner, O.A., EngI, M., Schlunegger, F., Mezger, K. & Diamond, L. (2016): Erdwissenschaften. – 2. Aufl.; Bern (UTB).

Pflug, R. (1982): Bau und Entwicklung des Oberrheingrabens. – Erträge der Forschung, 184: 154 S.; Darmstadt.

Pichler, H. & Pichler, Th. (2007): Vulkangebiete der Erde – München (Elsevier).

Pohl, W.L. (2005): Mineralische und Energie-Rohstoffe. Eine Einführung zur Entstehung und nachhaltigen Nutzung von Lagerstätten. – W. und W.E. Petrascheck's Lagerstättenlehre, 5. Aufl.; Stuttgart (Schweizerbart'sche Verlagsbuchhandlung).

Prescott, J.R. & Hutton, J.T (1988): Cosmic ray and gamma ray dosimetry for TL and ESR. – Nuclear Tracks and Radiation Measurement, 14: 223-227.

Prescott, J.R. & Hutton, J.T. (1994): Cosmic ray contributions to dose rates for luminescence and ESR dating: large depths and long-term time variations. – Radiation Measurements, 23: 497-500.

Press, F. & Siever, R. (1995): Understanding Earth. – New York (Freeman and Comp.).

Press, F. & Siever, R. (2008): Allgemeine Geologie. – 5. Aufl.; Heidelberg (Spektrum).

Press, F. & Siever, R. (2017): Allgemeine Geologie. – 7. Aufl.; Heidelberg (Spektrum).

Preusser, Fr., Degering, D., Fuchs, M. et 6 further Co-Authors (2008): Luminescence dating: basics, methods and applications. – Eiszeitalter u. Gegenwart, 57: 95-149.

Preusser, Fr., Hajdas, I. & Ivy-Ochs, S. (eds.) (2008): Recent progress in Quaternary dating methods. – E&G (Eiszeitalter und Gegenwart) Quaternary Science Journal, 57.

Probst, E. (1986): Deutschland in der Urzeit. Von der Entstehung des Lebens bis zum Ende der Eiszeit. – München (Bertelsmann).

Qin, D., Petit, J., Jouzel, J. & Stievenard, M. (1994): Distribution of stable isotopes in surface snow along the route of the 1990 International Trans-Antarctica Expedition. – J. Glaciology, 40: 107-118.

Radtke, U. & Schellmann, G. (2020a): Datierungsmethoden. – In: Gebhardt, H., Glaser, R., Radtke, U., Reuber, P. & Vött, A. (Hrsg.): Geographie. Physische Geographie und Humangeographie: 105-111; 3. Aufl.; Berlin (Springer Verl.).

Radtke, U. & Schellmann, G. (2020b): Vom wechselnden Takt der Kalt- und Warmzeiten im Quartär. – In: Gebhardt, H., Glaser, R., Radtke, U., Reuber, P. & Vött, A. (Hrsg.): Geographie. Physische Geographie und Humangeographie: 297, 301-306, 308-309; 3. Aufl.; Berlin (Springer Verl.).

RADTKE, U., SCHELLMANN, G., SCHEFFERS, A., KELLETAT, D., KASPER, H.U. & KROMER, B. (2003): Electron Spin Resonance and Radiocarbon dating of coral deposited by Holocene tsunami events on Curaçao, Bonaire and Aruba (Netherlands Antilles). – Quaternary Science Rev., 22: 1309-1315.

RAPP, D. (2019): Ice Ages and Interglacials. Measurements, Interpretation, and Models. – 3. ed.; Chichester (Springer).

RAST, H. (1983): Vulkane und Vulkanismus. – 2. Aufl.; Stuttgart.

RASMUSSEN, S.O, VINTHER, B.M., CLAUSEN, H.B. & ANDERSEN, K.K. (2007): Early Holocene oscillations recorded in three Greenland ice cores. – Quaternary Science Rev. 26: 1907-1914.

RASMUSSEN, S.O., ANDERSEN, K.K., SVENSSON, A.M., STEFFENSEN, J.P., VINTHER, B.M., CLAUSEN, H.B., SIGGAARD-ANDERSEN, M.-L., JOHNSEN, S.J., LARSEN, L.B., DAHL-JENSEN, D., BIGLER, M., RÖTHLISBERGER, R., FISCHER, H., GOTO-AZUMA, K., HANSSON, M.E. & RUTH, U. (2006): A new Greenland ice core chronology for the last glacial termination. – Journal of Geophysical Research, 111.

RASMUSSEN, S.O., BIGLER, M., BLOCKLEY, S.P., BLUNIER TH., BUCHARDT, S.L., CLAUSEN, H.B., CVIJANOVIC, I., DAHL-JENSEN, D., JOHNSEN , S.J., FISCHER, H., GKINIS, V., GUILLEVIC, M., HOEK, W.Z., LOWE, J.J., PEDRO, J.B., POPP, T., SEIERSTAD, I.K. STEFFENSEN, J.P., SVENSSON, A.M., VALLELONGA, P., VINTHER, B.M., WALKER, M.J.C., WHEATLEY, J.J. & WINSTRUP, M. (2014): A stratigraphic framework for abrupt climatic changes during the Last Glacial period based on three synchronized Greenland ice-core records: refining and extending the INTIMATE event stratigraphy. – Quaternary Science Reviews, 106: 14-28.

RAVELO, A.C. & HILLAIRE-MARCEL, C. (2007): The Use of Oxygen and Carbon Isotopes of Foraminifera in Palaeoceanography. – Developments in Marine Geology, 1: 735-764.

RAYNAUD, D., BARNOLA, I.M., ZARDINI, D., JOUZEL, J. & LORIUS, C. (1992): Glacial-interglacial evolution of greenhouse gases as inferred from ice core analysis: A review of recent results. – Quaternary Science Reviews, 11: 381-386.

REA, B. (2007): Micro to Macro Scale Forms. – In: ELIAS, S.A. (ed.): Encyclopedia of Quaternary Science, Vol. 2: 853-864.

REIMANN, M. & SCHMIDT-KALER, H. (2002): Wanderungen in die Erdgeschichte. – München. (Pfeil).

REIMER, P.J., BARD, E., BAYLISS, A., BECK, J.W., BLACKWELL, P.G., RAMSEY, C.B., BUCK, C.E., CHENG, H., EDWARDS, R.L., FRIEDRICH, M. & GROOTES, P.M. (2013): IntCal13 and Marine13 radiocarbon age calibration curves 0–50,000 years cal BP. – Radiocarbon, 55: 1869-1887.

REIMER, P.J, AUSTON, W.E.N., BARD, E., BAYLISS, A.,BLACKWELL, P.G., BRONK RAMSEY, C., BUTZING, M., CHENG, H., EDWARDS, R.L., FRIEDRICH, M., GROOTES, P.M., GUILDERSON, T.P., HAJDAS, I., HEATON, T.J., HOGG, A.G., HUGHEN, K.A., KROMER, B., MANNING, S.W., MUSCHELER, R., PALMEWR, J.G., PEARSON, CH., REIMER, R.W., RICHARDS, D.A., SCOTT, E.M., SOUTHON, J.R., TURNEY, C.S.M. WACKER, L., VAN DER PLICHT, J. and and 14 further co-authors (2020): The intcal20 Northern Hmeisphere radiocarbon age calibration curve (0-55 cal kBP). – Radiocarbon 62(4): 725-757.

REINIG, F., WACKER, L., JÖRIS, O., OPPENHEIMER, C., GUIDOBALDI, G., NIEVERGELT, D., ADOLPHI, F., CHERUBINI, P., ENGELS, S., ESPER, J., LAND, A., LANE, C., PFANZ, H., REMMELE, S., SIGL, M., SOOKDEO, A. & BÜNTGEN, U (2021): Precise date for the Laacher See eruption synchronizes the Younger Dryas. – Nature, 595, 66-69.

REUTER, G. (1953): Bodenkundliche Untersuchungen in Wahlitz. – Wiss. Abh. d. Dtsch. Akad. d. Landwirtschaftswiss. zu Berlin, 15: 59-66; Berlin.

RICHTER, D. (1975): Allgemeine Geologie. – Berlin, New York (Walter de Gruyter).

RIEDL, A. v. (1806): Stromatlas von Bayern. – München.

RIEHM, H. & ULRICH, B. (1954): Quantitative kolorimetrische Bestimmung der organischen Substanz im Boden. – Landwirtschaftliche Forsch. 6: 173-176; Frankfurt.

Rink, W.J. (1997): Electron Spin Resonance (ESR) Dating and ESR applications in Quaternary science and archaeometry. – Radiation Measurements, 27: 975-1025.

Rink, W.J. & Thompson, J.W. (2015): Encyclopedia of Scientific Dating Methods. – Dordrecht (Springer).

Robinson, A. (1993): Erdgewalten. Erdbeben, Unwetter und andere Katastrophen. – London (Thames and Hudson, Ltd.).

Rösler, H.J. (1984): Lehrbuch der Mineralogie. – Leipzig (VEB Deutscher Verlag für Grundstoffindustrie).

Rohdenburg, H. (1964): Ein Beitrag zur Deutung des „Gefleckten Horizonts". – Eiszeitalter und Gegenwart, 15: 66-71.

Rohdenburg, H. & Meyer, B. (1966): Zur Feinstratigraphie und Paläopedologie des Jungpleistozäns nach Untersuchungen an sudniedersächsischen und nordhessischen Lößprofilen. – Mitteilungen der Deutschen Bodenkundlichen Gesellschaft, 5: 1–137; Göttingen.

Rothe, P. (1994): Gesteine. Entstehung – Zerstörung – Umbildung. – Darmstadt (Wiss. Buchges.).

Rothe, P. (2010): Gesteine: Entstehung – Zerstörung – Umbildung. – 3. Aufl.; Darmstadt (Wiss. Buchges.).

Rothe, P. (2019): Die Geologie Deutschlands. 48 Landschaften im Portrait. – 5. Aufl.; Darmstadt (Wiss. Buchges.).

Rubino, M., Etheridge, D.M., Thornton, D.P., Howden, R., Allison, C.E., Francey, R.J., Langenfelds, R.L., Steele, L.P., Trudinger, C.M., Spencer, D.A., Curran, M.A.J., van Ommen, T.D. & Smith, A.M. (2019): Revised records of atmospheric trace gases CO_2, CH_4, N_2O, and $\delta^{13}C$-CO_2 over the last 2000 years from Law Dome, Antarctica. – Earth Syst. Sci. Data, 11: 473-492.

Ruddiman, W.F. (2006): Ice-driven CO_2 feedback on ice volume. – Clim. Past, 2: 43-55.

Ruth, U., Bigler, M., Roethlisberger, R., Siggaard-Andersen, M.L., Kipfstuhl, S., Goto-Azuma, K., Hansson, M.E., Johnsen, S.J., Lu, H.Y. & Steffensen, J.P. (2007): Ice core evidence for a very tight link between North Atlantic and east Asian glacial climate. – Geophysical Research Letters 34.

Scarth, A. (1994): Volcanoes. An introduction. – London (University College Press).

Schaefer, I. (1957): Geologische Karte von Augsburg und Umgebung 1:50.000 mit Erläuterungen. – Bayerisches Geologisches Landesamt, München: 92 pp.; München.

Schäfer, I. (2005): Klastische Sedimente. Fazies und Sequenzstratigraphie. – München (Elsevier Spektrum Akademischer Verlag).

Schaefer, J.M. & Lifton, N. (2007): Cosmogenic Nuclide Dating – Methods. – In: Elias, S.A. (ed.): Encyclopedia of Quaternary Science, 1: 412-419; Amsterdam (Elsevier).

Scheffer, F. & Schachtschabel P. (2002): Lehrbuch der Bodenkunde. – Stuttgart (Enke Verl.).

Scheffer, F. & Schachtschabel, P. (2018): Lehrbuch der Bodenkunde. – 17.; Aufl.; Stuttgart (Enke Verl.).

Schellmann, G. (1998a): Spätglaziale und holozäne Bodenentwicklungen in einigen mitteleuropäischen Tälern unter dem Einfluß sich ändernder Umweltbedingungen. – GeoArchaeoRhein, 2: 183-194; Münster (Litt Verl.).

Schellmann, G. (1998b): Jungkänozoische Landschaftsgeschichte Patagoniens (Argentinien). Andine Vorlandvergletscherungen, Talentwicklung und marine Terrassen. – Essener Geographische Arbeiten, 29; Essen.

Schellmann, G. (2000a): Landscape evolution and glacial history of Southern Patagonia (Argentina) since the Late Miocene - some general aspects. – Zbl. für Geologie u. Paläontologie Teil I, 1999: 1013-1026; Stuttgart.

Schellmann, G. (2000b): Tektonik und Meeresspiegelveränderungen an der patagonischen Atlantikküste seit dem jüngeren Mittelpleistozän. – In: Blotevogel., H.H., Ossenbrügge, J. & Wood, G. (Hrsg.):

Lokal verankert – Weltweit vernetzt. – Verhandlungsband des 52. Deutschen Geographentages, Hamburg 4. – 9. Oktober 1999: 101-110; Stuttgart (Steiner Verl.).

Schellmann, G. (2003): Südpatagonien - Gletschergeschichte in einem Trockengebiet der südhemisphärischen Mittelbreiten. – Geographische Rundschau, 2003 (2): 22-27; Braunschweig.

Schellmann, G. (2010): Neue Befunde zur Verbreitung, geologischen Lagerung und Altersstellung der würmzeitlichen (NT 1 bis NT3) und holozänen (H1 bis H7) Terrassen im Donautal zwischen Regensburg und Bogen. – Bamberger Geogr. Schr., 24: 1-77; Bamberg.

Schellmann, G. (2011): Formbildung durch endogene Prozesse: Vulkanformen. – In: Gebhardt, H., Glaser, R., Radtke, U. & Reuber, P. (Hrsg.): Geographie. Physische Geographie und Humangeographie: 383-384; 2. Aufl., München (Spektrum Akad. Verl.).

Schellmann, G. (2016a): Quartärgeologische Karte 1:25 000 des Schmuttertals auf Blatt Nr. 7430 Wertingen mit Erläuterungen – Kartierungsergebnisse aus dem Jahr 2011. – Bamberger Geogr. Schr., SF12: 75-106, Bamberg (University of Bamberg Press).

Schellmann, G. (2016b): Quartärgeologische Karte 1:25 000 des Schmuttertals auf Blatt Nr. 7530 Gablingen mit Erläuterungen. – Kartierungsergebnisse aus dem Jahr 2011. – Bamberger Geogr. Schr., SF12: 1-40, Bamberg (University of Bamberg Press).

Schellmann, G. (2017a): Quartärgeologische Karte 1:25.000 des Donautals auf Blatt 7427 Sontheim a.d. Brenz (bayerischer Teil) mit Erläuterungen. – Bamberger Geogr. Schr., SF 13: 1-67; Bamberg (University of Bamberg Press).

Schellmann, G. (2017b): Quartärgeologische Karte 1:25.000 des Donautals auf Blatt 7428 Dillingen West mit Erläuterungen. – Bamberger Geogr. Schr., SF 13: 69-187; Bamberg (University of Bamberg Press).

Schellmann, G. (2018a): Quartärgeologische Karte 1:25.000 des Isar- und Ampertals auf Blatt 7537 Moosburg mit Erläuterungen. – Bamberger Geogr. Schr., SF 14: 1-104; Bamberg (University of Bamberg Press).

Schellmann, G. (2018b): Quartärgeologische Karte 1:25.000 der Täler von Großer und Kleiner Laaber und des Donautals auf Blatt Nr. 7139 Aufhausen. – Bamberger Geographische Schriften, SF14: 163-204; Bamberg (University of Bamberg Press).

Schellmann, G. (2018c): Quartärgeologische Karte 1:25.000 des Tals der Großen Laber auf Blatt 7138 Langquaid mit Erläuterungen. – Bamberger Geogr. Schr., SF 14: 205-234; Bamberg (University of Bamberg Press).

Schellmann, G. (2018d): Quartärgeologische Karte 1:25.000 des Donautal auf Blatt 7039 Mintraching mit Erläuterungen. – Bamberger Geogr. Schr., SF 14: 111-162; Bamberg (University of Bamberg Press).

Schellmann, G. (2020a): Geologische Grundlagen. – In: Gebhardt, H., Glaser, R., Radtke, U., Reuber, P. & Vött, A. (Hrsg.): Geographie. Physische Geographie und Humangeographie: 352-353, 355-368; 3. Aufl.; Berlin (Springer Verl.).

Schellmann, G. (2020b): Formbildung durch endogene Prozesse: Vulkanformen. – In: Gebhardt, H., Glaser, R., Radtke, U., Reuber, P. & Vött, A. (Hrsg.): Geographie. Physische Geographie und Humangeographie: 371; 3. Aufl.; Berlin (Springer Verl.).

Schellmann, G. & Kelletat, D. (2001): Chronostratigraphische Untersuchungen litoraler und äolischer Formen und Ablagerungen an der Südküste von Zypern mittels ESR-Altersbestimmungen an Mollusken- und Landschneckenschalen. – Essener Geographische Arbeiten, 32: 75-98; Essen.

Schellmann, G. & Radtke, U. (1999): Problems encountered in the determination of dose and dose rate in ESR dating of mollusc shells. – Quaternary Science Reviews, 18: 1515-1527.

Schellmann, G. & Radtke, U. (2001): Progress in ESR dating of Pleistocene corals - a new approach for D_E determination. – Quaternary Science Reviews, 20: 1015-1020.

Schellmann, G. & Radtke, U. (2003): Die Datierung litoraler Ablagerungen (Korallenriffe, Strandwälle, Küstendünen) mit Hilfe der Elektronen-Spin-Resonanz-Methode (ESR). – Essener Geographische Arbeiten, 35: 95-113; Essen.

Schellmann G. & Radtke, U. (2004a): The marine Quaternary of Barbados. – Kölner Geographische Schriften, 81: 137 pp.; Köln.

Schellmann, G. & Radtke, U. (2004b): A revised morpho- and chronostratigraphy of the Late and Middle Pleistocene coral reef terraces on Southern Barbados (West Indies). – Earth-Science Reviews, 64: 157-187.

Schellmann, G. & Radtke, U. (2007): Neue Befunde zur Verbreitung und chronostratigraphischen Gliederung holozäner Küstenterrassen an der mittel- und südpatagonischen Atlantikküste (Argentinien) – Zeugnisse holozäner Meeresspiegelveränderungen. – Bamberger Geogr. Schr., 22: 1-91; Bamberg.

Schellmann, G. & Radtke, U. (2015): Electron Spin Resonance (ESR) dating of coral. – In: Rink, J.W. & Thompson, J.W. (Eds.): Encyclopedia of Scientific Dating Methods: 234-239; Dordrecht (Springer Verl.).

Schellmann, G. & Radtke, U. (2020): Marine Terrassen und Atolle. – In: Gebhardt, H., Glaser, R., Radtke, U., Reuber, P. & Vött, A. (Hrsg.): Geographie. Physische Geographie und Humangeographie: 433-435; 3. Aufl.; Berlin (Springer Verl.).

Schellmann, G., Beerten, K. & Radtke, U. (2008): Electron spin resonance (ESR) dating of Quaternary materials. – E & G (Eiszeitalter und Gegenwart) Quaternary Science Journal, 57: 150-178; Stuttgart.

Schellmann, G., Brückner, H. & Brill, D. (2018): Geochronology. – In: Finkl, C.W. & Makowski, C. (eds.): Encyclopedia of Coastal Science: 1-11; Springer International Publishing AG, Cham. ISSN 1388-4360.

Schellmann, G., Irmler, R. & Sauer, D. (2010): Zur Verbreitung, geologischen Lagerung und Altersstellung der Donauterrassen auf Blatt L7141 Straubing. – Bamberger Geographische Schriften, 24: 89-178; Bamberg.

Schellmann, G., Radtke, U. & Brückner, H. (2011): Electron Spin Resonance Dating (ESR). – In: Hopley, D. (ed.): Encyclopedia of Modern Coral Reefs. Structure, Form and Process; Part 5: 368-372; Springer.

Schellmann, G., Radtke, U., Potter, E.-K., Esat, T. M. & McCulloch, M.T. (2004): Comparison of ESR and TIMS U/Th dating of marine isotope stage (MIS) 5e, 5c, and 5a coral from Barbados - implications for palaeo sea-level changes in the Caribbean. – Quaternary International, 120: 41-50.

Schellmann G., Radtke, U., Scheffers, A., Whelan F. & Kelletat, D. (2004): ESR dating of coral reef terraces on Curaçao (Netherlands Antilles) with estimates of Younger Pleistocene sea level elevations. – Journal of Coastal Research, 20: 947-957; West Palm Beach (Florida).

Schellmann, G., Schielein, P., Rähle, W. & Burow, Ch. (2019): The formation of Middle and Upper Pleistocene terraces (*Übergangsterrassen* and *Hochterrassen*) in the Bavarian Alpine Foreland - new numeric dating results (ESR, OSL, ^{14}C) and gastropod fauna analysis. – E&G Quaternary Science Journal, 68: 141-164; Göttingen.

Schellmann; G., Schielein, P., Burow, Ch. & Radtke· U. (2020): Accuracy of ESR Dating of small gastropods from loess and fluvial deposits in the Bavarian Alpine Foreland. – Quaternary International, 556: 198-215; Amsterdam (Elsevier).

Schielein, P & Schellmann, G. (2016a): Geologische Karte von Bayern 1.25.000, Blatt Nr. 7531 Gersthofen mit Erläuterungen. – Bamberger Geographische Schr., SF 12: 41-73; Bamberg (University of Bamberg Press).

Schielein, P & Schellmann, G. (2016b): Geologische Karte von Bayern 1.25.000, Blatt Nr. 7331 Rain mit Erläuterungen. – Bamberger Geographische Schr., SF 12: 135-166; Bamberg (University of Bamberg Press).

SCHIELEIN, P & SCHELLMANN, G. (2016c): Geologische Karte von Bayern 1.25.000, Blatt Nr. 7431 Thierhaupten mit Erläuterungen. – Bamberger Geographische Schr., SF 12: 109-134; Bamberg (University of Bamberg Press).

SCHIELEIN, P., SCHELLMANN, G., LOMAX, J., PREUSSER, F., & FIEBIG, M. (2015): Chronostratigraphy of the *Hochterrassen* in the lower Lech valley (Northern Alpine Foreland).– E&G Quaternary Science Journal, 64: 15-28.

SCHILT, A., BAUMGARTNER, M., SCHWANDER, J., BUIRON, D., CAPRON, E., CHAPPELLAZ, J., LOULERGUE, L., SCHÜPBACH, S., SPAHNI, R., FISCHER, H., & STOCKER, Th. F. (2010): Atmospheric nitrous oxide during the last 140,000 years. – Earth and Planetary Science Letters, 300: 33-43.

SCHIRMER, W. (1981): Jura der Obermainalb (Exkursion am 23.4.1981). – Jber. u. Mitt. oberrhein. geol. Verein, N.F., 63: 51-69; Stuttgart.

SCHIRMER, W. (2000): 11. Von Nürnberg durch die Pegnitz-Alb zur Bayerischen Eisenbahnstraße. – In: KAULICH, B. MEYER R. & SCHMIDT-KALER, H. (2000): Wanderungen in die Erdgeschichte. – München.(Pfeil Verl.).

SCHIRMER, W. (2003): Stadien der Rheingeschichte. – GeoArchaeoRhein, 4: 21-80; Münster (Litt Verlag).

SCHIRMER, W. (2017a): Paläoböden der Lössgebiete Nordwestdeutschlands. – Handbuch der Bodenkunde, 43. Erg.-Lfg. 02/17: 4.5.3.3.5.

SCHIRMER, W. (2017b): Artesische Hülen/Hüllen bei Hiltpoltstein. – Die Fränkische Schweiz, 3: 16-21.

SCHMIDT, G. (2005): 1tägige Exkursion (27. Januar 2005): Werra-Kalibergbaurevier. – Johannes Gutenberg-Universität Mainz (Institut für Kernchemie) (*via researchgate*).

SCHMIDT, G.A. (1999): Forward modeling of carbonate proxy data from planktonic foraminifera using oxygen isotope tracers in a global ocean model. – Palaeooceanography, 14: 482-497.

SCHMIDT, G.A., BIGG, G.R. & ROHLING, E.J. (1999): Global Seawater Oxygen-18 Database. – http://data.giss.nasa.gov/o18data/.

SCHMIDT, E.D., FRECHEN, M., MURRAY, A.S., TSUKAMOTO, S. & BITTMANN, F. (2011): Luminescence chronology of the loess record from the Tönchesberg section: A comparison of using quartz and feldspar as dosimeter to extend the age range beyond the Eemian. – Quat. Int., Loess in Eurasia, 234: 10-22.

SCHMIDT, CH., ZÖLLER, L. & HAMBACH, U. (2015): Dating of sediments and soils. – Erlanger Geogr. Arb., 42; Erlangen.

SCHMINCKE, H.-U. (1988): Vulkane im Lacher See-Gebiet. – Haltern (Bode Verl.).

SCHMINCKE, H.-U. (2000): Vulkanismus. – 2. Aufl.; Darmstadt (Wiss. Buchges.).

SCHMINCKE, H.-U. (2013): Vulkanismus. – 4. Aufl., Darmstadt (Wiss. Buchges.).

SCHMINCKE, H.-U. (2014): Vulkane der Eifel. Aufbau, Entstehung und heutige Bedeutung. – Berlin, Heidelberg (Springer).

SCHMINCKE, H.-U., BEHNCKE, B., DEHN, J. & IPPACH, P (1993): Vulkanismus. – In: PLATTE, E. (Hrsg.): Naturkatastrophen und Katastrophenvorbeugung: 252-407; Weinheim.

SCHNEIDER, G. (2004): Erdbeben. Eine Einführung für Geowissenschaftler und Bauingieneure. – München (Spektrum Verl.).

SCHNEIDER, R., SCHMITT, J., KÖHLER, P., JOOS, F. & FISCHER, H. (2013): A reconstruction of atmospheric carbon dioxide and its stable carbon isotopic composition from the penultimate glacial maximum to the last glacial inception. – Clim. Past, 9: 2507-2523.

SCHÖNHALS, E. (1950): Über einige wichtige Lößprofile und begrabene Böden im Rheingau. – Notizbl. Hess. Landesamtes Bodenforsch., 1: 244-259; Wiesbaden.

Schönhals, E., Rohdenburg, H. & Semmel, A. (1964): Ergebnisse neuerer Untersuchungen zur Würmlöß-Gliederung in Hessen. – Eiszeitalter u. Gegenwart, 15: 199-206; Öhringen.

Scholz, D. & Hoffmann, D. (2008): ^{230}Th/U-dating of fossil corals and speleothems. – E&G (Eiszeitalter und Gegenwart) Quaternary Science Journal, 57: 52-76; Stuttgart.

Schwander, J., Sowers, T., Barnola, J., Blunier, T., Fuchs, A. & Malaizé, B. (1997): Age scale of the air in the summit ice: Implication for glacial-interglacial temperature change. – J. Geophys. Res.-Atmos., 102: 19483–19493.

Schweingruber, F.H. (2012): Der Jahrring. Standort, Methodik, Zeit und KLima in der Dendrochronologie. – Remagen-Oberwinter (Verlag Kessel).

Schwegler, E., Schneider, P. & Heissel, W. (1969): Geologie in Stichworten. – Hirts Stichwortbücher: 160 S.; Kiel.

Sclater, J.G., Jaupart, C. & Galson, D. (1980): The heat flow through oceanic and continental crust and the heat loss from the earth. – Geophys. Space Phys., 18: 269-311.

Sebastian, U. (2009): Gesteinskunde. Ein Leitfaden für Einsteiger und Anwender. – Heidelberg (Sektrum).

Semmel, A. (1967): Neue Fundstellen von vulkanischem Material in hessischen Loessen. – Notizbl. Hess. L.-Amt Bodenforsch., 95:104-108.

Semmel, A. (1968): Studien über den Verlauf jungpleistozäner Formung in Hessen. – Frankfurter Geographische Hefte, 45: 133 S.; Frankfurt.

Semmel, A. (1969): Bemerkungen zur Würmlößgliederung im Rhein-Main-Gebiet. – Notizbl. hess. L-Amt Bodenforsch., 97: 395-399; Wiesbaden.

Semmel, A. (1972): Geomorphologie der Bundesrepublik Deutschland : Grundzüge, Forschungsstand, aktuelle Fragen - erörtert an ausgewählten Landschaften. – Wiesbaden. (Steiner).

Semmel, A. (1996): Paläoböden im Würmlöß, insbesondere im Altwürmlöß des Steinbruchs Mainz-Weisenau – Problemstellung und Übersicht über die Forschungsergebnisse. – Frankfurter geowiss. Arb., D 20: 11-20; Frankfurt a. M.

Semmel, A. (1999): Die paläopedologische Gliederung des älteren Würmlösses in Mitteleuropa - erörtert an Beispielen aus dem Rhein-Main-Gebiet. – Z. geol. Wiss., 27: 121-133; Berlin.

Severinghaus, J.P., Sowers, T., Brook, E.J., Alley, R.B. & Bender, M.L. (1998): Timing of abrupt climate change at the end of the Younger Dryas interval from thermally fractionated gases in polar ice. – Nature, 391: 141-146.

Siebert, L., Simkin, T. & Kimberly, P. (2011): Volcanoes of the World. – 3.ed.; Berkely, Los Angeles (University of California Press).

Shackleton, N.J. (1967): Oxygen isotopic analyses and Pleistocene temperatures re-assessed. – Nature, 215: 15-17.

Shackleton, N.J. (1969): The last interglacial in the marine and terrestrial records. – Philosophical Royal Society London B, 174: 135-154.

Shackleton, N.J. (1995): New data on the Evolution of Pliocene Climatic Variability. – In: Vrba, E.S., Denton, D.H., Partridge, T.C. & Burckle, L.H. (eds.): Paleoclimate and Evolution, with Emphasis on Human Origins. – London (Yale University Press).

Shackleton, N.J. (1997): The deep-sea sediment record and the Pliocene-Pleistocene boundary. – Quaternary International, 40: 33-35.

Shackleton, N.J. & Opdyke, N.D. (1973): Oxygen Isotope and Paleomagnetic Stratigraphy of Equatorial Pacific Core V28-238: Oxygen Isotope Temperatures and Ice Volumes on a 10^5 Year and 10^6 Year Scale. – Quaternary Research, 3: 39-55.

SIME, L.S., HOPCROFT, P.O. & RHODES, R.H. (2019): Impact of abrupt sea ice loss on Greenland water isotopes during the last glacial period. – PNAS, 116: 4099-4104.

SIME, L.C., PETER, O. H. & RHODES, R.H. (2019): Impact of abrupt sea ice loss on Greenland water isotopes during the last glacial period. – PNAS, 116: 1-6.

SIROCKO, F., KNAPP, H., DREHER, F., FÖRSTER, M.W., ALBERT, J., BRUNCK, H., VERES, D., DIETRICH, S., ZECH, M., HAMBACH, U., RÖHNER, M., RUDERT, S., SCHWIBUS, K., ADAMS, C. & SIGL, P. (2016): The ELSA-Vegetation-Stack: Reconstruction of Landscape Evolution Zones (LEZ) from laminated Eifel maar sediments of the last 60,000 years. – Global and Planetary Change, 142, 108-135.

SKINNER, A. (2015): Electron Spin Resonance (ESR) Dating, general principles. – In: RINK, W.J. & THOMPSON, J.W. (eds.): Encyclopedia of Scientific Dating Methods: 246-255; Dordrecht (Springer Verl.).

SLOSS, C.R., WESTAWAY, K.E., HUA, Q., MURRAY-WALLACE, C.V. (2013): An introduction to dating techniques: a guide for geomorphologists. – In: SHRODER, J., SWITZER, A.D., KENNEDY, D.M. (eds.): Treatise on Geomorphology, 14: 346-369; San Diego (Academic Press).

SMITH, A.L. & ROOBOL, M.J. (1990): Mt. Pelée, Martinique. A study of an Active-Island-Arc Volcano. – Geological Society of America, Memoir 175: 105 pp.

SMITHSONIAN INSTITUTION (2020): „Global Volcanism Program". National Museum of Natural History: https://volcano.si.edu/ (zuletzt aufgerufen am 09.12.2020).

SPOONER, P.T., CHEN, T., ROBINSON, L.F. & COATH, C.D. (2016): Rapid uranium-series age screening of carbonates by laser ablation mass spectrometry. – Quaternary Geochronology, 31: 28-39.

STAUFFER, B. (2001): Mechanismen globaler Klimaschwankungen. Das „Isotopenthermometer" im ewigen Eis. – Physik in unserer Zeit, 32: 106-113.

STEEN-LARSEN, H.C., MASSON-DELMOTTE, V., HIRABAYASHI, M., WINKLER, R., SATOW, K., PRIÉ, F., BAYOU, N., BRUN, E., CUFFEY, K.M., DAHL-JENSEN, D., DUMONT, M., GUILLEVIC, M., KIPFSTUHL, S., LANDAIS, A., POPP, T., RISI, C., STEFFEN, K., STENNI, B. & SVEINBJÖRNSDOTTÍR, A.E. (2014): What controls the isotopic composition of Greenland surface snow? – Clim. Past, 10: 377-392.

STEFFENSEN, J.P., ANDERSEN, K.K., BIGLER, M., CLAUSEN, H.B., DAHL-JENSEN, D., FISCHER, H., GOTO-AZUMA, K., HANSSON, M., JOHNSEN, S.J., JOUZEL, J., MASSON-DELMOTTE, V., POPP, T., RASMUSSEN, S.O., RÖTHLISBERGER, R., RUTH, U., STAUFFER, B., SIGGAARD- ANDERSEN, M.L., SVEINBJÍRNSDOTTIR, A.E., SVENSSON, A. & WHITE, J.W.C. (2008): High resolution Greenland ice core data show abrupt climate change happens in few years. – Science, 321: 680-684.

STEIG, E.J. (2003): Ice Cores. – Paleoclimatology: 1673-1680; Elsevier.

STEVENS, C.M., VERJANS, V., LUNDIN, J.M.D., KAHLE, E.C., HORLINGS, A.N., HORLINGS, E.I. & WADDINGTON, E.D. (2020): The Community Firn Model (CFM) v1.0. – Geoscience Model Dev., 13: 4355-4377.

STIRLING, C. H. (2015): Carbonates, Marine Carbonates (U-series). – In: RINK, W.J., THOMPSON, J.W. (eds.). Encyclopedia of Scientific Dating Methods: 136-141. Dordrecht: Springer.

STOSCH, H.G., HOLLERBACH, R., ECKHARDT, J.-G. & KLEINSCHRODT, R. (2013): Übungen zur Mineral- und Gesteinsbestimmung für Studierende der Geologie und der Mineralogie. – http://www.geologie.uni-freiburg.de/root/people/fschaft/Gesteinsbestimmung.pdf

STUIVER, M. & QUAY, P.D. (1981): Atmospheric ^{14}C changes resulting from fossil fuel CO_2 release and cosmic ray flux variability. – Earth and Planetary Science Letters, 53: 349-362.

STUIVER M., REIMER, P.J., BARD, E., BECK, J.W., BURR, G.S., HUGHEN, K.A., KROMER, B., MCCORMAC, G., VAN DER PLICHT, J. & SPURK, M. (1998): IntCal98 radiocarbon age calibration, 24,000–0 cal BP. – Radiocarbon, 40:1041-1083.

SVENSSON, A., NIELSEN, S.W., KIPFSTUHL, S., JOHNSEN, S.J., STEFFENSEN, J.P., BIGLER, M., RUTH, U. & RÖTHLISBERGER, R. (2005): Visual stratigraphy of the North Greenland Ice Core Project (NorthGRIP) ice core during the last glacial period. – J. Geophys. Res., 110: 1-11.

SVENSSON, A., FUJITA, S., BIGLER, M., BRAUN, M., DALLMAYR, R., GKINIS, V., GOTO-AZUMA, K., HIRABAYASHI, M., KAWAMURA, K., KIPFSTUHL, S., KJÆR, H. A., POPP, T., SIMONSEN, M., STEFFENSEN, J. P., VALLELONGA, P. & VINTHER, B.M. (2015): On the occurrence of annual layers in Dome Fuji ice core early Holocene ice. – Clim. Past, 11: 1127-1137.

SWARZENSKI, P.W. (2015): ^{210}Pb Dating. – In: RINK, W.J. & THOMPSON, J.W. (eds.): Encyclopedia of Scientific Dating Methods: 626-632; Dordrecht (Springer).

TARANCZEWSKI, T., FREITAG, J., EISEN, O., VINTHER, B., WAHL, S. & KIPFSTUHL, S. (2019): 10,000 years of melt history of the 2015 Renland ice core, East Greenland. – The Cryosphere Discussions 2019; 1-16.

TARBUCK, E.J. & LUTGENS, F.K. (2009): Allgemeine Geologie. – 9. akt. Aufl.; München (Pearson Studium).

TAYLOR, A.E. (2014): Passing of the Last of the Three Who Established ^{14}C Dating: A Historical Footnote. – Radiocarbon.

TEICHMÜLLER, M., TEICHMÜLLER, R. & BARTENSTEIN, H. (1984): Inkohlung und Erdgas – eine neue Inkohlungskarte der Karbon-Oberfläche in Nordwestdeutschland. – Fortschr. Geol. Rheinld. u. Westf. 32: 11-34; Krefeld.

THOMAS, E.R., WOLFF, E.W., MULVANEY, R., STEFFENSEN, J.P., JOHNSEN, S.J., ARROWSMITH, C., WHITE, J.W.C., VAUGHN, B. & POPP, T. (2007) The 8.2 kyr event from Greenland ice cores. – Quaternary Science Reviews, 26: 70-81.

THORARINSSON, S. (1967): The eruptions of Hekla in historical times. – In: EINARSSON, T., KJARTANSSON, G., THORARINSSON, S. (Eds.): The eruption of Hekla 1947–1948. – I. Soc. Sci. Isl.: 1-177; Reykjavík.

TRUFFER, M. (2013): Ice Physics. – University of Alaska Fairbanks.

TURNBULL, J.C., MIKALOFF FLETCHER, S.E., ANSELL, I., BRAILSFORD, G.W. & MOSS, R.C., NORRIS, M.W. & STEINKAMP, K. (2017): Sixty years of radiocarbon dioxide measurements at Wellington, New Zealand: 1954–2014. – Atmos. Chem. Phys., 17: 14771-14784.

UREY, H.C. (1947): The thermodynamic properties of isotopic substances. – Journal of the Chemical Society, 1947: 562-581.

VAN DEN WEL, L.G., BEEN, H.A., VAN DE WAL, R.S.W., SMEETS, C.J.P.P. & MEIJER, H.A.J. (2015): Constraints on the ∂^2H diffusion rate in firn from field measurements at Summit, Greenland. – The Cryosphere Discuss., 9: 817-859.

VINTHER, B.M. (2006): Greenland and North Atlantic climatic conditions during the Holocene – as seen in high resolution stable isotope data from Greenland ice cores. – Thesis, University of Copenhagen.

VINTHER, B.M., BUCHARDT, S.L., CLAUSEN, H.B., DAHL-JENSEN, D., JOHNSEN, S.J., FISHER, D.A., KOERNER. R.M., RAYNAUD, D., LIPENKOV, V., ANDERSEN, K.K., BLUNIER, T., RASMUSSEN, S.O., STEFFENSEN, J.P. & SVENSSON, A.M. (2009): Holocene thinning of the Greenland ice sheet. – Nature, 461: 385-388.

VINX, R. (2015): Gesteinsbestimmung im Gelände. – 4. Aufl.; München (Elsevier Verl.)

VÖLPEL, R. (2018): Benthic foraminiferal oxygen isotopes during the Last Glacial Maximum and last deglaciation: Paleoceanographic inferences from an isotope-enabled global ocean model. – Thesis, University of Bremen.

WAELBROECK, C., DUPLESSY, J.C., MICHEL, E., LABEYRIE, L., PAILLARD, D. & DUPRAT, J. (2001): The timing of the last deglaciation in North Atlantic climate records. – Nature 412, 724-727.

WAELBROECK, C., LABEYRIE, L., MICHEL, E., DUPLESSY, J.C., MCMANUS, J.F., LAMBECK, K., BALBON, E. & LABRACHERIE, M. (2002): Sea level and deep water temperature changes derived from benthic foraminifera isotopic records. – Quaternary Science Reviews, 21: 295-305.

WAGNER, G.A. (1995): Altersbestimmung von jungen Gesteinen und Artefakten. – Stuttgart (Ferdinand Enke Verlag).

WAGNER, G.A. (2007): Chronometric Methods in Paleoanthropology. – Berlin, Heidelber (Springer Verl.)

Walker, M. (2005): Quaternary Dating Methods. – Chichester (John Wiley & Sons).

Walker M., Johnsen S., Rasmussen S.O., Popp, T., Steffensen, J., Gibbard, P., Hoek, W., Lowe, J., Andrews, J., Bjorck, S., Cwynar, L.C., Hughen, K., Kershaw, P., Kromer, B., Litt, T., L., D.J., Nakagawa, T., Newnham, R. & Schwander, J. (2009): Formal definition and dating of the GSSP (Global Stratotype Section and Point) for the base of the Holocene using the Greenland NGRIP ice core, and selected auxiliary records. – Journal of Quaternary Science, 24: 3-17.

Wegener, A. (1915): Die Entstehung der Kontinente und Ozeane. – Braunschweig.

Wehmiller, J.F. (2015): Amino Acid. – In: Rink, W.J. & Thompson, J.W. (eds.): Encyclopedia of Scientific Dating Methods: 12-26; Dordrecht (Springer Verl.).

Werner, M., Haese, B., Xu, X., Zhang, X., Butzin, M. & Lohmann, G. (2016): Glacial–interglacial changes in $H_2{}^{18}O$, HDO and deuterium excess – results from the fully coupled ECHAM5/MPI-OM Earth system model. – Geosci. Model Dev., 9: 647-670.

Westhoff, J., Sinnl, G., Svensson, A., Freitag, J., Kjær, H.A., Vallelonga, P., Vinther, B., Kipfstuhl, S., Dahl-Jensen, D. & Weikusat, I. (2021): Melt in the Greenland EastGRIP ice core reveals Holocene warming events. – Climate of the Past Discussions 2021.

Wilson, R.W., Houseman, G.A., Butter, S.J.H., McCaffrey, K.J.W. & Doré, A.G. (2019): Fifty years of the Wilson Cycle concept in plate tectonics: an overview. – Geological Society, London, Special Publications, 470: 1-17.

Winksi, D.A. und 30 Co-Authors (2019): The SP19 chronology for the South Pole Ice Core - Part 1: volcanic matching and annual layer counting. – Clim. Past, 15: 1793-1808.

Winstrup, M. (2011): An automated method for annual layer counting in ice cores and an application to visual stratigraphy data from the NGRIP ice core. – Thesis, Copenhagen (Faculty of Science).

Wolff, E.W. (2013): Ice core measurements of trace gases. – file:///C:/Users/Administrator/AppData/Local/Temp/icecoreco2.pdf (Internetaufruf Feb. 2022).

Wolff, E.W., Chappellaz, J., Blunier, T., Rasmussen, S.O. & Svensson, A. (2010): Millennial-scale variability during the last glacial: The ice core record. – Quaternary Science Reviews, 29: 2828-2838.

Wyllie, P. (1976): The way the earth works: an introduction to the new global geology and its revolutionary developments. – New York.

Yardley, B.W.D. (1997): Einführung in die Petrologie metamorpher Gesteine. – Stuttgart (Enke Verl.).

Zagwijn, W.H. (1989): Vegetation and climate during warmer intervals in the Late Pleistocene of Western Central Europe. – Quaternary International, 3/4: 57-67.

Zens, J., Zeeden, C., Römer, W., Fuchs, M., Klasen, N., & Lehmkuhl, F. (2017): The Eltville Tephra (Western Europe) age revised: integrating stratigraphic and dating information from different last glacial loess localities. – Palaeogeogr., Palaeoclimatol., Palaeoecol,. 466: 40-251.

Zepp, H. (2017): Grundriß Allgemeine Geographie: Geomorphologie eine Einführung. – 7. Aufl.; Paderborn (Schöningh UTB Verl.).

Zöller, L. (1995): Würm-und Rißlößstratigraphie und Thermolumineszenz-Datierung in Süddeutschland und angrenzenden Gebieten. – Habilitationsschrift der Fakultät für Geowissenschaften, Univ. Heidelberg.

Zöller, L. (2017): Staubige Archive der Landschaftsgeschichte Löss in Mitteleuropa. – In: Zöller, L. (Hrsg.): Physische Geographie Deutschlands:142-166; Darmstadt (WBG).

Zöller, L. & Semmel, A. (2001): 175 years of loess research in Germany – long records and „unconformities“. – Earth-Science Reviews, 54: 19-28.

Zöller, L. & Wagner, G.A. (2014): 4.5.2 Datierungsmethoden. – Handbuch der Bodenkunde, 13. Erg.Lfg. 5/02: 1-25.

Zolitschka, B. (1998): Paläoklimatische Bedeutung laminierter Sedimente. – Relief, Boden, Paläoklima, 13; Berlin, Stuttgart (Bornträger).

BAMBERGER GEOGRAPHISCHE SCHRIFTEN

(ISSN 0344-6557)

Herausgegeben von H. Becker, K. Garleff und W. Krings

Band 1: HANS BECKER u. HORST KOPP [Hrsg.]
Resultate aktueller Jemen-Forschung - eine Zwischenbilanz. 1978. XII + 150 S., zahlr. Abb. u. (z.T. farbige) Photos.
Ladenpreis € 13,55

Band 2: JOACHIM BURDACK
Entwicklungstendenzen der Raumstruktur in Metropolitan Areas der USA. 1985. XII + 166 S., mit 45 Abb. und 54 Tab.
Ladenpreis € 17,28

Band 3: JÖRG JANZEN
Die Nomaden Dhofars/Sultanat Oman. Traditionelle Lebensformen im Wandel. 1980. XXII + 314 S., 71 Abb., 35 Photos, 15 Tab.
Ladenpreis € 26,18

Band 4: HANS BECKER [Hrsg.]
Kulturgeographische Prozeßforschung in Kanada - eine Bestandsaufnahme junger Feldforschung. 1982. X + 329 S., reich illustriert.
Ladenpreis € 13,75

Band 5: HELGA LIEBRICHT
Das Frostklima Islands seit dem Beginn der Instrumentenbeobachtung. 1983. XII + 110 S., 22 Tab., 47 Abb. im Text und als Beilage.
Ladenpreis € 15,65

Band 6: RÜDIGER BEYER
Der ländliche Raum und seine Bewohner. Abgrenzung und Gliederung des ländlichen Raumes, durchgeführt am Beispiel einer bevölkerungsgeographischen Untersuchung des Umlandes von Bamberg und Bayreuth. 1986. XVIII + 182 S., 21 Abb. und 37 Tab. im Text sowie 12 Karten als Beilage.
Ladenpreis € 20,96

Band 7: K. GARLEFF; E.M.A. DE VAZQUEZ & H. WAHLE
Geomorphologische Karte 1: 100 000 'La Junta - Agua Nueva, Mendoza/Argentinien'. Möglichkeiten und Ergebnisse geomorphologischer Kartierungen und ihre einfarbige Darstellung. (Zweisprachige Ausgabe: Deutsch/Spanisch). 1989. VII + 100 S., 9 Abb. im Text, 3 Karten als Beilage.
Ladenpreis € 19,22

Band 8: FRANK SCHÄBITZ
Untersuchungen zum aktuellen Pollenniederschlag und zur holozänen Klima- und Vegetationsentwicklung in den Anden Nord-Neuquéns, Argentinien. 1989. XII + 132 S., 40 Abb. im Text u. als Beilage, 2 Farbtafeln, 27 Tab.
Ladenpreis € 21,32

Band 9: MANFRED GABRIEL
Boomstädte: ein prozessualer Stadttyp, erörtert an den Beispielen Fairbanks, Whitehorse und Yellowknife. 1991. XIV + 208 S., mit 60 Abb. u. 29 Tab.
Ladenpreis € 18,41

Band 10: HANS BECKER [Hrsg.]
Jüngere Fortschritte der regionalgeographischen Kenntnis über Albanien. Beiträge des Herbert-Louis-Gedächtnissymposiums. 1991. VII + 184 S., 57 Abb. u. 36 Tab. im Text u. einer Farbkarte Albanien (Beilage).
Ladenpreis € 13,50

BAMBERGER GEOGRAPHISCHE SCHRIFTEN

(ISSN 0344-6557)

Herausgegeben von H. Becker, K. Garleff und W. Krings

Band 11: KARSTEN GARLEFF u. HELMUT STINGL [Hrsg.]
Südamerika: Geomorphologie und Paläoökologie im jüngeren Quartär. 1991. VIII + 394 S., mit 110 Abb. im Text u. 5 Beilagen.
Ladenpreis € 22,24

Band 12: JOACHIM BURDACK
Kleinstädte in den USA. Jüngere Entwicklungen, dargestellt am Beispiel der Upper Great Lakes Area. 1993. XII + 194 S., mit 70 Abb. und 14 Tab.
Ladenpreis € 15,29

Band 13: THOMAS HÖFNER
Fluvialer Sedimenttransfer in der periglazialen Höhenstufe der Zentralalpen, südliche Hohe Tauern, Osttirol. Bestandsaufnahme und Versuch einer Rekonstruktion der mittel- bis jungholozänen Dynamik. 1993. XI + 125 S., mit 94 Abb. und 13 Tab.
Ladenpreis € 15,24

Band 14: HARALD STANDL
Der Industrieraum Istanbul. Genese der Standortstrukturen und aktuelle Standortprobleme des verarbeitenden Gewerbes in der türkischen Wirtschaftsmetropole. 1994. XVI + 177 S., mit 37 Tab., 12 Abb. und 15 Kartenbeilagen.
Ladenpreis € 18,02

Band 15: KARSTEN GARLEFF u. HELMUT STINGL [Hrsg.]
Landschaftsentwicklung, Paläoökologie und Klimageschichte der Ariden Diagonale Südamerikas im Jungquartär. 1998. VIII + 401 S., mit 129 Abb. und 19 Tab.
Ladenpreis € 23,20

Band 16: CHRISTIAN KECK
Zeitschnitte durch die Stadtentwicklung von Halberstadt im 19. und 20. Jahrhundert. Fallstudie zur städtebaulichen Kontinuität einer traditionsreichen Mittelstadt des nordöstlichen Vorharzgebietes. 1997. X + 98 S., mit 12 Skizzen und 7 Kartenbeilagen.
Ladenpreis € 18,46

Band 17: FRANK SCHÄBITZ
Paläoökologische Untersuchungen an geschlossenen Hohlformen in den Trockengebieten Patagoniens. 1999. XVI + 239 S., mit 51 Tab., 85 Abb. und 12 Kartenbeilagen.
Ladenpreis € 27,97

Band 18: DANIEL GÖLER
Postsozialistische Segregationstendenzen: Sozial- und bevölkerungsgeographische Aspekte von Wanderungen in Mittelstädten der Neuen Länder. Untersucht an den Beispielen Halberstadt und Nordhausen. 1999. XIV + 155 S., mit 5 Tab., 19 Abb. und 41 Karten.
Ladenpreis € 13,91

BAMBERGER GEOGRAPHISCHE SCHRIFTEN

(ISSN 0344-6557)

Herausgegeben von H. Becker, A. Dix, K. Garleff, D. Göler und G. Schellmann

---

Band 19: FRANK SCHÄBITZ u. HELGA LIEBRICHT [Hrsg.]
Beiträge zur quartären Landschaftsentwicklung Südamerikas. Festschrift zum 65. Geburtstag von Professor Dr. Karsten Garleff. 1999. XXXII + 255 S., mit 19 Tab., 75 Abb. und 22 Photos.
Ladenpreis € 24,54 (vergriffen)

Band 20: GERHARD SCHELLMANN [Hrsg.]
Von der Nordseeküste bis Neuseeland. Beiträge zur 19. Jahrestagung des Arbeitskreises „Geographie der Meere und Küsten" vom 24. – 27. Mai 2001 in Bamberg. 2001. VIII + 299 S., mit 19 Tab., 136 Abb. und 15 Photos.
Ladenpreis € 21,88

Band 21: CHRISTIAN FIEDLER
Telematik im ländlichen Raum Bayerns. Möglichkeiten und Grenzen zur Minderung von Standortnachteilen. 2002. XIV + 170 S., mit 29 Abb. und 18. Tab.
Ladenpreis € 17,60

Band 22: GERHARD SCHELLMANN [Hrsg.]
Bamberger physisch-geographische Studien 2002 – 2007, Teil I: Holozäne Meeresspiegelschwankungen – ESR-Datierungen aragonitischer Muschelschalen – Paläotsunamis. 2007. VIII + 199 S., mit 26 Tab., 56 Abb. und 10 Photos.
Ladenpreis € 22,50

Band 23: CHRISTOPH BAUMANN
Die albanische „Transformationsregion" Gjirokastra. Strukturwandel im 20. Jahrhundert, räumliche Trends und Handlungsmuster im ruralen Raum. 2008. XVI + 306 S., mit 45 Abb., 10 Tab., 60 Fotos und 24 Karten.
Ladenpreis € 25,40

Band 24: GERHARD SCHELLMANN [Hrsg.]
Bamberger physisch-geographische Studien 2002-2008, Teil II: Studien zur quartären Talgeschichte von Donau und Lech. 2010. VIII + 241 S., mit 22 Tab., 78 Abb. und 8 Photos.
Ladenpreis € 43,75

Band 25: JASMIN KÜSPERT
Kunsteinrichtungen im ländlichen Raum. Geographische Aspekte künstlerischer Einrichtungen abseits ihrer kernstädtischen Traditionsstandorte. 2011. XIV + 316 S., mit 51 Abb. und 7 Tab.
Ladenpreis € 29,90

Selbstverlag des Instituts für Geographie an der Universität Bamberg · Bamberg
Bezug durch den Buchhandel

BAMBERGER GEOGRAPHISCHE SCHRIFTEN

(ISSN 0344-6557)

Herausgegeben von A. Dix, D. Göler, M. Redepenning und G. Schellmann

---

Band 26: HOLGER LEHMEIER
Warum immer Tourismus? Isomorphe Strategien in der Regionalentwicklung. 2015. XVI + 310 S., mit 16 Tab., 25 Abb. ISBN 978-3-86309-306-8
Ladenpreis € 21,50

Band 27: MATTHIAS BICKERT
Welterbestädte Südosteuropas im Spannungsfeld von Cultural Governance und lokaler Zivilgesellschaft. Untersucht am Beispiel Gjirokastra (Albanien). 2015. XX + 363 S., mit 19 Tab., 84 Abb. und 5 Karten. ISBN 978-3-86309-300-6
Ladenpreis € 21,00

Band 28: ANDREAS WINKLER
Räumliche Differenzierung und lokale Entwicklung. Divergente Transformationspfade am Beispiel serbischer Kommunen. 2015. XV + 337 S., mit 36 Tab., 48 Abb. ISBN 978-3-86309-318-1
Ladenpreis € 23,50

Verlag: University of Bamberg Press · Bamberg · Bezug durch den Buchhandel und direkt

BAMBERGER GEOGRAPHISCHE SCHRIFTEN
SONDERFOLGE

(ISSN 0175-3894)

Herausgegeben von H. Becker, K. Garleff und W. Krings

Nr. 1: GÜNTER TIGGESBÄUMKER
Die Altkartenbestände der Staatlichen Bibliothek Ansbach - handgezeichnete und gedruckte Karten und Pläne des 16. bis 19. Jahrhunderts. 1983. VIII + 164 S., mit 35 z.T. farbigen Abb.
Ladenpreis € 15,03

Nr. 2: HANS BECKER u. JOACHIM BURDACK
Amerikaner in Bamberg. Eine ethnische Minorität zwischen Segregation und Integration. 1987. XVI + 190 S., mit 12 Karten und 19 Abb.
Ladenpreis € 19,74

Nr. 3: Vergangene jüdische Lebenswelten im Bamberger Raum: ländliche Armutsinseln - städtisches Villenviertel. Mit Beiträgen von KARL-HEINZ-MISTELE und VOLKMAR EIDLOTH. 1988. VIII + 154 S., mit 12 Kartenbeilagen und 65 Abb.
Ladenpreis € 14,57

Nr. 4: JÜRGEN KRIPPNER
Folgen des Verlustes von verordneter Zentralität in kleinen Versorgungsorten des ländlichen Raumes. Eine Bilanz der Kreisgebietsreform in Bayern an Beispielen aus Franken. 1993. XVI + 149 S., mit 10 Abb. und 39 Tab.
Ladenpreis € 15,29

Nr. 5: KARSTEN GARLEFF u. PETER KRISL
Beiträge zur fränkischen Reliefgeschichte. Auswertung kurzlebiger Großaufschlüsse im Rahmen von DFG-Projekten. 1997. XVI + 256 S., mit 80 Abb. und Kartenbeilagen.
Ladenpreis € 34,41

Nr. 6: HANS BECKER [Hrsg.]
Beiträge zur Landeskunde Oberfrankens. Festschrift zum 65. Geburtstag von Bezirkstagspräsidenten Edgar Sitzmann. 2000. XXVI + 263 S., mit 42 Abb. und 15 Tab.
Ladenpreis € 21,47

Nr. 7: HANS BECKER u. INGOLF ERICSSON [Hrsg.]
Mittelalterliche Wüstungen im Steigerwald. Bericht über ein Symposium des Zentrums für Mittelalterstudien der Otto-Friedrich-Universität Bamberg am 3. Februar 2001. 2004. VII + 140 S., mit 36 Abb. und 5 Tab.
Ladenpreis € 15,10

Nr. 8: TANJA ROPPELT
Innerstädtische Viertelbindungen in Mittelstädten. Das Beispiel Bamberg. 2002. XIV + 211 S., mit 32 Karten, 26 Abb. und 28 Tab.
Ladenpreis € 20,00

Selbstverlag des Instituts für Geographie an der Universität Bamberg · Bamberg
Bezug durch den Buchhandel

BAMBERGER GEOGRAPHISCHE SCHRIFTEN
SONDERFOLGE

(ISSN 0175-3894)

Herausgegeben von A. Dix, D. Göler, M. Redepenning und G. Schellmann

---

Nr. 9: PATRICK SCHIELEIN
Jungquartäre Flussgeschichte des Lechs unterhalb von Augsburg und der angrenzenden Donau. 2012. XI + 134 S., mit 44 Abb. und 9 Tab.
Ladenpreis € 21,00

Nr. 10: BENJAMIN GESSLEIN
Zur Stratigraphie und Altersstellung der jungquartären Lechterrassen zwischen Hohenfurch und Kissing unter Verwendung hochauflösender Airborne-LiDAR-Daten. 2012. IX + 149 S., mit 69 Abb. und 8 Tab.
Ladenpreis € 27,50

Nr. 11: JOCHEN HOFMANN
Obstlandschaften 1500 - 1800. Historische Geographie des Konsums, Anbaus und Handels von Obst in der Frühen Neuzeit. 2014. 569 S., mit 20 Abb. und 69 Tab.
Ladenpreis € 29,50

Nr. 12: GERHARD SCHELLMANN [Hrsg.]
Bamberger physisch-geographische Studien 2008 - 2015, Teil III: Geomorphologisch-quartärgeologische Kartierungen im bayerischen Lech-, Wertach- und Schmuttertal. 2016. VII + 356 S., mit 76 Abb., 28 Tab., 32 Fotos, 14 Karten, 9 Beilagen-Abb. und 6 Beilagen-Tab.
Ladenpreis €36,00

Nr. 13: GERHARD SCHELLMANN [Hrsg.]
Bamberger physisch-geographische Studien 2012 - 2014, Teil IV: Geomorphologisch-quartärgeologische Kartierungen im bayerischen Donautal zwischen Sontheim und Dillingen. 2017. V + 237 S., mit 73 Abb., 14 Tab., 27 Fotos, 3 Karten, 13 Beilagen-Abb. und 6 Beilagen-Tab.
Ladenpreis €34,00

Nr. 14: GERHARD SCHELLMANN [Hrsg.]
Bamberger physisch-geographische Studien 2008 - 2017, Teil V: Geomorphologisch-quartärgeologische Kartierungen im bayerischen Isar- und Donautal sowie im Großen und Kleinen Labertal. 2018. V + 252 S., mit 85 Abb., 11 Tab., 32 Fotos, 5 Karten, 23 Beilagen-Abb. und 5 Beilagen-Tab.
Ladenpreis €36,50

Nr. 15: GERHARD SCHELLMANN
Einführung in die Geomorphologie, Geochronologie und Bodengeographie - ein Lernskript in 2 Teilen, Teil I: Endogene Dynamiken und Geochronologie. 2023. V + 289 S., mit 149 Abb., 15 Tab. und 39 Fotos.
Ladenpreis €31,00

Verlag: University of Bamberg Press · Bamberg · Bezug durch den Buchhandel und direkt